计算机科学
前沿技术丛书

量子计算 Python与Q# 编程实战

Learn Quantum Computing with Python and Q#

[美] 萨拉·凯泽（Sarah Kaiser）
卡桑德拉·格拉内德（Cassandra Granade） 著
王海鹏 译

人 民 邮 电 出 版 社
北 京

图书在版编目（C I P）数据

量子计算Python与Q#编程实战 / (美) 萨拉·凯泽
(Sarah Kaiser) , (美) 卡桑德拉·格拉内德
(Cassandra Granade) 著 ; 王海鹏译. -- 北京 : 人民
邮电出版社, 2024.5
（计算机科学前沿技术丛书）
ISBN 978-7-115-59068-8

Ⅰ. ①量… Ⅱ. ①萨… ②卡… ③王… Ⅲ. ①量子计
算机－程序设计 Ⅳ. ①TP385

中国版本图书馆CIP数据核字(2022)第053662号

◆ 著　　　［美］萨拉·凯泽（Sarah Kaiser）
　　　　　　卡桑德拉·格拉内德（Cassandra Granade）
译　　　王海鹏
责任编辑　郭泳泽
责任印制　王　郁　焦志炜
◆ 人民邮电出版社出版发行　　北京市丰台区成寿寺路 11 号
邮编　100164　　电子邮件　315@ptpress.com.cn
网址　https://www.ptpress.com.cn
山东华立印务有限公司印刷
◆ 开本：800×1000　1/16
印张：21.75　　　　　2024 年 5 月第 1 版
字数：460 千字　　　　2024 年 5 月山东第 1 次印刷
著作权合同登记号　图字：01-2021-5722 号

定价：99.80 元

读者服务热线：(010)81055410　印装质量热线：(010)81055316
反盗版热线：(010)81055315
广告经营许可证：京东市监广登字 20170147 号

内容提要

本书指导读者使用 Python 和 Q#语言学习量子计算，揭开量子计算的神秘面纱。本书尽量避免复杂的数学概念，试图直接通过量子编程来帮助读者建立对量子计算机的理解。读者可以通过使用 Python 创建自己的量子模拟器来学习量子计算的基础知识，然后使用 QDK 和 Q#来编写和运行与经典计算不同的算法。

通过阅读本书，读者将能够把量子编程技术应用于量子密钥分发等应用程序中，并处理真实的示例，如进行化学模拟和搜索未排序的数据库等。

序

在量子计算的大部分历史上，它属于物理学家的研究领域——也许有几个研究者有学习计算机科学的倾向，但不一定是这样。经典教科书*Quantum Computation and Quantum Information* 至今仍然广受欢迎，而它是由两位量子物理学家 Michael A. Nielsen 和 Isaac L. Chuang 编写的。可以肯定的是，计算机科学家一直都在，但不少理论学者仍以代码写得少为荣——这就是我自己、凯泽和格拉内德所处的量子计算的世界。我可以轻松地对新一批学生挥舞着拳头大喊："当我在你们这个年龄时，我们不写代码！我们是吃粉笔灰长大的！"

我和格拉内德认识时，我们还都是研究生。那时，我们为物理学杂志写学术文章，其中有几行代码。文章被拒绝了，因为"这不是物理学"。但我们并没有被吓倒。许多年后的今天，我们用本书反击这个观点！本书讲授了关于量子计算的大量你想知道和需要知道的内容，而不需要太多物理学基础。如果你真的想知道量子计算与物理学的联系，凯泽和格拉内德也提供了这些内容😆（还有表情符号😉）!

从那时算起，我已经走过了很长的路。我非常感谢格拉内德，就像感谢量子计算领域一样。格拉内德向我们许多人展示了在"量子"和"计算"之间，不仅仅有定理和证明。凯泽也教会了我培养在发展量子技术时需要的软件工程师的嗅觉。凯泽和格拉内德将专业知识转化为文字和代码，使所有人都能从中受益，包括我。

尽管本书的目标是创造一本"非教科书"，但随着对量子计算的介绍从物理转向计算机科学，本书内容也可以用于大学课堂。人们对量子计算的兴趣与日俱增，其中大部分人不具有物理相关专业背景——软件开发人员、运营经理和财务主管都想知道量子计算是怎么回事，以及如何利用它。量子计算作为一种纯粹的学术追求的时代已经一去不复返。本书是为不断增长的量子社区的需求服务的。

尽管我已经暗示物理学家在量子计算领域的比例越来越低，但我并不想贬低他们，毕竟我曾经在软件开发领域一窍不通。这本书真的适合很多人，特别是那些已经身处量子领域，并且想在熟悉的环境中了解量子计算的程序实现的人。

启动你最喜欢的代码编辑器，准备好 print ("Hello quantum world!")。

克里斯·费列（Chris Ferrie）博士
量子软件和信息中心副教授
澳大利亚新南威尔士州悉尼市

自序

我们 20 多年来一直埋头于量子计算中，热衷于利用这些经验，帮助更多的人参与到量子技术中来。我们一起取得了博士学位，在此过程中，无论是研究问题还是闲暇之时我们都携手同行，帮助推动量子位可能的边界。在大多数情况下，这意味着开发新的软件和工具，以帮助我们和团队做更好的研究，这是“量子”和“计算”部分之间的一个伟大桥梁。然而，在开发各种软件项目的同时，我们需要向同事讲授我们正在进行的工作。我们一直在想，“为什么没有一本技术性强但不是教科书的关于量子计算的好书？”你现在看到的就是这样一本书♡。

我们以开发人员能够理解的方式编写本书，而不是以其他量子计算书籍的典型教科书式风格来编写。我们自己学习量子计算时发现，它非常令人兴奋，但也有点“吓人”，令人畏惧。其实不必如此，因为很多让量子计算主题变得令人困惑的是呈现方式，而非内容本身。

不幸的是，量子计算经常被描述为“怪异”“诡异”或超出我们的理解范围。但事实是，经过几十年的发展，量子计算已经变得相当好理解。结合利用软件开发和数学，你可以建立起你所需要的基本概念，以了解量子计算，并探索这个惊人的新领域。

我们写这本书的目的是帮助你学习有关该技术的基本知识，让你掌握可以用来构建未来量子解决方案的工具。我们专注于为量子计算开发代码的实践经验。在第一部分，你将用 Python 建立自己的量子设备模拟器；在第二部分，你将学习如何应用新技能，用 Q#和量子开发工具包（Quantum Development Kit，QDK）编写量子应用程序；在第三部分，你将实现一种算法来对整数进行因数分解，且这种算法要比著名的传统算法快得多。从头到尾，都是你在做，这是属于你的量子之旅。

我们已经尽可能多地纳入了实际应用，但事实上，这正是你的优势所在！量子计算正处于向前发展的关键时刻，我们需要在大量已知的量子计算机的能力与人们需要解决的问题之间架设桥梁。架设这座桥梁将使我们的量子算法变得足以影响整个社会。你可以参与架设这座桥梁。欢迎来到你的量子之旅！我们将在这里让它变得有趣！

致谢

我们一开始并不知道要为这本书做什么，只知道需要有这样的资源。编写这本书给了我们一个巨大的机会，来完善和发展我们解释和讲授内容的能力。与我们合作的Manning公司的所有人员都非常出色（制作编辑戴尔德丽·希亚姆、文字编辑蒂法尼·泰勒、校对凯蒂·坦南特和审稿编辑伊万·马丁诺维奇），他们帮助我们确保这本书以最好的样子面对读者。

我们感谢奥利维娅·迪马泰奥和克里斯·费列提供的所有宝贵的反馈和注释，这有助于使书中的解释准确清晰。

我们感谢所有审稿人，他们在不同的发展阶段审阅了书稿，他们周到的反馈使这本书变得更好：Alain Couniot、Clive Harber、David Raymond、Debmalya Jash、Dimitri Denisjonok、Domingo Salazar、Emmanuel Medina Lopez、Geoff Clark、Javier、Karthikeyarajan Rajendran、Krzysztof Kamyczek、Kumar Unnikrishnan、Pasquale Zirpoli、Patrick Regan、Paul Otto、Raffaella Ventaglio、Ronald Tischliar、Sander Zegveld、Steve Sussman、Tom Heiman、Tuan A. Tran、Walter Alexander Mata López和William E. Wheeler。

我们感谢所有Manning早期访问计划（Manning Early Access Program，MEAP）的用户，他们帮助发现了错误和需要改进解释的地方。许多人也通过在我们的示例代码库中提交问题来提供反馈，在此向他们表示感谢！

我们要感谢西雅图地区的许多了不起的企业（特别是Caffe Ladro、Miir、Milstead & Co.和Downpour Coffee Bar），它们的员工容忍我们喝了一杯又一杯的咖啡，并兴致勃勃地谈论量子位，还有Fremont Brewing的人们，他们总是在我们需要一杯啤酒时出现。一些路人会向我们问起正在研究的问题，这是一个难得的休闲时刻。

我们还要感谢微软量子系统团队的优秀成员，他们努力为开发者提供最好的工具，便于开发者进入量子计算领域。特别地，我们要感谢贝蒂姆·海姆，她致力于使Q#成为一种伟大的语言，同时也是我们的好朋友。

最后，要感谢我们的宠物犬 Chewie，它为我们提供了必需的休息时间和离开计算机的借口。

萨拉·凯泽的致谢

我的家人一直在我身边。感谢他们为我完成这个项目给予的所有耐心和鼓励。我要感谢我的治疗师，没有他，这本书就不会诞生。最重要的是，我要感谢我的合作者和伙伴卡桑德拉。这些人一直陪伴我渡过难关，鼓励和激励我，他们认为我可以做到♡。

卡桑德拉·格拉内德的致谢

如果没有我的伙伴和合著者萨拉·凯泽博士惊人的热爱和支持，这本书是不可能成型的。我们一起经历了远比想象中多得多的事情，取得的成就也超出了我的梦想。我们一直致力于建立一个更好、更安全、更包容的量子社区，而这本书是一个奇妙的机会，让我们在这个旅程中又迈出了一步。感谢你让这一切发生，萨拉。

如果没有我的家人和朋友的支持，这本书也不可能出现。感谢他们的陪伴，无论是分享可爱的小狗照片，对最新的头条新闻表示同情，还是在深夜参加《动物森友会》游戏中的流星观测。最后，我还要感谢多年来我所依赖的神奇的网络社区，它们帮助我从许多新的角度理解这个世界。

前言

欢迎阅读《量子计算 Python 与 Q#编程实战》！本书以 Python 为起点，向你介绍量子计算的世界，以及如何用 Q#（一种由微软公司开发的特定领域编程语言）编写解决方案。我们采用实例和游戏驱动的方法来讲授量子计算和开发的概念，让你能够尽早着手编写代码。

> **仅仅为了了解也无妨！**
>
> 量子计算是一个丰富的跨学科研究领域，汇集了来自编程、物理、数学、工程和计算机科学的思想。在本书中，我们会不时地指出量子计算是如何借鉴这些其他领域的思想的，以便将我们正在学习的概念放入更丰富的背景。
>
> 虽然这些“题外话”是为了激发人们的好奇心和进一步的探索，但它们本质上是切题的。你无论是否投身于这些深入的研究，都会从本书中获得享受 Python 和 Q#中的量子编程所需的知识。深入探究可能很有趣，也很有启发性，但如果深入量子计算不是你的爱好，那也没关系，抱着了解的目的来阅读本书也是完全可以的。

目标读者

本书是为那些对量子计算感兴趣，对量子力学几乎没有经验，但有一些编程背景的人准备的。介绍用 Python 编写量子模拟器、用 Q#（微软的量子计算专用语言）编写量子程序时，我们将用传统的编程思想和技术来帮助你脱离困境。对编程概念有一定的了解（如循环、函数和变量赋值）是有益的。

同样，我们使用线性代数中的一些数学概念（如向量和矩阵）来帮助描述量子概念。你如果熟悉计算机图形学或机器学习，会发现许多概念是相似的。在这个过程中，我们通过 Python 来复习重要的数学概念，但熟悉线性代数是有益的。

本书的组织：路线图

本书旨在让你开始探索和使用量子计算的实用工具。本书分为三个部分，它们相辅相成。

- 第一部分逐步介绍了描述“量子位”所需的概念，这是组成量子计算机的基本单位。这一部分描述了如何在 Python 中模拟量子位，以使编写简单的量子程序变得容易。
- 第二部分描述了如何使用量子开发工具包和 Q#编程语言来组成量子位和运行量子算法，这些算法的表现与任何已知的经典算法都不同。
- 在第三部分，我们应用前两部分的工具和方法，学习如何将量子计算机应用于现实世界的问题，如模拟化学特性。

此外，本书还提供了 4 个附录。附录 A 有安装和配置本书中使用的工具的说明。附录 B 是术语和快速参考，包括量子术语、符号备忘录和代码片段，在你阅读本书的过程中可能会有所帮助。附录 C 是线性代数的复习资料。附录 D 是对你将要实现的一个算法的深入研究。

其他在线资源

在阅读本书和处理所提供的示例代码的途中，你可能会发现以下在线资源会对你有帮助。

- 微软 Azure Quantum 文档：概念文档和关于 Q#的全部参考资料，包括比本书内容更新的变化和补充。
- GitHub 上的 microsoft/Quantum 开发包示例：使用 Q#的完整样本，包括其本身和 Python 及.NET 中的宿主程序，涵盖广泛的不同应用。
- QuTiP 网站：完整的 QuTiP 软件包的用户指南，我们用它来帮助完成本书的数学运算。

对于量子计算专家和新手，也有一些很棒的社区。加入类似下面这样的量子开发社区，可以帮助你解决在学习过程中所遇到的问题，也可以让你在学习过程中帮助他人。

- Q# Community：一个由 Q#用户和开发者组成的社区，有聊天室、博客和项目库。
- Quantum Computing Stack Exchange：一个寻求量子计算问题答案的好地方，包括你可能遇到的 Q#问题。
- WIQCA 网站：一个包容性的网络社区，面向喜爱量子计算的所有人，以及使量子计算成为可能的人。
- 量子开源基金会（Quantum Open Source Foundation，QOSF）：一个支持量子计算开放工具的开发和标准化的社区。

- Unitary Fund：一个非营利组织，致力于创建一个惠及大多数人的量子技术生态系统。

走得更远

量子计算是一个迷人的新领域，它提供了思考计算的新方法和解决困难问题的新工具。本书可以帮助你入门量子计算，以便你继续探索和学习。也就是说，本书并不是一本教科书，也不是为了让你为量子计算研究做好全部准备。与经典算法一样，开发新的量子算法也是一门数学艺术。虽然我们在本书中触及了数学，并用它来解释算法，但有各种教科书可以帮助你建立在我们所涉及的想法之上的算法。

读完本书并开始接触量子计算后，如果想继续物理学或数学之旅，我们建议你选择以下资源。

- Complexity Zoo 网站。
- Quantum Algorithm Zoo 网站。
- *Complexity Theory: A Modern Approach*，作者是 Sanjeev Arora 和 Boaz Barak（剑桥大学出版社，2009 年）。
- *Quantum Computing: A Gentle Introduction*，作者是 Eleanor G. Rieffel 和 Wolfgang H. Polak（麻省理工学院出版社，2011 年）。
- *Quantum Computing since Democritus*[①]，作者是 Scott Aaronson（剑桥大学出版社，2013 年）。
- *Quantum Computation and Quantum Information*，作者是 Michael A. Nielsen 和 Isaac L. Chuang（剑桥大学出版社，2000 年）。
- *Quantum Processes Systems, and Information*，作者是 Benjamin Schumacher 和 Michael Westmoreland（剑桥大学出版社，2010 年）。

① 中译本为《量子计算公开课：从德谟克利特、计算复杂性到自由意志》（人民邮电出版社，2021 年）。——编者注

作者简介

萨拉·凯泽在滑铁卢大学的量子计算研究所取得了物理学（量子信息）博士学位。萨拉职业生涯的大部分时间都在实验室开发新的量子硬件，从建造卫星到研究量子密码学硬件。沟通量子的奇妙领域是她的激情所在，她喜欢建立新的演示和工具来帮助量子社区的发展。在不编写代码的时候，萨拉喜欢划皮划艇和为所有年龄的人编写关于科学的书。

卡桑德拉·格拉内德在滑铁卢大学量子计算研究所取得了物理学（量子信息）博士学位，现在在微软的量子系统组开发 Q#的标准库。作为根据经典数据对量子设备进行统计表征的专家，卡桑德拉还帮助斯科特·阿伦森把其报告整理成书 *Quantum Computing Since Democritus*（剑桥大学出版社，2013 年）。

封面简介

本书封面上的人物是匈牙利女人。这幅插图来自 Jacques Grasset de Saint-Sauveur 的各国服装集，名为 *Costumes de Différents Pays*（《不同国家的服装》），1797 年在法国出版。每幅插图都是手工精心绘制和上色的。Grasset de Saint-Sauveur 的作品种类丰富，使我们想起 200 年前世界上的城镇和地区在文化上是多么的不同。

曾经，人们几乎彼此隔绝，说着不同的语言。在街上或乡下，仅凭衣着就可以轻易地识别他们住在哪里、他们的行业或生活状况如何。后来，我们的着装方式发生了变化，如此丰富的地区多样性逐渐消失了。现在已经很难区分不同大陆的居民，更不用说不同国家、地区和城镇。也许我们已经用文化多样性来换取个人生活，使现在的生活更富于变化、更快节奏。

在这个很难区分不同计算机图书的时代，Manning 以两个世纪前各地区生活的丰富多样性为基础，通过 Grasset de Saint-Sauveur 的图片，赞美计算机行业的创造性和积极性。

资源与支持

资源获取

本书提供如下资源：

- 配套代码文件；
- 本书思维导图；
- 异步社区 7 天 VIP 会员。

要获得以上资源，您可以扫描下方二维码，根据指引领取。

提交勘误

作者和编辑尽最大努力来确保书中内容的准确性，但难免会存在疏漏。欢迎您将发现的问题反馈给我们，帮助我们提升图书的质量。

当您发现错误时，请登录异步社区（www.epubit.com），按书名搜索，进入本书页面，点击“发表勘误”，输入勘误信息，点击“提交勘误”按钮即可（见下页图）。本书的作者和编辑会对您提交的勘误进行审核，确认并接受后，您将获赠异步社区的 100 积分。积分可用于在异步社区兑换优惠券、样书或奖品。

图书勘误 发表勘误

页码： 1 页内位置（行数）： 1 勘误印次： 1

图书类型： 纸书 电子书

添加勘误图片（最多可上传4张图片）

\+

提交勘误

全部勘误 我的勘误

与我们联系

我们的联系邮箱是 contact@epubit.com.cn。

如果您对本书有任何疑问或建议，请您发邮件给我们，并请在邮件标题中注明本书书名，以便我们更高效地做出反馈。

如果您有兴趣出版图书、录制教学视频，或者参与图书翻译、技术审校等工作，可以发邮件给我们。

如果您所在的学校、培训机构或企业，想批量购买本书或异步社区出版的其他图书，也可以发邮件给我们。

如果您在网上发现有针对异步社区出品图书的各种形式的盗版行为，包括对图书全部或部分内容的非授权传播，请您将怀疑有侵权行为的链接发邮件给我们。您的这一举动是对作者权益的保护，也是我们持续为您提供有价值的内容的动力之源。

关于异步社区和异步图书

“异步社区”是由人民邮电出版社创办的 IT 专业图书社区，于 2015 年 8 月上线运营，致力于优质内容的出版和分享，为读者提供高品质的学习内容，为作译者提供专业的出版服务，实现作者与读者在线交流互动，以及传统出版与数字出版的融合发展。

“异步图书”是异步社区策划出版的精品 IT 图书的品牌，依托于人民邮电出版社在计算机图书领域 30 余年的发展与积淀。异步图书面向 IT 行业以及各行业使用 IT 技术的用户。

目录

第一部分　量子入门

第二部分 在 Q# 中对量子算法进行编程

第三部分 应用量子计算

第一部分

量子入门

本书的这部分内容为我们接下来的量子之旅进行铺垫。在第 1 章中，我们将了解量子计算背景的更多知识、学习量子计算的方法，以及我们学到的技能预期可以在哪里应用。在第 2 章中，我们通过在 Python 中开发一个量子模拟器，开始编写代码，然后用这个模拟器来制作一个量子随机数生成器。接下来，在第 3 章中，我们将模拟器扩展到量子技术的加密应用编程，如 BB84 量子密钥交换协议。在第 4 章，我们利用非本地游戏来学习纠缠，并再次扩展模拟器以支持多量子位。在第 5 章，我们学习如何使用一个新的 Python 包，来帮助实现第 4 章的非本地游戏的量子策略。最后，在第 6 章中，我们最后一次扩展模拟器，增加新的量子运算，这样就可以模拟“量子隐形传态”等技术，并练习在量子设备中移动数据。

第1章　量子计算简介

本章内容

- 为什么人们热衷于量子计算?
- 什么是量子计算机?
- 量子计算机能做什么? 不能做什么?
- 量子计算机与经典编程的关系。

在过去的几年里，量子计算是一个越来越受欢迎的研究领域，也是一个容易引起炒作的源头。通过利用量子物理学，从而以新颖的方式进行计算，“量子计算机”可以影响全社会。这使得现在成为一个令人兴奋的时代，吸引人们参与其中，学习如何为量子计算机编程，并应用量子资源来解决重要问题。

然而，在所有关于量子计算提供的优势的喧哗声中，我们很容易忽视这些优势的“真正”范围。我们有一些有趣的历史先例，说明当对一项技术的承诺超过现实时可能会发生什么。在20世纪70年代，机器学习和人工智能遭遇了资金的大幅减少，因为围绕人工智能的炒作和人们的激动之情超过了人工智能实际取得的成绩。这在后来被称为“人工智能寒冬”。同样，互联网公司在试图克服网络公司的萧条时也面临同样的危险。

前进的道路就是批判性地理解量子计算提供的承诺、量子计算机的工作原理、量子计算的范围是什么（以及不是什么）。在本章中，我们将帮助你建立这种理解，这样你就可以在本书的其余部分动手编写自己的量子计算程序了。

撇开这些不谈，了解一个全新的计算模型真的“很酷”！阅读本书时，你将通过编程模拟来学习量子计算机如何工作，并且立即就可以在笔记本计算机上运行写出的程序。这些模拟程序将展示许多基本元素，我们预料真正的商业量子编程会包含这些元素，同时有用的商用硬件正在上线。本书是为那些有一些基本的编程经验和线性代数基础，但没有量子物理或计算知识的人准备的。如果你对量子有一定的了解，可以跳到第二和第三部分，在那里我们将探讨量子编程和算法。

1.1 为什么量子计算很重要?

计算技术正在以真正惊人的速度向前发展。30 年前，80486 处理器允许用户以 50 MIPS[①]的速度执行指令。今天，像树莓派这样的小型计算机可以达到 5000 MIPS，而桌面处理器可以轻松实现 50000～300000 MIPS。如果我们有一个特别困难的计算问题想要解决，一个非常合理的策略就是等待下一代处理器出现，它们可以让我们的生活更轻松、视频流更快、游戏更丰富多彩。

然而，对于我们关心的许多问题，我们就没有那么幸运了。我们可能希望得到一个 2 倍快的 CPU，这会让我们解决 2 倍大的问题。但就像生活中的许多事情一样，量变引发质变。假设我们对 1000 万个数字进行排序，发现需要大约 1 秒。后来，如果我们想在 1 秒内对 10 亿个数字进行排序，就需要一个快 130 倍的 CPU，而不仅仅是 100 倍。在解决某些种类的问题时，情况会变得更糟：对于某些图形问题，从处理 1000 万像素到处理 10 亿像素需要多耗费 13000 倍的时间。

像导航城市交通和预测化学反应这样广泛存在的问题，会“很快”变得困难。如果量子计算是为了制造一台运行速度快 1000 倍的计算机，那么在我们想要解决的艰巨挑战中，几乎不会有任何突破。幸运的是，量子计算机要有趣得多。我们预计，量子计算机将比经典计算机“慢”得多，但解决许多问题所需的资源将以不同的方式“伸缩”，这样，如果我们找对了问题的种类，就可以突破由量变引发的质变。同时，量子计算机并不是灵丹妙药——有些问题仍然会很难。例如，虽然量子计算机很可能在预测化学反应方面给我们带来巨大的帮助，但在其他困难问题上，它们可能没有什么帮助。

调查到底哪些问题我们可以获得这样的优势，并开发量子算法来实现，这是量子计算研究的一大重点。直到现在，以这种方式评估量子方法是非常困难的，因为这样做需要大量的数学技能来写出量子算法，并理解量子力学的所有微妙之处。

然而，随着工业界开始开发平台，帮助开发者与量子计算建立联系，从而试图改变这种情况。通过使用微软的整个“量子开发工具包”（QDK），我们可以抽象出量子计算的大部分数学复杂度，并开始实际理解和使用量子计算机。本书所教授的工具和技术，允许开发者探索和了解为这个新的硬件平台编写程序会是什么样子的。

① MIPS 全称为 million instructions per second，即百万条指令每秒。

换言之，量子计算不会消失，所以了解我们可以用它来解决哪些问题确实很重要！无论量子“革命”是否发生，量子计算已经影响（并将继续影响）有关未来数十年如何开发计算资源的重要决定。类似下面的决定受到了量子计算的强烈影响。

- 在信息安全方面，什么样的假设是合理的？
- 什么技能在学位课程中是有用的？
- 如何评估计算解决方案的市场？

我们这些在技术或相关领域工作的人越来越多地遇到必须做出决定或为回答这些问题提供意见的情况。我们有责任了解量子计算是什么、（也许更重要的是）不是什么。这样一来，我们就能做好最充分的准备，为这些新的努力和决定做出贡献。

撇开这些不谈，量子计算是一个如此迷人的话题，另一个原因在于，它与经典计算既相似又非常不同。了解经典计算和量子计算的相似之处和不同之处，有助于我们理解一般计算的根本所在。经典计算和量子计算都产生于对物理规律的不同描述，因此，理解计算可以帮助我们以一种新的方式理解宇宙。

不过，绝对关键的是，对量子计算感兴趣并没有一个正确的甚至是最好的理由。无论是什么将你带入量子计算研究或应用，你都会在这一路上学到有趣的知识。

1.2　什么是量子计算机?

我们来谈一谈实际上是什么构成了量子计算机。为了便于讨论，我们简单地谈谈“计算机”这个词的含义。

定义　“计算机”是一种将数据作为输入并对这些数据进行某种运算的设备。

我们所说的“计算机”有很多实例，部分实例如图 1.1 所示。

图 1.1　不同种类的计算机的实例，包括霍普海军少将操作的 UNIVAC 主机，一个解决飞行计算的“人类计算机”房间，一个机械计算器，以及一个基于乐高积木的图灵机。每种计算机都可以用与手机、笔记本计算机和服务器等计算机相同的数学模型来描述。资料来源：“人类计算机”的照片由美国国家航空航天局提供。乐高积木图灵机的照片由 Projet Rubens 拍摄，在 CC BY 3.0 许可证下使用

所有这些都有一个共同点：我们可以用经典物理学来模拟它们，也就是用牛顿运动定律、牛顿引力和电磁学来模拟。

这将有助于区分我们习惯的各种计算机（如笔记本计算机、电话、面包机、房屋、汽车、心脏起搏器）和在本书中学习的计算机。为了区分这两者，我们把可以用经典物理学描述的计算机称为“经典计算机”。这样做的好处是，如果我们用“量子物理学”取代“经典物理学”，就有了一个关于量子计算机的漂亮定义！

定义 “量子计算机”是一种将数据作为输入并对这些数据进行某种运算的设备，其过程只能用量子物理学来描述。

换言之，“经典计算机”和“量子计算机”之间的区别正是“经典物理学”和“量子物理学”之间的区别。我们将在本书的后面更多地讨论这个问题。但它们主要的区别是尺度：我们的日常经验主要是与那些足够大和足够热的物体打交道，即使量子效应仍然存在，但整体来看没有起什么作用。虽然量子力学甚至在咖啡杯、面粉袋和棒球棒等日常物体的规模上也起作用，但事实证明，我们仅用经典物理学就能很好地描述这些物体的相互作用。

深入探究：相对论呢？

量子物理学适用于那些非常冷或隔离良好的极小物体。同样，另一个被称为相对论的物理学分支描述了那些尺寸大到足以让引力发挥重要作用或者移动速度非常快（接近光速）的物体。许多计算机依赖于相对论效应，事实上，全球定位卫星在很大程度上也依赖于相对论。到目前为止，我们主要是在比较经典物理学和量子物理学，那么相对论呢？

事实表明，所有利用相对论效应实现的计算也可以用图灵机等纯经典的计算模型来描述。相比之下，量子计算不能描述为更快的经典计算，而是基于不同的数学模型。目前还没有像利用量子物理一样利用相对论的“引力计算机”的提议，所以在本书中我们可以把相对论放在一边，这没有问题。

如果我们将注意力集中在更小规模的系统上，这些系统需要量子力学来描述，那么量子计算就是使用小的、隔离良好的设备来有用地转换数据的艺术，而这种方式不能单独用经典物理学来描述。构建量子设备的一种方式是使用小型经典计算机，如数字信号处理器（Digital Signal Processor，DSP）来控制奇异材料的特性。

物理学和量子计算

用于构建量子计算机的奇异材料的名字听起来很吓人，如“超导体”和“拓扑绝缘体”。不过，我们可以从学习理解和使用经典计算机的方式得到慰藉。

我们可以在不知道什么是半导体的情况下为经典计算机编程。同样，我们如何建造量子计算机背后的物理学是一个迷人的主题，但这并不是我们学习如何编程和使用量子设备的必要条件。

量子设备在如何控制的细节上可能有所不同，但最终所有的量子设备都是由经典计算机和某种控制电子设备控制和读出的。毕竟，我们是对经典数据感兴趣，所以最终必须有一个与经典世界的接口。

注意 大多数量子设备必须保持非常低的温度和良好的隔离，因为它们极易受到噪声的影响。

通过利用嵌入式经典硬件来应用量子运算，我们可以操纵和转换量子数据。量子计算的力量来自于对要应用的运算的细心选择，以实现有效的转换，解决感兴趣的问题。

1.3 如何使用量子计算机？

我们能像科幻影视作品中展示的那样使用量子计算机吗（如图 1.2 所示）？了解量子计算机的潜力和局限性是很重要的，尤其是考虑到围绕量子计算的炒作。这种炒作背后的许多误解来自于将类比外推，超出它们适用的范围——所有类比都有局限性，量子计算也不例外。模拟量子程序在实践中的行为是一个好方法，可以帮助测试和完善类比所提供的理解。尽管如此，我们仍然会在本书中使用类比，因为它们有助于直观地理解量子计算如何工作。

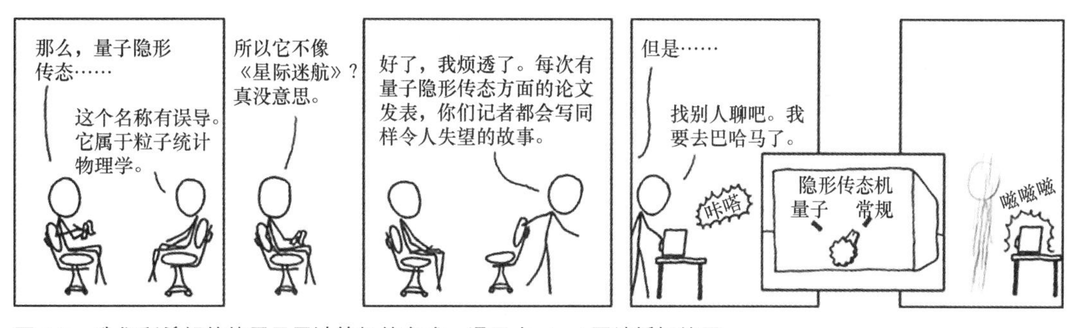

图 1.2 我们所希望的使用量子计算机的方式。漫画由 xkcd 网站授权使用

提示 如果你曾经看到过对量子计算新成果的夸张描述，如“我们可以利用无限多的平行宇宙的力量，同时传送两个地方的猫，从而治疗癌症”，那么你就明白了，将有用的类比外推得太远是很危险的。

关于量子计算的一个特别常见的困惑之处，就是用户将如何使用量子计算机。我们已经理解了什么是“计算机”：你可以用它来运行网络应用程序，写文件，以及运行模拟。事实上，经典计算机在我们的生活中做了许多不同的事情，我们有时甚至不会注意到什么是计算机、什么不是计算机。Cory Doctorow 指出“你的车就是你坐在里面的一台计算机”（DrupalCon Amsterdam 2014 主题演讲），从而提出了这个观点。

然而，量子计算机的用途可能更为特殊——我们预料量子计算机对于某些任务来说是毫无意义的。量子计算将如何融入我们现有的经典计算堆栈，一个很好的模型就是 GPU。GPU 是专门的硬件设备，旨在加速特定类型的计算，如图形绘制、机器学习任务，以及任何容易并行化的任务。你想用 GPU 来完成这些特定的任务，但很可能不想用它来完成所有的任务，因为我们有更灵活的 CPU 来完成一般的任务，如检查电子邮件。量子计算机是完全一样的：它们擅长加速特定类型的任务，但不适合广泛使用。

注意 量子计算机的编程有一些限制，所以当没有特别的量子优势可言时，经典计算机是最好的选择。

经典计算仍将存在，并且是我们（以及我们的量子硬件）彼此交流和互动的主要方式。甚至为了让经典计算资源与量子设备对接，在大多数情况下，我们还需要一个数模信号处理器，如图 1.3 所示。

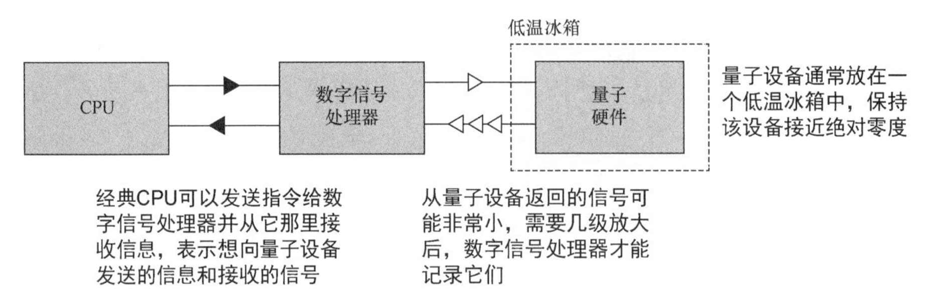

图 1.3 量子设备如何通过使用数字信号处理器与经典计算机交互的示例。数字信号处理器向量子设备发送低功率信号，并放大返回设备的极低功率信号

此外，量子物理学描述的事物在非常小的规模上（包括尺寸和能量），它们与周围环境很好地隔离。这对我们可以运行量子计算机的环境提出了一些硬性限制。一个可能的解决方案是将量子设备保存在低温冰箱中，通常接近 0 K（−459.67 ℉，或−273.15 ℃）。虽然这在数据中心不是问题，但在台式机上搭建一个简化版低温冰箱并不太现实，更不用说在笔记本计算机或手机上。由于上述原因，量子计算机可能会通过云来使用，至少在它们首次商业化后的相当一段时间内是如此的。

将量子计算机用作云服务类似于专门的计算硬件的其他进展。在数据中心中，通过下面这样的奇特计算资源，可以探索一些计算模式，这些模式除了最大的用户之外，很难在内部部署：

- 专门的游戏硬件（如 PlayStation、Xbox）；
- 用于科学问题的极低延迟、高性能计算集群（如 Infiniband）；

- 大规模的 GPU 集群；
- 可重复编程的硬件（如 Catapult、Brainwave）；
- 张量处理单元（Tensor Processing Unit，TPU）集群；
- 高持久、高延迟的档案存储（如 Amazon Glacier）。

展望未来，像 Azure Quantum 这样的云服务将以大致相同的方式提供量子计算的支持。

正如高速、高可用的互联网连接使大量用户可以使用云计算一样，我们也将能够在最喜欢的、有 Wi-Fi 覆盖的海滩或咖啡馆里，甚至在火车上观看远处的雄伟山脉时，使用量子计算机。

1.3.1 量子计算机能做什么？

作为程序员，如果我们有一个具体的问题，那么“我们怎么知道用量子计算机来解决它是有意义的呢？”

我们还在了解量子计算机到底能做到什么程度，因此还没有具体的规则来回答这个问题。到目前为止，我们已经发现了一些问题实例，在这些问题中，量子计算机比著名的经典方法更具有明显的优势。在所有情况下，已经发现的解决这些问题的量子算法都是利用量子效应来实现优势的，这有时被称为“量子优势”。下面是两个有用的量子算法。

- 格罗弗算法（在第 11 章中讨论）可以在 $\sqrt{N}$ 个步骤中搜索 N 个项目的列表。
- 舒尔算法（第 12 章）可以快速分解大的整数，如被用作加密以保护私人数据的整数。

我们将在本书中看到更多的算法，但格罗弗算法和舒尔算法是量子算法有效的好示例：它们都使用量子效应来分离计算问题的正确答案和无效解。实现量子优势的一个方法是找到一些方法，利用量子效应来分离经典问题的正确和错误答案。

什么是量子优势？

格罗弗算法和舒尔算法说明了两种不同的量子优势。整数的因数分解可能比我们猜想的更容易。许多人已经非常努力地尝试快速分解整数，但都没有成功，但这并不意味着我们可以证明分解是困难的。另一方面，我们可以证明格罗弗算法比任何经典算法都要快，其中的秘诀是：它使用的是另一种输入。

为一个实际问题找到可证明的优势是量子计算的一个热门研究领域。也就是说，量子计算机可以成为解决问题的强大工具，即使我们无法证明永远不会有更好的经典算法。毕竟，舒尔算法挑战了大量信息安全的基础假设。数学证明是必要的，只是我们还没有建立一个足够大的量子计算机来运行舒尔算法。

量子计算机还为模拟量子系统的特性提供了巨大的好处，为量子化学和材料科学的应用开辟了道路。例如，量子计算机可以使我们更容易了解化学系统的基态能量。这些基态能量可以让人们深入了解反应速率、电子构型、热力学特性，以及其他业界感兴趣的化学特性。

在开发这些应用的过程中，我们也看到了衍生技术的巨大优势，如量子密钥分配和量子计量学，其中一些我们将在接下来的几章中看到。在以计算为目的，学习控制和理解量子设备的过程中，我们也学到了成像、参数估计、安全等方面的宝贵技术。虽然这些并不是严格意义上的量子计算的应用，但它们在很大程度上展示了用量子计算来“思考”的价值。

当然，当我们对量子算法的工作原理和如何从基本原理建立新的算法有了具体的了解后，量子计算机的新应用就更容易发现了。从这个角度来看，量子编程是学习如何发现全新应用的一个很好的资源。

1.3.2 量子计算机不能做什么?

像其他形式的专业计算硬件一样，量子计算机不会擅长所有工作。对于某些问题，经典计算机更适用。在为量子设备开发应用时，注意到哪些任务或问题不属于量子计算的范围是有帮助的。

简言之，我们没有任何硬性的规则来快速决定哪些任务最好在经典计算机上运行、哪些任务可以利用量子计算机的优势。例如，大数据式应用的存储和带宽要求很难映射到量子设备上，我们可能只有一个相对较小的量子系统。目前的量子计算机只能记录几十位的输入，随着量子设备被用于更苛刻的任务，这种限制将变得更加重要。尽管我们期望最终能建造出比现在大得多的量子系统，但对于需要大量输入或输出来解决的问题，经典计算机可能永远是首选。

同样，对于严重依赖随机访问大量经典输入集的机器学习应用，在概念上很难用量子计算来解决。也就是说，“可能”有其他机器学习应用更自然地映射到量子计算上。寻找应用量子资源解决机器学习任务的最佳方法的研究工作仍在进行。一般来说，那些输入和输出数据量小，但需要大量计算才能从输入到输出的问题是量子计算机的良好候选问题。

鉴于这些挑战，我们可能会得出这样的结论：量子计算机总是擅长于那些输入和输出量小，但两者之间计算量非常大的任务。像“量子并行性”这样的概念在媒体上很流行，量子计算机有时甚至被描述为使用平行宇宙来计算。

注意 “平行宇宙”的概念是一个很好的类比示例，它可以帮助理解量子概念，但如果走向极端就会导致非理性。把量子计算的不同部分看作处在互不影响的多个宇宙中，有时是有帮助的，但这种描述让我们更难思考在本书中将要学习的一些效应，比如干扰。如果走得太远，平行宇宙的比喻也会让人觉得量子计算的方式更接近于《星际迷航》这样的科幻剧中特别充满激情和乐趣的情节，而不是现实。

然而，这未能告诉大家，如何使用量子效应从量子设备中提取有用的答案并不总是显而易见的，即使量子设备的状态似乎包含所需的输出。例如，使用经典计算机对一个整数 N 进行因数分解的一种方法是列出每个“潜在的”因数，并检查它是否真的是一个因数。

1. 令 $i = 2$。
2. 检查 N/i 的余数是否为零：
   - 如果是，则返回 i 是 N 的因数；
   - 如果不是，则递增 i 并循环。

我们可以通过使用大量不同的经典计算机来加速这个经典算法，每个我们想尝试的潜在因数都使用一台计算机。也就是说，这个问题很容易被并行化。一台量子计算机可以在同一设备内尝试每个潜在因数，但事实证明，这还不足以使因数分解比经典方法更快。如果我们在量子计算机上使用这种方法，输出将是随机选择的潜在因数之一。实际正确的因数会出现的概率约为 $1/\sqrt{N}$，这并不比经典算法好。

不过，正如我们在第 12 章中所看到的，我们可以利用其他量子效应，用量子计算机对整数进行因数分解，其速度比那些著名的经典因数分解算法还要快。舒尔算法所做的大部分繁重工作都是为了确保最后测出正确因数的概率远远大于测出错误因数的概率。以这种方式消除不正确的答案是量子编程的大部分艺术所在。对于我们可能想要解决的所有问题，这并不容易，甚至不可能做到。

为了更具体地了解量子计算机能做什么、不能做什么，以及如何在这些挑战下用量子计算机做“很酷”的事情，采取更具体的方法是有帮助的。因此，让我们思考一下什么是量子程序，以便着手编写自己的程序。

1.4 什么是程序?

在本书中我们经常会发现，以重新审视类似的经典概念的方式来解释一个量子概念是有用的。具体来说，让我们回头看看什么是经典程序。

定义 “程序”是一连串的指令，它可以被经典计算机解释为执行一项预期的任务。税单、驾驶指南、菜谱和 Python 脚本都是程序的例子。

我们可以编写经典程序来分解各种不同的任务，以便由各种不同的计算机来解释。一些程序的例子见图 1.4。

我们来看一个简单的“Hello, world!”程序在 Python 中会是怎样的：

```
>>> def hello():
...     print("Hello, world!")
...
>>> hello()
Hello, world!
```

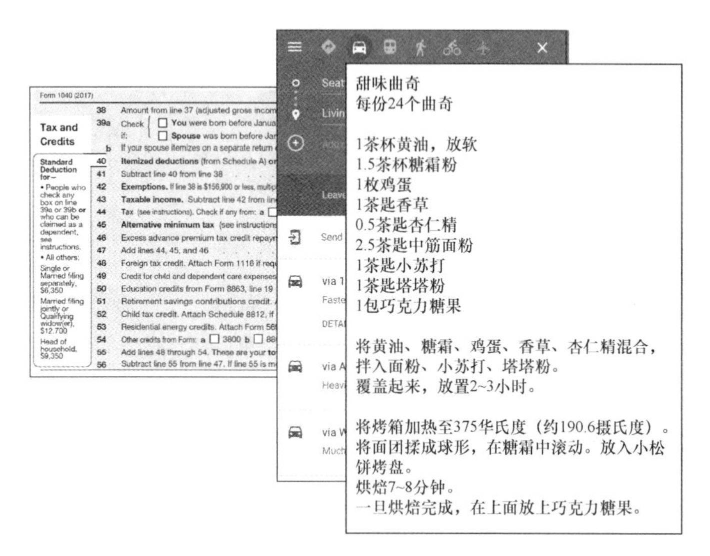

图 1.4　经典程序示例。税单、地图指示和菜谱都是由经典计算机（或人）解释一连串指令的示例。这些示例看起来可能非常不同，但每一个示例都用一个步骤列表来传达一个程序

最基本的是，这个程序可以认为是给 Python“解释器”的一连串指令，然后依次执行每条指令来实现某种效果——本例中是向屏幕打印一条信息。也就是说，这个程序是对一个任务的“描述”，然后由 Python“解释”，接下来由 CPU 解释，以完成我们的目标。这种描述和解释之间的相互作用促使我们把 Python、C 和其他类似的编程工具称为“语言”，强调编程是我们与计算机的交流方式。

在使用 Python 打印“Hello, world!”的例子中，可以认为，我们是在与 Python 语言的创始设计师 Guido van Rossum 沟通。然后，Guido 代表我们与我们正在使用的操作系统的设计者沟通。这些设计者又代表我们与英特尔、AMD、ARM 或任何我们正在使用的 CPU 的设计公司沟通，等等。

什么是量子程序？

与经典程序一样，量子程序由指令序列组成，这些指令被经典计算机解释为执行一项特定的任务。然而不同之处在于，在量子程序中，我们想完成的任务包括让量子系统执行一项计算。

因此，经典程序和量子程序中使用的指令也有所不同。一个经典程序可能会将“从互联网加载一些猫的图片”这种任务描述为网络栈的指令，并最终由类似“mov（移动）”的汇编指令描述。相比之下，像 Q# 这样的量子语言允许程序员用 M（测量）这样的指令来表达量子任务。当量子硬件运行时，这些程序可以指示数字信号处理器将微波、激光或其他种类的电磁波送入量子设备，并放大从该设备传出的信号。

在本书，我们将看到许多说明量子程序所面临的要解决的（或至少是关注的）任务种类，以及可以使量子编程更容易的经典工具实例。例如，图 1.5 显示了一个在 Visual Studio Code（一个经典的集成开发环境）中编写量子程序的示例。

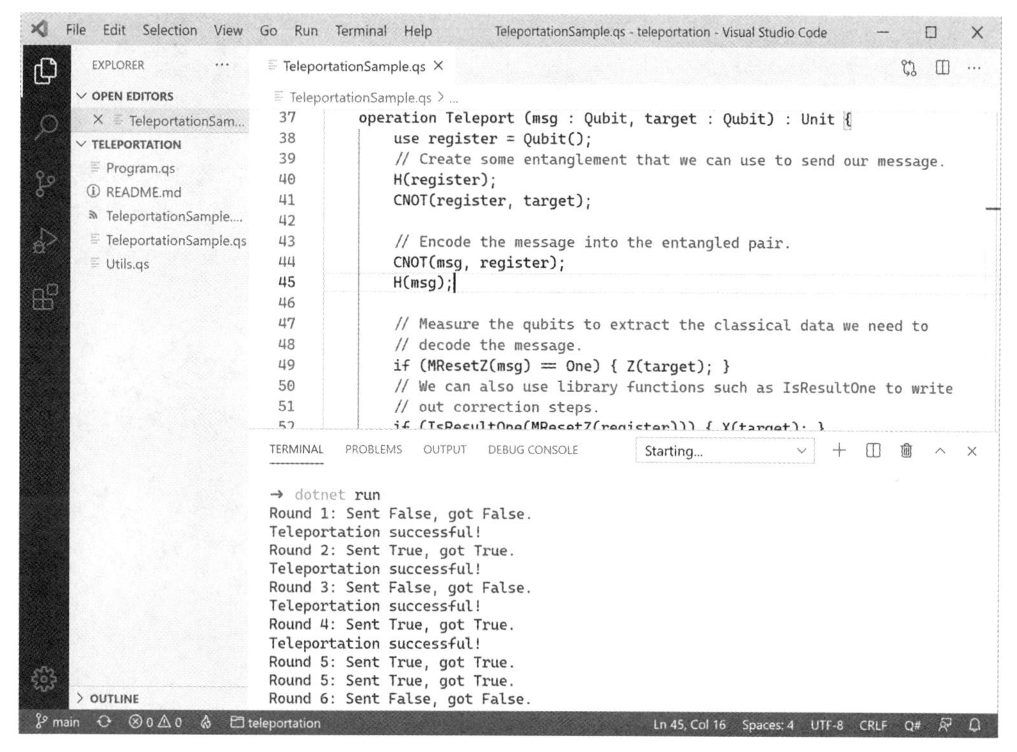

图 1.5 用 QDK 和 Visual Studio Code 编写量子程序。第 7 章中会讲解该程序的内容，但从高层面上来看，它与你可能做过的其他软件项目相似

我们将逐章建立起编写量子程序所需的概念，图 1.6 展示了其路线图。在第 2 章中，我们将学习构成量子计算机的基本构件，并用它们来编写我们的第一个量子程序，从而拉开学习的序幕。

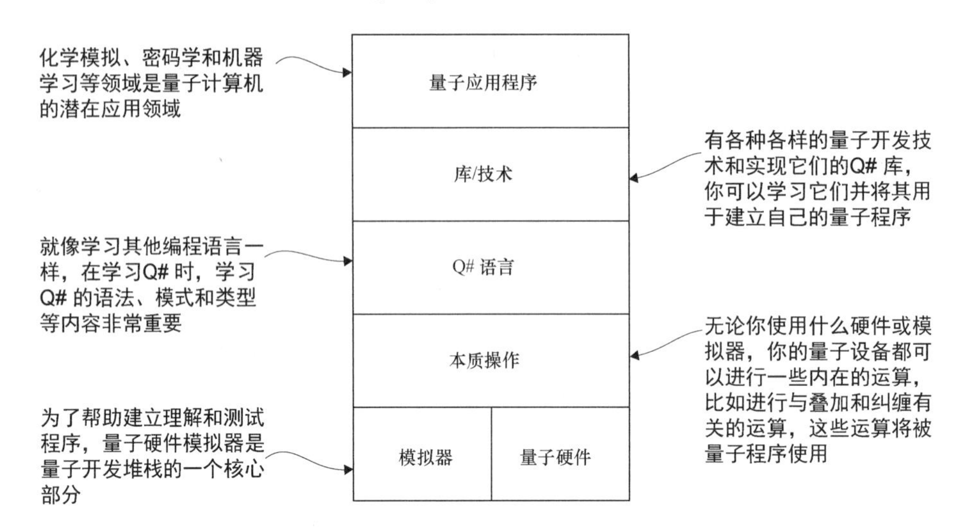

图 1.6 本书阐述了编写量子程序所需的概念。从第一部分开始，通过在 Python 中建立我们自己的模拟器，对模拟器和内在运算（考虑硬件 API）进行低层次的描述。第二部分研究了 Q# 语言和量子开发技术，这将有助于我们开发自己的应用程序。第三部分展示了一些已知的量子计算的应用，以及我们在这项技术上的挑战和机遇

小结

- 量子计算之所以重要，是因为量子计算机有可能让我们解决传统计算机难以解决的问题。
- 在某些类型的问题上，量子计算机可以提供比经典计算机更多的优势，比如大数的因数分解。
- 量子计算机是使用量子物理学来处理数据的设备。
- 程序是可以由经典计算机解释的指令序列，用以执行任务。
- 量子程序是通过向量子设备发送指令进行计算的程序。

第 2 章　量子位：构建块

本章内容

- 为什么随机数是一种重要的资源?
- 什么是量子位?
- 我们可以在量子位上进行哪些基本操作?
- 在 Python 中为量子随机数生成器编程。

在本章中，我们开始接触一些量子编程的概念。我们要探讨的主要概念是“量子位”，即“量子领域的经典位”。我们用量子位作为一个抽象或模型，来描述量子物理学可能带来的新型计算。图 2.1 展示了一个使用量子计算机的模型，以及我们在本书中使用的模拟器设置。真实的或模拟的量子位存在于目标机器上，并与我们要编写的量子程序进行交互！这些量子程序可以由各种宿主程序发出请求，然后宿主程序等待接收量子程序的结果。

为了方便了解什么是量子位，以及如何与它们互动，我们现在使用随机数生成器作为使用它们的示例。虽然我们可以用量子位构建更有趣的设备，但“量子随机数生成器”（Quantum Random Number Generator，QRNG）这个简单示例是熟悉量子位的好途径。

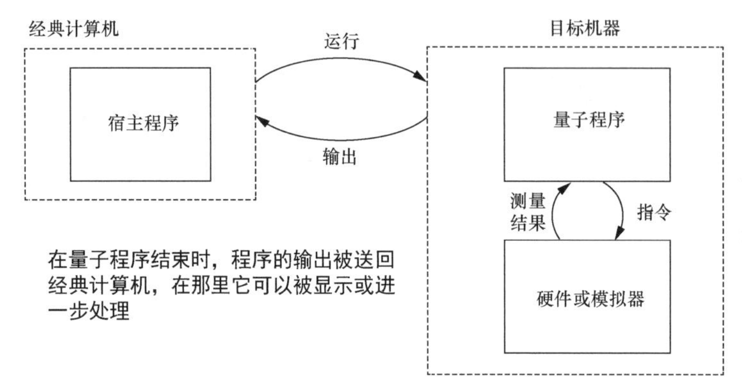
量子计算机思维模型
一个宿主程序，如Jupyter Notebook或Python中的自定义程序，可以将量子程序发送到目标机器，如通过Azure Quantum等云服务提供的设备
经典计算机
运行
目标机器
宿主程序
输出
量子程序
测量结果
指令
然后，量子程序向量子设备发送指令，并获得测量结果的反馈
在量子程序结束时，程序的输出被送回经典计算机，在那里它可以被显示或进一步处理
硬件或模拟器

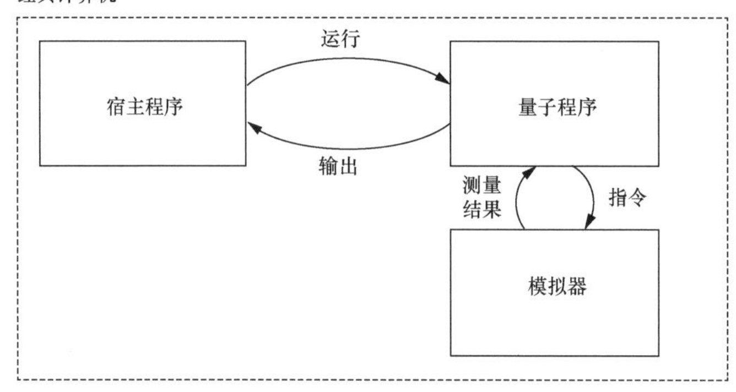
在模拟器上实现
在模拟器上工作时（正如我们在本书中所做的那样），模拟器可以与宿主程序运行在同一台计算机上，但我们的量子程序仍然向模拟器发送指令并获得结果
经典计算机
运行
宿主程序
量子程序
输出
测量结果
指令
模拟器

图 2.1 关于如何使用量子计算机的思维模型。图中上半部分是量子计算机的一般模型。我们将在本书中使用本地模拟器，就像下半部分所示的那样

2.1 为什么需要随机数？

人类喜欢确定性。我们期望键盘上固定位置的按键代表的字母不会随时改变。但在某些场景下，我们也需要随机性，如下所示：

- 玩游戏；
- 模拟复杂的系统（如股票市场）；

■ 选择与安全有关的配置（例如密码和加密密钥）。

在需要随机性的所有场景下，我们可以描述每个结果出现的可能性。对于随机事件，我们只能描述可能性，直到掷出骰子（或抛出硬币）的一刻才能真正知道结果。在描述每个示例的可能性时，我们会这样说：

■ “如果”我掷出这个骰子，“那么”得到 6 的“概率”是 1/6；

■ “如果”我抛出这枚硬币，“那么”得到正面的“概率”是 1/2。

我们还可以描述不同结果概率不同的情况。在“幸运大转轮”中（见图 2.2），“如果”我们转动轮子，“那么”会获得 100 万美元奖金的概率，要比“如果”我们转动轮子，“那么”什么也得不到的概率小得多。

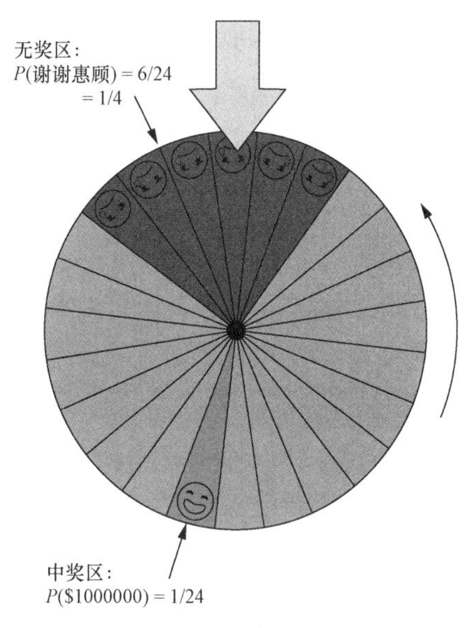

图 2.2 “幸运大转轮”中获得 100 万美元和不中奖的概率。在转动轮子之前，我们不知道它到底会落在哪里，但我们通过观察轮子知道，不中奖的概率要比获得 100 万美元的概率大得多

正如同这种抽奖游戏，在计算机科学中，有许多情况下随机性是至关重要的，尤其是在需要安全性的时候。如果我们想保持一些信息的私密性，加密技术可以以不同的方式将数据与随机数相结合，从而实现目标。如果我们的随机数生成器不是很好（也就是说，如果攻击者可以预测我们用什么数字来保护私人数据），那么加密技术就没有什么用了。我们也可以想象，用一个差劲的随机数生成器来进行抽奖时，一个攻击者如果弄清了我们的随机数是如何生成的，就可以直接拿走所有奖金。

赔率是什么?

使用对手可以预知的随机数字，我们可能会损失大量钱财。20 世纪 80 年代流行的游戏节目 *Press Your Luck!* 的制作人会对此深有体会。

一位参赛者发现，他可以预测游戏中的电子“转盘”会落在哪里，这让他获得了很多收入。要了解更多信息，请阅读扎卡里·克罗克特（Zachary Crockett）撰写的 *The Man Who Got No Whammies*。

事实证明，量子力学可以让我们建立一些真正独特的随机性来源。如果我们正确地建立它们，那么结果的随机性是由“物理学”保证的，而不是基于计算机解决一个难题所需时长的假设。这意味着黑客或对手必须打破物理学定律才能破解安全问题！但这并不意味着我们应该将量子随机数用于一切事物，因为人仍然是安全基础设施中的薄弱之处😼。

深入探究：计算安全和信息安全

一些保护私人信息的方法基于一个假设：存在一些问题，使得攻击者容易或难以解决。例如，RSA 算法是一种常用的加密算法，它基于“大数的质因数很难找到”这个假设。RSA 被用于网络和其他场合，以保护用户数据，其前提是对手不能轻易对非常大的数字进行因数分解。到目前为止，这被证明是一个很好的假设，但未来完全有可能发现一种新的因数分解算法，从而破坏 RSA 的安全性。像量子计算这样的新计算模型也改变了人们对做出“因数分解很难”这样的计算假设是否合理的评价。正如我们将在第 11 章看到的，一种名为“舒尔算法”的量子算法能够比经典计算机更快地解决某些类型的加密问题，对通常用来承诺计算安全性的假设形成了挑战。

相比之下，如果对手只能随机地猜测秘密，即使有非常强大的计算能力，那么一个安全系统也能更好地保证其保护私人信息的能力。这样的系统被认为是“信息安全的”。在本章后面，我们会看到以一种难以预测的方式生成随机数，使我们能够实现一种名为“一次性密码本”的信息安全程序。

这给了我们一些信心，我们可以将量子随机数用于重要的任务，如保护私人数据、运营彩票，以及玩《龙与地下城》。模拟 QRNG 的工作原理可以让我们学习许多量子力学的基本概念，所以让我们马上开始吧！

如前所述，开始的好方法是阅读 QRNG 的程序案例。如果下面的算法（也显示在图 2.3 中）现在看起来不是太明白，请不要担心，我们会在本章的其余部分解释不同的部分：

1. 要求量子设备分配一个量子位；
2. 在量子位上应用一个名为“阿达马指令”的指令（本章后面会介绍该指令）；
3. 测量该量子位，并返回结果。

在本章的其余部分，我们将开发一个名为 QuantumDevice 的 Python 类，编写实现类似这种算法的程序。一旦有了 QuantumDevice 类，我们就可以把 QRNG 写成一个 Python 程序，类似于我们常见的经典程序。

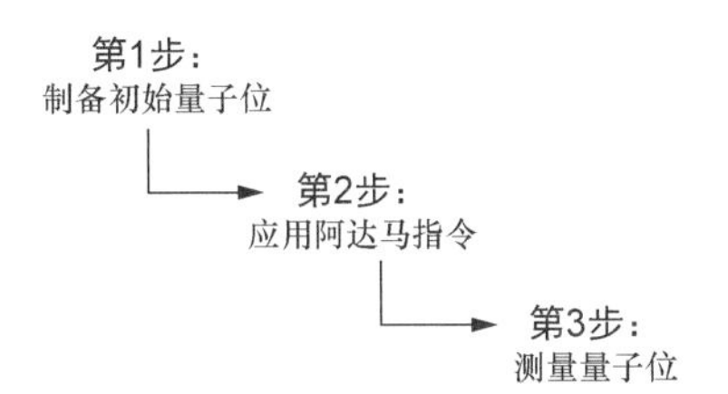

图 2.3 QRNG 算法。为了用量子计算机对随机数进行采样，我们的程序将制备一个新的量子位，然后用阿达马指令来制备需要的叠加，测量并返回最后得到的随机结果

注意 关于如何在设备上设置 Python 以运行量子程序的说明，请参见附录 A。

请注意，在你写完本章的模拟器之前，清单 2.1 中的示例无法运行☺。

清单 2.1 qrng.py：一个生成随机数的量子程序

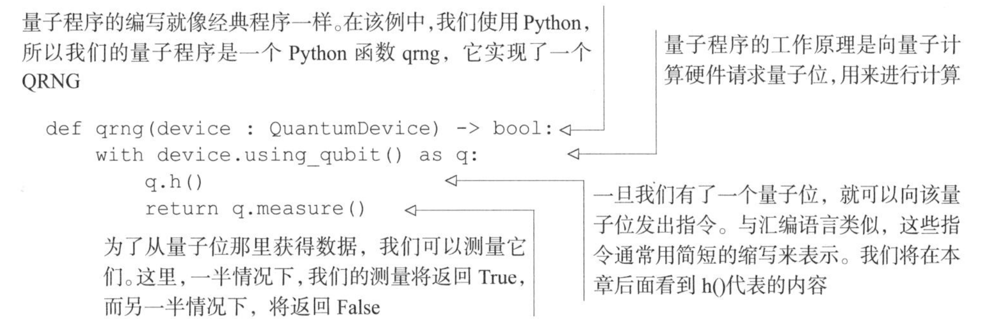

量子程序的编写就像经典程序一样。在该例中，我们使用 Python，所以我们的量子程序是一个 Python 函数 qrng，它实现了一个 QRNG
量子程序的工作原理是向量子计算硬件请求量子位，用来进行计算
一旦我们有了一个量子位，就可以向该量子位发出指令。与汇编语言类似，这些指令通常用简短的缩写来表示。我们将在本章后面看到 h()代表的内容
为了从量子位那里获得数据，我们可以测量它们。这里，一半情况下，我们的测量将返回 True，而另一半情况下，将返回 False


```
def qrng(device : QuantumDevice) -> bool:
    with device.using_qubit() as q:
        q.h()
        return q.measure()
```

就是这样！4 个步骤，我们刚刚创建了我们的第一个量子程序。这个 QRNG 返回 True 或 False。用 Python 术语来说，这意味着我们每次运行 qrng 都会得到一个 1 或者一个 0。它不是一个非常复杂的随机数生成器，但它返回的数字是真随机的。

为了运行 qrng 程序，我们需要给这个函数提供 QuantumDevice，从而提供对量子位的访问，以及实现不同的指令供我们向量子位发送。尽管我们只需要一个量子位，但作为开始，我们要建立自己的量子计算机模拟器。现有的硬件可以用来完成这个不大的任务，但我们后续要考虑的问题将超出现有硬件的范围。它将在本地笔记本计算机或台式机上运行，就如同实际的量子硬件一样。在本章的其余部分，我们会建立所需的不同部分，以编写自己的模拟器并运行 qrng。

2.2 什么是经典位？

在学习量子力学的概念时，后退一步，重新审视“经典”的概念，将它与量子计算中的表达方式联系起来，往往能帮助理解。考虑到这一点，让我们再看一看什么是“位”。

若要给我们的朋友 Eve 发送一条重要的信息，比如“♡”。怎样才能以一种方便发

送的方式来表示我们的信息呢？

可以从列出每一个可以用来写出信息的字母和符号开始。幸运的是，Unicode 联盟已经为我们完成了这项工作，并为世界各地用于通信的各种字符分配了代码。例如，指定 I 的代码为 0049、ꙮ为 A66E、⸎为 2E0E、💖为 1F496。这些代码初看似乎没有什么用，但字符与代码间的对应关系使得我们可以将符号作为信息发送。如果我们知道如何发送两种信号（称为 0 和 1），这些代码让我们能够将更复杂的信息（比如ꙮ、⸎和💖）表示为由 0 和 1 组成的信号序列。代码中的数字和字母可以逐一按以下方式表达：

- 0 表示为 0000；
- 1 表示为 0001；
- 2 表示为 0010；
- 3 表示为 0011；
- 4 表示为 0100；
- 5 表示为 0101；
- 6 表示为 0110；
- 7 表示为 0111；
- 8 表示为 1000；
- 9 表示为 1001；
- A 表示为 1010；
- B 表示为 1011；
- C 表示为 1100；
- D 表示为 1101；
- E 表示为 1110；
- F 表示为 1111。

现在，我们可以发送任何我们想要的信息了，只要我们知道如何向 Eve 发送 2 个消息："0" 消息和 "1" 消息。利用这些对应关系，我们的信息 "💖" 变成了 "0001 1111 0100 1001 0110"，即 1F496。

提示 不要错误地发送 "0001 1111 0100 1001 0100"，否则 Eve 会从你那里收到 "💔"！

我们将每个 "0" 或 "1" 这样的信息称为一个 "位"。

注意 为了将位与我们在本书其余部分看到的 "量子位" 区分开来，我们经常强调正在谈论的是 "经典" 位。

当我们使用 "位" 这个词时，通常是指下述两件事物之一：

- 任何可以通过回答一个 "真或假" 的问题来完全描述的物理系统；
- 存储在这种物理系统中的信息。

例如，挂锁、电灯开关、二极管、弧线球的左旋或右旋、酒杯中的酒都可以被认为是位，因为我们可以用它们来发送或记录信息（见表 2.1）。

表 2.1　位的示例

标签	挂锁	灯的开关	二极管	葡萄酒种类	棒球
0	未锁	关	低电压	白葡萄酒	向左旋转
1	锁上	开	高电压	红葡萄酒	向右旋转

这些示例都应用了“位”的概念，因为我们可以通过回答一个“真或假”的问题向别人完整地描述它们。换言之，每个例子都能让我们发送一个 0 或 1 的信息。像所有的概念模型一样，位也有局限性——比如，应该如何描述桃红葡萄酒?

话虽如此，位仍然是一个有用的工具，因为我们可以描述与位互动的方式，而这些方式与我们实际构建位的方式无关。

2.2.1 我们能用经典位做什么?

既然我们有了一种描述和发送经典信息的方法，那么可以做什么来处理和修改它呢? 我们用“操作”来描述对信息处理的方式，它被定义为描述如何改变或操纵一个模型的方式。

为了直观地了解 NOT 操作，我们假设将两个点标记为 0 和 1，如图 2.4 所示。那么，NOT 操作就是能够把 0 变成 1、把 1 变成 0 的任何转换。在像硬盘这样的经典存储设备中，NOT 门会翻转存储位值的磁场。如图 2.5 所示，我们可以认为 NOT 是在图 2.4 中画的点 0 和 1 之间实现了一个 180° 的旋转。

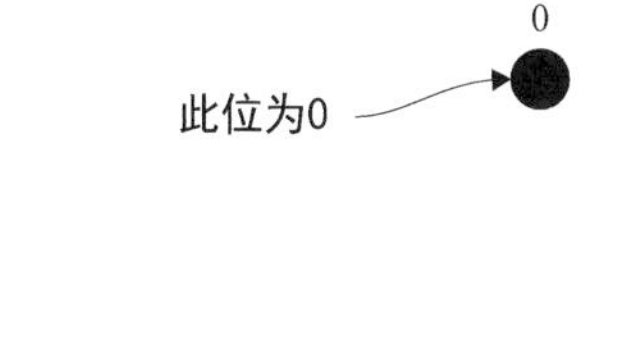

图 2.4 一个经典位可以处于两种不同的状态之一，通常称为 0 和 1。可以将一个经典位描述为处于 0 或 1 位置的黑点

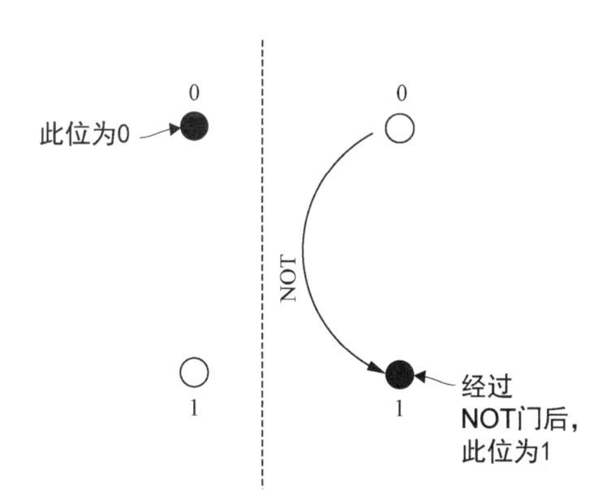

图 2.5 经典的 NOT 操作将一个经典位在 0 和 1 之间翻转。例如，如果一个位开始是 0 状态，NOT 将其翻转到 1 状态

以这种方式对经典位进行可视化，还可以让我们稍微扩展位的概念，从而包括一种描述“随机”位的方式（这在后面会有所帮助）。如果我们有一枚“公平的硬币”（也就是说，这枚硬币抛落时有一半情况下是正面，另一半情况下是反面），那么将这枚硬币称为 0 或 1 是不正确的。只有将硬币的某一面朝上放在一个平面上时，我们才知道这个

位处于什么值。我们也可以抛掷它来得到一个随机值。每次抛掷硬币，我们知道它最终会落地，我们会得到正面或反面。它是正面还是反面是由一种称作硬币“偏倚”的概率所决定的。我们必须选择硬币的一面来描述偏倚，这很容易表述为一个问题，如“硬币得到正面的概率是多少？”因此，一枚公平的硬币有 50%的偏倚，因为它有一半的情况下正面朝上，这在图 2.6 中被映射为位值 0。

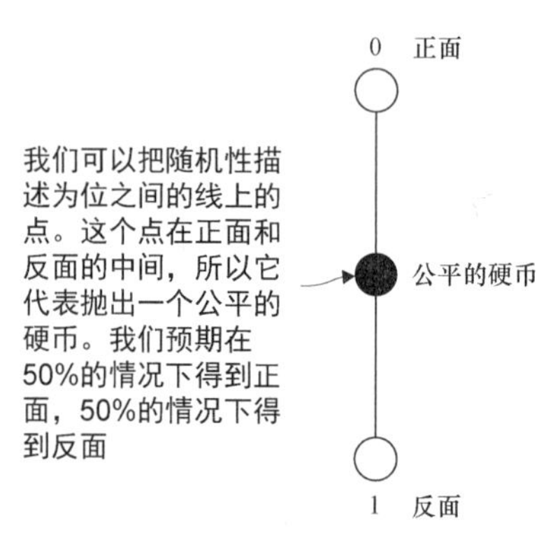

图 2.6 我们可以用之前的图片来扩展位的概念，从而描述硬币。与位不同的是，硬币在每次抛出时都有概率为 0 或 1。我们把这个概率用图形表示为 0 和 1 之间的一个点

利用这个可视化方法，我们可以把之前表示位值 0 和 1 的两个点，用一条线连接起来，然后在上面画出硬币的偏倚。我们可以更容易地看到，一个 NOT 操作（仍然适用于我们的新概率位）对一个公平的硬币没有任何影响。如果 0 和 1 以相同的概率出现，那么我们将 0 旋转到 1 或将 1 旋转到 0 都没有关系：我们仍然会得到 0 和 1 具有相同概率的结果。

如果我们的偏倚不在中间呢？如果我们知道有人试图通过使用动过手脚的、几乎总是落在正面的硬币来作弊，我们可以说这枚硬币的偏倚是 90%，并在我们的线上画出一个点，它更接近 0 而不是 1。

定义 我们在直线上画出每个经典位的点就是该位的“状态”。

让我们考虑一个场景。假设我想给你发送一串用挂锁存储的位。我能做到的花销最小的方法是什么？

一种方法是邮寄一个装有许多挂锁的盒子，这些挂锁要么是打开的，要么是关闭的，并希望它们以我发送时的状态到达。另一方面，我们也可以约定所有的挂锁都从 0（未锁）状态开始，我可以给你发送指令，告诉你哪些挂锁需要锁上。这样，你就可以自己购买挂锁，而我只需要发送一份关于如何用经典的 NOT 门来准备这些挂锁的“描述”。显而易见，寄一张纸或发送一封电子邮件比邮寄一箱挂锁要便宜得多！

这展示了我们将在本书中依赖的一个原则:“一个物理系统的状态也可以用如何准备该状态的指令来描述。”因此，一个物理系统上允许的操作也定义了哪些状态是可能的。

尽管这听起来完全微不足道，但我们还可以用经典位做一件事，这对我们如何理解量子计算至关重要：我们可以观察它们。如果我观察一把挂锁并得出结论:“啊哈！那把挂锁没锁。”那么我现在可以把我的大脑看成是一个“柔软的位”。0 的信息通过我的思考（“那把挂锁没锁”）而储存在我的大脑中。1 的信息会通过我的思考（“啊，好吧，那把挂锁是锁着的☹”）而储存在我的大脑中。实际上，通过观察一个经典位，我已经将它“复制”到我的大脑中。我们说，“测量”经典位的行为复制了那个位。

更一般地说，现代生活基于一个事实:“观察经典位而复制经典位”的过程十分容易实施。我们能够轻松地复制经典位，在我们把数据从视频游戏机复制到电视上的每一秒，都要测量数十亿个经典位。

与此不同的是，如果一个位被存储为硬币，那么测量的过程就涉及到抛掷它。测量并不完全是复制硬币，因为我在下次抛掷时可能会得到不同的测量结果。如果只有一次测量的机会，就不能断定得到正面或反面的概率。挂锁存储的位没有这种模糊性，因为我们知道挂锁的状态不是 0 就是 1。如果我测量一个挂锁，发现它处于 0 状态，我就会知道它将永远处于 0 状态，除非我对挂锁做了什么。

在量子计算中，情况并不完全一样，正如我们在本章后面会看到的那样。虽然测量经典信息足够便宜，以至于我们会精确地抱怨一条 5 美元的电缆可以让我们测量多少亿位，但我们必须对如何处理量子测量更加谨慎。

2.2.2 抽象是我们的朋友

无论我们如何在物理上构建一个位，都可以（幸运地）在数学和代码中以同样的方式表示它们。例如，Python 提供了 bool 类型（以纪念逻辑学家 George Boole），它有两个有效值：True 和 False。我们可以将位上的转换（如 NOT、OR）表示为作用于 bool 变量的操作。重点是，我们可以通过描述一个经典操作如何转换每个可能的输入来指定该操作，这通常称为“真值表”。

定义 “真值表”是一个表格，描述了经典操作对每个可能的输入组合的输出。例如，图 2.7 展示了 AND 操作的真值表。

我们可以通过迭代 True 和 False 的各种组合，来找到 Python 中 NAND（NOT-AND 的缩写）操作的真值表，如清单 2.2 所示。

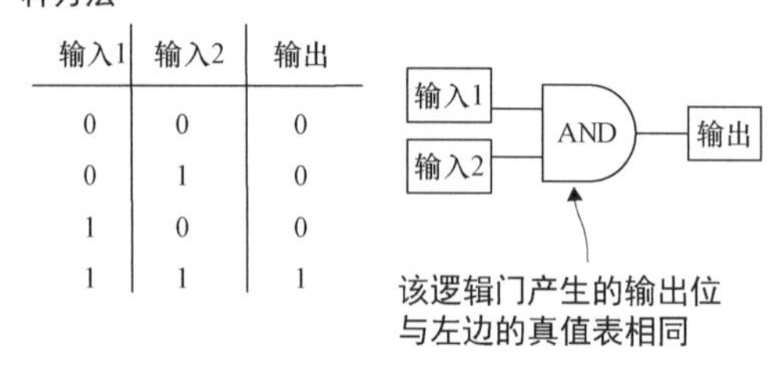

输入1	输入2	输出
0	0	0
0	1	0
1	0	0
1	1	1

图 2.7　逻辑操作 AND 的真值表。如果知道一个逻辑操作的整个真值表，就知道该操作对任何可能的输入分别有什么作用

清单 2.2　使用 Python 打印出 NAND 的真值表

```
>>> from itertools import product
>>> for inputs in product([False, True], repeat=2):
...     output = not (inputs[0] and inputs[1])
...     print(f"{inputs[0]}\t{inputs[1]}\t->\t{output}")
False   False   ->      True
False   True    ->      True
True    False   ->      True
True    True    ->      False
```

注意　将一个操作描述为一个真值表对更复杂的操作也是适用的。原则上，即使像两个 64 位整数之间的加法操作也可以写成一个真值表，但这并不实际，因为两个 64 位输入的真值表会有 2^{128} 个条目（数量级达到 10^{38}），需要 10^{40} 位来记录。相比之下，最近的估计认为整个互联网的大小接近 10^{27} 位。

经典逻辑和硬件设计的大部分学问，体现在制作能够提供经典操作的紧凑电路，而不依赖潜在的大规模真值表。在量子计算中，我们对类似的量子位的真值表使用了“酉算子”（unitary operator）这个名称，我们将在接下来的讨论中展开介绍。

综上所述：

- 经典位是可以处于两种不同“状态”之一的物理系统；
- 经典位可以通过“操作”来处理信息；
- “测量”一个经典位的行为使该状态中包含的信息被复制。

注意　在 2.3 节，我们将利用线性代数来学习量子计算机中的基本信息单位：量子位。如果你需要复习一下线性代数，这是一个跳转到附录 C 的好时机。我们会在全书中参考附录 C 中的一个比喻：我们将向量看作地图上的方向。你不妨先去看看附录 C，我在这里等你！

2.3 量子位：状态和操作

正如经典位是经典计算机中最基本的信息单位，量子位是量子计算机中的基本信息单位。它们在物理上可以由具备两种状态的系统来实现，就像经典位一样，但它们的行为是基于量子力学定律的，这会允许一些经典位无法实现的行为存在。让我们像对待任何其他有趣的计算机新配件一样对待量子位：试着投入使用，看看会发生什么！

模拟量子位

在本书的所有内容中，我们都不会使用实际的量子位。相反，我们将使用量子位的“经典模拟”。这让我们能够学习量子计算机的工作原理，并着手为量子计算机可以解决的各种问题的小实例编程，即使我们还没有获得解决实际问题所需的量子硬件。

这种方法的麻烦之处在于，在经典计算机上模拟量子位需要的经典资源与量子位的数量成指数级关系。最强大的经典计算服务可以模拟约 40 个量子位，再多就不得不简化或减少正在运行的量子程序类型了。作为比较，在编写本书时，商业硬件最大可以达到 70 个量子位。拥有这么多量子位的设备极难用经典计算机来模拟，但目前可用的设备仍然有太多干扰，无法完成大多数有用的计算任务。

想象一下，如果要写一个只有 40 经典位的经典程序，那是多么的困难啊！虽然与我们习惯于在经典程序中使用的千兆字节级别的文件相比，40 位是相当小的，但我们仍然可以用仅有的 40 个量子位做一些非常有趣的事情，这将有助于我们制作原型，了解实际的量子优势可能是怎样的。

2.3.1 量子位的状态

为了实现 QRNG，我们需要研究如何描述量子位。我们已经用挂锁、棒球和其他经典系统来表示 0 或 1 的经典位值。我们可以使用许多物理系统来作为量子位，而“状态”是量子位可以拥有的“值”。

与经典位的 0 和 1 状态类似，我们可以为量子状态写标签。与经典的 0 和 1 最相似的量子位状态是 $|0\rangle$ 和 $|1\rangle$，如图 2.8 所示。它们分别读作“ket 零”和“ket 一”。

ket 是什么

“ket”这个词来自量子计算中的一种异想天开的命名，它的历史归功于一个有些荒唐的双关语。正如我们在研究测量时看到的那样，还有一种名为“bra”的东西，被写成 $\langle 0|$。如果我们把 bra 和 ket 放在一起，就得到一对 bracket（意为“括号”）。

使用 bra 和 ket 来写出量子力学的数学形式，通常被称为狄拉克符号，以保罗·狄拉克（Paul Dirac）的名字命名，他发明了这种符号，我们现在深陷其中，不能自拔。我们将在全书中看到更多这种奇思妙想。

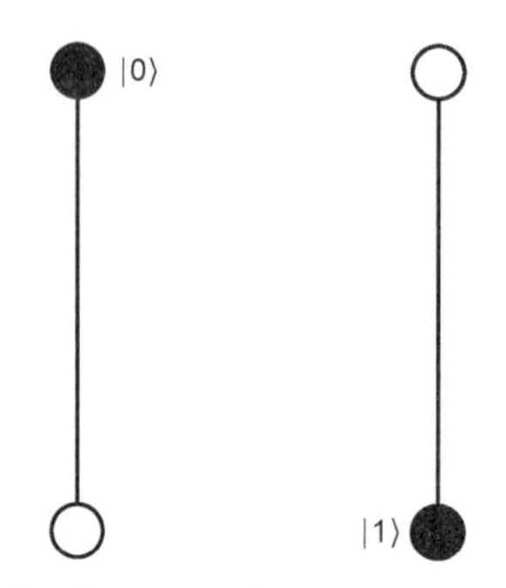

图 2.8 使用狄拉克符号表示量子位，我们可以用图形表示量子位的 |0⟩ 和 |1⟩ 状态，就像我们表示经典位的 0 和 1 状态一样。具体来说，我们将 |0⟩ 和 |1⟩ 状态画成沿轴线的相对点

但需要注意的一点是，状态是用来预测量子位行为方式的简化模型，而不是量子位的固有属性。当我们在本章后面考虑测量问题时，这一区别就变得尤为重要——正如我们将看到的，我们无法直接测量一个量子位的状态。

警告 在真实系统中，我们永远无法通过数量有限的拷贝，提取或完美地了解一个量子位的状态。

如果你还不是很清楚这里意义，请不要担心；我们在书中会看到大量的示例。现在要记住的是，量子位并不是状态。

如果我们想模拟棒球被抛出后的运动情况，我们可以先写下它的当前位置，它的速度和方向，它的旋转方向，等等。这组数字有助于我们在纸上或计算机中描述棒球，以预测棒球会做什么，但我们不会说棒球就是这组数字。为了开始模拟，必须找一个我们感兴趣的棒球，“测量”它在哪里、速度有多快，等等。

我们说，准确模拟棒球行为所需的全套数据就是该棒球的“状态”。同样，一个量子位的状态，就是模拟它并预测测量结果所需的全套数据。就像我们需要在模拟器中更新棒球的状态一样，当我们对它进行操作时，会更新量子位的状态。

提示 记住这个微妙的区别：量子位是由状态“描述”的，但并不是说量子位“就是”状态。

更微妙的是，虽然我们可以测量一个棒球而不对它做任何事情，只是复制一些经典信息，但是正如我们将在本书的其余部分看到的那样，我们不能完美地复制存储在量子位中的量子信息——当我们测量一个量子位时，会对它的状态有影响。这可能会让人感到困惑，因为当我们模拟一个量子位时，会记录它的全部状态，这样我们就可以随时查看模拟器中的存储器了。我们对实际的量子位所做的一切都不能让我们看到它们的状态，所以如果我们通过查看模拟器的内存来“作弊”，就不能在真实的硬件上运行我们的程序了。

换言之，虽然直接看状态对我们建立经典模拟器的调试很有用，但我们必须确保在编写算法时，只依据能够从真实硬件中合理地了解的信息。

闭着眼睛作弊

当我们使用量子模拟器时，模拟器必须在内部存储量子位的状态：这就是为什么模拟量子系统会如此困难。每一个量子位原则上都可能与其他每一个量子位相关，所以我们一般需要指数级的资源来写下模拟器中的状态（我们将在第 4 章看到更多关于这个问题的内容）。

如果我们通过直接查看模拟器存储的状态来“作弊”，就只能在模拟器上，而不能在实际硬件上运行我们的程序。在后面的章节中，我们将看到如何使用断言，以及如何使作弊无法被观察到，从而更安全地作弊😈。

2.3.2 操作的游戏

现在，既然我们有了这些状态的名称，让我们来说明如何表示它们所包含的信息。对于经典位，我们可以在任何时候将位所包含的信息简单地记录为一条线上的数值：0 或 1。这之所以有效，是因为我们能做的唯一操作就是在这条线上的翻转状态（或 180° 旋转状态）。量子力学允许我们对量子位应用更多种类的操作，包括小于 180° 的旋转。也就是说，在允许对它进行的操作方面，量子位与经典位有所不同。

注意 对经典位的操作是逻辑操作，可以通过用不同方式组合 NOT、AND 和 OR 来实现，而量子操作由“旋转”组成。

如果想把一个量子位的状态从 $|0\rangle$ 变成 $|1\rangle$（这就是“量子版本的 NOT 操作”），可以把量子位顺时针旋转 180°，如图 2.9 所示，反之亦然。

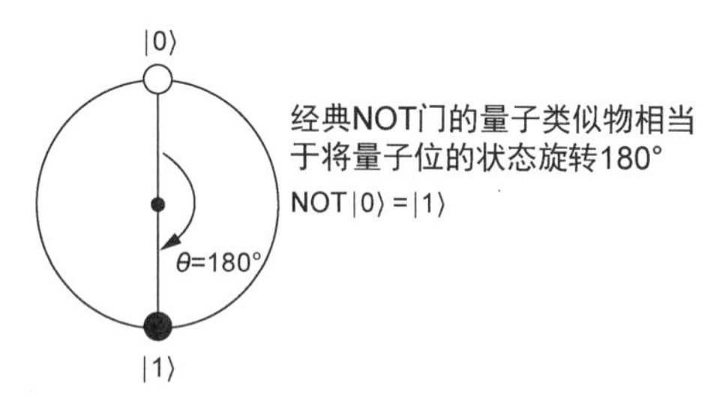

图 2.9 量子版本的 NOT 操作，对处于 $|0\rangle$ 状态的量子位进行操作，使其处于 $|1\rangle$ 状态。我们可以把这个操作看作围绕连接 $|0\rangle$ 和 $|1\rangle$ 状态的线的中心旋转了 180°

我们已经看到旋转 180° 是如何模拟 NOT 门的，但我们还能进行什么旋转呢？

可逆性

我们旋转一个量子状态后，总是可以通过相反方向的旋转回到初始状态。这个属性被称为“可逆性”，它被证明是量子计算的基础。除了测量（我们会在本章后面做进一步了解）之外，所有的量子操作都必须是可逆的。

不过，并非所有我们习惯的经典操作都是可逆的。像 AND 和 OR 这样的操作并不像它们通常描述的那样是可逆的，所以如果不做更多的工作，它们就不能被实现为量子操作。我们将在第 8 章中看到如何实现这一点，届时我们将介绍“去操作”（uncompute）技巧，将其他经典操作表达为旋转。

除此之外，像 XOR 这样的经典操作很容易成为可逆的，所以我们可以用一种名为“受控 NOT”的量子操作把它们写成旋转过程，我们会在第 8 章具体学习。

如果我们把处于 $|0\rangle$ 状态的量子位顺时针旋转 90° 而不是 180°，就会得到一个可以看作 NOT 操作的平方根的量子操作，如图 2.10 所示。

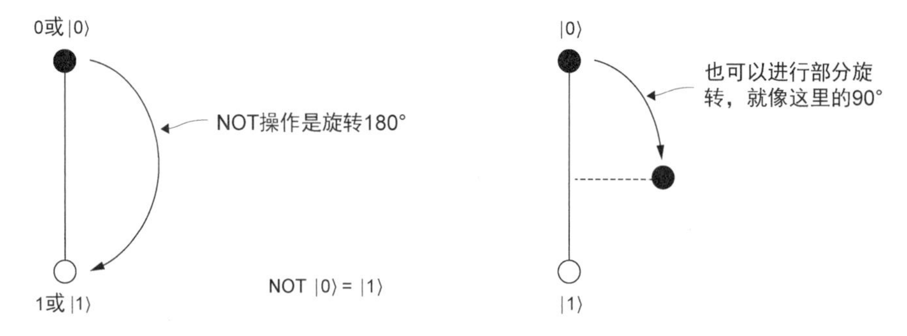

图 2.10 也可以让一个状态旋转小于 180°。这样做，会得到一个既不是 $|0\rangle$ 也不是 $|1\rangle$ 的状态，位于它们之间的圆弧的一半位置

就像我们知道的，一个数字 x 的平方根 $\sqrt{x}$ 是一个数字 y，使得 $y^2 = x$ 。我们也可以定义一个量子操作的平方根。如果我们应用 90° 旋转 2 次，就会得到 NOT 操作，所以我们可以把 90° 旋转看作 NOT 的平方根。

取平方根还是取半

每个领域都有它的绊脚石，如 y 坐标增加代表向上移动还是向下移动，不同人的意见有分歧。在量子计算中，该领域浩瀚的历史和跨学科的性质有时也会成为一把双刃剑，因为每一种关于量子计算的不同思维方式都会带来惯例和符号。

这种情况的一个表现是，在把 2 的因子放在哪里的问题上，真的很容易犯错。在这本书中，我们选择遵循微软的 Q# 语言所使用的惯例。

我们现在有一个新的状态，它既不是 $|0\rangle$ 也不是 $|1\rangle$，而是它们两者的平等组合。

就像我们可以通过把“北”和“东”这两个方向加在一起来描述“东北”一样，我们可以像图 2.11 所示那样描述这个新状态。

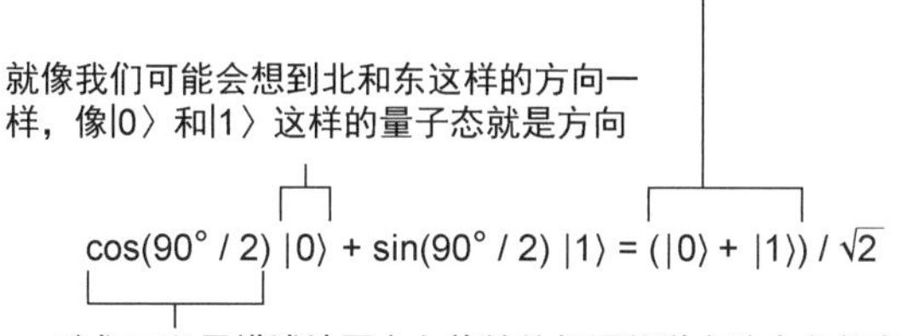

正如我们可以通过向北看，然后向东旋转来指向东北，我们通过从|0〉开始，向|1〉旋转，得到一个指向|0〉和|1〉之间的新状态
就像我们可能会想到北和东这样的方向一样，像|0〉和|1〉这样的量子态就是方向
cos(90° / 2) |0〉 + sin(90° / 2) |1〉 = (|0〉 + |1〉) / √2
我们可以用描述地图方向旋转的相同数学方法在各状态之间进行旋转，只需要注意乘以适当的系数。
例如我们想把|0〉状态旋转90°，可以用余弦和正弦函数来找到新的状态

图 2.11 我们可以把 $|0\rangle$ 和 $|1\rangle$ 状态看作是“方向”，从而写出旋转 90° 时得到的状态。通过这样做，并使用一点三角函数，我们可以知道，将 $|0\rangle$ 状态旋转 90° 后给出一个新的状态，即 $(|0\rangle+|1\rangle)/\sqrt{2}$。关于如何写出这种旋转的数学操作的更多细节，请查看附录 B，其中包含一些线性代数的知识

一个量子位的状态可以表示为一个圆上的点，这个圆的两极上有两个标记的状态：$|0\rangle$ 和 $|1\rangle$。更一般地说，我们将用任意的角度 θ 来描绘量子位状态之间的旋转，如图 2.12 所示。

$|+\rangle$、$|-\rangle$ 和叠加

我们将 $|0\rangle$ 和 $|1\rangle$ 的等价组合的状态称为 $|+\rangle=(|0\rangle+|1\rangle)/\sqrt{2}$ 状态（根据这两项之间的符号）。称 $|+\rangle$ 状态是 $|0\rangle$ 和 $|1\rangle$ 的“叠加”。

如果旋转的角度是−90°（即逆时针方向），那么我们将产生的状态称为 $|-\rangle=(|0\rangle-|1\rangle)/\sqrt{2}$。请试着用−90° 写出这些旋转，看看我们得到的 $|-\rangle$！

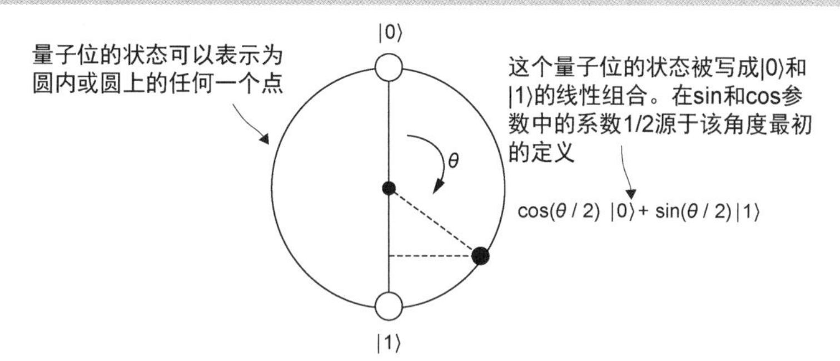

这个量子位的状态被写成|0〉和|1〉的线性组合。在sin和cos参数中的系数1/2源于该角度最初的定义

图 2.12 如果我们将 $|0\rangle$ 状态旋转 90° 和 180° 以外的角度，所产生的状态可以表示为圆上的一个点，该圆的上下两极分别是 $|0\rangle$ 和 $|1\rangle$。这为我们提供了一种方法来表示单量子位可能处于的状态

在数学上，我们可以把代表量子位的圆上任何一点的状态写成 $\cos(\theta/2)|0\rangle+\sin(\theta/2)|1\rangle$ 的形式，其中 $|0\rangle$ 和 $|1\rangle$ 分别是向量[[1], [0]]和[[0], [1]]的不同书写方式①。

提示 思考 ket 符号的一种方法是，它给我们常用的向量命名。当我们写下 $|0\rangle$ = [[1],[0]]时，我们是说[[1], [0]]足够重要，所以用 $|0\rangle$ 来命名它。类似地，当我们写下 $|+\rangle$ = [[1],[1]]/$\sqrt{2}$ 时，我们就给一个状态的向量表示起了一个名称，本书会使用这个名称。

另一种说法是，一个量子位通常是 $|0\rangle$ 和 $|1\rangle$ 的向量的“线性组合”，向量的坐标描述了 $|0\rangle$ 要达到该状态必须旋转的角度。为了对编程有用，我们可以写出旋转一个状态如何影响每一个 $|0\rangle$ 和 $|1\rangle$ 状态，如图 2.13 所示。

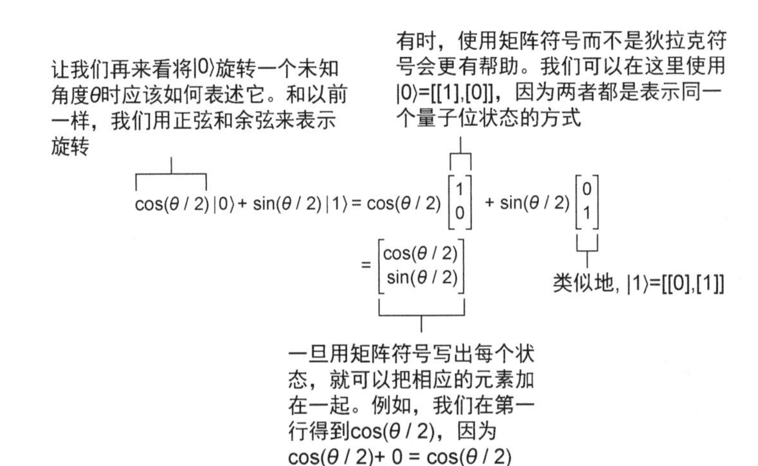

图 2.13　利用线性代数，我们可以将单量子位的状态描述为一个双元素向量。在这个方程中，我们展示了这种思考量子位状态的方式与之前使用的狄拉克符号的关系。特别地，我们展示了 $|0\rangle$ 状态旋转一个任意角度 θ 后的最终状态，同时使用了向量和狄拉克符号。这两种符号在我们的量子学习旅程中的不同阶段都很常用

提示 这与使用基向量将一个线性函数表示为矩阵是一样的。

我们将在本书中学习其他一些量子操作，但这些操作最容易可视化为旋转过程。表 2.2 总结了一些状态，我们已经学会通过旋转创建这些状态。

---

① 为了方便代码表达，本书中表示向量的形式与 NumPy 库中构建向量的格式一致，如[[1], [0]]表示列向量 $\begin{bmatrix}1\\0\end{bmatrix}$，[[1, 0]]表示行向量[1　0]。——编者注

表 2.2 状态标签、狄拉克符号、向量表示

状态标签	狄拉克符号	向量表示
$\|0\rangle$	$\|0\rangle$	[[1], [0]]
$\|1\rangle$	$\|1\rangle$	[[0], [1]]
$\|+\rangle$	$(\|0\rangle+\|1\rangle)/\sqrt{2}$	$[[1/\sqrt{2}],[1/\sqrt{2}]]$
$\|-\rangle$	$(\|0\rangle-\|1\rangle)/\sqrt{2}$	$[[1/\sqrt{2}],[-1/\sqrt{2}]]$

满嘴数学

乍一看，像 $|+\rangle=(|0\rangle+|1\rangle)/\sqrt{2}$ 这样的句子，如果要朗读出来，那就太可怕了。然而，在实践中，量子程序员在大声说话或在白板上画草图时，经常采取一些捷径。

例如，“$\sqrt{2}$”的部分总是要有的，因为代表量子状态的向量，其长度必须总是 1。这意味着我们有时可以随便写下“$|+\rangle=|0\rangle+|1\rangle$”，并期望听众记得除以 $\sqrt{2}$。如果我们在演讲或喝茶时讨论量子计算，我们可能会读“ket 加等于 ket 零加 ket 一”，但是如果没有 bra 和 ket 的帮助，重复读“加”会有点混乱。为了在口头上强调我们可以使用加法表示叠加，可以将这个等式读作“加状态是零态和一态的等量叠加”。

2.3.3 测量量子位

当我们想检索存储在量子位中的信息时，我们需要测量该量子位。理想情况下，我们希望有一个测量设备，可以让我们直接一次性读取状态的所有相关信息。事实证明，根据量子力学中的定律，这是不可能的，我们将在第 3 章和第 4 章具体学习。也就是说，测量可以让我们了解相对于系统中特定方向的状态的信息。例如有一个处于 $|0\rangle$ 状态的量子位，我们看它是否处于 $|0\rangle$ 状态，总是会得到这样的结果。另一方面，如果有一个处于 $|+\rangle$ 状态的量子位，我们看它是否处于 $|0\rangle$ 状态，将有 50%的概率得到一个 0 的结果。如图 2.14 所示，这是因为 $|+\rangle$ 状态等量叠加了 $|0\rangle$ 和 $|1\rangle$ 状态，因此我们将以相同的概率得到两种结果。

提示 量子位的测量结果“总是”经典位值！换言之，无论我们测量的是一个经典位还是一个量子位，结果总是一个经典位。

大多数时候，我们会选择测量我们是否有一个 $|0\rangle$ 或一个 $|1\rangle$；也就是说，我们要沿着 $|0\rangle$ 和 $|1\rangle$ 之间的线来测量。方便起见，我们给这个轴起个名称：z 轴。我们可以利用内积将状态向量“投影”到 z 轴上（见图 2.15），从而直观地表示这一点。

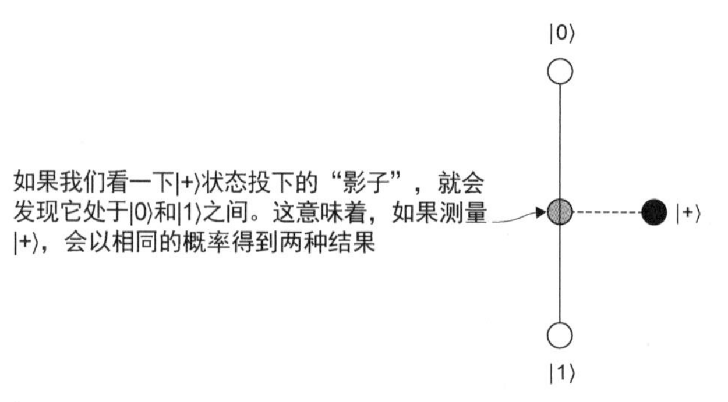

图 2.14 |+⟩状态中 |0⟩和 |1⟩的叠加程度相同，因为它投下的“影子”正好在中间。因此，当我们观察该量子位是否处于 |0⟩还是 |1⟩状态时，如果该量子位开始是在 |+⟩状态，我们将以相同的概率得到两种结果。可以将 |+⟩状态在 |0⟩和 |1⟩状态之间投下的影子看作一枚特殊的硬币

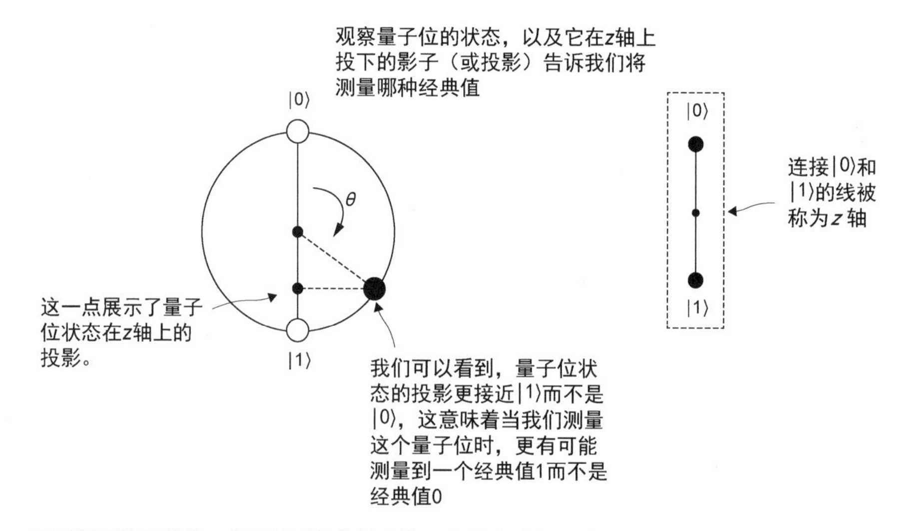

图 2.15 量子测量的可视化，它可以看作将状态按一个特定的方向进行投影。例如，如果一个量子位旋转后，其状态接近于 |1⟩，那么测量它更有可能返回 1 而不是 0

提示 如果你需要复习一下内积，请查看附录 B。

想象一下，用手电筒从我们绘制量子位状态的地方照到 z 轴上，得到 0 或 1 结果的概率由该状态在 z 轴上留下的影子决定。

深入探究：为什么测量不是线性的?

在对量子力学的线性关系做了如此大的处理之后立即引入非线性的测量，可能显得很奇怪。如果允许像测量这样的非线性操作，那么我们是否也可以实现其他非线性操作，比如克隆量子位?

简言之，虽然每个人都同意测量背后的数学原理，但仍有很多关于理解量子测量行为方式的最佳方法的哲学讨论。这些讨论属于“量子基础”的范畴，人们试图通过理解量子力学是什么，以及它预测了什么，也通过理解“为什么”来做得更多。量子基础的主要工作，是探索量子力学的不同解释方式。就像我们可以通过考虑反直觉的思想实验来理解经典概率，就像游戏中人们调整策略，从而从看似会输的游戏中获胜，量子基础通过探究量子力学不同方面的小思想实验来发展新的解释。幸运的是，量子基础的一些结论可以帮助我们了解测量的意义。

具体来说，一个关键的观察结果是，我们总是可以通过在描述中涵盖测量仪器的状态而使量子测量再次线性化。我们将在第 4 章和第 6 章中看到这样做所需的一些数学工具。如果向极端化发展，则会导致一些解释，如“多世界解释”。多世界解释坚持只考虑包含测量设备的状态，从而解决了对测量的解释，这样，测量的明显非线性就不会真正存在了。

在另一个极端，我们可以注意到量子测量的非线性恰恰与统计学的一个分支（贝叶斯推理）中的非线性相同，从而解释测量。因此，只有当我们忘记有一个主体正在进行测量并从每个结果中学习时，量子力学才显现出非线性。这一观察导致我们不把量子力学当作对世界的描述，而是当作对世界的认识的描述。

虽然这两种解释在哲学层面上存在分歧，但都提供了不同的方式来解决像量子力学这样的线性理论有时看起来呈非线性的问题。不管哪种解释能帮助你理解测量和量子力学其他部分之间的相互作用，足以安慰我们的是，测量结果总是由相同的数学和模拟来描述。事实上，依靠模拟（有时被讽刺为“闭嘴并计算”的解释）是所有解释中最古老且著名的。

投影长度的平方代表我们要测量的状态沿该方向被发现的概率。如果我们有一个处于 $|0\rangle$ 状态的量子位，并试图沿着 $|1\rangle$ 状态的方向测量它，我们将得到概率 0，因为当我们把它们画在一个圆上时，这两种状态是相对的。体现在图中，就是 $|0\rangle$ 状态没有投影到 $|1\rangle$ 状态上，$|0\rangle$ 不会在 $|1\rangle$ 上留下影子。

提示 必然事件发生的概率为 1，不可能事件发生的概率为 0。例如，一个典型的六面骰子掷出 7 的概率是 0，因为这种掷法是不可能的。同样，如果一个量子位处于 $|0\rangle$ 状态，从 z 轴测量得到 1 的结果是不可能的，因为 $|0\rangle$ 没有投影到 $|1\rangle$。

然而，如果我们有一个 $|0\rangle$ 并试图沿 $|0\rangle$ 方向测量它，就会得到概率 1，因为状态是平行的（根据定义长度为 1）。让我们来看看如何测量一个既不平行也不垂直的状态。

示例

假设我们有一个处于状态 $(|0\rangle + |1\rangle)/\sqrt{2}$ 的量子位（与表 2.1 的 $|+\rangle$ 相同），我们要测量它或沿 z 轴投影它。可以通过将 $|+\rangle$ 投影到 $|1\rangle$ 上，找到经典结果为 1 的概率。

我们可以用两个状态的向量表示之间的“内积”，来找到一个状态对另一个状态的投影。在这种情况下，我们把 $|+\rangle$ 和 $|1\rangle$ 的内积写成 $\langle 1|+\rangle$，其中 $\langle 1|$ 是 $|1\rangle$ 的转置。把竖线对接起来表示取内积。稍后，我们将看到 $\langle 1|$ 是 $|1\rangle$ 的共轭转置，被称为“bra”。

我们可以把它写出来，如下所示。

要计算投影，我们从写下想要投影到的 bra 开始：

$$\langle 1 | (|0\rangle + |1\rangle)/\sqrt{2}$$

接下来，将 $\langle 1|$ 分配到加法中：

$$(1/\sqrt{2})(\langle 1|0\rangle + \langle 1|1\rangle)$$

我们可以将每个 bra-ket 对写成两个向量的内积：

$$(1/\sqrt{2})([[0],[1]] \cdot [[1],[0]]+[[0],[1]] \cdot [[0],[1]])$$

计算内积，大幅简化：

$$(1/\sqrt{2})(0+1)$$

我们现在得到了在 $|0\rangle$ 和 $|1\rangle$ 之间的叠加：

$$1/\sqrt{2}$$

为了将这个投影变成一个概率，我们对它取平方，得出：当我们制备好一个 $|+\rangle$ 状态时，观察到 1 结果的概率是 1/2。

我们经常投影到 z 轴，因为这在许多实际实验中是很方便的，但是我们也可以沿 x 轴测量，看看是否有 $|+\rangle$ 或 $|-\rangle$ 状态。如图 2.16 所示，沿 x 轴测量，我们肯定会得到 $|+\rangle$，而绝不会得到 $|-\rangle$。

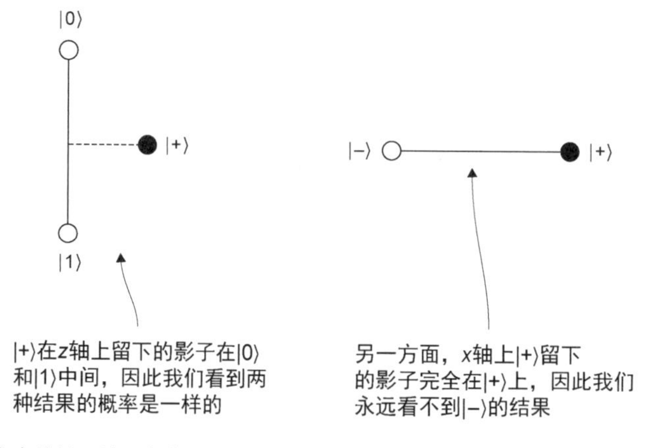

|0⟩
|+⟩
|1⟩
|−⟩
|+⟩
|+⟩在z轴上留下的影子在|0⟩和|1⟩中间，因此我们看到两种结果的概率是一样的
另一方面，x轴上|+⟩留下的影子完全在|+⟩上，因此我们永远看不到|−⟩的结果

图 2.16　沿 x 轴测量 $|+\rangle$ 的结果总是 $|+\rangle$。要看到这一点，请注意，$|+\rangle$ 状态在 x 轴上留下的“影子”（即 $|-\rangle$ 和 $|+\rangle$ 状态之间的线）恰恰是 $|+\rangle$ 状态本身

注意 我们能得到完全确定的测量结果，“仅仅”是因为我们在这种情况下提前知道了测量的“正确”方向——如果我们只是得到一个状态，而没有关于“正确”测量方向的信息，就不能完美地预测任何测量结果。

2.3.4 一般化测量：基独立

有时我们可能不知道量子位是如何制备的，因此不知道如何正确地测量这些位。更一般地说，任何一对不重叠的状态（它们是相反的两极）都以同样的方式定义了一个测量。测量的实际结果是一个经典位值，它表明当我们进行测量时，该状态与哪一极对齐。

更一般的测量

量子力学允许更一般的测量种类——我们接下来会看到其中的一些，但在本书中我们主要关注在两个相反的极点之间进行检查的情况。这种选择对大多数量子设备来说是一种相当方便的方式，几乎可以用于目前可用的任何商业量子计算平台。

在数学上，我们用"〈测量｜状态〉"这样的符号来表示测量一个量子位。左边的部分"〈测量｜"被称为 bra，右边的 ket 部分我们已经看到过。

bra 与 ket 非常相似，只是要从一个切换到另一个，必须进行转置（将行转为列，反之亦然）：

$$|0\rangle^{\mathrm{T}} = [[1],[0]]^{\mathrm{T}} = [[1,0]]$$

另一种方式是，采取转置的方式将列向量（ket）变成行向量（bra）。

注意 由于我们现在只与实数打交道，我们不需要在 ket 和 bra 之间做任何其他事情。但是当我们在第 3 章处理复数的时候，我们还需要求共轭复数。

我们以 bra 的形式写下测量基准。但要看清测量的实际作用，我们还需要明确将 bra 和 ket 放在一起使用时应遵循的规则，以得到看到该测量结果的概率。在量子力学中，测量概率是通过观察一个状态的 ket 在一个作为测量标准的 bra 上留下的投影的长度来找到的。我们从经验中知道，可以用内积找到投影和长度。在狄拉克符号中，bra 和 ket 的内积被写作"〈测量|状态〉"，正好给了我们需要的规则。

例如，如果我们制备了一个状态 $|+\rangle$，并且想知道当在 z 轴上进行测量时观察到 1 的概率，那么如图 2.15 所示进行投影，可以找到我们需要的长度。$|+\rangle$ 对 $|1\rangle$ 的投影告诉我们，我们看到 1 的结果的概率为 $P(1|+) = |\langle 1|+\rangle|^2 = |\langle 1|0\rangle + \langle 1|1\rangle|^2/2 = |0+1|^2/2 = 1/2$。因此，在 50%的情况下，我们会得到 1；在另外 50%的情况下，我们会得到 0。

玻恩定理

如果有一个量子态"|状态〉"，我们沿着"〈测量|"方向进行测量，可以把观察到该测量结果的概率作为结果，写作

$$P(\text{测量}\mid\text{状态}) = |\langle\text{测量}|\text{状态}\rangle|^2$$

换言之，该概率是测量值和状态值的内积的平方。

这个表达式被称为“玻恩定理”。

表 2.3 列出了利用玻恩定理预测在测量量子位时将得到什么经典位的其他几个示例。

表 2.3 使用玻恩定理寻找测量概率的示例

制备	测量	看到结果的概率
$\|0\rangle$	$\langle 0\|$	$\|\langle 0\|0\rangle\|^2=1$
$\|0\rangle$	$\langle 1\|$	$\|\langle 1\|0\rangle\|^2=0$
$\|0\rangle$	$\langle +\|$	$\|\langle +\|0\rangle\|^2=\|(\langle 0\|+\langle 1\|)\|0\rangle/\sqrt{2}\|^2=(1/\sqrt{2}+0)^2=1/2$
$\|+\rangle$	$\langle +\|$	$\|\langle +\|+\rangle\|^2=\|(\langle 0\|+\langle 1\|)(\|0\rangle+\|1\rangle)/2\|^2=\|\langle 0\|0\rangle+\langle 1\|0\rangle+\langle 0\|1\rangle+\langle 1\|1\rangle\|^2/4=\|1+0+0+1\|^2/4=2^2/4=1$
$\|0\rangle$	$\langle -\|$	$\|\langle -\|+\rangle\|^2=0$
$-\|0\rangle$	$\langle 0\|$	$\|-\langle 0\|0\rangle\|^2=\|-1\|^2=1^2$
$-\|+\rangle$	$\langle -\|$	$\|-\langle +\|-\rangle\|^2=\|(-\langle 0\|-\langle 1\|)(\|0\rangle-\|1\rangle)/2\|^2=\|-\langle 0\|0\rangle-\langle 1\|0\rangle+\langle 0\|1\rangle+\langle 1\|1\rangle\|^2/4=\|-1-0+0+1\|^2/4=0^2/4=0$

提示 在表 2.3 中，我们利用了这样的性质：$\langle 0|0\rangle=\langle 1|1\rangle=1$、$\langle 0|1\rangle=\langle 1|0\rangle=0$。（请试着自己检查一下！）当两个状态的内积为零时，我们说它们是“正交的”（或“垂直的”）。$|0\rangle$ 和 $|1\rangle$ 是正交的，这个事实使得很多计算更容易快速完成。

现在我们已经介绍了量子位的基础知识，能够对它们进行模拟！让我们回顾一下需要满足的要求，确保得到能工作的量子位。

量子位

量子位是满足以下三个特性的任何物理系统：

- 给定该数字向量（状态）的知识，该系统可以被完美模拟；
- 该系统可以使用量子操作进行转换（如旋转）；
- 对该系统的任何测量都会产生单一的经典位，遵循玻恩定理。

任何时候，只要有一个量子位（一个具有前面三个属性的系统），都可以用同样的数学或模拟代码来描述它，而不需要进一步参考正在处理的是哪种系统。这类似于我们不需要知道一个位是由弹珠的运动方向定义的，还是由晶体管中的电压定义的，就可以编写 NOT 和 AND 门，或者编写使用这些门来进行有趣计算的软件。

注意 类似于我们用“位”这个词来表示存储信息的物理系统和存储在位中的信息，我们也用“量子位”这个词来表示量子设备和存储在该设备中的量子信息。

相位

在表 2.3 的最后两行，我们看到，将一个状态乘以−1 的相位并不影响测量概率。这并不是一个巧合，而是指出了关于量子位的一个更有趣的性质。因为玻恩定理只关心一个状态和一个测量的内积的平方绝对值，所以用一个数字乘以−1 并不影响其绝对值。我们把绝对值等于 1 的+1 或−1 这样的数字称为“相位”。在第 3 章中，当我们更多地与复数打交道时，会看到更多关于相位的内容。

现在，我们说整个向量乘以−1 是应用全局相位的示例，而从 $|+\rangle$ 变为 $|-\rangle$ 是应用 $|0\rangle$ 和 $|1\rangle$ 之间相对相位的示例。虽然全局相位并不影响测量结果，但是状态 $|+\rangle=(|0\rangle+|1\rangle)/\sqrt{2}$ 与 $|-\rangle=(|0\rangle-|1\rangle)/\sqrt{2}$ 之间有很大的区别：$|0\rangle$ 和 $|1\rangle$ 前面的系数在 $|+\rangle$ 中相同，在 $|-\rangle$ 中相差−1。我们将在第 3、4、6、7 章中看到更多关于这两个概念的区别。

2.3.5 用代码模拟量子位

既然我们已经研究了如何描述、操作和测量量子位的状态，现在是时候看看如何用代码来表示所有上述概念了。我们将用我们的朋友 Eve 的一个场景来激励我们编写代码。

假设你想为发送给 Eve 的💝信息保密，以免被其他人发现。怎样才能扰乱给 Eve 的信息，以便只有她能读到它？

我们将在第 3 章中更多地探讨这一应用，但对于任何好的“加密”算法来说，我们需要的最基本步骤是一个难以预测的随机数来源。让我们确切地写下如何结合我们的秘密和一些随机位，来制作一条安全的信息并发送给 Eve。图 2.17 显示，如果你和 Eve 都知道相同的随机经典位的秘密序列，就可以使用该序列进行安全通信。在本章的开头，我们看到了如何将要发送给 Eve 的信息或“明文”（在本例中是💝）写成一串经典位。一次性密码本是一串随机的经典位，可以扰乱或加密我们的信息。这种扰乱是通过对信息和一次性密码本中的对应位逐一执行 XOR 操作来完成的。这就产生了一个经典位序列，称为“密文”。对于其他试图读取我们信息的人来说，密文看起来就像随机位。例如，由于明文或一次性密码本的原因，不可能知道密文中的某位是否为 1。

你可能会问：我们如何获得一次性密码本的随机位串？我们可以用量子位制作我们自己的 QRNG！这可能看起来很奇怪，但我们将用经典位来模拟量子位，从而制作 QRNG。它生成的随机数不会比我们用来做模拟的计算机更安全，但这种方法让我们在理解量子位的工作原理方面有了一个好的开始。

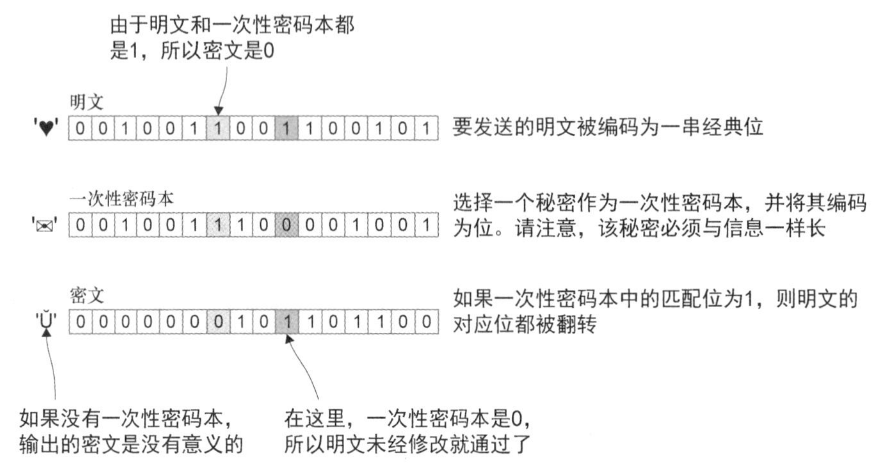

图 2.17 使用一些随机位来加密。我们正试图安全地发送消息“♥”。如果我们和 Eve 事先都知道秘密“✉”，那么我们可以用它作为一次性密码本来保护我们的信息

我们向 Eve 发送信息吧!就像经典位在代码中可以用 True 和 False 这两个值来表示，可以用“向量”来表示两种量子位状态 $|0\rangle$ 和 $|1\rangle$。也就是说，量子位状态在代码中被表示为数字的列表，如清单 2.3 所示。

清单 2.3 用 NumPy 在代码中表示量子位

```
>>> import numpy as np
>>> ket0 = np.array(
...     [[1], [0]]
... )
>>> ket0
array([[1],
       [0]])
>>> ket1 = np.array(
...     [[0], [1]]
... )
>>> ket1
array([[0],
       [1]])
```

- 我们使用 Python 的 NumPy 库来表示向量，因为 NumPy 是高度优化的，会让我们的生活变得更加容易
- 我们命名变量 ket0 来表示符号 $|0\rangle$，在这个符号中，我们用 ket 标记量子位状态
- NumPy 将 2×1 的向量打印成列

正如我们前面所看到的，可以用 $|0\rangle$ 和 $|1\rangle$ 的线性组合来构造其他状态，如 $|+\rangle$。从完全相同的意义上来说，我们可以用 NumPy 将 $|0\rangle$ 和 $|1\rangle$ 的向量表示相加，来构建 $|+\rangle$ 的向量表示，如清单 2.4 所示。

清单 2.4 |+〉的向量表示法

```
>>> ket_plus = (ket0 + ket1) / np.sqrt(2)
>>> ket_plus
array([[0.70710678+0.j],
       [0.70710678+0.j]])
```

NumPy 使用向量来存储 |+〉状态，它是 |0〉和 |1〉的线性组合

我们在本书中会经常看到 0.70710678 这个数字，因为它是 $1/\sqrt{2}$ 的一个很好的近似值，即向量[[1], [1]]的长度

在经典逻辑中，如果我们想模拟一个操作如何转换一个位的列表，可以使用真值表。同样，由于除测量之外的量子操作总是线性的，为了模拟转换量子位的状态的操作，我们可以使用矩阵。这样可以呈现出每个状态是如何转变的。

线性算子和量子操作

将量子操作描述为线性算子是一个良好的开端，但并不是所有的线性算子都是有效的量子操作（见图 2.18）！如果我们能实现一个由线性算子描述的操作，如 2×𝟙（即 2 倍的恒等算子），就可能违反概率总是在 0 和 1 之间的规则。我们还要求除测量之外的所有量子操作都是可逆的，因为这是量子力学的一个基本属性。

事实证明，在量子力学中可实现的操作是由矩阵 $\boldsymbol{U}$ 描述的，其逆矩阵 $\boldsymbol{U}^{-1}$ 可以通过取共轭转置来计算，即 $\boldsymbol{U}^{-1}=\boldsymbol{U}^{+}$。这样的矩阵称为"酉矩阵"。

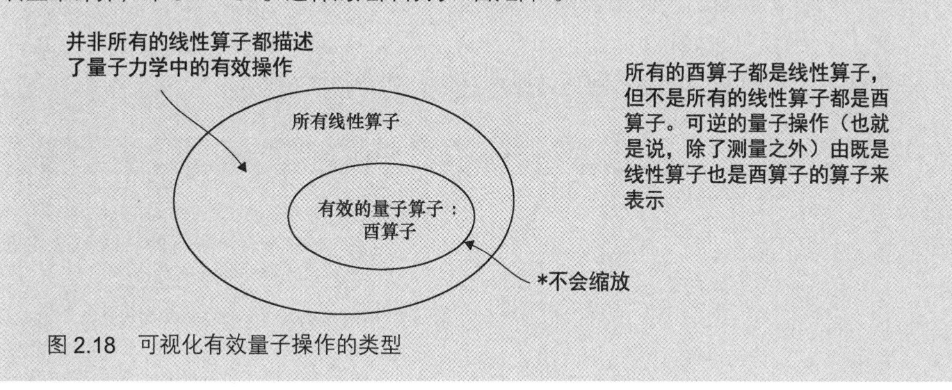

并非所有的线性算子都描述了量子力学中的有效操作
所有线性算子
有效的量子算子：酉算子
*不会缩放
所有的酉算子都是线性算子，但不是所有的线性算子都是酉算子。可逆的量子操作（也就是说，除了测量之外）由既是线性算子也是酉算子的算子来表示

图 2.18 可视化有效量子操作的类型

一个特别重要的量子操作是阿达马操作，它将 |0〉转换为 |+〉，|1〉转换为 |−〉。正如我们前面所看到的，沿着 z 轴测量 |+〉，可以得到 0 或 1 的结果，概率相同。由于我们需要随机位来发送秘密信息，阿达马操作对制作我们的 QRNG 非常有用。

利用向量和矩阵，我们可以定义阿达马操作，把它如何作用于 |0〉和 |1〉状态做成一个表格，如表 2.4 所示。

表 2.4 以表的形式表示阿达马操作

输入状态	输出状态
$\|0\rangle$	$\|+\rangle=(\|0\rangle+\|1\rangle)/\sqrt{2}$
$\|1\rangle$	$\|-\rangle=(\|0\rangle-\|1\rangle)/\sqrt{2}$

量子力学是线性的，因此这就是对阿达马操作的完全、完整的描述！

在矩阵形式中，我们将表 2.4 写成 H = np.array([[1, 1], [1, −1]])/np.sqrt(2)，如清单 2.5 所示。

清单 2.5 定义阿达马操作

```
>>> H = np.array([[1, 1], [1, -1]]) / np.sqrt(2)
>>> H @ ket0
array([[0.70710678],
       [0.70710678]])
>>> H @ ket1
array([[ 0.70710678],
       [-0.70710678]])
```

我们定义了一个变量 H 来保存我们在表 2.4 中看到的阿达马操作的矩阵表示。在本章的其余部分我们都需要 H，所以在这里定义它是很有帮助的

阿达马操作

阿达马操作是一种量子操作，可以通过这种线性变换来模拟：

$$\boldsymbol{H}=\frac{1}{\sqrt{2}}\begin{pmatrix}1 & 1\\ 1 & -1\end{pmatrix}$$

对量子数据的任何操作都可以用这种方式写成一个矩阵。如果我们想把 $|0\rangle$ 转换为 $|1\rangle$，或反过来转换（我们前面看到的经典 NOT 操作的量子化，对应于 180° 的旋转），那么我们做的事情与定义阿达马操作一样，如清单 2.6 所示。

清单 2.6 表示量子 NOT 门

```
>>> X = np.array([[0, 1], [1, 0]])
>>> X @ ket0
array([[0],
       [1]])
>>> (X @ ket0 == ket1).all()
True
>>> X @ H @ ket0
array([[0.70710678],
       [0.70710678]])
```

与经典的 NOT 操作相对应的量子操作通常被称为 X 操作；我们用 Python 变量 X 来表示 X 操作的矩阵

我们可以确认，X 将 $|0\rangle$ 转换为 $|1\rangle$。如果 X @ ket0 == ket1 的每个元素都是 True，NumPy 方法 all()返回 True。也就是说，如果数组 X @ ket0 的每个元素都等于 ket1 的相应元素，NumPy 方法 all()返回 True

X 算子对 $\boldsymbol{H}|0\rangle$ 没有任何作用。我们可以通过再次使用@操作符将 X 乘以代表状态 $|+\rangle=\boldsymbol{H}|0\rangle$ 的 Python 值来确认这一点。可以把这个值表示为 H @ ket0

X 操作对最后的输入不做任何处理，因为 X 操作交换了 $|0\rangle$ 和 $|1\rangle$。$\boldsymbol{H}|0\rangle$ 状态（也称作 $|+\rangle$）已经是两个 ket 的总和：$(|0\rangle+|1\rangle)/\sqrt{2}=(|1\rangle+|0\rangle)/\sqrt{2}$，所以交换动作不做任何事情。

请参考附录 C 中的寻路类比。我们可以把矩阵 $\boldsymbol{H}$ 看成一个关于↗方向的“反射”，如图 2.19 所示。

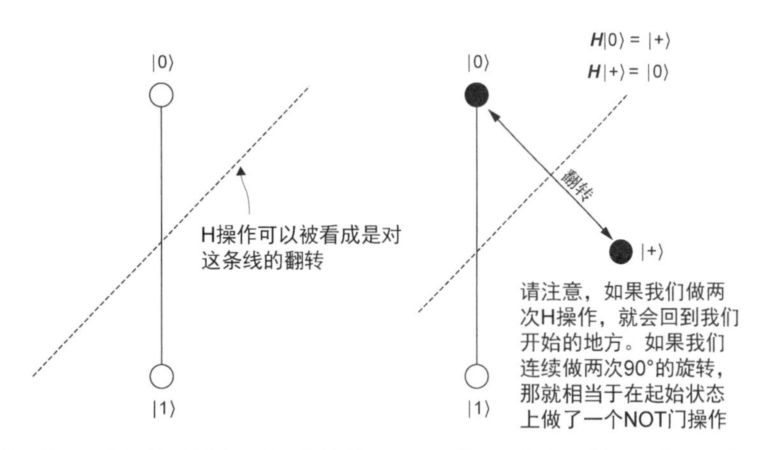

图 2.19　H 操作是关于↗方向的反射或翻转。与旋转 90° 不同的是，应用 H 操作两次可以使量子位回到它开始时的状态。另一种思考 H 操作的方式是，关于↗方向的反射交换了 *x* 轴和 *z* 轴的角色

第三维在等待！

对于量子位，附录 C 中的地图类比有助于我们理解如何书写和操作单量子位的状态。然而，到目前为止，我们只看了可以用实数表示的状态。一般来说，量子状态也可以使用复数表示。如果重新安排坐标系，使它成为三维的，我们就可以毫无问题地包含复数。这种思考量子位的方式称为“布洛赫球”（见图 2.20），它在考虑类似旋转和反射等量子操作时非常有用，我们将在第 6 章看到其相关应用。

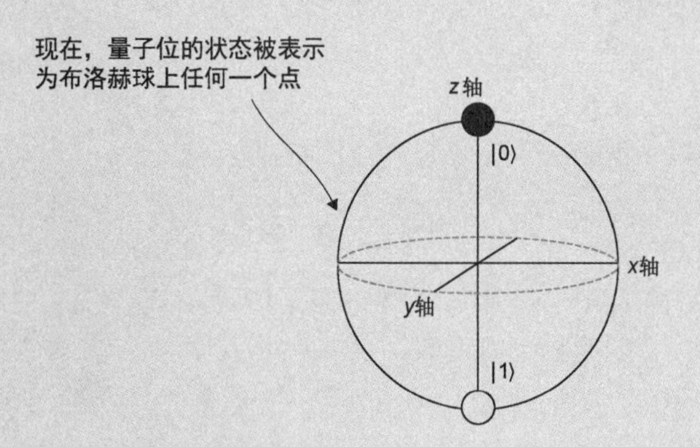

图 2.20　布洛赫球

更一般地，我们可以把量子位状态想象成球体上的点，而不仅仅是一个圆。不过，这样做需要使用复数——我们将在第 6 章中看到更多关于这一点的内容。

深入探究：无限多的状态？

从上一个补充信息栏的图中可以看出，一个量子位有无限多的不同状态。对于球体上的任何两个不同的点，我们总能找到一个“在它们之间”的点。虽然这是真的，但它也会有些误导性。暂时考虑一下经典情况：一枚 90%的时间都是正面的硬币与一枚 90.0000000001%的时间都是正面的硬币是不同的。事实上，我们总是可以制造出一枚偏倚介于另外两枚硬币的偏倚之间的硬币。不过，抛掷硬币只能给我们一个经典的信息。平均来说，要分辨出一枚 90%的时间是正面的硬币和一枚 90.0000000001%的时间是正面的硬币，大约需要 10^{23} 次抛掷。我们可以将这两枚硬币视为相同的，因为我们无法做一个可靠地把它们区分开来的实验。同样，对于量子计算来说，我们区分无限多不同量子状态的能力也是有限的，这可以从布洛赫球图中看出。

一个量子位有无限多的状态，这一事实并不是使它独特的原因。有时人们说，一个量子系统可以“同时处于无限多的状态”，这就是为什么量子计算机可以提供速度的提升。这是不对的！正如前面所指出的，我们无法区分非常接近的状态，所以声明中的“无限多”部分不可能是量子计算的优势所在。我们将在接下来的章节中更多地讨论“同时”的部分，但现在只需说明一件事：并不是量子位可以处于的状态数使量子计算机如此具有吸引力！

2.4 编程一个工作的 QRNG

既然我们有了一些量子的概念，让我们应用学到的知识来编写一个 QRNG，这样就可以毫无顾虑地发送♡了。我们将建立一个 QRNG，返回 0 或 1。

随机位还是随机数？

我们的 QRNG 只能输出两个数字中的一个，即 0 或 1，这似乎有局限性。恰恰相反：这足以在任何正整数 N 的范围内生成 0～N 的随机数。从 N 是 2^n-1 内的某个正整数的特殊情况出发，最容易看到这一点，在这种情况下，我们只需把随机数写成 n 位字符串。例如，我们可以通过生成 3 个随机位 r_0、r_1 和 r_2，然后返回 $4r_2+2r_1+r_0$，来得到 0～7 的随机数。

如果 N 不是 2 的幂，情况就会稍微复杂一些，因为我们有“剩余”的可能性需要处理。例如，如果我们需要掷一个六面骰子，但只有一个八面骰子，那么我们需要决定当这个骰子掷出 7 或 8 时该怎么做。使用这种方法，我们可以用掷硬币的方式建立任意公平的骰子——这对我们想玩的任何游戏都很方便。长话短说，我们并不会因为只有两个 QRNG 的结果而受到限制。

与所有量子程序一样，我们的 QRNG 程序是一个指令序列，发送给在量子位上执行操作的设备（见图 2.21）。在伪代码中，实现 QRNG 的量子程序由以下三个指令组成。

1. 制备一个状态为 $|0\rangle$ 的量子位。
2. 对该量子位应用阿达马操作，使其处于 $|+\rangle = \boldsymbol{H}|0\rangle$ 状态。
3. 测量该量子位，以 50/50 的概率得到 0 或 1 的结果。

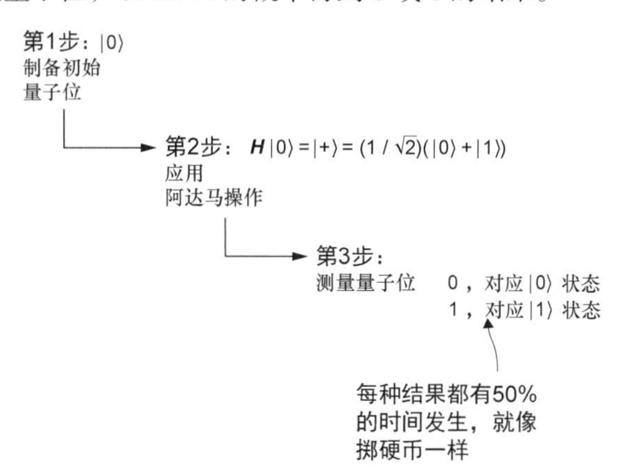

图 2.21 编写了我们要测试的 QRNG 程序的步骤。重新审视图 2.3，我们可以利用目前学到的知识，在 QRNG 算法的每个步骤后写出量子位的状态

也就是说，我们想要一个类似清单 2.7 的程序。

清单 2.7 QRNG 程序的伪代码示例

```
def qrng():
    q = Qubit()
    H(q)
    return measure(q)
```

利用矩阵乘法，我们可以使用像笔记本计算机这样的经典计算机来模拟 qrng()如何作用于理想的量子设备。我们的程序调用了一个软件栈（见图 2.22），该栈抽象了经典模拟器或实际的量子设备。

该栈有很多部分，但不用担心——我们会在后面进行探讨。现在，我们把重点放在图 2.22 中最上面（标有“经典计算机”）的部分，并着手用 Python 编写量子程序和模拟器后端的代码。

注意 在第 7 章，我们将转向使用微软的量子开发工具包提供的模拟器后端。

有了这个软件栈的概念，我们可以通过写一个 QuantumDevice 类来实现 QRNG 的模拟，该类具有分配量子位、执行操作和测量量子位的抽象方法。然后，我们可以用一个模拟器来实现这个类，并从 qrng()中调用该模拟器。

为了将模拟器的接口设计成图 2.22 所示的样子，我们先列出量子设备需要实现的功能（代码可参考清单 2.8～清单 2.13）。首先，用户必须能够分配和返回量子位。

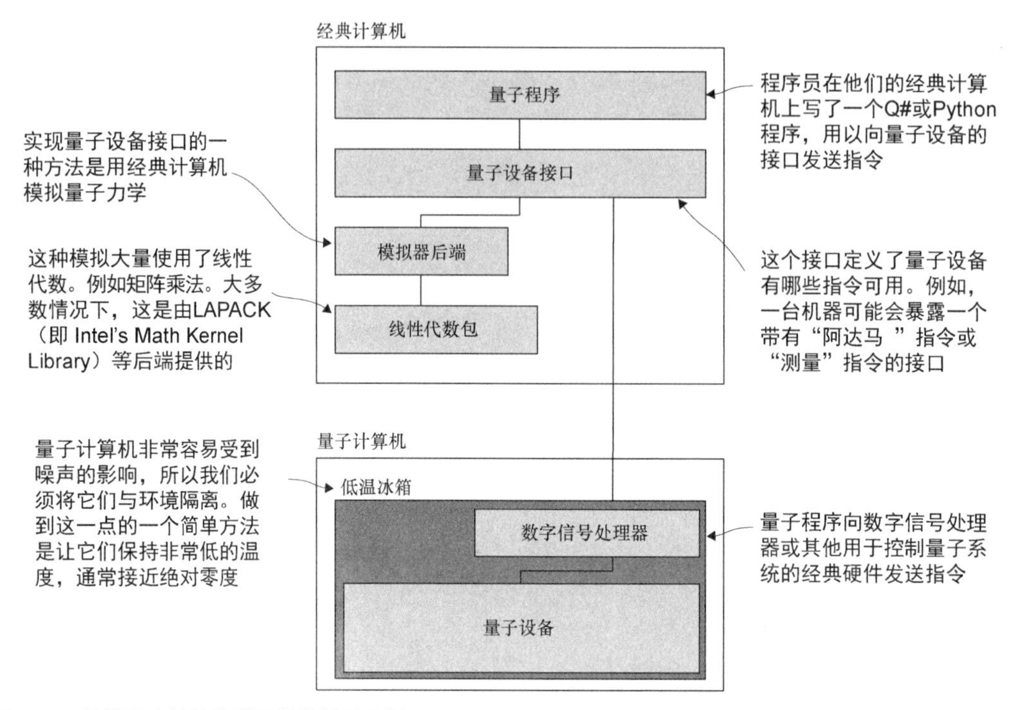

图 2.22　量子程序的软件栈可能的样子示例

清单 2.8　interface.py：作为抽象方法进入量子设备的接口

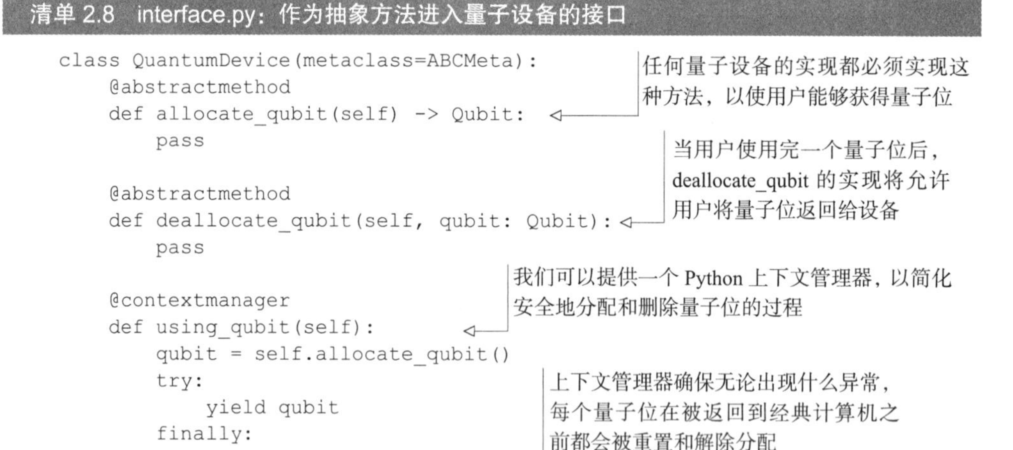

```
class QuantumDevice(metaclass=ABCMeta):
    @abstractmethod
    def allocate_qubit(self) -> Qubit:
        pass

    @abstractmethod
    def deallocate_qubit(self, qubit: Qubit):
        pass

    @contextmanager
    def using_qubit(self):
        qubit = self.allocate_qubit()
        try:
            yield qubit
        finally:
            qubit.reset()
            self.deallocate_qubit(qubit)
```


然后，量子位本身可以暴露出我们需要的实际转换：

- 用户必须能够对量子位进行阿达马操作；
- 用户必须能够测量量子位以获得经典数据。

清单 2.9 interface.py：进入量子设备的量子位的接口

```
from abc import ABCMeta, abstractmethod
from contextlib import contextmanager
class Qubit(metaclass=ABCMeta):
    @abstractmethod
    def h(self): pass

    @abstractmethod
    def measure(self) -> bool: pass

    @abstractmethod
    def reset(self): pass
```

h 方法使用阿达马操作 np.array([[1, 1], [1, −1]]) / np.sqrt(2)对一个量子位进行原地转换（不进行复制）

该测量方法允许用户测量量子位并提取经典数据

reset 方法使用户可以轻松地再次从头开始制备量子位

有了这些，我们就可以回过头来用这些新的类对 qrng 进行定义。

清单 2.10 qrng.py: 设备的定义

```
def qrng(device: QuantumDevice) -> bool:
    with device.using_qubit() as q:
        q.h()
        return q.measure()
```

如果用一个名为 SingleQubitSimulator 的类来实现 QuantumDevice 接口，可以把它传递给 qrng，从而在模拟器上运行我们的 QRNG 实现。

清单 2.11 qrng.py：qrng.py 的 main 定义

```
if __name__ == "__main__":
    qsim = SingleQubitSimulator()
    for idx_sample in range(10):
        random_sample = qrng(qsim)
        print(f"Our QRNG returned {random_sample}.")
```

我们现在具备了编写 SingleQubitSimulator 类的条件。先为向量 $|0\rangle$和阿达马操作的矩阵表示法定义几个常量。

清单 2.12 simulator.py：定义有用的常量

```
KET_0 = np.array([
    [1],
    [0]
], dtype=complex)
H = np.array([
    [1, 1],
    [1, -1]
], dtype=complex) / np.sqrt(2)
```

由于我们将在模拟器中经常使用 $|0\rangle$，所以为它定义一个常数

同样，我们将使用阿达马矩阵 $\boldsymbol{H}$ 来定义阿达马操作如何转换状态，所以我们也为它定义一个常数

接下来，我们定义一个模拟量子位是什么样子的。从模拟器的角度来看，量子位中含有用于存储量子位当前状态的向量。我们使用一个 NumPy 数组来表示量子位的状态。

清单 2.13 simulator.py：定义一个类来表示我们设备中的量子位

```
class SimulatedQubit(Qubit):
    def __init__(self):
        self.reset()

    def h(self):
        self.state = H @ self.state

    def measure(self) -> bool:
        pr0 = np.abs(self.state[0, 0]) ** 2
        sample = np.random.random() <= pr0
        return bool(0 if sample else 1)

    def reset(self):
        self.state = KET_0.copy()
```

作为 Qubit 接口的一部分，我们确保 reset 方法预先将我们的量子位置于 $|0\rangle$状态。我们可以在创建量子位时利用这一点来确保量子位总是从正确的状态开始

阿达马操作可通过先将表示矩阵的变量 H 应用于此刻所存储的状态，然后依此更新状态的方式模拟

为了把得到 0 的概率变成测量结果，我们用 np.random.random 生成一个 0 到 1 之间的随机数，并检查它是否小于 pr0

最后，如果得到的是 0，就向调用者返回 0；如果得到的是 1，就向调用者返回 1

我们将量子位的状态存储为向量，所以我们知道其与 $|0\rangle$的内积只是该向量的第一个元素。例如，如果状态是 np.array([[a], [b]])，那么观察到 0 结果的概率是$|a|^2$。我们可以用 np.abs(a)**2 来计算。这就给出了对量子位的测量返回 0 的概率

哪个随机数先出现：0 还是 1？

在制作这个 QRNG 时，我们必须调用经典的随机数生成器。这可能感觉有点绕，但它的出现是因为我们的经典模拟仅仅是“一个模拟”。这里的模拟并不比我们用来实现该模拟器的硬件和软件更随机。

也就是说，量子程序 qrng.py 本身不需要调用经典的 RNG，而是调用到模拟器。如果我们在一个实际的量子设备上运行 qrng.py，模拟器和经典 RNG 将被替换成对实际量子位的操作。在这一点上，根据量子力学定律，我们会得到一个无法预测的随机数流。

运行程序，现在得到了我们所期望的随机数！

```
$ python qrng.py
Our QRNG returned False.
Our QRNG returned True.
Our QRNG returned True.
Our QRNG returned False.
Our QRNG returned False.
Our QRNG returned True.
Our QRNG returned False.
Our QRNG returned False.
Our QRNG returned False.
Our QRNG returned True.
```

恭喜你！我们不仅写出了第一个量子程序，而且还写出了一个模拟后端，用它来运行我们的量子程序，就像在实际的量子计算机上运行一样。

深入探究：薛定谔的猫

你可能已经看到或听到过这个量子程序，它有着一个非常另类的名称。QRNG 程序经常以“薛定谔的猫”的思想实验来描述：假设一只猫在一个封闭的盒子里，里面有一小瓶毒药。如果一个特定的随机粒子衰变，毒药就会释放出来。那么在打开盒子检查之前，我们怎么知道猫是活着还是死了？

> 整个系统的状态可以表达为其中混杂或均匀分布着等量的活猫和死猫（请原谅我的说法）。
>
> ——薛定谔

历史上，薛定谔在 1935 年提出了这一描述，通过一个思想实验来表达他的观点，即量子力学的一些含义是“荒谬的”，突出了这些含义是多么的反直觉。这种思想实验，即所谓的 Gedankenexperiment（德文“思想实验”），是物理学中一个著名的传统，可以帮助我们理解或批判不同的理论，将它们推到极端或荒谬的极限。

然而，在近一个世纪后，阅读薛定谔的猫时，记住这几年发生的一切是有帮助的。自他提出这一概念至今，世界经历了重大变革：

- 前所未有规模的战争；
- 人类迈出了探索太空的第一步；
- 商业航空兴起；
- 我们认识到人类活动引起的气候变化和其初步影响；
- 我们交流方式从根本上转变（从电视一直到互联网）；
- 负担得起的计算设备广泛使用；
- 各种奇妙的亚原子粒子被发现。

我们生活的世界已经与薛定谔试图理解量子力学的世界不同了！我们在试图理解量子力学时有很多优势，其中最重要的是，我们可以通过使用经典计算机进行编程模拟来快速掌握量子力学，例如使用 H 指令让量子位相当于思想实验中的猫。用程序做实验比用思想做实验要容易得多。在本书的其余部分，我们将借助量子程序来学习写量子算法所需的量子力学知识。

小结

- 随机数对大规模的应用很有帮助，如玩游戏、模拟复杂系统和保护数据安全。
- 经典位可以处于两种状态之一，传统上称之为 0 和 1。
- 经典位的量子类似物称为量子位，它可以处于 $|0\rangle$ 或 $|1\rangle$ 的状态，或者处于 $|0\rangle$ 和 $|1\rangle$ 的叠加态，如 $|+\rangle = 1/\sqrt{2}(|0\rangle + |1\rangle)$。
- 通过阿达马操作，我们可以在 $|+\rangle$ 状态下制备好量子位。制备后，测量量子位即可生成由量子力学规律保证的随机数字。

第 3 章　用量子密钥分发来分享秘密

本章内容

- 了解量子资源对安全的影响。
- 为量子密钥分发协议编程 Python 模拟器。
- 实现量子 NOT 操作。

在第 2 章中，我们开始了解量子位，并用 Python 中的模拟器建立了一个量子随机数生成器。在本章中，我们看到，量子位可以帮助我们进行加密（或其他密码方面的任务），让我们安全地“分发”密钥。有一些经典的方法用于共享随机密钥（如 RSA），但它们对共享的安全性有不同的保证。

3.1 在爱情和加密中一切都很公平

我们有了第 2 章的量子随机数生成器，但这只是我们与朋友分享秘密所需的一半工作。如果我们想用量子随机数与朋友们安全地交流，就需要与他们分享那些随机数。这些随机数（通常称为密钥）可以与“加密”算法一起使用，这些算法将密钥的随机性与人们想要保密的信息结合起来，使得只有拥有密钥的某人可以看到这些信息。我们可以在图 3.1 中看到两个人如何使用密钥（这里是一个随机的二进制字符串）来加密和解密他们之间的消息。

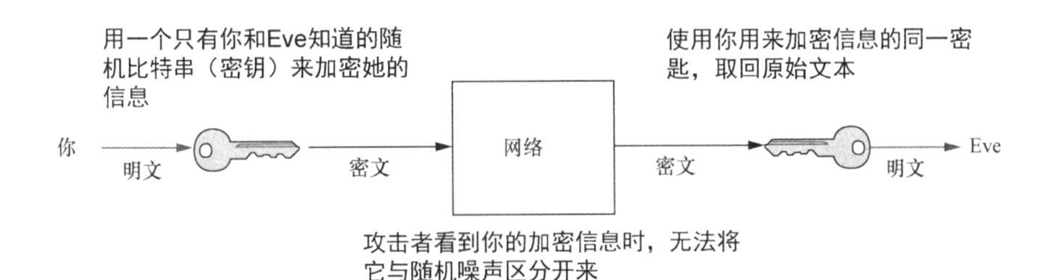

图 3.1 你和 Eve 如何使用加密技术进行秘密通信，甚至在互联网或其他不受信任的网络进行通信的思维模型

如果我们希望让量子位参与进来，那么可以去证明使用量子密钥分发（Quantum Key Distribution，QKD）是“可证明安全的”，而经典的密钥分发方法通常是“计算上安全的”。这种差异对于大多数用例来说并不重要。但对于政府、活动团体、银行、记者或任何其他实体，信息安全是生死攸关的问题，这就是一个巨大的问题了。

定义 QKD 是一种通信协议，允许用户通过交换量子位和认证的经典信息来分享量子随机数。

计算性安全与可证明安全性

加密协议具有可证明安全性是理想中的情况。用于加密任务的方法或协议是“可证明安全的”，是指我们能够写出一个证明，表明它是安全的，而不需要对对手进行假设：他们可以拥有宇宙中所有的时间和计算能力，但我们的协议仍然是安全的！我们目前的大多数加密基础设施都是“计算上安全的”，这样保证方法或协议安全的前提是对对手的能力做了合理的假设。协议的设计者或使用者可以选择有限计算机资源（例如，目前最大的超级计算机或地球上所有的计算机）或合理的计算时间（100 年、10000 年，或直到宇宙毁灭）进行限制。

当我们使用 QKD 共享一个密钥时，并不保证该密钥能到达对方手中，这是因为有人总是可以进行拒绝服务攻击（如切断发送方和接收方之间的光纤）。这对任何其他经典协议都是一样的。对于 QKD 能够承诺的事情，有一个很好的比喻：食品上的防伪封条。如果一个花生酱制造商想确保我们打开的罐子和离开工厂时一模一样，那么该公司就会在包装上贴一个防篡改的封条。公司承诺，如果封条完好无损地到达我们（消费者）手中，花生酱就是好的，没有第三方对它做过什么。用 QKD 协议传输加密密钥，就像在传输过程中给数据位贴上了防篡改的封条。如果有人试图在传输过程中破坏密钥，接收方就会知道，并且不再使用该密钥。然而，在传输过程中密封位并不能保证这些位能够到达接收者手中。

我们可以使用多种协议来实现一般的 QKD 方案。在本章中，我们将使用最常见的 QKD 协议之一：BB84。还有许多其他协议，我们没有时间去研究。在这一章中，我们将以 BB84 为基础。图 3.2 展示了 BB84 协议的步骤。

QKD 是一个使用单量子位的量子程序的实例，也是量子计算的一个衍生技术。让它具有开发吸引力的是，我们今天已经有了实现它的硬件！一些公司已经在商业上销售 QKD 硬件大约 15 年了，但该技术的下一重要阶段涉及这些系统的硬件和软件安全审查。

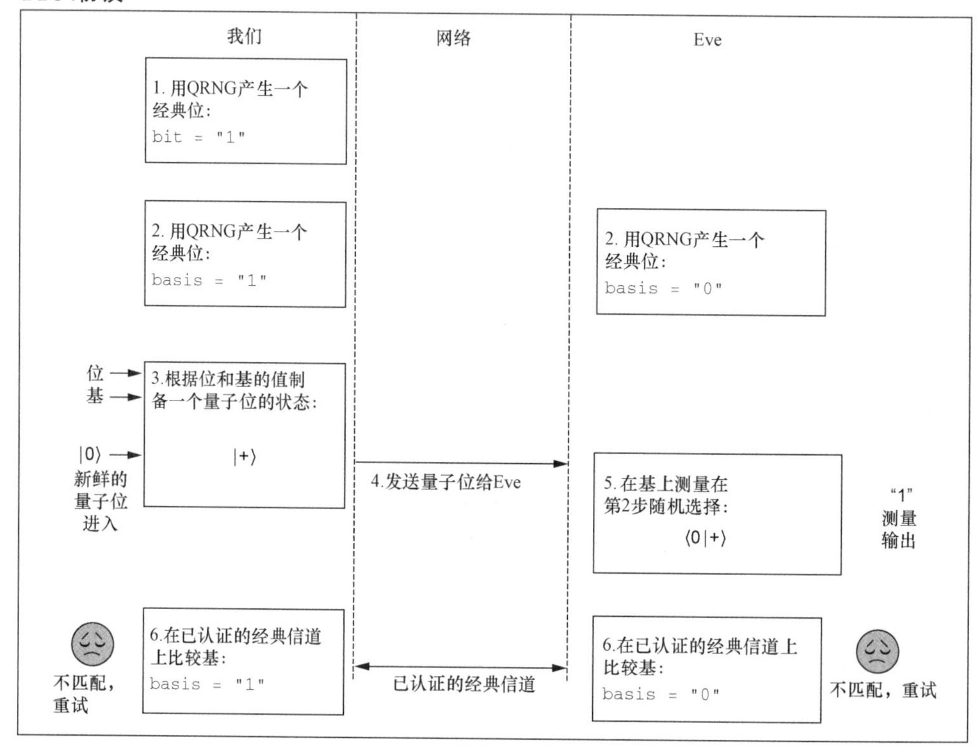

图 3.2 BB84 协议的时序图，这是 QKD 协议的一个变种

警告 我们在本书中实现和使用示例"模拟"了可证明安全协议。鉴于我们没有在量子设备上运行这些示例，它们并不是可证明的安全。即使在用真正的量子硬件实现这些协议时，这些安全证明也不能阻止边信道攻击或社会工程窃取我们的密钥😈。我们在本章后面讨论"不可克隆定理"时将继续讨论这些证明。

让我们来深入了解 QKD 是如何工作的！出于我们的目的，假设你和 Eve 是前一章中的两个人，想交换一个密钥来发送秘密消息🙂。场景如下：

我们希望向朋友发送一条秘密消息。使用第 2 章中的量子随机数生成器、QKD 协议 BB84 和一次性密码本加密，设计一个程序来发送可证明安全的消息。

我们可以把这个场景想象成一种时序图，如图 3.3 所示。

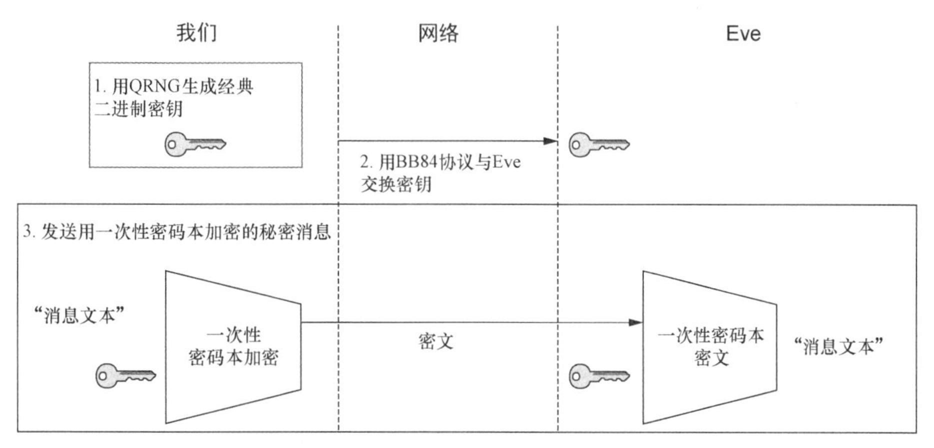

图 3.3 本章的情景：用 BB84 和一次性密码本加密向 Eve 发送一个秘密消息。先要与 Eve 交换一个密钥，这样就可以用它来加密要发送的消息。可以使用量子位和叠加态来帮助完成交换密钥的步骤

请注意，我们需要发送的密钥是一串经典位。我们如何使用量子位来发送这些经典位呢？我们先来看看如何用量子位编码经典信息，然后学习 BB84 协议的具体步骤。接下来，我们将看到一个新的量子操作，它将帮助我们用量子位编码经典位。

3.1.1 量子 NOT 操作

如果我们有一些经典信息，比如一个二进制位，如何用量子资源（如量子位）来编码它？请看下面的算法。该算法可用于发送一个用量子位编码的随机经典位串。

1. 使用量子随机数生成器生成一个随机的密钥位。

2. 从一个处于 $|0\rangle$ 状态的量子位开始。把它制备在代表步骤 1 中那个位的值的状态中。这里，如果经典位是 0，则使用 $|0\rangle$；如果经典位是 1，则使用 $|1\rangle$。

3. 制备好的量子位被发送给 Eve，然后 Eve 对其进行测量并记录经典位的值。

4. 重复步骤 1～3，直到你和 Eve 拥有想要的密钥数量（通常由之后想要使用的加密协议决定）。

图 3.4 所示为该算法的时序图。

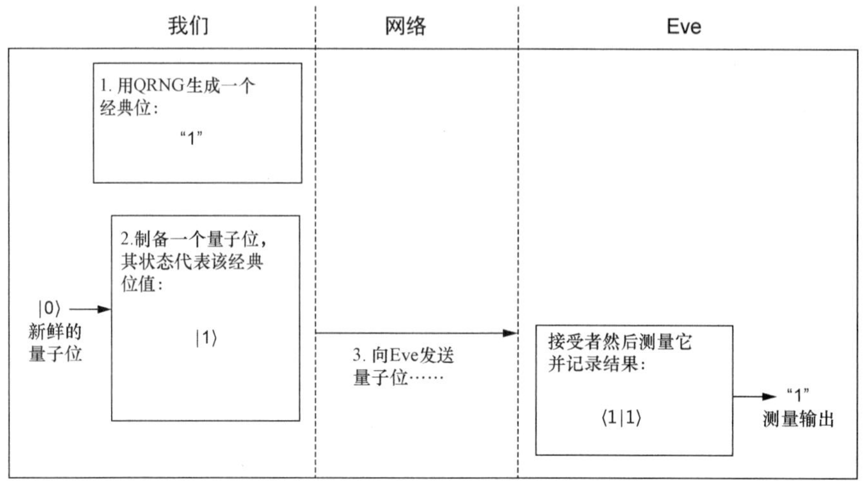

图 3.4 用量子位发送经典位串的算法的图示。先使用 QRNG 生成一个经典位值，将其编码在一个新的量子位上，然后将它发送给 Eve。然后她就可以测量它并记录经典测量结果了

现在，为了将量子位从 $|0\rangle$ 切换到 $|1\rangle$，我们需要在工具箱中加入另一个量子操作。在第 2 步中，我们可以使用"量子 NOT"操作（它类似于经典的 NOT 操作）将量子位从 $|0\rangle$ 旋转到 $|1\rangle$（见图 3.5）。

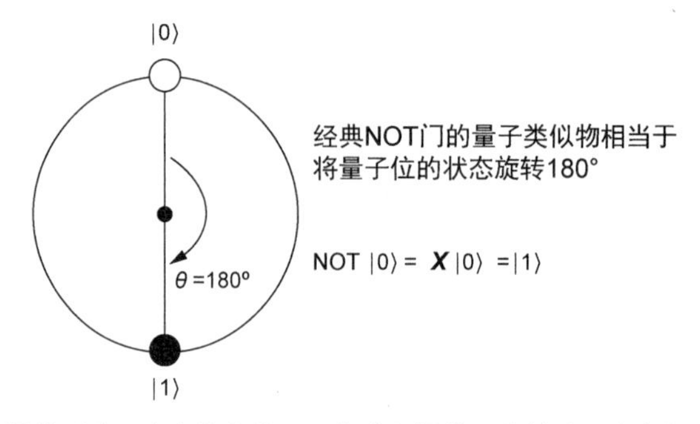

图 3.5 量子等效的 NOT 操作对处于 $|0\rangle$ 状态的量子位进行操作，使其处于 $|1\rangle$ 状态

我们把这种量子 NOT 操作称为 X 操作。

定义 X 操作（即"量子 NOT"操作）将处于 $|0\rangle$ 状态的量子位转变为 $|1\rangle$ 状态，反之亦然。

前面的步骤 2 可以改写如下：

如果在步骤 1 中的经典位是 0，什么都不做；如果是 1，就对量子位应用一次量子 NOT 操作（又称 X 操作）。

这个算法 100%起作用，因为当 Eve 测量她收到的量子位时，$|0\rangle$ 和 $|1\rangle$ 状态可以通过在 z 轴上的测量完美地区分。看起来你和 Eve 只是为了分享一些随机的经典位而做了很多工作，但我们会看到，在这个基本协议中加入一些量子行为会使它变得更加有用！我们来看看如何在代码中实现这一点（见清单 3.1）。

清单 3.1 qkd.py: 通过量子位交换经典位

```
def prepare_classical_message(bit: bool, q: Qubit) -> None:
    if bit:
        q.x()

def eve_measure(q: Qubit) -> bool:
    return q.measure()

def send_classical_bit(device: QuantumDevice, bit: bool) -> None:
    with device.using_qubit() as q:
        prepare_classical_message(bit, q)
        result = eve_measure(q)
        q.reset()
    assert result == bit
```

为了制备我们要发送的经典位，我们需要输入位值和一个要使用的量子位。这个函数不返回任何值，因为我们应用于量子位的操作的后果已在单量子位模拟器中记录了

如果我们要发送一个 1，可以用 NOT 操作 x 将 q 制备在 $|1\rangle$ 状态，因为 x 操作会将 $|0\rangle$ 旋转到 $|1\rangle$，反之亦然

我们可以检查一下，测量 q 所得到的经典位与我们发送的相同

考虑到测量代码只有一行，将它作为另一个函数分离出去似乎很傻。但我们将来会改变 Eve 测量量子位的方式，所以这是一个有用的设置

我们在第 2 章中写的模拟器“几乎”具备实现这一点的所有条件。我们只需要添加一条与 X 操作对应的指令。x 指令可以用矩阵 $\boldsymbol{X}$ 表示，就像我们用矩阵 $\boldsymbol{H}$ 表示 H 指令一样。与第 2 章中 $\boldsymbol{H}$ 的写法相同，我们可以将矩阵 $\boldsymbol{X}$ 写成这样：

$$\boldsymbol{X} = \begin{pmatrix} 0 & 1 \\ 1 & 0 \end{pmatrix}$$

练习 3.1：真值表和矩阵

在第 2 章中，我们看到酉矩阵在量子计算中的作用与真值表在经典计算中的作用相同。我们可以用它来计算矩阵 $\boldsymbol{X}$ 必须是怎样才能表示量子 NOT 操作。我们开始制作一个表格，说明矩阵 $\boldsymbol{X}$ 必须对每个输入状态做什么，才能表示 x 指令的作用：

输入	输出
$\|0\rangle$	$\|1\rangle$
$\|1\rangle$	$\|0\rangle$

这告诉我们，如果我们用矩阵 $\boldsymbol{X}$ 乘以向量 $|0\rangle$，需要得到 $|1\rangle$，同样，$\boldsymbol{X}|1\rangle = |0\rangle$。

请通过使用 NumPy 或手工操作，检查矩阵是否与我们在前面的真值表中的内容一致：

$$\boldsymbol{X} = \begin{pmatrix} 0 & 1 \\ 1 & 0 \end{pmatrix}$$

练习的解答

本书中所有练习的解答都可以在本书配套资源中找到。你只需进入所在章节的文件夹，并打开名称中带有“exercise solutions”的 Jupyter notebook。

接下来，将需要的功能添加到模拟器上，以运行清单 3.1。我们将使用第 2 章编写的模拟器，但如果需要复习一下，可以在本书的配套资源中找到代码。首先，我们需要更新量子设备的接口，增加一个量子位必须具备的新方法，如清单 3.2 所示。

清单 3.2　interface.py：为 qubit 接口添加 x

```
class Qubit(metaclass=ABCMeta):
    @abstractmethod
    def h(self): pass

    @abstractmethod
    def x(self): pass

    @abstractmethod
    def measure(self) -> bool: pass

    @abstractmethod
    def reset(self): pass
```

我们可以按照第 1 章的 h 操作来模拟实现量子 NOT 操作

既然量子位接口知道我们想要一个 X 操作的实现，让我们来添加这个实现吧！具体如清单 3.3 所示。

清单 3.3　simulator.py：向量子位模拟器添加 X 操作

```
KET_0 = np.array([
    [1],
    [0]
], dtype=complex)
H = np.array([
    [1, 1],
    [1, -1]
], dtype=complex) / np.sqrt(2)
X = np.array([
    [0, 1],
    [1, 0]
], dtype=complex) / np.sqrt(2)

class SimulatedQubit(Qubit):
    def __init__(self):
        self.reset()
```

添加一个变量 X 来表示 X 操作的矩阵 $\boldsymbol{X}$

```
    def h(self):
        self.state = H @ self.state

    def x(self):
        self.state = X @ self.state

    def measure(self) -> bool:
        pr0 = np.abs(self.state[0, 0]) ** 2
        sample = np.random.random() <= pr0
        return bool(0 if sample else 1)

    def reset(self):
        self.state = KET_0.copy()
```

就像 h 函数一样，我们希望将存储在 X 中的矩阵应用于状态向量，从而实现量子 X 操作。

3.1.2 借助量子位共享经典位

好极了！我们试试使用升级后的 Python 量子位模拟器，借助一个量子位来共享一个秘密的经典位。

注意 在我们将为本章编写的代码中，你和 Eve 共享的量子位处于同一个模拟设备中。我们如果都在使用同一个设备，可能在向对方“发送”量子位时感到尴尬！在现实中，我们的设备将使用“光子”作为量子位。它们很容易在光纤中传输，或借助望远镜隔空观察。

这与 QKD 协议还不太一样，但它可以为我们最终实现目标（即 QKD 协议）中的功能类型和步骤打下良好基础。

在终端运行 ipython 打开 IPython 会话，那里保留了我们模拟器的代码。在导入 Python 文件后，创建一个单量子位模拟器的实例，并生成一个随机位作为要发送的经典位。（好在我们有量子随机数生成器！）使用新的量子位，根据我们要发送给 Eve 的经典位的来制备它。然后，Eve 测量该量子位，我们可以看到我们是否有相同的经典位值。该过程如清单 3.4 所示。

清单 3.4 用单量子位模拟器发送经典位

我们将在这里使用新的量子位模拟器实例进行密钥交换，但严格来说，我们不需要这样做。我们将在第 4 章中看到如何扩展模拟器，使之与多量子位一起工作

```
>>> qrng_simulator = SingleQubitSimulator()
>>> key_bit = int(qrng(qrng_simulator))
>>> qkd_simulator = SingleQubitSimulator()
>>> with qkd_simulator.using_qubit() as q:
```

需要一个模拟的量子位来用于 QRNG

复用我们在第 2 章中写的 qrng 函数，可以生成一个随机的经典位来作为密钥

我们在 qkd_simulator 提供的 qubit 中编码经典位。如果经典位是 0，就不对 qkd_simulator 做任何处理；如果经典位是 1，就用 x 方法将量子位改变为 |1⟩ 状态

```
...     prepare_classical_message(key_bit, q)
...     print(f"You prepared the classical key bit: {key_bit}")
...     eve_measurement = int(eve_measure(q))
...     print(f"Eve measured the classical key bit: {eve_measurement}")
...

You prepared the classical key bit: 1
Eve measured the classical key bit: 1
```

Eve 从 qkd_simulator 中测量 qubit，然后将位值存储为 ev_measurement

我们用量子位分享秘密的示例应该是确定的，也就是说，每次我们都将制备和发送一位，Eve 将正确地测量出相同的值。这安全吗？如果你怀疑它不安全，你肯定是发现了什么。在 3.2 节中，我们将讨论原型秘密共享方案的安全性，并研究如何改进它。

3.2 双组基的故事

我们和 Eve 现在有了一种利用量子位发送经典位的方法，但如果对手掌握了那个量子位会怎样呢？他们可以使用测量指令来获取与 Eve 一样的经典数据。这让我们有理由质疑为什么要用量子位来共享密钥。

幸运的是，量子力学中提供了一种方法，可以使这种交换更加安全。我们可以对协议做哪些修改呢？例如，我们可以用一个处于 |+⟩ 状态的量子位表示一个经典的“0”消息，用一个处于 |−⟩ 状态的量子位表示一个“1”消息，如清单 3.5 所示。

清单 3.5 qkd.py：用 |+⟩/|-⟩ 状态对消息进行编码

```
def prepare_classical_message_plusminus(bit: bool, q: Qubit) -> None:
    if bit:
        q.x()
    q.h()

def eve_measure_plusminus(q: Qubit) -> bool:
    q.h()
    return q.measure()

def send_classical_bit_plusminus(device: QuantumDevice, bit: bool) -> None:
    with device.using_qubit() as q:
        prepare_classical_message_plusminus(bit, q)
        result = eve_measure_plusminus(q)
        assert result == bit
```

prepare_classical_message_plusminus 中，这一行之前的所有内容都与 prepare_classical_message 中的内容相同。在这一点上应用阿达马门，可以将 |0⟩/|1⟩ 状态旋转为 |+⟩/|−⟩ 状态

使用 h 操作将 |+⟩/|−⟩ 状态旋转回 |0⟩/|1⟩ 状态，因为我们的测量操作被定义为只能正确测量 |0⟩/|1⟩ 状态

提示 另一种理解清单 3.5 中测量的方式是，我们正在“旋转”测量方式，以匹配当前工作的基（$|+\rangle/|-\rangle$）。这是视角的问题！

现在我们有两种不同的发送方式，我们和 Eve 在发送量子位时可以使用它们（摘要见表 3.1）。我们称这两种不同的消息发送方式为“基”，每一种都包含两种完全可区分的正交状态。这与附录 C 中的方向（如北和西）类似，它定义了方便描述方向的基。

表 3.1 我们要发送的不同经典消息，以及如何在 *Z* 基和 *X* 基中对其进行编码

基	“0”消息	“1”消息
“0”（或 *Z*）基	$|0\rangle$	$|1\rangle = \boldsymbol{X}\,|0\rangle$
“1”（或 *X*）基	$|+\rangle = \boldsymbol{H}\,|0\rangle$	$|-\rangle = \boldsymbol{H}\,|1\rangle = \boldsymbol{HX}\,|0\rangle$

提示 关于基的复习，见附录 C。

我们将 $|0\rangle$ 和 $|1\rangle$ 的状态作为一组基（称为 *Z* 基），将 $|+\rangle$ 和 $|-\rangle$ 作为另一组基（称为 *X* 基）。基的命名取决于我们可以完全区分状态的轴（见图 3.6）。

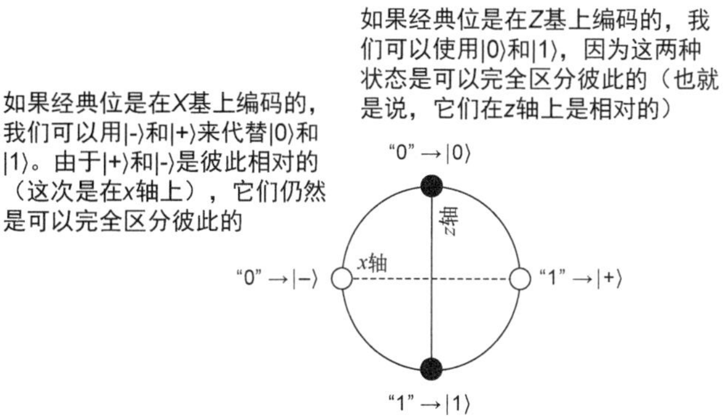

图 3.6 现在，除了使用 *Z* 基在量子位上编码一个经典位之外，还可以使用 *X* 基

注意 在量子计算中，从来没有一组真正“正确”的基，但是有一些方便的基，我们可以按照惯例选择使用。

如果我们和 Eve 都不知道对一个特定的位使用哪种发送方式，那双方都会遇到难题。如果我们混用 *Z* 基和 *X* 基发送消息，会发生什么？可以用模拟器进行尝试，看看会发生什么（见清单 3.6）。

清单 3.6　交换位但不使用相同的基

```
def prepare_classical_message(bit: bool, q: Qubit) -> None:
    if bit:
        q.x()

def eve_measure_plusminus(q: Qubit) -> bool:
    q.h()
    return q.measure()

def prepare_classical_message(bit: bool, q: Qubit) -> None:
    if bit:
        q.x()
def eve_measure_plusminus(q: Qubit) -> bool:
    q.h()
    return q.measure()

def send_classical_bit_wrong_basis(device: QuantumDevice, bit: bool) -> None:
    with device.using_qubit() as q:
        prepare_classical_message(bit, q)
        result = eve_measure_plusminus(q)
        assert result == bit, "Two parties do not have the same bit value"
```

使用我们之前看到的方法，通过h指令在Z基上制备量子位

Eve以X基测量，因为她在测量前对量子位做了阿达马操作

该函数不返回任何值，所以如果我们和Eve最终的密钥位不匹配，它将引发一个错误

运行上述代码，可以看到，如果我们以Z基发送，而Eve以X基测量，我们可能不会在最后得到匹配的经典位，如清单3.7所示。

清单 3.7　以 Z 基发送，以 X 基测量

```
>>> qsim = SingleQubitSimulator()
>>> send_classical_bit_wrong_basis(qsim, 0)
AssertionError: Two parties do not have the same bit value
```

我们选择位值为0，你可能要运行这一行几次才能得到错误

通过实验来验证可以发现，有一半的情况下会得到AssertionError（密钥交换失败）。为什么会这样呢？首先，Eve是在X基上进行测量的，所以她只能将$|+\rangle$和$|-\rangle$完美区分开来。如果没有给她一个完全可区分的状态作为基（如本例中给她一个$|0\rangle$），她会测量到什么？我们可以把X基中的$|0\rangle$状态写为

$$|0\rangle=(|+\rangle+|-\rangle)/\sqrt{2}$$

记得在第2章中，我们以类似的方式定义了$|+\rangle$，即将$|0\rangle$和$|1\rangle$相加。$|+\rangle$状态也被称为$|0\rangle$和$|1\rangle$状态的“叠加”。

注意　任何时候，一个状态都可以写成这样的线性组合。这被认为是状态的叠加。

练习 3.2：验证 $|0\rangle$ 是 $|+\rangle$ 和 $|-\rangle$ 的叠加

试着用你在第 2 章学到的关于向量的知识来验证 $|0\rangle=(|+\rangle+|-\rangle)/\sqrt{2}$。可以手动计算或使用 Python。提示：回顾一下，$|+\rangle=(|0\rangle+|1\rangle)/\sqrt{2}$，$|-\rangle=(|0\rangle-|1\rangle)/\sqrt{2}$。

现在用第 2 章中的玻恩定理来计算实际的测量结果。回顾一下，我们可以通过测量一个特定的状态来计算测量结果的概率，其表达式如下：

$$\Pr(\text{测量}\mid\text{状态})=|\langle\text{测量}\mid\text{状态}\rangle|^2$$

在 X 基中写出对 $|0\rangle$ 状态的测量可以看到，我们将在一半情况下得到 0（即 $|+\rangle$），另一半情况下得到 1（即 $|-\rangle$）：

$$\Pr(\langle+|0\rangle)=|\langle+|0\rangle|^2=\left((\langle+|+\rangle+\langle+|-\rangle)/\sqrt{2}\right)^2=(1+0)^2/2=1/2$$

练习 3.3：用不同的基测量量子位

参照前面的例子完成如下任务：

1. 计算在 $|-\rangle$ 方向测量 $|0\rangle$ 状态时得到测量结果 $|-\rangle$ 的概率；
2. 计算在输入状态为 $|1\rangle$ 时得到 $|-\rangle$ 测量结果的概率。

这告诉我们，如果 Eve 不知道在什么基上进行测量，那么她的测量结果就和随机猜测没什么区别。这是因为，在错误的基上，量子位处于定义基的两种状态的叠加之中。QKD 工作原理的一个关键之处在于，如果没有正确的附加信息（量子位编码所用的基），对量子位的任何测量基本上是无用的。为了确保安全，我们必须让对手难以了解这些额外的信息，从而知道正确的测量基。我们接下来要了解的 QKD 协议对此有一个解决方案，并且可被证明（证明过程不在本书的范围内），描述了攻击者拥有任何关于密钥的信息的可能性。

3.3 量子密钥分发：BB84

我们现在已经看到了如何在两个不同的基上共享密钥，以及如果我们和 Eve 不使用相同的基会发生什么。同样，你可能会问：为什么我们要用这种方法来使共享密钥更安全？有各种各样不同的 QKD 协议，每个协议都有特定的优势和使用场景（与 RPG 的角色类别没有不同）。最常见的 QKD 协议称为 BB84，这个名称来源于两位作者姓氏的首字母和协议发表的年份（Bennet、Brassard，1984 年）。

BB84 与我们到目前为止使用的共享密钥方法非常相似，但在我们和 Eve 如何选择基上有一个关键区别。在 BB84 中，双方随机地（独立地）选择他们的基，这意味着他们最终会在 50%的情况下使用相同的基。图 3.7 展示了 BB84 协议的步骤。

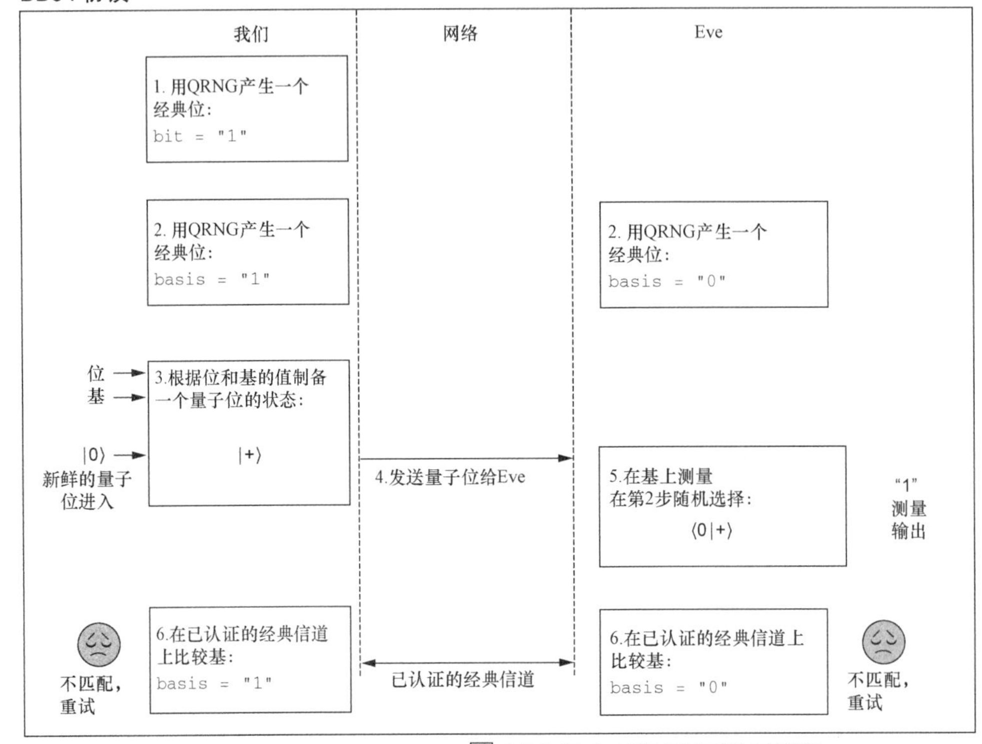

图 3.7　BB84 协议的步骤

作为随机选择基的结果，我们和 Eve 还必须通过认证的经典信道（如互联网）进行通信，以各自持有密钥，并将其转化为我们认为与通信伙伴拥有的密钥相同的样子，因为现实就是这样。当量子位交换时，环境和第三方的个人都将有可能操纵或修改量子位的状态。

密钥扩展

我们在描述正在使用的经典通信信道时忽略了一个细节：它必须“经过验证”。也就是说，当我们向 Eve 发送经典消息作为运行 BB84 的一部分时，如果其他人能读到这些消息也是可以的，但我们需要确保与我们交谈的确实是 Eve。为了证明某个人写下并发送了一个特定的消息，我们实际上已经需要某种形式的共享秘密，并且可以用它来验证对方的身份。因此，我们必须已经具有和对方共享的秘密。这个秘密可能比我们要发送的消息要短，所以 BB84 在技术上更像是一个“密钥扩展”协议。

BB84 协议的步骤如下。

1. 通过对 QRNG 采样，选择一个随机的 1 位消息来发送。

2. 我们和 Eve 分别用各自的 QRNG 选择一组随机的基（双方之间没有通信）。
3. 在随机选择的基上制备一个量子位，代表随机选择的消息（见表 3.2）。
4. 在量子信道中把我们制备好的量子位发送给 Eve。
5. 当量子位到达时，Eve 在随机选择的基上进行测量，并记录经典位的结果。
6. 在认证的经典信道上与 Eve 进行通信，并分享用来制备和测量量子位的基。如果它们匹配，则保留该位并将其添加到密钥中。重复上述步骤，直到拥有足够多的密钥。

表 3.2　为随机消息和基选择发送状态

基	“0”消息	“1”消息
“0”（或 Z）基	$\|0\rangle$	$\|1\rangle = \boldsymbol{X}\|0\rangle$
“1”（或 X）基	$\|+\rangle = \boldsymbol{H}\|0\rangle$	$\|-\rangle = \boldsymbol{H}\|1\rangle = \boldsymbol{HX}\|0\rangle$

一个没有错误的世界

由于我们正在模拟 BB84 协议，我们知道 Eve 收到的量子位将与我们发送的完全相同。BB84 更现实地将分批进行，首先交换 n 个量子位，然后是一轮共享基值（进行错误纠正）。最后，考虑到窃听者可能从我们检测到的错误中得到部分信息的事实，我们必须用隐私放大算法进一步缩小密钥。我们实现 BB84 的过程中省略了这些步骤，以简化过程，但这些步骤对现实世界的安全至关重要😉。

让我们继续深入，在 Python 中实现 BB84 QKD 协议。我们会先编写一个函数，运行 BB84 协议（假设无损传输）进行单位传输。这并不能保证我们能从这次运行中得到一个密钥位。无论如何，如果我们和 Eve 选择了不同的基，那么这次交换将不得不作废。

首先，建立一些函数，这有助于简化我们写出完整 BB84 协议的方式。我们和 Eve 需要做一些事情，比如对随机位进行采样，以及制备和测量消息量子位。为清楚起见，在此分别介绍（见清单 3.8 和清单 3.9）。

清单 3.8　bb84.py：密钥交换前的辅助函数

```
def sample_random_bit(device: QuantumDevice) -> bool:
    with device.using_qubit() as q:
        q.h()
        result = q.measure()
        q.reset()
    return result

def prepare_message_qubit(message: bool, basis: bool, q: Qubit) -> None:
    if message:
        q.x()
    if basis:
        q.h()
```

sample_random_bit 与之前的 qrng 函数几乎相同，只是在这里，测量后会重置量子位，因为我们希望能够多次调用它

该量子位在随机选择的基上被编码为密钥位值

```
def measure_message_qubit(basis: bool, q: Qubit) -> bool:
    if basis:
        q.h()
    result = q.measure()
    q.reset()
    return result

def convert_to_hex(bits: List[bool]) -> str:
    return hex(int(
        "".join(["1" if bit else "0" for bit in bits]),
        2
    ))
```

与 sample_random_bit 类似，Eve 测量完消息量子位后，她应该重置它，因为在模拟器中，我们将在下一次交换中重复使用它

为了帮助压缩长二进制密钥的显示，用一个辅助函数将表示法转换为较短的十六进制字符串

清单 3.9 bb84.py: 发送经典位的 BB84 协议

```
def send_single_bit_with_bb84(
    your_device: QuantumDevice,
    eve_device: QuantumDevice
    ) -> tuple:

    [your_message, your_basis] = [
        sample_random_bit(your_device) for _ in range(2)
    ]

    eve_basis = sample_random_bit(eve_device)

    with your_device.using_qubit() as q:
        prepare_message_qubit(your_message, your_basis, q)

        # QUBIT SENDING...

        eve_result = measure_message_qubit(eve_basis, q)
    return ((your_message, your_basis), (eve_result, eve_basis))
```

我们可以使用之前修改过的 QRNG 来随机选择一个位值和基。这里使用了 sample_random_bit 函数

Eve 需要用自己的量子位随机选择一个基，这就是为什么她要使用一个单独的 QuantumDevice

在所有的制备工作完成后，制备好我们的量子位并发送给 Eve

现在 Eve 拥有了我们的量子位，并在她先前选择的随机基上测量它

由于所有的计算都发生在计算机模拟器内，所以不需要做任何事情来将量子位从我们这里“发送”给 Eve

返回我们和 Eve 在这一轮（过程）结束时的密钥位值和基

量子位和不可克隆性

从目前看到的情况来看，我们的对手似乎可以窃听量子信道中的量子位并进行复制，从而进行欺骗。具体方法是，窃听者（这里称为 Bob）首先需要（在不被发现的情况下）完成下述工作。

1. 在我们和 Eve 之间发送量子位时复制它们，然后将它们储存起来。
2. 当我们和 Eve 完成协议的经典部分时，监听我们都宣布的基，并记录我们都选择相同的基。
3. 对于与我们和 Eve 使用相同基的位相对应的量子位，也测量相同基的量子位副本。

现在，我们、Eve，以及 Bob 都会有相同的密钥！如果你认为这似乎是一个问题，那么你有一定道理。不过，别担心，量子力学有解决方案。事实证明，Bob 计划的问题出在第 1 步——制作一个与我们和 Eve 交换的量子位相同的副本。好消息是，量子力学中无法在事先不知道一个量子位什么的情况下制作它的精确副本。在事先不知道状态的情况下，量子位不能被完全复制，这一规则称为“不可克隆定理”（如图 3.8 所示），表述如下：

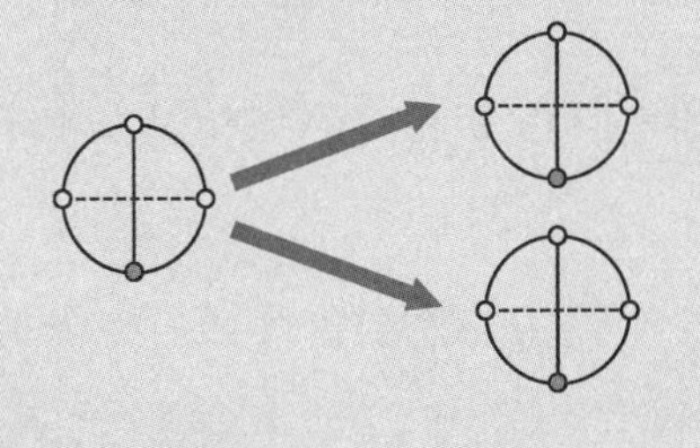

如果我们对量子位的状态有一些经典的描述，那么我们就可以制作它的副本了。在这里，我们有一个处于|1⟩状态的量子位，我们可以通过获取一个处于|0⟩状态的量子位并应用X操作来制作它的“副本”

如果我们事先没有一个量子位的相关信息，就不能对它进行完美的复制

图 3.8　可视化的“不可克隆定理”

任何量子操作都不能将一个任意量子位的状态完美地复制到另一个量子位上。

我们一旦学会了如何描述一个以上的量子位的状态，就可以在第 4 章中对此进行简单证明😊。

作为对“不可克隆定理”的另一种思考方式，Bob 如果能够在不干扰量子位的情况下测量它，就无须他所截获的量子位的副本。这是不可能的，因为一旦我们测量了一个量子位，它就会“塌缩”或发生变化，而 Eve 可以在从量子位收集的测量结果中检测到额外的噪声。因此，Bob 不可能在不被发现的情况下进行测量，所以他的窃听行为注定会失败。

交换一个经典的密钥位不足以发送整个密钥，所以现在我们需要使用先前的技术来发送多个位（见清单 3.10）。

清单 3.10　bb84.py：与 Eve 交换密钥的 BB84 协议

```
def simulate_bb84(n_bits: int) -> tuple:
    your_device = SingleQubitSimulator()
    eve_device = SingleQubitSimulator()

    key = []
    n_rounds = 0
```

```
    while len(key) < n_bits:
        n_rounds += 1
        ((your_message, your_basis), (eve_result, eve_basis)) =
            ➥ send_single_bit_with_bb84(your_device, eve_device)

        if your_basis == eve_basis:
            assert your_message == eve_result
            key.append(your_message)

    print(f"Took {n_rounds} rounds to generate a {n_bits}-bit key.")

    return key
```

此时，我们和 Eve 可以公开宣布我们各自用来测量这个位的基。如果一切运作正常，只要我们的基一致，我们的结果就应该一致。我们在这里用断言来进行检查

现在，密钥已经到手了，我们可以继续使用密钥和一次性密码本加密算法来发送秘密消息了！

3.4 使用密钥发送秘密消息

我们和 Eve 已经解决了如何使用 BB84 协议来分享由 QRNG 生成的随机二进制密钥的问题。最后一步是使用这个密钥与 Eve 共享一条秘密消息。我们和 Eve 之前决定，最好的加密协议是使用一次性密码本来发送秘密消息。这被证明是最安全的加密协议之一。鉴于我们是以最安全的方式来分享密钥，保持这一标准是有意义的！

例如，为了告诉 Eve 我们喜欢 Python，我们要发送的消息是“💖🐍💻”。由于使用的是二进制密钥，我们需要将 Unicode 消息的表示方法转换成二进制，也就是下面这个冗长的位列表：

```
"1101100000111101  1101110010010110  1101100000111101
 1101110000001101  1101100000111101  1101110010111011"
```

这条消息的二进制表示就是我们的“消息文本”，现在我们要把它和一个密钥结合起来，得到一个可以在网络上安全发送的密文。我们一旦有了来自 BB84 协议的密钥（至少和消息一样长），就需要使用一次性密码本加密方案来编码我们的消息了。我们在第 2 章中了解过这种加密技术，查看图 3.9 快速复习一下吧！

为了实现它，我们需要使用经典的位 XOR 操作（Python 中的^操作符）来组合消息和密钥，从而创建可以安全地发送给 Eve 的密文。为了解密消息，Eve 将对密文和她的密钥（应该与你的密钥相同）进行同样的位 XOR 操作。这会将消息还原给她，因为任何时候将一个位串与另一个位串进行两次 XOR 操作，就会得到原来的位串。清单 3.11 展示的是 Python 中的情况。

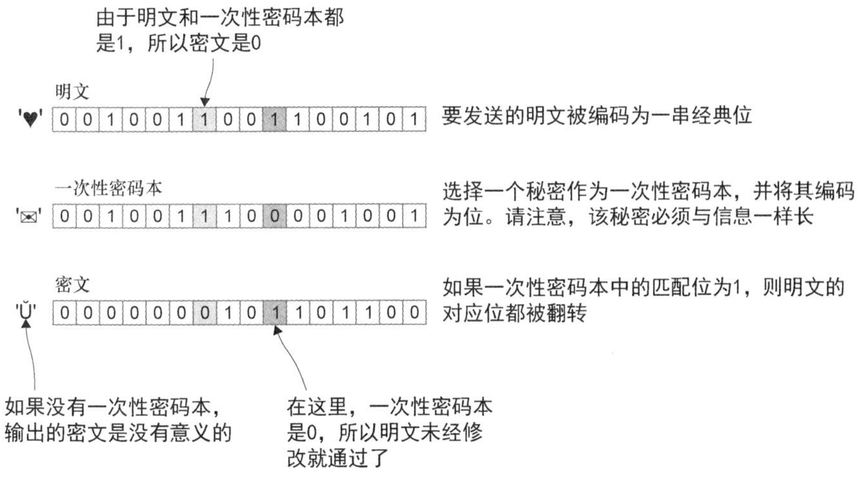

由于明文和一次性密码本都是1，所以密文是0

明文

'♥' 0 0 1 0 0 1 1 0 0 1 1 0 0 1 0 1　要发送的明文被编码为一串经典位

一次性密码本

'✉' 0 0 1 0 0 1 1 1 0 0 0 0 1 0 0 1　选择一个秘密作为一次性密码本，并将其编码为位。请注意，该秘密必须与信息一样长

密文

'Ů' 0 0 0 0 0 0 0 1 0 1 1 0 1 1 0 0　如果一次性密码本中的匹配位为1，则明文的对应位都被翻转

如果没有一次性密码本，输出的密文是没有意义的

在这里，一次性密码本是0，所以明文未经修改就通过了

图 3.9　一次性密码本加密示例，它使用随机位来加密秘密消息

清单 3.11　bb84.py：与 Eve 交换密钥的 BB84 协议

```
def apply_one_time_pad(message: List[bool], key: List[bool]) -> List[bool]:
    return [
        message_bit ^ key_bit
        for (message_bit, key_bit) in zip(message, key)
    ]
```

在 Python 中，^操作符是按位 XOR。这将我们的密钥的一个位作为一次性密码本应用于信息文本

练习 3.4：一次性密码本加密

如果我们有密文 10100101 和密钥 00100110，那么最初发送的是什么消息？

让我们把这一切放在一起，通过运行我们一直在建立的 bb84.py 文件，与 Eve 分享消息（💝➰💻），如清单 3.12 所示。

清单 3.12　bb84.py：使用 BB84 和一次性密码本加密

```
if __name__ == "__main__":
    print("Generating a 96-bit key by simulating BB84...")
    key = simulate_bb84(96)
    print(f"Got key                    {convert_to_hex(key)}.")

    message = [
        1, 1, 0, 1, 1, 0, 0, 0,
        0, 0, 1, 1, 1, 1, 0, 1,
        1, 1, 0, 1, 1, 1, 0, 0,
        1, 0, 0, 1, 0, 1, 1, 0,
        1, 1, 0, 1, 1, 0, 0, 0,
        0, 0, 1, 1, 1, 1, 0, 1,
        1, 1, 0, 1, 1, 1, 0, 0,
```

```
    0, 0, 0, 0, 1, 1, 0, 1,
    1, 1, 0, 1, 1, 0, 0, 0,
    0, 0, 1, 1, 1, 1, 0, 1,
    1, 1, 0, 1, 1, 1, 0, 0,
    1, 0, 1, 1, 1, 0, 1, 1
]
print(f"Using key to send secret message: {convert_to_hex(message)}.")

encrypted_message = apply_one_time_pad(message, key)
print(f"Encrypted message:              {convert_to_hex(encrypted_messa
➥ge)}.")

decrypted_message = apply_one_time_pad(encrypted_message, key)
print(f"Eve decrypted to get:           {convert_to_hex(decrypted_messa
➥ge)}.")
```

清单 3.13 展示了运行本章场景的完整方案。

清单 3.13　运行本章场景的完整解决方案

```
$ python bb84.py
Generating a 96-bit key by simulating BB84...
Took 170 rounds to generate a 96-bit key.

Got key:                          0xb35e061b873f799c61ad8fad.

Using key to send secret message: 0xd83ddc96d83ddc0dd83ddcbb.

Encrypted message:                0x6b63da8d5f02a591b9905316.

Eve decrypted to get:             0xd83ddc96d83ddc0dd83ddcbb.
```

我们每次运行 BB84 模拟时产生的确切密钥都会不同——毕竟这是协议的一个重要部分

由于我们的基和 Eve 的基大约在一半情况下是一致的，所以想要生成的每一位密钥需要进行两轮 BB84

我们通过写下 "💖〰💻" 的每个 Unicode 编码得到的信息

当我们把秘密信息和之前得到的密钥结合起来，用密钥作为一次性密码本，我们的信息就被扰乱了

当 Eve 使用相同的密钥时，她就会取回我们的原始秘密消息

量子密钥分发是量子计算最重要的衍生技术之一，有可能对我们的安全基础设施产生巨大影响。虽然目前为彼此相对较近的双方（大约 200 km 或更短）建立 QKD 是相当容易的，但为 QKD 部署一个全球系统存在着巨大的挑战。通常情况下，QKD 中使用的物理系统是一个光子，很难将单个光粒子发送很远的距离而不丢失。

既然我们已经建立了一个单量子位模拟器，并对一些单量子位应用进行了编程，那么我们就着手多量子位吧！。在第 4 章中，我们将利用已经建立的模拟器，增加模拟多量子位状态的功能，并与 Eve 共同游玩非本地游戏💖。

小结

- 量子密钥分发（QKD）是一个允许随机生成共享密钥的协议，我们可以用它来进行安全和私密的通信。
- 测量量子位时，我们可以在不同的基上进行：如果我们在制备量子位的同一基上进行测量，结果将是确定的；如果我们在不同的基上进行测量，结果将是随机的。
- “不可克隆定理”既让窃听者无法猜出正确的测量基，又不会导致密钥分发协议失败。
- 一旦我们使用 QKD 来共享一个密钥，就可以用一次性密码本的经典算法来安全地发送数据。

第 4 章　非本地游戏：使用多量子位

本章内容

- 使用非本地游戏来检查量子力学是否与宇宙的运行方式一致。
- 模拟多量子位的状态制备、操作和测量结果。
- 认识纠缠态的特征。
- 量子计算机与经典编程的关系。

在第 3 章中，我们用量子位与 Eve 进行了安全的通信，探索了如何在密码学中使用量子设备。一次处理一个量子位很有趣，但处理更多的量子位将……好吧，更有趣！在本章，我们将学习如何对多量子位的状态进行建模，以及它们“纠缠”在一起意味着什么。我们将再次与 Eve 玩游戏，但这次我们需要一个裁判！

4.1　非本地游戏

至此，我们已经看到如何利用单量子位设备，通过编程来完成有用的任务，如随机数生成和量子密钥分发。然而，最令人兴奋的计算任务需要同时使用多量子位。在这一章中，我们将学习非本地游戏：一种用多量子位系统与朋友一起验证我们描述的量子力学的方法。

4.1.1 什么是非本地游戏？

我们都玩过游戏，可能是体育项目、电子游戏，或桌面游戏。游戏是探索新世界和测试我们的力量、耐力和理解力极限的方式之一。事实证明，Eve 喜欢玩游戏，她最近的加密信息是这样的：

> “玩家你好！我很想玩一个叫 CHSH 的游戏。这是一个非本地游戏，我们会和裁判一起玩。我将在下一条信息中发送说明。完毕！”

Eve 提出的这个游戏之所以是“非本地”的，是因为玩家在玩游戏时（很遗憾地）不在同一个地方。玩家通过与裁判发送和接收信息来参与游戏，但在游戏中没有机会相互交谈。真正“酷”的是，通过玩游戏我们可以证明，经典物理并不能描述我们在这些游戏中用特定策略得到的结果。我们在这里要研究的特殊获胜策略涉及在游戏开始前玩家共享的一对量子位。我们将在本章深入探讨两个量子位纠缠意味着什么，但我们先描述一下非本地游戏的全部规则。

注意 裁决非本地游戏的裁判可以通过将玩家分开足够远的距离来确保他们不交流，体现为游戏结束前没有从哪个玩家发出的光可以到达另一个玩家那里。

4.1.2 测试量子物理学：CHSH 游戏

Eve 建议玩的非本地游戏名为 CHSH 游戏，如图 4.1 所示。[①]

CHSH 游戏由两个玩家和一个裁判组成。我们可以随心所欲地玩几轮游戏，每轮有 3 个步骤。正如 Eve 在她的第一条信息中提到的，一旦一个回合开始，玩家就不能沟通，必须做出自己的（可能是预先计划好的）决定。

CHSH 游戏一个回合的步骤如下。

1. 裁判启动这个回合，发放给你和 Eve 各一个经典位。裁判“独立”且“均匀地随机”选择这些位，所以你可以得到 0 或 1，各有 50%的概率，Eve 也如此。这意味着裁判开始游戏时，数对(你的位，Eve 的位)有 4 种情况：(0,0)、(0,1)、(1,0)或(1,1)。
2. 你和 Eve 必须各自“独立地”将单一的经典位返回给裁判作为回应。
3. 裁判计算你和 Eve 回应的经典位的奇偶校验（XOR）值。

如表 4.1 所示，在 4 种情况中的 3 种，你和 Eve 必须以“偶”校验的方式回应（你们的答案必须相等）才能获胜，而在第 4 种情况中，你们的答案必须不同才能获胜。这些规则绝对是“不寻常”的，但与一些耗时多日的桌面游戏相比，它们还不算太复杂。

① CHSH 这个名字来自最初创造这个游戏的研究人员 Clauser、Horne、Shimony 和 Holt 的首字母。

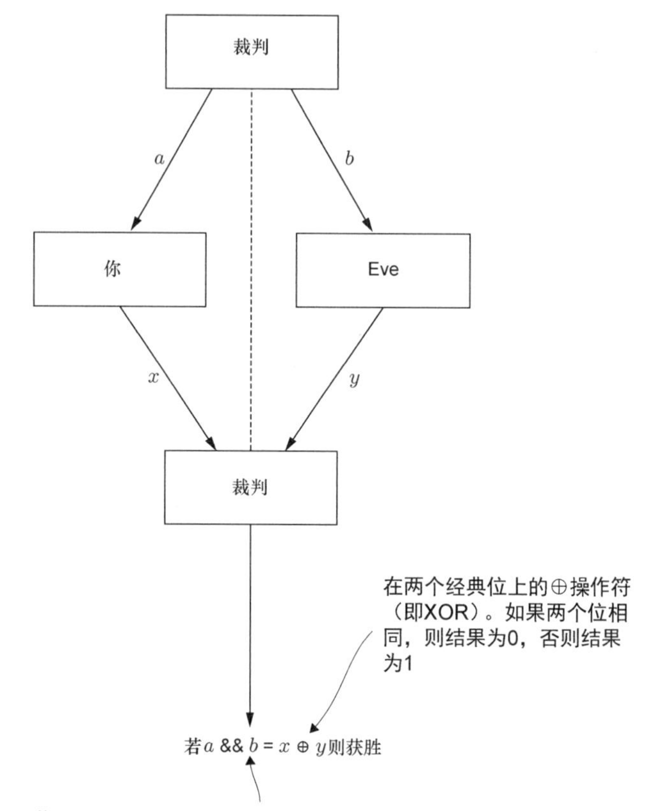

裁判向你和Eve发送一个1位问题。你的问题被标记为a，而Eve的问题被标记为b。一旦游戏开始，你和Eve就不能再进行交流，直到游戏结束
裁判
a
b
裁判要求每个玩家提供一个1位的答案。这里，你的答案被标记为x，Eve的答案被标记为y。
你
Eve
x
y
双方都向裁判发送一个1位的答案。然后，裁判对游戏进行评分，并宣布玩家是否获胜
裁判
在两个经典位上的⊕操作符（即XOR）。如果两个位相同，则结果为0，否则结果为1
计分规则要求你和Eve在来自裁判的输入位下以正确的奇偶校验值来回答
若a && b = x ⊕ y则获胜
作用于两个经典位的&&操作符（又称AND），如果两个位都是1，则结果为1，在其他情况下结果为0

图 4.1 CHSH 游戏是有两个玩家和一个裁判的非本地游戏。裁判以位值的形式给每个玩家一个问题，然后玩家必须独立想出如何回答裁判的问题。如果玩家的回答的“布尔和”与裁判的问题的经典 XOR 值相同，则玩家获胜

表 4.1 CHSH 游戏的获胜条件

你的输入	Eve 的输入	获胜所需回应的奇偶校验值
0	0	偶
0	1	偶
1	0	偶
1	1	奇

我们可以在表 4.1 的基础上扩展，得到游戏的所有可能结果，如表 4.2 所示。

表 4.2 CHSH 游戏的所有可能状态及获胜条件。输入位来自裁判，双方都对裁判做出回应

你的输入	Eve 的输入	你的回应	Eve 的回应	校验	是否获胜
0	0	0	0	偶	是
0	0	0	1	奇	否
0	0	1	0	奇	否
0	0	1	1	偶	是
0	1	0	0	偶	是
0	1	0	1	奇	否
0	1	1	0	奇	否
0	1	1	1	偶	是
1	0	0	0	偶	是
1	0	0	1	奇	否
1	0	1	0	奇	否
1	0	1	1	偶	是
1	1	0	0	偶	否
1	1	0	1	奇	是
1	1	1	0	奇	是
1	1	1	1	偶	否

我们来看看模拟这个游戏的 Python 代码。由于你和 Eve 对裁判的回应可以基于裁判提供的信息，因此可以把每个玩家的行动表示为裁判调用的一个“函数”。

练习 4.1：裁判的心理状态

由于裁判是纯经典的，我们将他建模为使用经典的随机数生成器。不过这就留下了一个可能性，那就是你和 Eve 可以通过猜测裁判的问题来作弊。一个可能的改进是使用第 2 章中的 QRNG。修改清单 4.1 中的代码样本，使裁判可以通过测量开始时处于 $|+\rangle$ 状态的量子位向你和 Eve 提问。

正如在清单 4.1 中所看到的，我们正在声明一个新类型 Strategy 来定义代表你和 Eve 的 1 位函数元组，其中的函数代表你们各自的策略。可以把这些函数看作你和 Eve 针对裁判给的位各自做出的回应的陈述。

清单 4.1 chsh.py: CHSH 游戏的 Python 实现

strategy 函数将赋值两个单位函数，代表你和 Eve 将根据输入做出的回应

```
import random
from functools import partial
from typing import Tuple, Callable
import numpy as np

from interface import QuantumDevice, Qubit
from simulator import Simulator

Strategy = Tuple[Callable[[int], int], Callable[[int], int]]

def random_bit() -> int:
    return random.randint(0, 1)

def referee(strategy: Callable[[], Strategy]) -> bool:
    you, eve = strategy()
    your_input, eve_input = random_bit(), random_bit()
    parity = 0 if you(your_input) == eve(eve_input) else 1
    return parity == (your_input and eve_input)

def est_win_probability(strategy: Callable[[], Strategy],
                        n_games: int = 1000) -> float:
    return sum(
        referee(strategy)
        for idx_game in range(n_games)
    ) / n_games
```

使用 Python 的类型化模块可以将一个 Strategy 类型的值记录为两个函数的元组，每个函数接收一个 int 并返回一个 int

裁判将使用的经典随机数生成器

裁判员随机挑选 2 位

查看表 4.1，看看玩家是否获胜

除以你们玩的游戏次数，然后估计你和 Eve 的策略赢得 CHSH 游戏的概率

我们可以使用 Python 内置的 sum 函数来计算某一特定策略的裁判返回 True 的次数——换言之，统计你们赢了多少次游戏

给每个玩家提供随机位，然后计算他们的回应的奇偶校验值

注意，在列表 4.1 中，我们还没有编写 strategy 的定义。既然我们已经在 Python 中实现了游戏规则，让我们谈谈“策略”，并着手实现玩 CHSH 游戏的经典策略。

提示 选择变量的命名规则，使每个变量在代码中扮演的角色一目了然，这很有帮助。我们选择在变量 n_games 中使用前缀 n_来表示该变量指的是一个数字或大小，我们使用前缀 idx_来表示该变量指的是每个单独游戏的索引。就像开车一样，如果我们可以预测一些事情，就很好。

4.1.3 经典策略

对你和 Eve 来说，最简单的策略是完全不理会你们的输入。看一下表 4.3，如果你们两个人在游戏前都同意永远不改变你们的输出（即总是返回 0），你们将在 75%的情

况下获胜（这确实假设裁判为每个玩家均匀地选择随机位）。

表 4.3 CHSH 游戏的最佳经典策略（总是以 0 回应），包含获胜的条件

你的输入	Eve 的输入	你的回应	Eve 的回应	奇偶校验	是否获胜
0	0	0	0	偶	是
0	1	0	0	偶	是
1	0	0	0	偶	是
1	1	0	0	偶	否

如果将这个策略写成 Python 函数，会得到如清单 4.2 所示代码。

清单 4.2 chsh.py：CHSH 游戏的简单不变的策略

```
def constant_strategy() -> Strategy:
    return (
        lambda your_input: 0,
        lambda eve_input: 0
    )
```

现在可以用constant_strategy来测试我们期望在CHSH游戏中赢得一个回合的胜率：

```
>>> est_win_probability(constant_strategy)
0.771
```

请注意，当你尝试这样做时，可能会得到比 75%略高或略低的结果。这是因为获胜概率是用有限的回合数来估计的（在统计学中，这被称为二项分布）。对于这个例子，我们预计误差约为 1.5%

好吧，这是一个简单的策略，但没有什么更聪明的做法吗？不幸的是，鉴于你和 Eve 只有经典的资源，可以证明这已经是你们能做到的最好的结果了。除非作弊😈（例如，与 Eve 沟通或猜测裁判的输入），否则我们不可能在约 75%的情况下赢得这场游戏。

这一切导致了一个明显的问题：如果我们和 Eve 可以使用量子位呢？我们的最佳策略是什么，胜率是多少？如果有证据表明无法在超过 75%的情况下赢得 CHSH，随后我们却找到一种可行的方法来突破这个胜率，那会怎样改变我们对宇宙的理解？正如你可能猜到的，如果玩家共享量子资源，即拥有量子位，我们在玩 CHSH 时可以取得比 75%更高的胜率。在本章的后面，我们将讨论基于量子的 CHSH 策略，但剧透一下：我们需要模拟一个以上的量子位。

4.2 处理多量子位状态

到目前为止，在本书中，我们一次只处理一个量子位。例如，为了玩一个非本地游戏，每个玩家都需要自己的量子位。这就提出了一个问题：当我们所考虑的系统有一个

以上的量子位时，事情会有什么变化？主要的区别是，我们不能单独描述每个量子位，必须通过描述整个系统的状态来思考。

注意　当描述一组量子位或一个寄存器的量子位时，我们一般不能只单独描述每个量子位。最有用的量子行为只有在我们描述一组量子位或一个寄存器的量子位状态时才能看到。

4.2.1 小节将帮助我们把这种系统级的观点与寄存器的类似经典编程概念联系起来。

4.2.1　寄存器

假设我们有一个经典位的“寄存器”——也就是说，一个包含多个经典位的集合，那么我们可以通过对该寄存器中的每位进行索引，独立地查看其值，尽管它仍然是该寄存器的一部分。寄存器的内容可以代表更复杂的值，比如集体代表一个 Unicode 字符的编码（正如我们在第 3 章所看到的），但这种更高层次的解释是没有必要的。

在一个经典的寄存器中存储信息时，随着我们添加更多的位，该寄存器的不同状态的数量增长非常快。例如，3 位寄存器可以有 8 个不同的状态，如清单 4.3 所示的示例。对于经典寄存器的状态 101，我们说第 0 位是 1，第 1 位是 0，第 2 位是 1，当这些值连接在一起时，就得到了位串 101。

清单 4.3　列出一个经典 3 位寄存器的所有状态

```
>>> from itertools import product
>>> ", ".join(map("".join, product("01", repeat=3)))
'000, 001, 010, 011, 100, 101, 110, 111'
```

寄存器如果有 4 位，就可以存储 16 个不同的状态之一；如果有 n 位，就可以存储 2^n 个状态之一。我们说，一个经典的寄存器的不同可能状态的数量随着位数的增加而呈“指数式增长”。清单 4.3 输出的位串显示了寄存器中每个状态的实际数据。它们也用作标签，方便地表示可以用 3 经典位编码的 8 个可能信息之一。

这一切与量子位有什么关系呢？我们在第 2 章和第 3 章中看到，经典位的任一状态也描述了一个量子位状态。这一点对于量子位寄存器也同样适用。例如，3 位状态“010”描述了 3 位状态 $|010\rangle$。

提示　在第 2 章中，我们看到，以这种方式由经典位描述的量子位状态称为“计算基态”；在这里，我们对由经典位串描述的多量子位状态使用相同的术语。

然而，就像单量子位一样，多量子位的寄存器的状态也可以通过将不同的量子位状态加在一起而构成。就像我们可以把 $|+\rangle$ 写成 $(|0\rangle+|1\rangle)/\sqrt{2}$ 来得到另一个有效的量子位状态一样，我们的 3 量子位寄存器可以处于各种各样的不同状态：

- $(|010\rangle+|111\rangle)/\sqrt{2}$；
- $(|001\rangle+|010\rangle+|100\rangle)/\sqrt{3}$。

提示 我们会看到更多情况，但正如我们需要 2 的平方根来使 $|+\rangle=(|0\rangle+|1\rangle)/\sqrt{2}$ 的测量概率有效一样，我们需要在示例中除以 $\sqrt{2}$ 和 $\sqrt{3}$，以确保每个测量的所有概率是现实的，即加起来是 1。

这个关于量子寄存器的线性关系的示例称为“叠加原理”。

定义 “叠加原理”告诉我们，可以把一个量子寄存器的两个不同状态加在一起，得到另一个有效的状态。我们之前看到的 $|+\rangle$ 状态就是一个很好的示例，只不过每个寄存器只有 1 量子位。

为了在计算机中写出量子寄存器的状态，我们将再次使用向量，就像我们在第 2 章中做的那样。两者之间的主要的区别在于我们在每个向量中列出多少个数字。让我们来看看在计算机上写一个双量子位寄存器的状态是什么样子的。例如，双量子位状态的向量 $(|00\rangle+|11\rangle)/\sqrt{2}$ 也可以写成状态 $(1\times|00\rangle+0\times|01\rangle+0\times|10\rangle+1\times|11\rangle)/\sqrt{2}$。如果将计算基态所需的系数列出来，就得到了需要写在向量里的信息。在清单 4.4 中，我们把 $(|00\rangle+|11\rangle)/\sqrt{2}$ 写成一个向量。

清单 4.4 使用 Python 写一个双量子位状态示例

```
>>> import numpy as np
>>> two_qubit_state = np.array([[
...
...     1,
...
...     0,
...
...     0,
...     1
... ]]) / np.sqrt(2)
```

- 我们以同样的方式开始，用 np.array 函数制作一个新向量
- 这个向量中的每个条目都描述了一个不同的计算基态。这个条目告诉我们，必须将 $|00\rangle$ 乘以 1
- 同样地，这个条目告诉我们，需要添加多少 $|01\rangle$ 状态才能得到我们想要的状态
- 最后，我们要除以 $\sqrt{2}$，以确保所有的测量概率都成立，就像我们在第 2 章和第 3 章中对 $|+\rangle$ 状态所做的那样

在清单 4.4 中，向量中的数字是系数，我们将它们与每个计算基态相乘，然后相加，形成一个新的状态。这些系数也被称为和中每个基态的“振幅”。

用方向来思考

思考这个示例的另一种方式是用地图上的方向，类似于附录 C 中讨论的向量。每个不同的计算基态都告诉我们量子位的一个状态可以指向的方向。我们可以把两种量子位状态看作四维的方向，而不是我们在附录 C 中看到的那种二维的方向。本书是二维的，而不是四维的，所以很遗憾，我不能在这里画图，但有时把向量想成方向比把向量想成数字的列表更有帮助。

4.2.2 为什么很难模拟量子计算机?

我们已经看到，随着位数的增长，一个寄存器所能处于的不同状态的数量会呈指数级增长。虽然这对我们把玩的只有两个量子位的非本地游戏来说不是问题，但在阅读本书的过程中，我们会想使用多于两个的量子位。

当我们这样做时，量子寄存器也会有指数级数量的不同计算基态，这意味着随着量子寄存器的大小增加，我们的向量中将需要指数级数量的不同振幅。为了描述一个 10 量子位寄存器的状态，我们需要使用一个很长的向量——一个 2^{10}=1024 个不同振幅的列表。对于 20 量子位寄存器，我们需要能包含大约 100 万个振幅的向量。当我们达到 60 个量子位时，向量中就需要大约 1.15×10^{18} 个数字。这大约相当于地球上的每一粒沙子都对应一个振幅。

在表 4.4 中，我们总结了这种指数级的增长意味着什么，因为我们试图用手机、笔记本计算机、集群和云环境等经典计算机来模拟量子计算机。这张表显示，尽管用经典计算机推理量子计算机非常具有挑战性，但我们可以相当容易地推理小的例子。用笔记本计算机或台式机，我们可以模拟最多约 30 个量子位，而不会有太多麻烦，正如我们在本书的其余部分所看到的。对于理解量子程序的工作原理，以及量子计算机如何用于解决有趣的问题，这是绰绰有余的。

表 4.4 存储一个量子状态需要多少内存?

量子位数	振幅数	内存	内存大小举例
1	2	128 b	—
2	4	256 b	—
3	8	512 b	—
4	16	1 kb	—
8	256	4 KB	支持非接触支付的信用卡
10	1024	16 KB	—
20	1048576	16 MB	—
26	67108864	1 GB	树莓派 RAM
28	268435456	4 GB	iPhone Xs Max RAM
30	1073741824	16 GB	笔记本或台式机 RAM
40	1099511627776	16 TB	—
50	1125899906842624	16 PB	—
60	1152921504606846976	16 EB	—
80	1208925819614629174706176	16 YB	约为因特网的大小
410	2.6×10^{123}	4.2×10^{124} B	宇宙那么大的计算机

深入研究：量子计算机的性能会指数级增强吗？

你可能听说过，为了用经典计算机模拟量子计算机，我们必须跟踪不同的数字，这就是量子计算机更强大的原因，或者说，量子计算机可以存储那么多信息。这并不完全正确。一个称为霍尔沃定理（Holevo's theorem）的数学定理告诉我们，一台由 410 个量子位组成的量子计算机最多可以存储 2^{410} 个经典位的信息，即需要用一台约等于整个宇宙大小的经典计算机来写出该量子计算机的状态。

换言之，量子计算机难以模拟并不意味着它能做更多有用的事情。在本书的其余部分，我们将看到，要想知道如何用量子计算机来解决有用的问题，需要一些技巧。

4.2.3 用于状态制备的张量积

把量子寄存器描述为描述计算基态的向量好倒是好，但是即使知道想要到达的状态，我们也需要知道如何制备它。例如，如果在一个非本地游戏中，一个玩家的量子位处于 $|0\rangle$ 状态，另一个玩家的量子位处于 $|1\rangle$ 状态，我们可以直接将这两个单量子位状态结合起来，将游戏的状态描述为 $|01\rangle$。“结合”两个（或更多）量子位的状态是什么意思？我们可以通过在数学工具箱中增加一个概念来做到这一点，这个概念称作“张量积”。

就像我们在清单 4.3 中使用 product 函数来组合一个“3 经典位”寄存器的标签一样，我们可以利用张量积的概念（写成 $\otimes$），来组合每个量子位的量子状态，从而构成一个可以描述多量子位的状态。product 的输出是那 3 个经典位的所有可能状态的列表。类似地，张量积的输出也是一个状态，它列出了量子寄存器的所有计算基态。我们可以用 NumPy 来计算张量积。NumPy 提供了张量积的实现：np.kron，如清单 4.5 所示。

为什么叫 kron？

对于一个实现张量积的函数来说，np.kron 这个名称似乎很奇怪，但是这个名称是一个相关的数学概念——“克罗内克积”（Kronecker product）的简称。NumPy 使用 kron 简称，遵循了 MATLAB、R、Julia 和其他科学计算平台的惯例。

清单 4.5 一个双量子位状态，使用 NumPy 和张量积

```
>>> import numpy as np
>>> ket0 = np.array([[1], [0]])
>>> ket1 = np.array([[0], [1]])
>>> np.kron(ket0, ket1)
array([[0],
       [1],
       [0],
       [0]])
```

定义了单位状态的向量 $|0\rangle$ 和 $|1\rangle$，就像第 2 章和第 3 章中一样

我们可以通过调用 NumPy 的张量积实现来建立 $|0\rangle\otimes|1\rangle$ 的向量。由于历史原因，张量积在 NumPy 中是由 kron 函数表示的

np.kron 返回的向量中，对应于 $|01\rangle$ 计算基态的条目为 1，其他地方为 0，所以我们认为这个向量就是 $|01\rangle$ 状态

这个例子告诉我们，$|0\rangle \otimes |1\rangle = |01\rangle$。也就是说，如果单独拥有每个量子位的状态，就可以使用张量积来组合它们，以描述整个寄存器的状态。

我们可以用这种方式组合任意多的量子位。假设有4个量子位处于 $|0\rangle$ 状态，那么对应4量子位的寄存器可以描述为 $|0\rangle \otimes |0\rangle \otimes |0\rangle \otimes |0\rangle$（见清单4.6）。

清单4.6 将 $|0000\rangle$ 作为4个 $|0\rangle$ 的张量积

```
>>> import numpy as np
>>> ket0 = np.array([[1], [0]])
>>> from functools import reduce
>>> reduce(np.kron, [ket0] * 4)
array([[1],
       [0],
       [0],
       [0],
       [0],
       [0],
       [0],
       [0],
       [0],
       [0],
       [0],
       [0],
       [0],
       [0],
       [0],
       [0]])
```

Python 标准库提供的 reduce 函数允许在一个列表的每个元素之间应用像 kron 这样的双参数函数。在这里，我们使用 reduce 而不是 np.kron(ket0, np.kron(ket0, np.kron(ket0, ket0)))

我们得到一个4位的状态向量，代表 $|0\rangle \otimes |0\rangle \otimes |0\rangle \otimes |0\rangle = |0000\rangle$

注意 我们之前看到的双量子位状态 $(|00\rangle + |11\rangle)/\sqrt{2}$ 不能写成两个单量子位状态的张量积。不能写成张量积的多量子位状态称为“纠缠”。在本章和本书的其余部分，我们将看到更多关于纠缠的内容。

4.2.4 张量积对寄存器的量子位操作

我们知道了如何使用张量积来组合量子状态。np.kron 究竟在做什么？从本质上讲，张量积是一个表，包含它的两个参数的所有不同的组合方式，如图4.2所示。

图4.2所示的 Python 中两个矩阵的张量积，同样的结果也显示在清单4.7中。

清单4.7 用 NumPy 求 *A* 和 *B* 的张量积

```
>>> import numpy as np
>>> A = np.array([[1, 3], [5, 7]])
>>> B = np.array([[2, 4], [6, 8]])
>>> np.kron(A, B)
array([[ 2,  4,  6, 12],
       [ 6,  8, 18, 24],
```

矩阵 *A* 和 *B* 是任意的2×2矩阵，在此作为例子

正如我们前面所看到的，np.kron 是 NumPy 对张量积的实现

```
        [10, 20, 14, 28],
        [30, 40, 42, 56]])
>>> np.kron(B, A)
array([[ 2,  6,  4, 12],
        [10, 14, 20, 28],
        [ 6, 18,  8, 24],
        [30, 42, 40, 56]])
```

请注意，张量积参数的顺序很重要。尽管np.kron(A, B)和np.kron(B, A)都包含相同的信息，但条目的顺序是不同的

让我们考虑一个简单的例子，取两个矩阵***A***和***B***的张量积：

$$A = \begin{bmatrix} 1 & 3 \\ 5 & 7 \end{bmatrix}$$

$$B = \begin{bmatrix} 2 & 4 \\ 6 & 8 \end{bmatrix}$$

张量积用⊗算子表示，就像乘积用×表示一样

$$C = A \otimes B$$

$$= \begin{bmatrix} 1 \times B & 3 \times B \\ 5 \times B & 7 \times B \end{bmatrix}$$

首先，需要为***A***中的每个元素准备一个***B***，这有点像通过铺设***B***来制作一个大矩阵

$$= \begin{bmatrix} 1 \times 2 & 1 \times 4 & 3 \times 2 & 3 \times 4 \\ 1 \times 6 & 1 \times 8 & 3 \times 6 & 3 \times 8 \\ 5 \times 2 & 5 \times 4 & 7 \times 2 & 7 \times 4 \\ 5 \times 6 & 5 \times 8 & 7 \times 6 & 7 \times 8 \end{bmatrix}$$

之后，可以展开***B***的每个副本，得到需要乘以的一对数字，以求出大矩阵

$$= \begin{bmatrix} 2 & 4 & 6 & 12 \\ 6 & 8 & 18 & 24 \\ 10 & 20 & 14 & 28 \\ 30 & 40 & 42 & 56 \end{bmatrix}$$

此时，可以使用普通乘法（又称为标量乘法）找到答案

由此产生的大矩阵中的每个元素都告诉了我们***A***的一个元素和***B***的一个元素的乘积。也就是说，张量积***A***⊗***B***是由***A***和***B***的元素的所有可能乘积组成的

图 4.2 两个矩阵的张量积的分步显示。我们开始将 ***A*** 中的每一项都乘以 ***B*** 的完整副本。得到的张量积矩阵的维度是输入矩阵维度的乘积

利用两个矩阵之间的张量积，我们可以发现不同的量子操作是如何改变量子寄存器的状态的。我们还可以通过获取两个矩阵的张量积来理解一个量子操作如何转换多量子位的状态，从而理解你和 Eve 在非本地游戏中的动作如何影响你们的共享状态，如清单 4.8 所示。

例如，我们知道可以把 $|1\rangle$ 写成 $X|0\rangle$（即对初始化的量子位应用 x 指令的结果）。这也为我们提供了另一种写出多量子位状态的方法，比如我们之前看到的 $|01\rangle$ 状态。在这种情况下，我们可以仅仅对一个双量子位寄存器的第二个量子位应用 x 指令来得到 $|01\rangle$。使用张量积，我们可以找到一个酉矩阵来表示它。

清单 4.8 计算两个矩阵的张量积

```
>>> import numpy as np
>>> I = np.array([[1, 0], [0, 1]])
>>> X = np.array([[0, 1], [1, 0]])
```

定义矩阵，表示对第一个量子位不做任何事情。此类矩阵称为幺矩阵𝟙。由于𝟙在Python 中很难写，我们用 I 代替

定义了用于模拟 x 指令的酉矩阵 ***X***

```
>>> IX = np.kron(I, X)
>>> IX
array([[0, 1, 0, 0],
       [1, 0, 0, 0],
       [0, 0, 0, 1],
       [0, 0, 1, 0]])
>>> ket0 = np.array([[1], [0]])
>>> ket00 = np.kron(ket0, ket0)
>>> ket00
array([[1],
       [0],
       [0],
       [0]])
>>> IX @ ket00
array([[0],
       [1],
       [0],
       [0]])
```

用张量积$\mathbb{1}\otimes X$将两者结合起来

矩阵$\mathbb{1}\otimes X$包含 X 的两个副本，代表第一个量子位的每个可能状态下第二个量子位会发生什么

让我们看看当我们用$\mathbb{1}\otimes X$来模拟 x 指令转换一个双量子位寄存器中的第二个量子位时会发生什么。从该寄存器处于$|00\rangle=|0\rangle\otimes|0\rangle$状态时开始

我们意识到，得到的状态就是本节前面提到的$|01\rangle$状态。不出所料，这就是我们将第二个量子位从$|0\rangle$翻转到$|1\rangle$所得到的状态

练习 4.2：对一个双量子位寄存器进行阿达马操作

如何制备一个$|+0\rangle$状态？首先，你会用什么向量来表示双量子位状态$|+0\rangle=|+\rangle\otimes|0\rangle$？你有一个处于$|00\rangle$状态的初始双位寄存器。应该应用什么操作来获得想要的状态？

提示：如果你被难住了，请尝试计算$H\otimes\mathbb{1}$！

深入研究：终于能够被证明的不可克隆定理

了解到对多量子位的操作也是由酉矩阵表示的，这让我们最终能够证明不可克隆定理，到目前为止我们已经看到过几次该定理。关键是要认识到，克隆状态不是线性的，因此不能写成矩阵。

与数学中的许多证明一样，不可克隆定理的证明也是通过“反证法”实现的。也就是说，我们做出与该定理相反的假设，然后证明基于该假设得到的结论是错误的。

那么，闲话少说，我们首先假设我们有某个奇妙的 clone 指令，可以完美地复制其量子位状态。例如，如果我们有一个状态从$|1\rangle$开始的量子位 q1 和一个状态从$|0\rangle$开始的量子位 q2，那么在调用 q1.clone(q2)后，我们会得到寄存器$|11\rangle$。

同样的，如果 q1 从$|+\rangle$开始，那么 q1.clone(q2)应该给出的寄存器状态是$|++\rangle=|+\rangle\otimes|+\rangle$问题出在如何协调 q1.clone(q2)在这两种情况下应该做的事情。我们知道，除测量之外的任何量子操作都必须是线性的，所以让我们给模拟 clone 的矩阵一个名称：C（这似乎很合理）。

利用 C，我们可以把想克隆$|+\rangle$的情况分解为想克隆$|0\rangle$的情况加上想克隆$|1\rangle$的情况。我们知道$C|+0\rangle=|++$，但我们也知道$C|+0\rangle=C(|00\rangle+|10\rangle)/\sqrt{2}$。由于 clone 需要克隆$|0\rangle$、$|1\rangle$及$|+\rangle$，可知$C|00\rangle=|00\rangle$，$C|10\rangle=|11\rangle$。这样我们就知道，$(C|00\rangle+C|10\rangle)/\sqrt{2}=(|00\rangle+|11\rangle)/\sqrt{2}$，但我们之前得出结论，$(C|+0\rangle=|++\rangle=(|00\rangle+|01\rangle+|10+|11\rangle)/\sqrt{2}$。

因此，存在一个矛盾，并可以得出结论，我们的前提，即假设 clone 可能存在，是错误的！因此，我们证明了不可克隆定理。

该论证中需要注意的是，如果知道正确的基，总是可以将信息从一个量子位复制到另一个量子位。当我们不知道应该复制关于 $|0\rangle$ 与 $|1\rangle$ 还是 $|+\rangle$ 与 $|-\rangle$ 的信息时，问题就来了，因为我们可以复制 $|0\rangle$ 或者 $|+\rangle$，但不能同时复制二者，即使这在经典物理学中不是问题——经典物理学中，我们只要处理计算基。

至此，我们已经用 NumPy 编写了量子位模拟器 SingleQubitSimulator()。这非常有帮助，因为如果没有 NumPy，我们就需要编写自己的矩阵分析函数和方法。然而，依靠对量子概念有特殊支持的 Python 包，在 NumPy 和 SciPy（扩展 NumPy 数值能力的包）提供的优秀数值支持的基础上，实现这些操作往往很方便。在第 5 章中，我们将看到一个为量子计算设计的 Python 包，称作 QuTiP（代表 Quantum Toolbox in Python），它将帮助我们完成模拟器的升级，从而模拟 CHSH 游戏。

小结

- 像 CHSH 游戏这样的非本地游戏是一些实验，可以用来检查量子力学是否与宇宙的实际运作方式一致。
- 写出一个量子寄存器的状态需要指数级数量的经典位，这使得用传统计算机模拟超过 30 个量子位非常困难。
- 我们可以用张量积把单量子位状态结合在一起。这使我们可以描述多量子位状态。
- 不能通过组合单量子位状态来编写的多量子位状态对应相互纠缠的量子位。

第 5 章　非本地游戏：实现多量子位模拟器

本章内容

- 使用 Python 软件包 QuTiP 和张量积对多量子位的模拟器进行编程。
- 通过模拟实验结果，认识到量子力学与我们对宇宙的观测是一致的证据。

在第 4 章中，我们学习了非本地性游戏，了解了如何利用它们来验证我们对量子力学的理解。我们还学习了如何表示多量子位状态，以及什么是“纠缠”。

在本章中，我们将深入研究一个新的 Python 包 QuTiP，它将使我们能够更快地对量子系统进行编程，并有一些模拟量子力学的有趣的内置功能。然后我们将学习如何使用 QuTiP 为多量子位模拟器编程，看看这如何改变（或不改变）量子位的三个主要任务：状态制备、操作和测量。这将让我们完成第 4 章中的 CHSH 游戏的实现！

5.1　QuTiP 中的量子对象

QuTiP 是一个特别有用的包，它提供了内置的支持，可以分别以 bra 和 ket 来表示状态和测量，也可以建立矩阵来表示量子操作。就像 np.array 是 NumPy 的核心一样，我们对 QuTiP 的所有应用都将围绕 Qobj 类［量子对象（quantum object）的简称］进行。

这个类封装了向量和矩阵，提供了额外的元数据和有用的方法，使我们更容易改进我们的模拟器。图 5.1 展示了一个从向量创建 Qobj 的例子，在这里它记录了一些元数据。

- data 保存代表 Qobj 的数组。
- dims 是量子寄存器的大小。可以把它看作记录我们所处理的量子位的一种方式。
- shape 保存我们用来制作 Qobj 的原始对象的尺寸。它类似于 np.shape 属性。
- type 是指 Qobj 所代表的内容(一个状态 ket，一个测量 bra，或者一个算子 oper)。

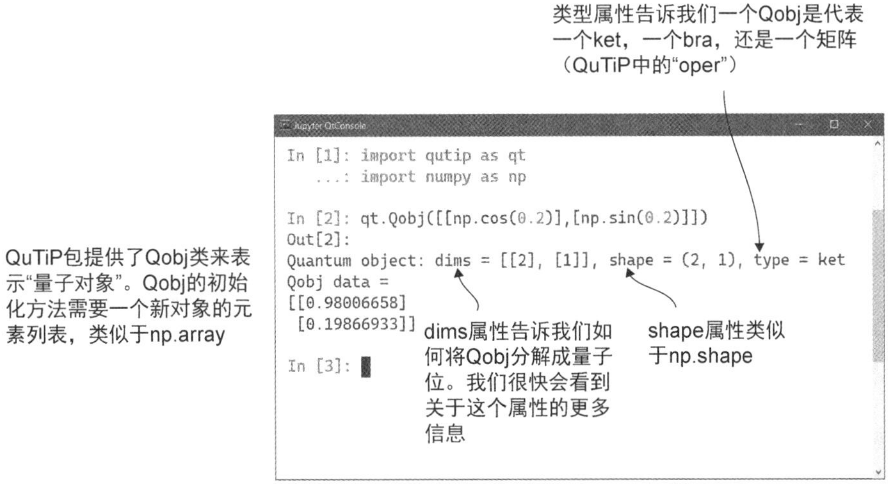

类型属性告诉我们一个Qobj是代表一个ket，一个bra，还是一个矩阵（QuTiP中的“oper”）

```
In [1]: import qutip as qt
   ...: import numpy as np

In [2]: qt.Qobj([[np.cos(0.2)],[np.sin(0.2)]])
Out[2]:
Quantum object: dims = [[2], [1]], shape = (2, 1), type = ket
Qobj data =
[[0.98006658]
 [0.19866933]]

In [3]:
```

QuTiP包提供了Qobj类来表示“量子对象”。Qobj的初始化方法需要一个新对象的元素列表，类似于np.array

dims属性告诉我们如何将Qobj分解成量子位。我们很快会看到关于这个属性的更多信息

shape属性类似于np.shape

图 5.1 QuTiP 包中 Qobj 类的属性。在这里可以看到像 type 和 dims 这样的属性，它们帮助我们和包记录量子对象元数据

让我们试试导入 QuTiP 并要求它进行阿达马操作，如清单 5.1 所示。

注意 在运行的时候要确保在正确的 conda 环境中。更多信息，可参见附录 A。

清单 5.1 QuTiP 对阿达马操作的表述

```
>>> from qutip.qip.operations import hadamard_transform
>>> H = hadamard_transform()
>>> H
Quantum object: dims = [[2], [2]], shape = (2, 2), type = oper, isherm = True
Qobj data =
[[ 0.70710678 0.70710678]
 [ 0.70710678 -0.70710678]]
```

请注意，QuTiP 将每个 Qobj 实例的一些诊断信息与数据本身一起输出。例如，在这里，type = oper 告诉我们 H 代表一个算子 (之前我们所看到的矩阵的更正式的表述方式)，以及 H 所代表的算子的一些维度信息。最后，isherm = True 的输出告诉我们，H 是一种特殊的矩阵的实例，称为“厄米算子”。

通过向 Qobj 初始化方法传入 Python 列表，我们可以用制造 NumPy 数组的方式来制造 Qobj 的新实例，如清单 5.2 所示。

清单 5.2 从代表量子位状态的向量中制作一个 Qobj

```
>>> import qutip as qt
>>> ket0 = qt.Qobj([[1], [0]])
>>> ket0
Quantum object: dims = [[2], [1]], shape = (2, 1), type = ket
Qobj data =
[[1.]
 [0.]]
```

创建 Qobj 实例和创建数组有一个关键区别是，创建 Qobj 实例时，总是需要两层列表。外层列表是新的 Qobj 实例中的行的列表

QuTiP 输出一些关于新量子对象的大小和形状的元数据，以及新对象中包含的数据。在这个例子中，新 Qobj 的数据有两行，每行有一列。我们将它确定为写入 $|0\rangle$ 状态的向量（或 ket）

练习 5.1：为其他状态创建 Qobj

如何创建一个 Qobj 来代表 $|1\rangle$ 状态？ $|+\rangle$ 或 $|-\rangle$ 状态呢？如果需要，请回到 2.3.5 节查看哪些向量代表这些状态。

QuTiP 为我们在量子计算中需要处理的各类对象提供了很多很好的速记方法，这确实有帮助。例如，我们也可以通过使用 QuTiP 的 basis 函数来制作清单 5.2 中的 ket0，如清单 5.3 所示。basis 函数需要两个参数。第一个参数告诉 QuTiP 我们想要一个量子位状态 2，代表单量子位，因为需要一个向量的长度来代表它。第二个参数告诉 QuTiP 我们想要哪个基态。

清单 5.3 使用 QuTiP 轻松创建 $|0\rangle$ 和 $|1\rangle$

```
>>> import qutip as qt
>>> ket0 = qt.basis(2, 0)
>>> ket0
Quantum object: dims = [[2], [1]], shape = (2, 1), type = ket
Qobj data =
[[1.]
 [0.]]
>>> ket1 = qt.basis(2, 1)
>>> ket1
Quantum object: dims = [[2], [1]], shape = (2, 1), type = ket
Qobj data =
[[0.]
 [1.]]
```

传入一个 2 作为第一个参数，表示我们想要单量子位。传入一个 0 作为第二个参数，因为我们想要 $|0\rangle$

请注意，这里得到的输出与前面的例子完全相同

我们也可以通过传入 1 而不是 0 来为 $|1\rangle$ 构造一个量子对象

基?

正如我们之前看到的，状态 $|0\rangle$ 和 $|1\rangle$ 构成了单量子位的“计算基态”。QuTiP 函数 basis（基）的名称就来自于这个定义，因为它生成量子对象来代表计算基态。

天地间有比量子位更多的东西

我们必须告诉 QuTiP 我们想要一个量子位，这似乎有点奇怪。毕竟，我们还能想要什么呢?事实证明，还不少!

除了（二进制）位之外，还有许多其他方式来表示经典信息，比如三进制位（trit），它有三种可能值。然而，当我们编写程序时，往往不会看到用位以外的任何形式来表示经典信息，因为选择一个惯例并坚持下去是非常有用的。不过，在电信系统等专门领域，位以外的形式仍然有其用途。

以完全相同的方式，量子系统可以有任何数量的不同状态：如可以有 qutrit、qu4it、qu5it、qu17it 等，统称为 qudit。虽然使用量子位以外的量子位来表示量子信息在某些情况下是有用的，并且可以有一些非常有趣的数学特性，但量子位给了我们潜心研究量子编程所需的一切。

练习 5.2：使用 qt.basis 处理多量子位

如何使用 qt.basic 函数来创建一个处于 $|10\rangle$ 状态的双量子位寄存器? 可以如何创建 $|001\rangle$ 状态? 记住，qt.basis 的第二个参数是我们前面看到的计算基态的索引。

QuTiP 还提供了一些不同的函数，用于生成量子对象来表示酉矩阵。例如，我们可以使用 sigmax 函数为 X 矩阵生成一个 Qobj。

清单 5.4 使用 QuTiP 为 *X* 矩阵创建一个对象

```
>>> import qutip as qt
>>> qt.sigmax()
Quantum object: dims = [[2], [2]], shape = (2, 2), type = oper, isherm = True
Qobj data =
[[0. 1.]
 [1. 0.]]
```

正如我们在第 2 章看到的，sigmax 的矩阵代表了 180° 的旋转（见图 5.2）。

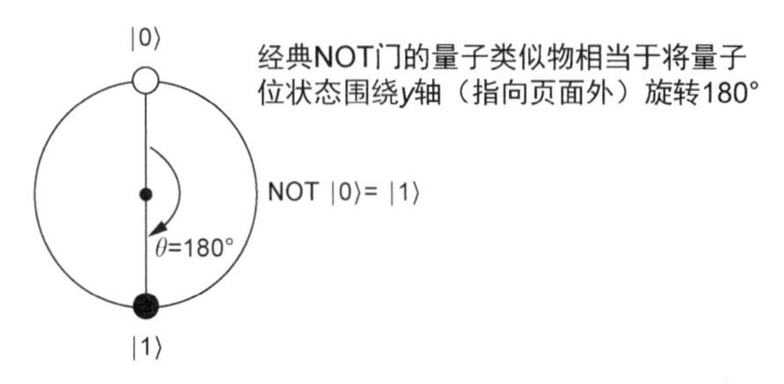

图 5.2 量子等效的 NOT 操作对处于 $|0\rangle$ 状态的量子位进行操作，使其处于 $|1\rangle$ 状态

QuTiP 还提供了一个函数 ry 来表示旋转任何角度，而不是像 X 操作那样旋转 180°。在第 2 章中，当我们考虑将 |0⟩ 旋转一个任意的角度 θ 时，看到了 ry 所代表的操作。参见图 5.3，复习一下我们现在知道的 ry 的操作。

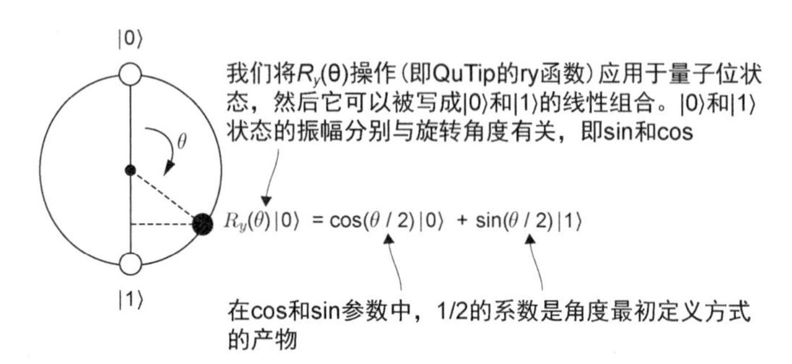

图 5.3　QuTiP 函数 ry 的图示，它对应于 θ 围绕量子位的 y 轴（直接指向页面外）的可变旋转

既然我们又有了一些单量子位的操作，那么如何在 QuTiP 中轻松模拟多量子位的操作？我们可以用 QuTiP 的张量函数来快速启动和运行张量积，从而实现多量子位寄存器和操作，如清单 5.5 所示。

注意　由于幺矩阵通常记作 $\boldsymbol{I}$，许多科学计算软件包用 eye 来指代幺矩阵，有点双关语的意思。

清单 5.5　QuTiP 中的张量积

```
>>> import qutip as qt
>>> from qutip.qip.operations import hadamard_transform
>>> psi = qt.basis(2, 0)            ◁ 设置psi代表|ψ⟩=|0⟩

>>> phi = qt.basis(2, 1)      ◁ 设置 phi 代表|φ⟩=|1⟩
>>> qt.tensor(psi, phi)
Quantum object: dims = [[2, 2], [1, 1]], shape = (4, 1), type = ket
Qobj data =
[[ 0.]        ◁ 调用 tensor 后，QuTiP 告诉我们每个经典标签的振幅
 [ 1.]          |ψ⟩⊗|φ⟩=|0⟩⊗|1⟩=|01⟩，使用的顺序与清单 4.3 一样
 [ 0.]
 [ 0.]]
>>> H = hadamard_transform()   ◁ 设 H 代表前面讨论的阿达马操作

>>> I = qt.qeye(2)   ◁ 我们可以用 QuTiP 提供的 qeye 函数来获得一份代表幺矩阵的
                       Qobj 实例的副本，我们在清单 4.8 中初次看到这个实例
```

```
>>> qt.tensor(H, I)
Quantum object: dims = [[2, 2], [2, 2]], shape = (4, 4),
➥type = oper, isherm = True
Qobj data =
[[ 0.70710678  0.          0.70710678  0.        ]
 [ 0.          0.70710678  0.          0.70710678]
 [ 0.70710678  0.         -0.70710678  0.        ]
 [ 0.          0.70710678  0.         -0.70710678]]
```

代表量子操作的酉矩阵用张量积进行组合，方式与状态和测量相同

我们可以用一个常见的数学技巧来证明应用状态和操作的张量积是如何运作的。假设我们想证明这句话：

> 如果我们对状态先应用酉矩阵，然后取张量积，得到的答案与先取张量积再应用酉矩阵相同。

在数学上，我们会说，对于任何酉算子 $\boldsymbol{U}$ 和 $\boldsymbol{V}$，任何状态 $|\psi\rangle$ 和 $|\varphi\rangle$，$(\boldsymbol{U}|\psi\rangle)\otimes(\boldsymbol{V}|\varphi\rangle)=(\boldsymbol{U}\otimes\boldsymbol{V})(|\psi\rangle\otimes|\varphi\rangle)$。我们可以使用的数学技巧是用左边的部分减去右边的部分，最后应该得到 **0**。我们在清单 5.6 中试一试。

清单 5.6　验证 QuTiP 中的张量积

我们要证明的陈述的右边，我们用 H 和 I 作为 $\boldsymbol{U}$ 和 $\boldsymbol{V}$：$(\boldsymbol{U}\otimes\boldsymbol{V})(|\psi\rangle\otimes|\varphi\rangle)$

```
>>> (
...     qt.tensor(H, I) * qt.tensor(psi, phi) -
...     qt.tensor(H * psi, I * phi)
... )
Quantum object: dims = [[2, 2], [1, 1]], shape = (4, 1), type = ket
Qobj data =
[[ 0.]
 [ 0.]
 [ 0.]
 [ 0.]]
```

我们要证明的陈述的左边，我们用 H 和 I 作为 $\boldsymbol{U}$ 和 $\boldsymbol{V}$：$(\boldsymbol{U}|\psi\rangle)\otimes(\boldsymbol{V}|\varphi\rangle)$

耶！如果方程的两边之差为 **0**，那么它们就是相等的

注意 QuTiP 中所有内置状态和操作的列表，可查看 QuTip 官方网站。

5.1.1　升级仿真器

现在的目标是使用 QuTiP 将我们的单量子位模拟器升级为具有 QuTiP 某些特性的多量子位模拟器。我们将给第 2 章和第 3 章的单量子位模拟器添加一些功能，从而实现这一目标。

这里需要对前几章的模拟器做出重要改变：我们不再为每个量子位分配状态。相反，我们必须为设备中的整个“寄存器”中的量子位分配状态，因为一些量子位可能相互“纠缠”在一起。让我们开始进行必要的修改，将状态的概念分离到设备层面。

注意 要查看之前写的代码，以及本章的样本，可查看本书配套资源。

回顾一下，我们的模拟器有两个文件：接口（interface.py）和模拟器本身（simulator.py）。设备接口（QuantumDevice）定义了一种与实际或模拟量子设备交互的方式，它在 Python 中表示为一个对象，用于分配和删除量子位。

我们不需要在接口中为 QuantumDevice 类提供任何新的内容来模拟 CHSH 游戏，因为我们仍然需要分配和解除分配量子位。我们可以在 Qubit 类中添加功能，该类与 SingleQubitSimulator 一起在 simulator.py 中提供。

现在我们需要考虑的是，对于从 QuantumDevice 中分配的 Qubit，接口是否需要改变、需要改变什么。在第 2 章中，我们看到阿达马操作对于在不同的基之间旋转量子位来生成 QRNG 是很有用的。让我们在此基础上，为 Qubit 添加一个新的方法，允许量子程序发送一种新的旋转指令，来使用 CHSH 中的量子策略。

清单 5.7 interface.py：添加一个新的 ry 操作

```
class Qubit(metaclass=ABCMeta):
    @abstractmethod
    def h(self): pass

    @abstractmethod
    def x(self): pass

    @abstractmethod
    def ry(self, angle: float): pass

    @abstractmethod
    def measure(self) -> bool: pass

    @abstractmethod
    def reset(self): pass
```

抽象方法 ry，它需要一个参数来指定围绕 y 轴旋转量子位的角

这应该涵盖了我们为玩 CHSH 而需要对 Qubit 和 QuantumDevice 接口进行的所有修改。我们需要考虑，要对 simulator.py 做哪些改变，以便让它能够分配、操作和测量多量子位状态。

我们对实现 QuantumDevice 的 Simulator 类的主要改变在于，需要一些属性来跟踪它有多少个量子位，以及寄存器的整体状态。清单 5.8 显示了这些变化，实现了分配和解除分配方法的更新。

清单 5.8 simulator.py：多量子位模拟器

我们把名称从 SingleQubitSimulator 改成了 Simulator，以表明它更通用。这意味着可以用它来模拟多量子位

```
class Simulator(QuantumDevice):
    capacity: int
    available_qubits: List[SimulatedQubit]
    register_state: qt.Qobj
    def __init__(self, capacity=3):
        self.capacity = capacity
        self.available_qubits = [
            SimulatedQubit(self, idx)
            for idx in range(capacity)
        ]
        self.register_state = qt.tensor(
            *[
                qt.basis(2, 0)
                for _ in range(capacity)
            ]
        )
    def allocate_qubit(self) -> SimulatedQubit:
        if self.available_qubits:
            return self.available_qubits.pop()

    def deallocate_qubit(self, qubit: SimulatedQubit):
        self.available_qubits.append(qubit)
```

更一般的模拟器类需要一些属性，首先是容量，表示它可以模拟的量子位的数量

available_qubits 是一个列表，包含模拟器正在使用的量子位

register_state 使用新的 QuTiP Qobj 来表示整个模拟器的状态

列表解析让我们通过调用 SimulatedQubit 和容量范围内的索引来制作一个可用量子位列表

allocate_qubit 和 deallocate_qubit 方法与第 3 章相同

register_state 的初始化是通过取等于模拟器容量的 $|0\rangle$ 状态副本数量的张量积来实现的。*[...] 符号将生成的列表变成 qt.tensor 的参数序列

别往箱子里看！

就像我们用 NumPy 表示模拟器的状态一样，新升级的模拟器的 register_state 属性使用 QuTiP 来预测每条指令如何改变寄存器的状态。我们编写量子程序时，是针对清单 5.7 中的接口来编写的，它没有任何方法让我们访问 register_state。

我们可以把模拟器想象成一种黑盒，它封装了状态的概念。如果我们的量子程序能够看到这个盒子的内部，它们就能够通过复制信息的方式作弊，这是不可克隆定理所禁止的。这意味着，为了使量子程序正确，我们不能查看模拟器的内部去尝试弄清楚它的状态。

在这一章中，我们会有一点作弊，但第 6 章会解决这个问题，以确保我们的程序能在实际的量子硬件上运行。

我们还将为 Simulator 添加一个新的“私有”方法，以将操作应用于设备中的特定量子位。这将使我们能够在量子位上编写方法，将操作送回模拟器，以应用于整个量子位寄存器的状态。

提示 Python 并不会严格保持方法或属性的私有性，但是我们可以在方法的名称前加下划线，以表明它只在这个类中使用。

清单 5.9　simulator.py：Simulator 的一个额外方法

私有方法_apply 接收一个 Qobj 类型的输入酉矩阵（代表要应用的酉算子）和一个 int 列表（代表我们要应用该操作的 available_qubits 列表的索引）。目前，这个列表只包含一个元素，因为我们在模拟器中只实现了单位操作。我们将在第 6 章中放宽这个限制

```
def _apply(self, unitary: qt.Qobj, ids: List[int]):
        if len(ids) == 1:
            matrix = qt.circuit.gate_expand_1toN(
                unitary, self.capacity, ids[0]
            )
        else:
            raise ValueError("Only single-qubit unitary matrices are supported.")

        self.register_state = matrix * self.register_state
```

既然有了正确的矩阵，就可以用整个 register_state 乘以它，更新该寄存器的值

如果我们想对寄存器中的一个量子位进行单量子位操作，可以用 QuTiP 来生成我们需要的矩阵。QuTiP 的做法是将单量子位操作的矩阵应用于正确的量子位，并在其他地方应用𝟙。这是由 gate_expand_1toN 函数自动为我们完成的

让我们来看看 SimulatedQubit 的实现，这个类代表了我们如何模拟单量子位，因为我们知道它是拥有多量子位的设备的一部分。SimulatedQubit 的单量子位和多量子位版本之间的主要区别在于，我们需要每个量子位记住它的“父”设备，以及其在该设备中的位置或 ID，这样我们就能将状态与寄存器而不是每个量子位联系起来。正如我们将看到的那样，如果想在一个多量子位设备中测量量子位，这一点很重要。

清单 5.10　simulator.py：多量子位设备上的单量子位操作

```
class SimulatedQubit(Qubit):
    qubit_id: int
    parent: "Simulator"
```

为了初始化一个量子位，我们需要父模拟器的名称（这样就可以很容易地联想）和模拟器的寄存器中量子位的索引。__init__随后会设置这些属性并将量子位重置为 $|0\rangle$ 状态

```
    def __init__(self, parent_simulator: "Simulator", id: int):
        self.qubit_id = id
        self.parent = parent_simulator
```

```
    def h(self) -> None:
        self.parent._apply(H, [self.qubit_id])

    def ry(self, angle: float) -> None:
        self.parent._apply(qt.ry(angle), [self.qubit_id])

    def x(self) -> None:
        self.parent._apply(qt.sigmax(), [self.qubit_id])
```

我们还可以将 QuTiP 中的参数化 qt.ry 操作传递给_apply，使我们的量子位围绕 y 轴旋转一个角 angle

为了实现 h 指令，我们要求 SimulatedQubit 的父类（Simulator 的一个实例）使用_apply 方法来生成正确的矩阵，代表对整个寄存器的操作，然后更新 register_state

太棒了！我们几乎完成了模拟器的升级，以使用 QuTiP 并支持多量子位。接下来，我们将解决模拟多量子位状态的测量问题。

5.1.2 测量起来：如何测量多量子位？

提示 本节是本书中最具挑战性的部分之一。如果第一次阅读时不太明白，请不要担心。

从某种意义上说，测量多量子位的方法与我们习惯的测量单量子位系统的方法一样。我们仍然可以使用玻恩定理来预测任何特定测量结果的概率。例如，对于我们已经见过几次的 $(|00\rangle+|11\rangle)/\sqrt{2}$ 状态，如果在这种状态下测量一对量子位，会得到“00”或“11”的经典结果，概率相同，因为两者的振幅相同，为 $1/\sqrt{2}$。

同样地，我们仍然会要求，如果连续两次测量同一个寄存器，则会得到相同的答案。例如，如果我们得到“00”的结果，就会知道量子位被留在 $|00\rangle=|0\rangle\otimes|0\rangle$ 状态中。

然而，如果我们仅测量量子寄存器的一部分而非整个寄存器，事情就会变得有些棘手。让我们通过几个例子，看看这怎么实现的。还是以 $(|00\rangle+|11\rangle)/\sqrt{2}$ 为例，如果我们只测量第一个量子位，得到的是“0”，我们知道下次测量时需要再次得到相同的答案。发生这种情况的唯一途径是，由于在第一个量子位上观察到了“0”，所以状态会转变为 $|00\rangle$。

另一方面，如果从一对处于 $|0\rangle$ 状态的量子位中测量第一个量子位，会发生什么？首先，让我们回忆一下 $|+\rangle$ 写成向量时是什么样子的，这会有所帮助，如清单 5.11 所示。

清单 5.11 用 QuTiP 表示 | ++〉状态

首先把 | 0〉写成 $\boldsymbol{H}|0\rangle$。在 QuTiP 中，我们用 hadamard_transform 函数得到一个 Qobj 实例来代表 H，用 basis(2, 0)得到一个 Qobj 来代表 |0〉

我们可以输出 ket_plus 来获得该向量中的元素列表；和以前一样，我们将这些元素中的每一个都称为振幅

```
>>> import qutip as qt
>>> from qutip.qip.operations import hadamard_transform
>>> ket_plus = hadamard_transform() * qt.basis(2, 0)
>>> ket_plus
Quantum object: dims = [[2], [1]], shape = (2, 1), type = ket
Qobj data =
[[0.70710678]
 [0.70710678]]
>>> register_state = qt.tensor(ket_plus, ket_plus)
>>> register_state
Quantum object: dims = [[2, 2], [1, 1]], shape = (4, 1), type = ket
Qobj data =
[[0.5]
 [0.5]
 [0.5]
 [0.5]]
```

为了表示状态 |+〉，我们借助 $|+\rangle = |+\rangle \otimes |+\rangle$

这个输出告诉我们，|++〉对于 4 个计算基态 |00〉、|01〉、|10〉和 |11〉都有相同的振幅，正如 ket_plus 对于每个计算基态 |0〉和 |1〉有相同的振幅一样

假设我们测量第一个量子位，得到“1”的结果。为了确保我们在下次测量时得到同样的结果，测量后的状态在 |00〉或 |01〉上不能有任何振幅。如果我们只保留 |10〉和 |11〉上的振幅（我们之前计算的向量的第 3 行和第 4 行），那么我们得到的两个量子位的状态就变成了 $(|10\rangle+|11\rangle)/\sqrt{2}$。

这个 $\sqrt{2}$ 是怎么来的?

我们加入了 $\sqrt{2}$，以确保当我们测量第二个量子位时，我们所有的测量概率之和仍然为 1。为了使玻恩定理有意义，我们总是需要各振幅的平方和为 1。

不过，还有一种方法写出这个状态，我们可以用 QuTiP 来检查（见清单 5.12）。

清单 5.12 用 QuTiP 表示 | 1+〉状态

```
>>> import qutip as qt
>>> from qutip.qip.operations import hadamard_transform
>>> ket_0 = qt.basis(2, 0)
>>> ket_1 = qt.basis(2, 1)
>>> ket_plus = hadamard_transform() * ket_0
>>> qt.tensor(ket_1, ket_plus)
Quantum object: dims = [[2, 2], [1, 1]], shape = (4, 1), type = ket
Qobj data =
[[0.        ]
 [0.        ]
 [0.70710678]
 [0.70710678]]
```

回顾一下，我们可以把 |+〉写成 $\boldsymbol{H}|0\rangle$

这告诉我们，如果只保留状态 $|+\rangle$ 中与测量第一个量子位得到“1”的结果相一致的部分，那么会得到 $|1\rangle=|1\rangle\otimes|+\rangle$。也就是说，在这种情况下，第二个量子位根本就没有发生任何变化！

练习 5.3：测量另一个量子位

在例子中，我们的两个量子位开始于 $|++\rangle$ 状态，假设我们改为测量第二个量子位。检查一下，无论得到什么结果，第一个量子位的状态都不会发生变化。

为了更广泛地弄清“测量寄存器的一部分”意味着什么，我们可以使用线性代数中的另一个概念：投影算子。

定义 “投影算子”是状态向量（bra-ket 中的 ket，即 $|+\rangle$ 部分）与测量（bra-ket 的 bra，即 $\langle+|$ 部分）的乘积，代表我们的要求：如果某个测量结果发生，那么我们必须转换到与该测量一致的状态。

请看图 5.4，这是一个单量子位投影算子的快速示例。在多量子位上定义投影算子的方法与此完全相同。

在 QuTiP 中，我们使用.dag()方法（dagger 的简称，是我们在图 5.4 中看到的数学符号的回调）来编写对应于状态向量的测量。幸运的是，即使数学并不简单，用 Python 写出来也不会太差（见清单 5.13）。

清单 5.13 simulator.py：测量一个寄存器中的单量子位

```
def measure(self) -> bool:
        projectors = [
            qt.circuit.gate_expand_1toN(
                qt.basis(2, outcome) * qt.basis(2, outcome).dag(),
                self.parent.capacity,
                self.qubit_id
            )
            for outcome in (0, 1)
        ]
        post_measurement_states = [
            projector * self.parent.register_state
            for projector in projectors
        ]
        probabilities = [
            post_measurement_state.norm() ** 2
            for post_measurement_state in post_measurement_states
        ]
```

用 QuTiP 制作一个投影算子列表，每个可能的测量结果都有一个投影算子

类似清单 5.9，使用 gate_expand_1toN 函数将每个单量子位投影算子扩展为一个作用于整个寄存器的投影算子

每个投影算子所选的长度（在 QuTiP 中写成.norm()方法）告诉我们每个测量结果的概率

用每个投影算子挑出与每个测量结果一致的状态部分

一旦有了每个结果的概率，就可以用 NumPy 挑选一个结果

```
        sample = np.random.choice([0, 1], p=probabilities)
        self.parent.register_state = post_measurement_states[sample].unit()
        return bool(sample)

    def reset(self) -> None:
        if self.measure(): self.x()
```

用 QuTiP 内置的.unit()方法，确保测量概率的总和仍然为 1

如果测量的结果是 |1〉，那么用 x 指令进行翻转就会重置为 | 0〉

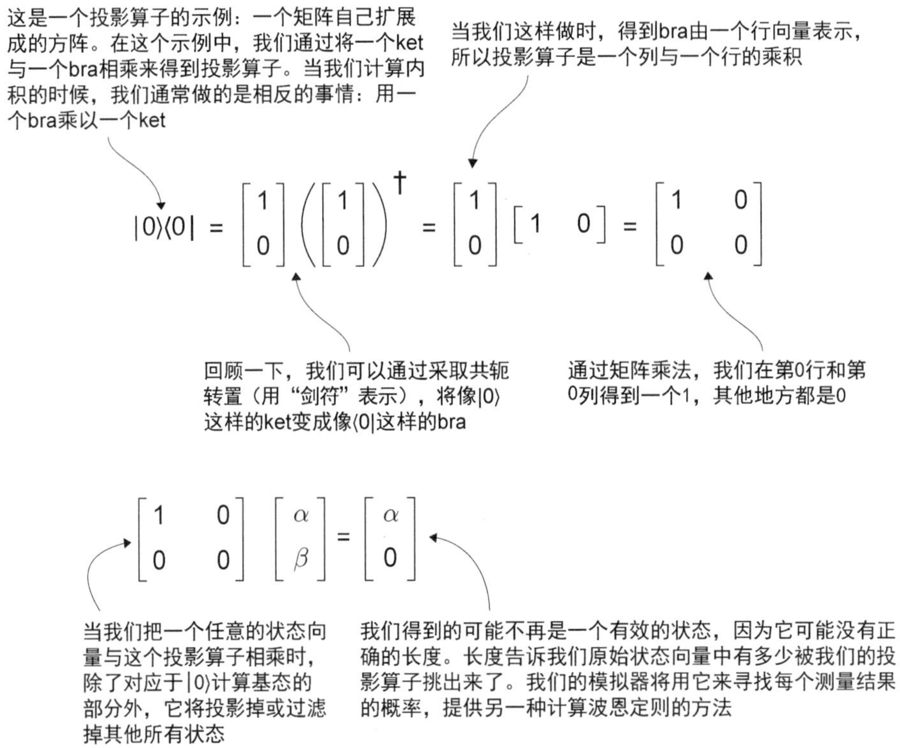

$$|0\rangle\langle 0| = \begin{bmatrix} 1 \\ 0 \end{bmatrix} \left(\begin{bmatrix} 1 \\ 0 \end{bmatrix} \right)^{\dagger} = \begin{bmatrix} 1 \\ 0 \end{bmatrix} \begin{bmatrix} 1 & 0 \end{bmatrix} = \begin{bmatrix} 1 & 0 \\ 0 & 0 \end{bmatrix}$$

这是一个投影算子的示例：一个矩阵自己扩展成的方阵。在这个示例中，我们通过将一个ket与一个bra相乘来得到投影算子。当我们计算内积的时候，我们通常做的是相反的事情：用一个bra乘以一个ket
当我们这样做时，得到bra由一个行向量表示，所以投影算子是一个列与一个行的乘积
回顾一下，我们可以通过采取共轭转置（用“剑符”表示），将像|0⟩这样的ket变成像⟨0|这样的bra
通过矩阵乘法，我们在第0行和第0列得到一个1，其他地方都是0

$$\begin{bmatrix} 1 & 0 \\ 0 & 0 \end{bmatrix} \begin{bmatrix} \alpha \\ \beta \end{bmatrix} = \begin{bmatrix} \alpha \\ 0 \end{bmatrix}$$

当我们把一个任意的状态向量与这个投影算子相乘时，除了对应于|0⟩计算基态的部分外，它将投影掉或过滤掉其他所有状态
我们得到的可能不再是一个有效的状态，因为它可能没有正确的长度。长度告诉我们原始状态向量中有多少被我们的投影算子挑出来了。我们的模拟器将用它来寻找每个测量结果的概率，提供另一种计算波恩定则的方法

图 5.4 投影算子作用于单量子位状态示例

5.2 CHSH：量子策略

既然我们已经将模拟器扩展到可以处理多量子位，让我们看看如何为玩家模拟一个基于“量子”的策略，这可以让我们的胜率高于任何经典策略！图 5.5 再次说明了 CHSH 游戏是如何进行的。

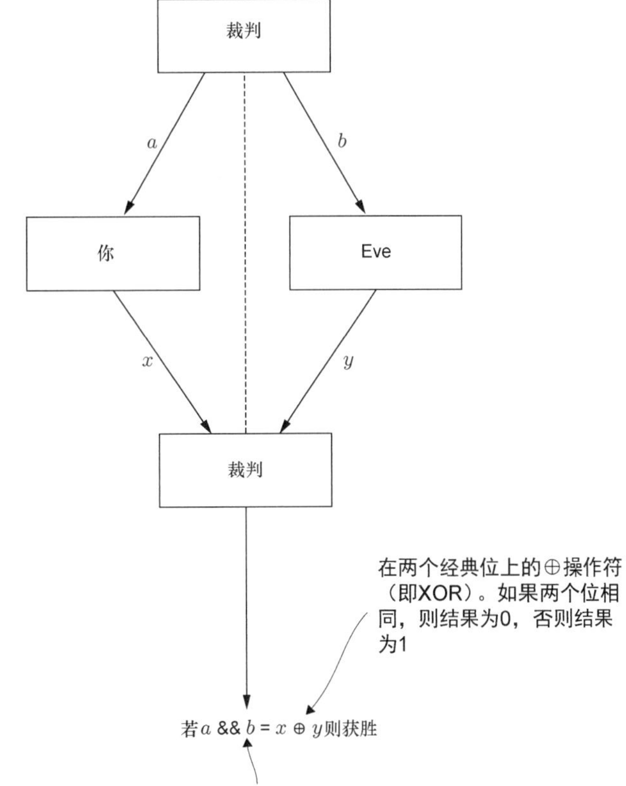
裁判向你和Eve发送一个1位问题。你的问题被标记为a，而Eve的问题被标记为b。一旦游戏开始，你和Eve就不能再进行交流，直到游戏结束
裁判
a
b
裁判要求每个玩家提供一个1位的答案。这里，你的答案被标记为x，Eve的答案被标记为y。
你
Eve
x
y
双方都向裁判发送一个1位的答案。然后，裁判对游戏进行评分，并宣布玩家是否获胜
裁判
在两个经典位上的⊕操作符（即XOR）。如果两个位相同，则结果为0，否则结果为1
计分规则要求你和Eve在来自裁判的输入位下以正确的奇偶校验值来回答
若a && b = $x \oplus y$则获胜
作用于两个经典位的&&操作符（又称AND），如果两个位都是1，则结果为1，在其他情况下结果为0

图 5.5　CHSH 游戏，一个有两个玩家和一个裁判的非本地游戏。裁判以位值的形式给每个玩家一个问题，然后每个玩家必须想出如何回答裁判的问题。如果玩家回答的布尔 XOR 与裁判问题的经典 AND 相同，则玩家获胜

你和 Eve 现在拥有量子资源，所以让我们从最简单的方案开始：每个人都有一个从同一设备分配的量子位。我们将用模拟器来实现这个策略，因此这并不是对量子力学的测试，而是我们的模拟器符合量子力学的要求。

注意 我们不能模拟真正非本地的玩家，因为模拟器的各部分需要交流以模拟量子力学。以这种方式忠实地模拟量子游戏和量子网络协议，会暴露出很多有趣的经典网络拓扑问题，这些问题远远超出了本书的范围。如果你对更多用于量子网络而不是量子计算的模拟器感兴趣，建议你看看 SimulaQron 项目，了解更多信息。

让我们看看你和 Eve 能取得的胜率，如果你们每个人都从一个量子位开始，而且这些量子位从 $(|00\rangle+|11\rangle)/\sqrt{2}$ 的状态开始，该状态之前我们在本章已经看到过几次。不

要担心如何制备这个状态，我们将在第 6 章中学习如何做。现在，让我们看看一旦有了这种状态的量子位，我们能做什么。

利用这些量子位，可以为本章开始时看到的 CHSH 游戏生成一个新的量子策略。诀窍在于，一旦从裁判那里得到各自的信息，你和 Eve 就可以分别对每个量子位应用操作。

事实证明，对于这个策略来说，ry 是一个非常有用的操作。它可以让你和 Eve 在裁判要求输出相同（00、01 和 10 的情况下）或不同的答案（11 的情况下）时，稍微提升你们获胜的频率，如图 5.6 所示。

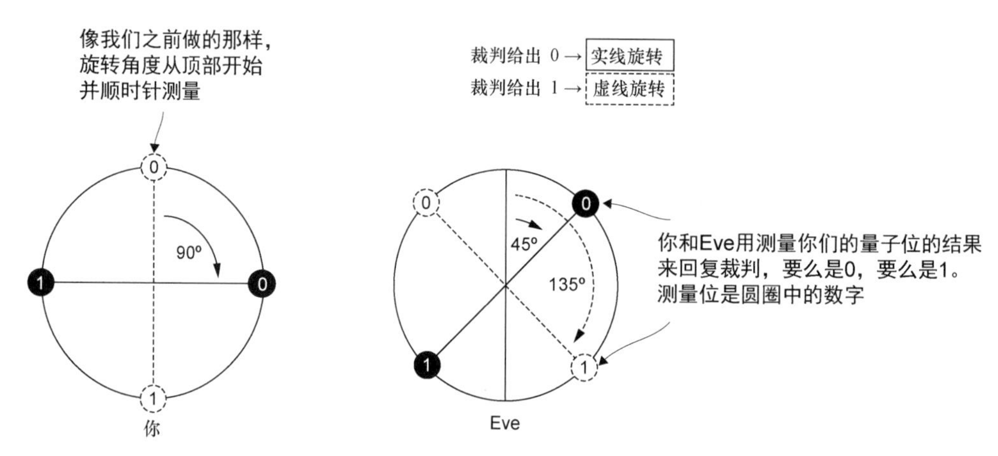

图 5.6 旋转量子位以在 CHSH 中获胜。如果你们从裁判那里得到一个 0，应该将量子位旋转 45°；如果你们得到一个 1，应该将量子位旋转 135°

从这个策略中可以看出，你和 Eve 都有一个非常简单、直接的规则，即在你们测量之前应该对各自的量子位做什么。如果从裁判那里得到一个 0，应该将量子位旋转 45°；如果得到一个 1，应该将量子位旋转 135°。如果你喜欢这种策略的表格形式，表 5.1 展示了一个小结。

表 5.1 你和 Eve 将对量子位进行的旋转对应从裁判那里得到的输入位的函数。请注意，它们都是 *y* 旋转，只是角度不同（对 ry 来说，旋转角的单位为弧度）

来自裁判的输入	你的旋转	Eve 的旋转
0	ry(90 * np.pi / 180)	ry(45 * np.pi / 180)
1	ry(0)	ry(135 * np.pi / 180)

虽然这些角度看起来是随机的，但不要担心，可以用我们的新模拟器来检查它们是否有效！清单 5.14 用我们添加到模拟器的新功能写了一个量子策略。

清单 5.14 chsh.py：一个量子 CHSH 策略，使用两个量子位

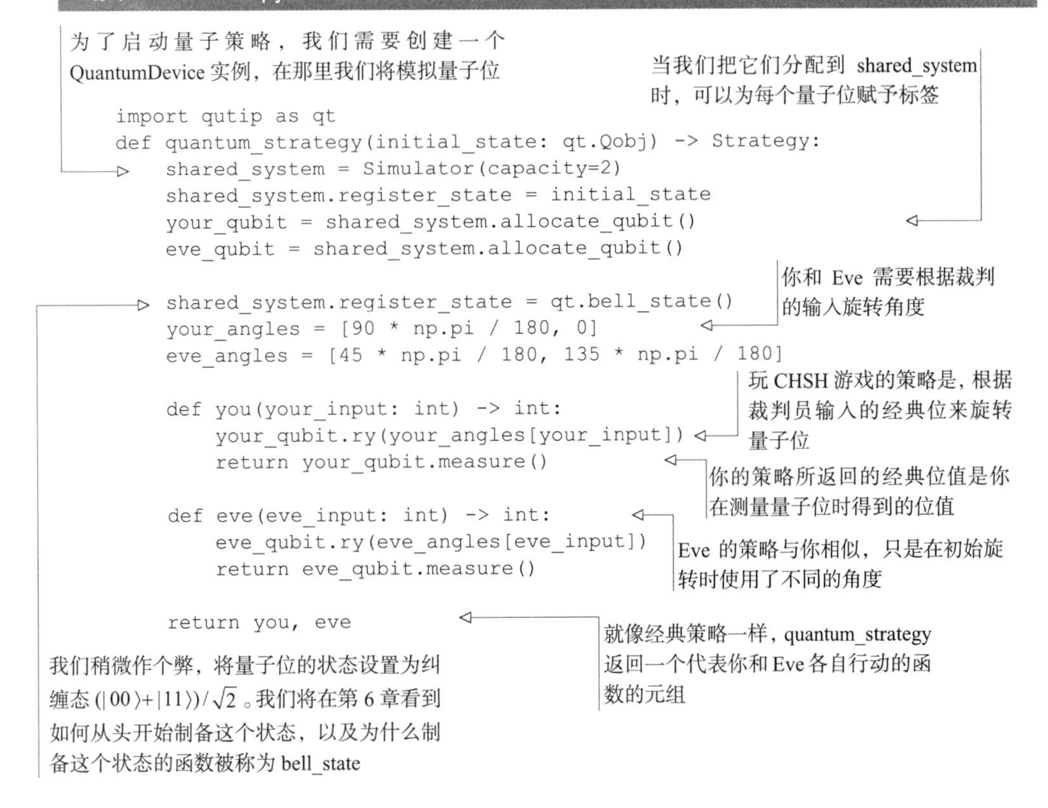
为了启动量子策略，我们需要创建一个 QuantumDevice 实例，在那里我们将模拟量子位
当我们把它们分配到 shared_system 时，可以为每个量子位赋予标签
```
import qutip as qt
def quantum_strategy(initial_state: qt.Qobj) -> Strategy:
    shared_system = Simulator(capacity=2)
    shared_system.register_state = initial_state
    your_qubit = shared_system.allocate_qubit()
    eve_qubit = shared_system.allocate_qubit()

    shared_system.register_state = qt.bell_state()
    your_angles = [90 * np.pi / 180, 0]
    eve_angles = [45 * np.pi / 180, 135 * np.pi / 180]

    def you(your_input: int) -> int:
        your_qubit.ry(your_angles[your_input])
        return your_qubit.measure()

    def eve(eve_input: int) -> int:
        eve_qubit.ry(eve_angles[eve_input])
        return eve_qubit.measure()

    return you, eve
```
你和 Eve 需要根据裁判的输入旋转角度
玩 CHSH 游戏的策略是，根据裁判员输入的经典位来旋转量子位
你的策略所返回的经典位值是你在测量量子位时得到的位值
Eve 的策略与你相似，只是在初始旋转时使用了不同的角度
就像经典策略一样，quantum_strategy 返回一个代表你和 Eve 各自行动的函数的元组
我们稍微作个弊，将量子位的状态设置为纠缠态 $(|00\rangle+|11\rangle)/\sqrt{2}$。我们将在第 6 章看到如何从头开始制备这个状态，以及为什么制备这个状态的函数被称为 bell_state

既然已经实现了 Python 版本的 quantum_strategy，让我们使用 CHSH 游戏的 est_win_probability 函数，看看胜率如何（见清单 5.15）。

清单 5.15 用新量子策略运行 CHSH

```
>>> est_win_probability(quantum_strategy)
0.832
```

当你尝试这样做的时候，可能会得到比 85%略高或略低的结果，因为获胜的概率是用二项分布来估计的。在这个例子中，我们预计误差棒约为 1.5%

清单 5.15 中估计的 83.2%的胜率高于我们用任何经典策略可以得到的结果。这意味着你和 Eve 可以开始比其他任何经典玩家更多地赢得 CHSH 游戏——太棒了！不过，这个策略所显示的只是一个示例，说明像 $(|00\rangle+|11\rangle)/\sqrt{2}$ 这样的状态是由量子力学提供的重要资源。

注意 像 $(|00\rangle+|11\rangle)/\sqrt{2}$ 这样的状态被称为纠缠态，因为它们不能被写成单量子位状态的张量积。随着时间的推移，我们会看到更多关于纠缠的示例，但纠缠是我们在编写量子程序时能用到的神奇、有趣的概念。

正如我们在这个示例中所看到的，纠缠允许我们在数据中创建相关关系。当我们想从量子系统中获得有用的信息时，这些相关关系可以为我们提供切入点。

光速仍然无法被超越

如果你读过相对论（如果没有，也不用担心），可能听说过，信息的传播速度不可能超过光速。从我们至今为止对纠缠的了解来看，量子力学似乎违反了这一点，但事实证明，纠缠本身永远无法用来传递我们选择的信息。我们总是需要在使用纠缠的同时发送其他信息。这意味着光速仍然制约着信息在宇宙中传播的速度——好险！

纠缠根本不奇怪，它是我们已经了解到的量子计算的直接结果：它是量子力学线性化的直接结果。如果我们可以在 $|00\rangle$ 状态和 $|11\rangle$ 状态下制备一个双量子位寄存器，那么我们也可以在两者的线性组合中制备一个状态，比如 $(|00\rangle+|11\rangle)/\sqrt{2}$ 。

由于纠缠是量子力学线性化的直接结果，CHSH 游戏也给了我们一个很好的方法来检查量子力学是否真的正确（或达到我们的数据所能显示的最高水平）。让我们回到清单 5.15 中的获胜概率问题。如果我们做一个实验，看到类似 83.2%的胜率，这就告诉我们，我们的实验不可能是纯经典的，因为我们知道经典策略最多只能在 75%的情况下获胜。这个实验在历史上被做过很多次，也从一个侧面让我们知道，我们的宇宙不只是经典的——我们需要量子力学来描述它。

注意 在 2015 年，有一个实验让 CHSH 游戏中的两个玩家相隔超过一公里！

我们在本章编写的模拟器为我们提供了用于了解这类实验工作情况的各种信息。现在我们可以利用量子力学和量子位来做一些令人敬畏的事情了，因为我们知道量子力学确实是宇宙运作的方式。

自我测试：非本地游戏的应用

这暗示了非本地游戏的另一个应用：如果你能与 Eve 游玩并赢得非本地游戏，那么在这个过程中，你们一定建立了可以用来发送量子数据的东西。这种洞见导致了一种思路，称为“量子自我测试”，即我们让设备的一部分与设备的其他部分玩非本地游戏，以确保设备的正常工作。

小结

- 可以使用 QuTiP 包来帮助我们处理张量积和其他计算，我们需要在 Python 中编写一个多量子位模拟器。
- QuTiP 中的 Qobj 类可以跟踪我们想要模拟的状态和算子的许多有用属性。
- 你和 Eve 可以使用量子策略来玩 CHSH 游戏，在开始游戏之前，你们共享一对纠缠的量子位。
- 通过把 CHSH 游戏写成一个量子程序，我们可以证明使用纠缠的一对量子位的玩家比只使用经典计算机的玩家更容易获胜，这与我们对量子力学的理解是一致的。

第 6 章　隐形传态和纠缠：量子数据的移动

本章内容

- 使用经典和量子控制在量子计算机上移动数据。
- 用布洛赫球图示单量子位操作。
- 预测双量子位操作的输出，以及泡利操作。

在第 5 章中，我们在 QuTiP 软件包的帮助下，增加了量子设备模拟器对多量子位的支持。这使得我们能够玩 CHSH 游戏，并证明我们对量子力学的理解与我们在现实世界中的观察是一致的。

在本章中我们将了解，如何在不同人或量子设备的不同寄存器之间移动数据。我们将探索像不可克隆定理这样的规则是如何影响我们在量子设备上管理数据的。我们还会看一看量子设备执行的一个独特的量子协议，名为“隐形传态”，它可以移动数据（而不是副本）。

6.1　移动量子数据

就像经典计算一样，有时在量子计算机中，我们在某个地方存储了一些数据，而我们非常希望它能存储到另一个地方。在经典计算中，这是一个很容易通过复制数据来解决的问题；但是正如我们在第 3 章和第 4 章中所了解的，不可克隆定理意味着，在一般情况下，我们不能复制存储在量子位中的数据。

在经典计算中移动数据

在经典计算的某些场景下，我们遇到了同样的不能复制信息的问题，但原因有所不同。在多线程应用中拷贝数据会引入微妙的竞争条件，而性能方面的考虑会促使我们减少拷贝的数据量。

许多经典语言（如 C++11 和 Rust）所采用的解决方案集中在"移动"数据上。在量子计算中，从移动数据的角度思考是有帮助的，尽管我们将以一种非常另类的方式实现移动。

那么，如果想在量子设备中移动数据，我们可以做什么呢？幸运的是，有许多不同的方法来移动量子数据而不是复制它。在这一章中，我们将看到其中的几种方法，并在我们的模拟器上添加最后的几个功能来实现它们。让我们开始分享量子信息吧！

假设 Eve 有一些编码数据的量子位，她想和你分享。

"嘿，玩家！我有一些量子信息想和你分享。我可以把它传送给你吗？"

这里，Eve 指的是 swap 指令——它与我们目前看到的指令稍有不同，因为它同时对两个量子位进行操作。相比之下，到目前为止我们看到的每一个操作都是一次只对一个量子位进行操作。

看看 swap 的作用，这个称呼很有描述性：它实际上是交换了同一寄存器中两个量子位的状态。例如，假设我们有两个处于 $|01\rangle$ 状态的量子位，如果我们对两个量子位使用 swap 指令，那么寄存器将处于 $|10\rangle$ 状态。让我们看一个使用 QuTiP 内置的 swap 矩阵的示例，如清单 6.1 所示。

清单 6.1　在 $|+0\rangle$ 上使用 QuTiP 的 swap，以获得 $|0+\rangle$ 状态

```
>>> import qutip as qt
>>> from qutip.qip.operations import hadamard_transform
>>> ket_0 = qt.basis(2, 0)
>>> ket_plus = hadamard_transform() * ket_0
>>> initial_state = qt.tensor(ket_plus, ket_0)
>>> initial_state
Quantum object: dims = [[2, 2], [1, 1]], shape = (4, 1), type = ket
Qobj data =
[[0.70710678]
 [0.        ]
 [0.70710678]
 [0.        ]]
>>> swap_matrix = qt.swap()
>>> swap_matrix * initial_state
Quantum object: dims = [[2, 2], [1, 1]], shape = (4, 1), type = ket
```

使用 qt.basis、hadamard_transform 和 qt.tensor 为第 5 章我们见过的概念定义一个变量：状态向量 $|+0\rangle$

正如我们在第 4 章中所了解的，这个状态在 $|00\rangle$ 和 $|10\rangle$ 计算基态上具有相等的振幅

通过调用 qt.swap 为 swap 指令获取一个酉矩阵的副本

与模拟单量子位操作的方法相同，我们可以用状态乘以交换的酉矩阵，求出应用 swap 指令后的双量子位寄存器的状态

```
Qobj data =
[[0.70710678]
 [0.70710678]
 [0.        ]
 [0.        ]]
>>> qt.tensor(ket_0, ket_plus)
Quantum object: dims = [[2, 2], [1, 1]], shape = (4, 1), type = ket
Qobj data =
[[0.70710678]
 [0.70710678]
 [0.        ]
 [0.        ]]
```

当我们这样做的时候，最终会进入一个介于 |00〉和 |01〉之间，而非 |00〉和 |10〉之间的叠加态

快速检查，对一个开始时处于 |+0〉状态的双量子位寄存器执行 swap 指令的结果是 |0+〉

看一下清单 6.1，我们可以看到 swap 指令的作用与它的名称差不多。特别是，交换将两个开始处于 |+0〉状态的量子位带到 |0+〉状态。更一般地说，我们可以通过查看用来模拟 swap 指令的酉矩阵来了解其作用（见清单 6.2）。

清单 6.2 swap 指令的酉矩阵

```
>>> import qutip as qt
>>> qt.swap()
Quantum object: dims = [[2, 2], [2, 2]],
➥ shape = (4, 4), type = oper, isherm = True
Qobj data =
[[1. 0. 0. 0.]
 [0. 0. 1. 0.]
 [0. 1. 0. 0.]
 [0. 0. 0. 1.]]
```

我们用来模拟 swap 指令的酉矩阵是一个 4×4 的矩阵，因为它作用于双量子位状态

这个酉矩阵的每一列都告诉我们发生在一个计算基态上的事情；在这里，swap 指令对开始于 |00〉状态的量子位没有任何作用

swap 指令也让 |11〉保持不变

另一方面，|01〉和 |10〉状态被 swap 指令交换

这个酉矩阵的每一列都告诉我们一个计算基态的情况。例如，第一列告诉我们 |00〉状态被映射到向量[[1], [0], [0], [0]]，我们把它看作 |00〉。

注意 swap 指令的酉矩阵不能写成任何两个单位酉矩阵的张量积。也就是说，我们不能通过一次考虑一个量子位来理解交换的作用——我们需要弄清楚它对 swap 指令所作用的一对量子位的状态有何作用

图 6.1 显示，无论两个量子位以何种状态开始，我们都可以看到 swap 的一般作用。

记得在第 2 章中，我们看到酉矩阵很像一个真值表。也就是说，类似我们从 qt.swap 中得到的这种酉矩阵很有用，因为它们有助于模拟 swap 指令的功能。不过，就像经典加法器不是它的真值表一样，这些酉矩阵也不是量子程序，而是我们用来模拟量子程序工作原理的工具，记住这一点非常有必要。

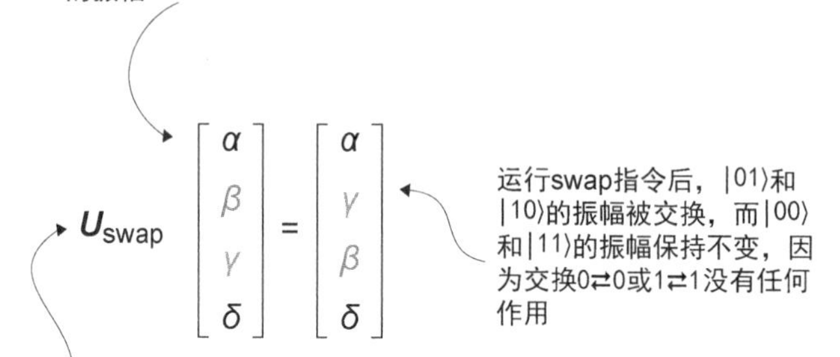

由于swap指令作用于一个双量子位寄存器，每个这样的寄存器的状态由一个四元素的向量表示。就像你可能在代数中使用x和y作为变量一样，我们倾向于使用希腊字母如α和β来代表任意的振幅。这里，α、β、γ和δ分别是|00⟩、|01⟩、|10⟩和|11⟩基态的振幅
$U_{\text{swap}} \begin{bmatrix} \alpha \\ \beta \\ \gamma \\ \delta \end{bmatrix} = \begin{bmatrix} \alpha \\ \gamma \\ \beta \\ \delta \end{bmatrix}$
运行swap指令后，|01⟩和|10⟩的振幅被交换，而|00⟩和|11⟩的振幅保持不变，因为交换0⇄0或1⇄1没有任何作用
我们可以通过将一个寄存器的状态乘以一个“酉矩阵”来模拟swap指令如何改变该寄存器的状态。像以前一样，这个矩阵并不是swap指令，而是我们可以用来模拟交换的工具

图 6.1　双量子位操作 swap 交换寄存器中两个量子位的状态。我们可以从这里显示的通用示例中了解这一点，因为描述 |01⟩ 和 |10⟩ 状态的项被交换了，其他两个则没有，因为当两个量子位处于相同的状态时，我们无法分辨它们的区别

> **练习 6.1：交换寄存器中的第二个和第三个量子位**
>
> 假设你有一个三量子位寄存器，状态为 |01+⟩。用 QuTiP 写出这个状态，然后交换第二个和第三个量子位，这样你的寄存器就处于 |0+1⟩ 状态。
>
> 提示：由于第一个量子位不会发生任何变化，所以一定要用幺矩阵和 qt.swap 的张量积来为寄存器建立正确的操作。

此时，Eve 正迫不及待地等着发送她的量子位。让我们在模拟器上添加我们需要的事物，不要让她再等下去了！

6.1.1　换出模拟器

只需要对第 4 章中的模拟器做一些调整，我们就可以进行像 swap 这样的双量子位操作。需要的改动如下：

- 修改_apply 以适应双量子位操作；
- 增加 swap 和其他双量子位指令；
- 增加其余的单量子位旋转指令。

正如我们在第 4 章所了解的，如果一个矩阵作用于单量子位寄存器，那么我们可以使用 QuTiP 将其应用于具有任意数量量子位的寄存器，方法是使用 gate_expand_1toN 函数。它对每个量子位取幺算子的张量积，但我们正在处理的量子位除外。

以同样的方式，我们可以调用 QuTiP 的 gate_expand_2toN 函数，将双量子位酉矩阵变成扩展矩阵，用它来模拟双量子位操作（如 swap）如何改变整个寄存器的状态。现在让我们把它添加到模拟器中（见清单 6.3）。

提示 我们对本章的代码做了一些小改动，以使输出看起来更漂亮。这些改动，以及本章和其他章节的所有示例，都可在本书的配套资源中找到。

清单 6.3 simulator.py：应用双量子位酉矩阵

为了模拟双量子位操作，我们需要在寄存器中为量子位设置两个索引，使得我们的指令所作用的每个量子位都有一个索引

```
def _apply(self, unitary: qt.Qobj, ids: List[int]):
        if len(ids) == 1:
            matrix = qt.circuit.gate_expand_1toN(unitary,
                                                 self.capacity, ids[0])
        elif len(ids) == 2:
            matrix = qt.circuit.gate_expand_2toN(unitary,
                                                 self.capacity, *ids)
        else:
            raise ValueError("Only one- or two-qubit unitary matrices
    supported.")

        self.register_state = matrix * self.register_state
```

对 gate_expand_2toN 的调用与对 gate_expand_1toN 的调用非常相似，只是我们传入了 4×4 的矩阵，而不是 2×2 的矩阵

我们看到，QuTiP 提供了函数 swap，为模拟 swap 指令的酉矩阵提供了一份副本。利用对 Simulator._apply 的修改，这可以很快将 swap 指令添加到我们的模拟器中。

清单 6.4 simulator.py：添加一个 swap 指令

```
def swap(self, target: Qubit) -> None:
        self.parent._apply(
            qt.swap(),
```

为了得到 4×4 的酉矩阵，我们需要转向 _apply。只需使用在本章中到目前为止已经看过几次的 qt.swap 函数

```
              [self.qubit_id, target.qubit_id]
        )
```

我们需要确保传入了想要交换的两个量子位的索引，以便 gate_expand_2toN 能正确地将新 swap 指令的酉矩阵应用于整个寄存器的状态

既然我们在修改模拟器，那就让我们再增加一条指令，以便更轻松地输出它的状态，而避免访问它的内部结构（见清单 6.5）。

清单 6.5　simulator.py：添加一个 dump 指令

```
def dump(self) -> None:
        print(self.register_state)
```

这样，我们就可以要求模拟器帮助调试量子程序，并将不支持的设备（如实际的量子硬件）安全地剥离。

提示 请记住，量子位不是一种状态。状态只是说明量子系统如何表现的方式。

有了这两个改变，我们就可以使用 swap 指令了。让我们用它来重复将两个从 |0+⟩ 状态开始的量子位交换到 |+0⟩ 状态的实验。

提示 像以前一样，关于完整的示例文件，请参见本书的配套资源。

清单 6.6　在 |0+⟩ 状态下测试 swap 指令

```
>>> from simulator import Simulator
>>> sim = Simulator(capacity=2)
>>> with sim.using_register(n_qubits=2) as (you, eve):
...     eve.h()
...     sim.dump()
...     you.swap(eve)
...     sim.dump()
Quantum object: dims = [[2, 2], [1, 1]], shape = (4, 1), type = ket
Qobj data =
[[0.70710678]
 [0.70710678]
 [0.        ]
 [0.        ]]
Quantum object: dims = [[2, 2], [1, 1]], shape = (4, 1), type = ket
Qobj data =
[[0.70710678]
 [0.        ]
 [0.70710678]
 [0.        ]]
```

由于在本章中会经常使用多量子位寄存器，所以增加了一个新的方便的方法，可以一次分配多量子位。

第一个转储来自我们对 sim.dump 的第一次调用，并确认 eve.h()制备了处于 |0+⟩ 状态的量子位

在调用 you.swap(ev)之后，你的量子位最终处于 |+⟩ 状态，而 Eve 的量子位则以你开始的方式结束，处于 |0⟩ 状态

很好，你现在有办法与 Eve 共享量子数据了！好吧，至少“只要你们正在共享一个单量子设备”，你们就可以同时对你们的两个量子位应用 swap 指令了。

如果我们想在设备之间共享量子信息会怎样呢？幸运的是，量子计算给了我们一种方法，只要我们的量子位之间开始有一些纠缠，我们就可以通过只交流经典数据来发送量子位。像量子计算中的许多概念一样，这种技术被赋予了一个异想天开的名称：“量子隐形传态”。然而，不要被这个名称欺骗。随着我们的深入了解，我们会发现，隐形传态使用了第 4 章中的知识，让我们以有效的方式分享量子数据。图 6.2 展示了一个隐形传态程序的步骤。

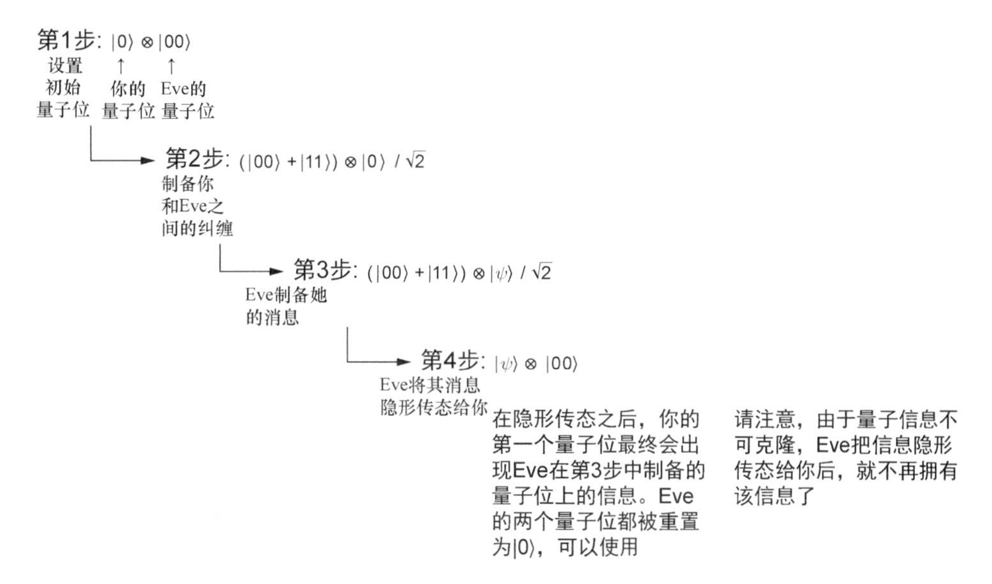

图 6.2　隐形传态程序的步骤。你制备并纠缠一个量子位寄存器，然后 Eve 可以制备并将她的状态隐形传态给你。请注意，在隐形传态之后，她将不会拥有该状态

隐形传态的真正巧妙之处在于，虽然你和 Eve 仍然需要在各自的量子位之间做一些双量子位操作，但 Eve 可以在你做完这些操作后决定要向你发送什么数据。这意味着你可以在需要交换量子数据之前制备好纠缠的量子位，并在需要时直接使用它们。

利用前几章中开发的模拟器，我们可以用一个量子程序来编写隐形传态，如清单 6.7 所示。

清单 6.7　Python 中的一个隐形传态程序

```
def teleport(msg : Qubit, here : Qubit, there : Qubit) -> None:
    here.h()
    here.cnot(there)

    msg.cnot(here)
    msg.h()

    if msg.measure(): there.z()
    if here.measure(): there.x()

    msg.reset()
    here.reset()
```

不过，这个程序中有一些新的指令。在本章的其余部分，我们将看到使用模拟器来启动和运行量子隐形传态所需的其他部分。

6.1.2 还有哪些双量子位门？

正如你可能猜到的，swap 不是唯一的双量子位操作。事实上，如清单 6.7 所示，为了使隐形传态工作，我们需要在模拟器上添加另一个名为 cnot 的双量子位指令。cnot 指令的作用类似于 swap，只是它在 $|10\rangle$ 和 $|11\rangle$ 间切换计算基态，而不是在 $|01\rangle$ 和 $|10\rangle$ 间切换。另一种说法是，cnot 翻转第二个量子位时，控制第一个量子位的状态保持为 $|1\rangle$。这就是 cnot 这个名称的由来：它是“controlled NOT”（受控 NOT）的简称。

提示 我们通常把传递给 cnot 指令的第一个量子位称为“控制量子位”，把第二个量子位称为“目标量子位”。我们将在第 7 章中看到这些名称的一些微妙之处。

我们来看看 cnot 指令是如何工作的，将它应用于那个亲切的示例—— $|+0\rangle$ 状态：

QuTiP 以 qt.cnot 函数的形式为 cnot 指令提供酉矩阵

```
>>> import qutip as qt
>>> from qutip.qip.operations import hadamard_transform
>>> ket_0 = qt.basis(2, 0)
>>> ket_plus = hadamard_transform() * ket_0
>>> initial_state = qt.tensor(ket_plus, ket_0)
>>> qt.cnot() * initial_state
Quantum object: dims = [[2, 2], [1, 1]], shape = (4, 1), type = ket
Qobj data =
[[0.70710678]
 [0.        ]
 [0.        ]
 [0.70710678]]
>>> qt.cnot()
Quantum object: dims = [[2, 2], [2, 2]], shape = (4, 4), type = oper,
     isherm = True
Qobj data =
[[1. 0. 0. 0.]
 [0. 1. 0. 0.]
 [0. 0. 0. 1.]
 [0. 0. 1. 0.]]
```

初始化两个量子位，使其在 $|+0\rangle=(|00\rangle+|10\rangle)/\sqrt{2}$ 状态下开始

cnot 指令使我们的量子位处于 $(|00\rangle+|11\rangle)/\sqrt{2}$ 状态

cnot 的矩阵将 $|10\rangle$ 计算基态映射到 $|11\rangle$，反之亦然，就像我们的描述中预料的那样

注意 cnot 指令与经典编程语言中的 if 语句不同，因为 cnot 指令保留了叠加性。如果我们想使用 if 语句，就必须测量控制量子位，从而导致控制量子位上的任何叠加塌缩。实际上，当我们在本章末尾写出隐形传态程序时，会同时使用 cnot 指令和以测量结果为条件的 if 语句——两者都很有用！在第 8 章和第 9 章中，我们将看到更多受控制操作与 if 语句的不同之处。

图 6.3 展示了 cnot 指令在一般情况下如何作用于双量子位状态。不过现在，我们可以认识到，在前面的代码片段中，通过对处于 $|0\rangle$状态的两个量子位应用 cnot 得到的输出状态，就是我们在第 4 章玩 CHSH 游戏时所需要的“纠缠”，即 $(|00\rangle+|11\rangle)/\sqrt{2}$ 。

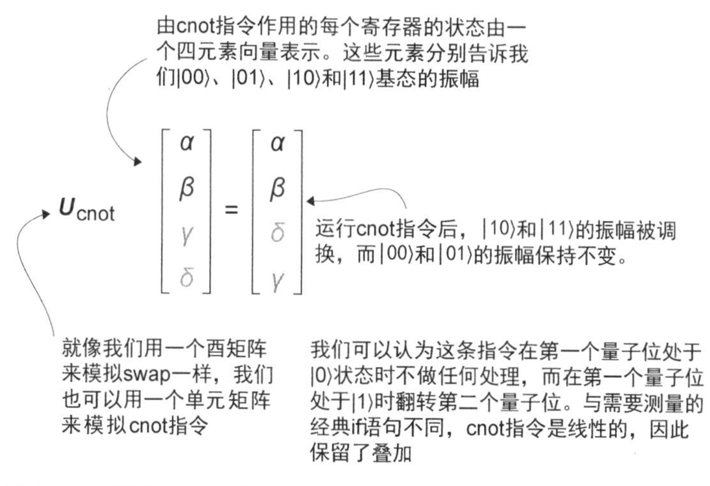

由cnot指令作用的每个寄存器的状态由一个四元素向量表示。这些元素分别告诉我们|00⟩、|01⟩、|10⟩和|11⟩基态的振幅
U_{cnot}
α β γ δ = α β δ γ
运行cnot指令后，|10⟩和|11⟩的振幅被调换，而|00⟩和|01⟩的振幅保持不变。
就像我们用一个酉矩阵来模拟swap一样，我们也可以用一个单元矩阵来模拟cnot指令
我们可以认为这条指令在第一个量子位处于|0⟩状态时不做任何处理，而在第一个量子位处于|1⟩时翻转第二个量子位。与需要测量的经典if语句不同，cnot指令是线性的，因此保留了叠加

图 6.3 双量子位操作 cnot 以控制量子位的状态为条件，应用了一个 NOT 操作

这意味着我们已经有了编写让两个开始处于 $|00\rangle$ 状态的量子位纠缠的量子程序所需的一切。我们要做的就是将 cnot 指令添加到模拟器中，就像之前添加 swap 的方式一样，如清单 6.8 所示。

清单 6.8 simulator.py：添加 cnot 指令

```
def cnot(self, target: Qubit) -> None:
        self.parent._apply(
            qt.cnot(),
            [self.qubit_id, target.qubit_id]
        )
```

现在，我们可以写一个程序来制备两个纠缠在一起的量子位了。

```
>>> from simulator import Simulator
>>> sim = Simulator(capacity=2)
>>> with sim.using_register(2) as (you, eve):
...     eve.h()
...     eve.cnot(you)
...     sim.dump()
...
Quantum object: dims = [[2, 2], [1, 1]],
➥ shape = (4, 1), type = ket
Qobj data =
[[0.70710678]
 [0.        ]
 [0.        ]
 [0.70710678]]
```

此时暂停一下（对不起，Eve！），有必要反思我们刚才所做的事情。在第 4 章中，与 Eve 玩 CHSH 游戏时，我们不得不“作弊”，即假设你和 Eve 可以获得两个量子位，

且它们神奇地开始处于纠缠态 $(|00\rangle+|11\rangle)/\sqrt{2}$ 。不过现在，我们可以看到你和 Eve 在玩 CHSH 之前通过运行另一个量子程序来制备这种纠缠的确切方法。h 指令制备了你们需要的叠加，而新的 cnot 指令允许你与 Eve 制备纠缠。这种纠缠在你们的两个量子位之间“分享”了这种叠加（毕竟，分享就是关爱）。

就像在你和 Eve 之间制备纠缠是我们为第 4 章的 CHSH 游戏所做的准备一样，这也是 Eve 将她的量子数据隐形传态给你的第一步。这使得 cnot 成为一个非常重要的指令。

不过，回到 Eve 身上，她把数据隐形传态给你的下一步是使用 4 个不同的单量子位操作之一来“解码”她发送给你的量子数据（回顾图 6.2）。接下来看一看这些操作。

6.2 所有的单（量子位）旋转

对量子隐形传态进行编程的最后一件事，是根据 Eve 发给你的一些经典数据来应用修正。要做到这一点，我们需要几个新的单量子位指令。为此，有必要重新审视一下我们一直使用的量子指令的旋转图示，因为我们可能作弊了。之前，我们将量子位描绘成圆上的任意位置，但实际上，我们的量子位模型缺少一个维度。单量子位的状态可由一个球体表面的任意一点来表示，该球面一般称为“布洛赫球”。

仅限单量子位！

只有当一个量子位没有与任何其他量子位纠缠在一起时，这种（以及之前的）量子位状态的图示方式才会起作用。另一种说法是，我们不能轻易地图示多量子位的状态。就算尝试绘制一个有纠缠的双量子位寄存器的状态，也需要在七维空间里画图。虽然七维空间这种新奇概念很适合拿来做商业广告，但画出容易理解的示意图却要难得多。

我们所熟悉的圆其实只是球体的一个切面，我们所做的所有旋转导致的状态仍然在那个圆上。图 6.4 展示了之前的量子位模型与布洛赫球的对比。

在第2章～第5章，我们
看到单量子位状态可以
认为是一个圆上的点

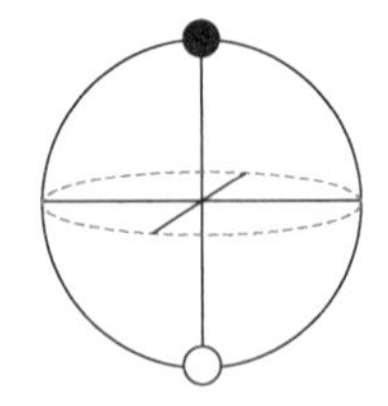

在本章中，我们将看到单量子位状
态也可以被旋转“出纸面”，得到
一个完整的球体，而不仅仅是圆

图 6.4 我们之前的量子位模型（圆上的一个点）与布洛赫球的比较。布洛赫球是一个关于单量子位状态的更通用的模型。我们需要另一个维度来捕捉由“复数”向量代表的量子位状态，但它只适用于单量子位

提示 从我们展示 z 轴和 x 轴的事实中，你可能已经推断出 y 轴隐藏在某个位置了！事实表明，当我们从一个圆变成一个球面，从而离开纸面时，垂直于纸面的那个轴通常被称为“y 轴”。

当我们在第 2 章第一次介绍 4 位状态的向量表示时，你可能记得，每个向量中的振幅都是“复数”。在本章的其余部分，我们将看到，一般来说，当我们使用旋转指令来转换单量子位的状态时，我们会得到复数。复数是一个非常有用的工具，用来记录旋转，因此在量子计算中发挥了很大的作用。它们主要用于帮助我们理解不同量子态之间的角度和相位。如果你对复数有点生疏，请不要担心，因为在本书的其余部分，你会有很多机会来练习复数。

将旋转与坐标联系起来：泡利操作

让我们在图 6.5 中花点时间，快速回顾一下之前所看到的几个单位指令：x 和 ry。

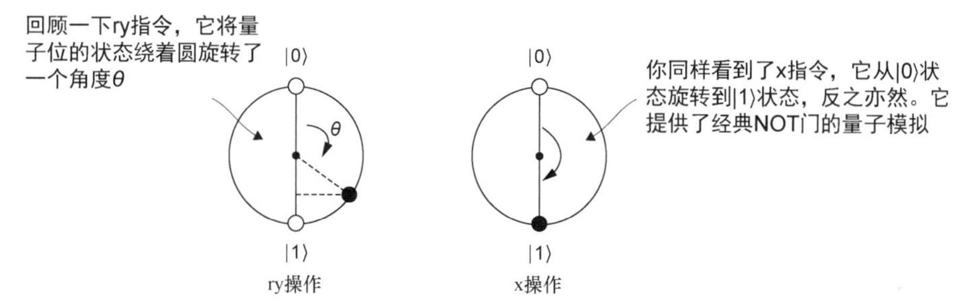

图 6.5 展示了 x 和 ry 对一个量子位的作用。我们在之前的章节中已经看到了这两个指令。ry 指令将量子位的状态旋转了一个角度 θ。而 x 指令将处于 $|0\rangle$ 状态的量子位带到 $|1\rangle$，反之亦然

既然我们知道量子位的状态可以在球面上旋转，那么还有什么旋转可以帮助我们将状态旋转出平面呢？我们可以围绕 $|+\rangle$ 和 $|-\rangle$ 状态之间的直线添加一个旋转。这条直线通常被称为 x 轴，以区别于连接 $|0\rangle$ 和 $|1\rangle$ 状态的 z 轴。QuTiP 的 rx 函数给了我们一个封装 x 轴旋转矩阵的 Qobj。

清单 6.9 使用 QuTiP 内置函数 qt.sigmaz

```
>>> import qutip as qt
>>> import numpy as np
>>> qt.rx(np.pi).tidyup()
Quantum object: dims = [[2], [2]], shape = (2, 2),
➥ type = oper, isherm = False
Qobj data =
[[ 0.+0.j 0.-1.j]
 [ 0.-1.j 0.+0.j]]
```

QuTiP 的 Qobj 实例有一个 tidyup 方法，以使矩阵更易读，因为经典计算机上的浮点运算会导致小误差

在系数为−i（在 Python 中写为−1j）的情况下，围绕 x 轴旋转 180° 的结果是我们在第 2 章中第一次看到的 x（NOT）指令

提示 在Python中，复数i用1.0j表示：1乘以j，这有时是虚数i在其他领域的称呼。

这个代码片段说明了一些非常重要的事情：X操作正是我们绕x轴旋转180°（π）得到的。

定义 正如在清单6.1的标注中所指出的，我们可以检查qt.rx(np.pi)实际上与qt.sigmax()相差一个系数−i。这个系数是“全局相位”的一个示例。我们很快就会看到，全局相位不能影响测量的结果。因此，qt.rx(np.pi)和qt.sigmax()是代表同一操作的不同酉矩阵。第7章和第8章中会有更多关于全局相位和局部相位的练习。

以此类推，我们把围绕z轴旋转180°称为Z操作。在第3章中，QuTiP提供了qt.sigmax函数来模拟x指令。同样地，qt.sigmaz提供了我们需要的酉矩阵来模拟z指令。清单6.10展示了一个使用qt.sigmaz的示例。请注意，我们通过直接乘以i来包含系数−i（也就是全局相位），这样做的原因是$-i \times i = -(-1) = 1$。

清单6.10 使用QuTiP函数qt.rz和qt.sigmaz

```
>>> import qutip as qt
>>> import numpy as np
>>> 1j * qt.rz(np.pi).tidyup()
Quantum object: dims = [[2], [2]], shape = (2, 2), type = oper, isherm = True
Qobj data =
[[ 1. 0.]
 [ 0. -1.]]
>>> qt.sigmaz()
Quantum object: dims = [[2], [2]], shape = (2, 2), type = oper, isherm = True
Qobj data =
[[ 1. 0.]
 [ 0. -1.]]
```

通过这种方式取消全局相位，可以更容易地阅读输出

如同承诺的那样，在系数为−i的情况下，z指令完成围绕z轴的180°旋转

就像X操作在$|0\rangle$和$|1\rangle$之间翻转，而保留$|+\rangle$和$|-\rangle$不变一样，Z操作同样在$|+\rangle$和$|-\rangle$之间翻转，而保留$|0\rangle$和$|1\rangle$不变。

表6.1展示了一个真值表，就像我们在第2章中对阿达马操作所做的那样。通过观察真值表，我们可以确认，如果对任何输入状态进行两次Z操作，它将回到初始状态。换言之，Z操作的平方与幺操作𝟙是相同的，即$\boldsymbol{X}^2 = \mathbb{1}$。

表6.1 将z指令表示为一个真值表

输入状态	输出状态
$\|0\rangle$	$\|0\rangle$
$\|1\rangle$	$-\|1\rangle$
$\|+\rangle$	$\|-\rangle$
$\|-\rangle$	$\|+\rangle$

注意 我们在表 6.1 中列出了 4 行，但我们只需要两行就可以完全说明 Z 操作对任何输入的作用。另外两行是为了强调，我们可以选择用它对 $|0\rangle$ 和 $|1\rangle$ 或者对 $|+\rangle$ 和 $|-\rangle$ 的作用来定义 Z 操作。

练习 6.2：练习使用 rz 指令和 z 指令

假设你制备了一个处于 $|-\rangle$ 状态的量子位，并应用一个 z 旋转。如果你沿 x 轴测量，会得到什么？如果你应用两个 z 旋转，会测量到什么？如果你用 rz 实现这两个相同的旋转，应该使用什么角度？

我们还可以用同样的方法定义一个旋转：围绕“从纸面伸出”的轴的旋转。这个轴连接着状态 $(|0\rangle+\mathrm{i}|1\rangle)/\sqrt{2}=\boldsymbol{R}_x(\pi/2)|0\rangle$ 和 $(|0\rangle-\mathrm{i}|1\rangle)/\sqrt{2}=\boldsymbol{R}_x(\pi/2)|1\rangle$，习惯上称为 y 轴。围绕 y 轴旋转 180°，可以同时翻转位标签（$|0\rangle\leftrightarrow|1\rangle$）和相位（$|+\rangle\leftrightarrow|-\rangle$），但不包括沿 y 轴的两个状态。

练习 6.3：sigmay 的真值表

使用 qt.sigmay()函数制作一个类似于表 6.1 的真值表，但是针对 y 指令。

定义 为了纪念物理学家沃尔夫冈·泡利，代表 X、Y、Z 操作的三个矩阵 $\boldsymbol{X}$、$\boldsymbol{Y}$、$\boldsymbol{Z}$ 被称为“泡利矩阵”。幺矩阵有时也包括在内，代表“不做任何处理”，即幺操作。

用泡利矩阵玩“剪刀、石头、布”

泡利矩阵有许多有用的特性，我们将在本书的其余部分使用。其中的许多特性让我们可以很轻松地算出涉及泡利算子的不同等式。例如，如果我们用 $\boldsymbol{X}$ 乘以 $\boldsymbol{Y}$，就会得到 i$\boldsymbol{Z}$，但如果我们计算 $\boldsymbol{YX}$，就会得到−i$\boldsymbol{Z}$。

QuTiP 可以帮助我们探索将泡利矩阵相乘时会发生什么。例如，把 $\boldsymbol{X}$ 和 $\boldsymbol{Y}$ 以两种可能的顺序相乘：

```
>>> import qutip as qt
>>> qt.sigmax() * qt.sigmay()
Quantum object: dims = [[2], [2]], shape = (2, 2), type = oper, isherm =
      False
Qobj data =
[[0.+1.j 0.+0.j]
 [0.+0.j 0.-1.j]]
>>> qt.sigmay() * qt.sigmax()
Quantum object: dims = [[2], [2]], shape = (2, 2), type = oper, isherm =
      False
Qobj data =
[[0.-1.j 0.+0.j]
 [0.+0.j 0.+1.j]]
```

同样地，$\boldsymbol{YZ}$=i$\boldsymbol{X}$，$\boldsymbol{ZX}$=i$\boldsymbol{Y}$，但是 $\boldsymbol{ZY}$=−i$\boldsymbol{X}$，$\boldsymbol{XZ}$=−i$\boldsymbol{Y}$。记住这一点的一个方法是把 $\boldsymbol{X}$、$\boldsymbol{Y}$ 和 $\boldsymbol{Z}$ 想成是在玩“剪刀、石头、布”的小游戏。$\boldsymbol{X}$“击败”$\boldsymbol{Y}$，$\boldsymbol{Y}$“击败”$\boldsymbol{Z}$，而 $\boldsymbol{Z}$ 反过来又“击败”$\boldsymbol{X}$。

我们可以将这些矩阵看作由 4 种状态建立的一种坐标系，称为“布洛赫球”。如图 6.6 所示，x 轴和 z 轴构成了本书前面所看到的圆，而 y 轴则从纸面中伸出。

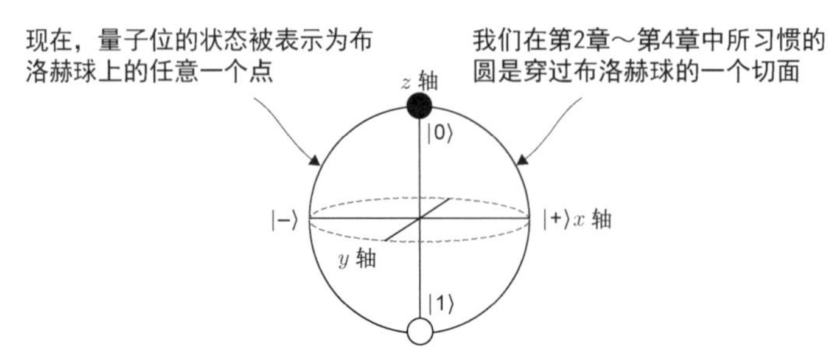

图 6.6　布洛赫球。这里，每条轴都标有相应的泡利算子，代表围绕该轴的旋转

用泡利测量来描述状态

任何单量子位状态都可以通过 ***X***、***Y*** 和 ***Z*** 测量的测量概率完全指定，直到全局相位。也就是说，如果告诉你可以进行的三个泡利测量中的每一个得到“1”结果的概率，你就可以用这些信息写出一个与我们的状态向量相同的状态向量，直到全局相位。对于思考单量子位状态，这使得三维空间中的点的类比很有用。

这些 i 是有的

y 轴两端的状态通常被标记为 |i⟩ 和 |−i⟩，但不经常单独使用。我们将继续使用之前标示的状态：|0⟩、|1⟩、|+⟩ 和 |−⟩。

有了这幅图，我们就更容易理解为什么有些旋转不会影响测量结果。例如，如图 6.7 所示，布洛赫球的图像有助于我们理解如果围绕 z 轴旋转 |0⟩ 会发生什么。

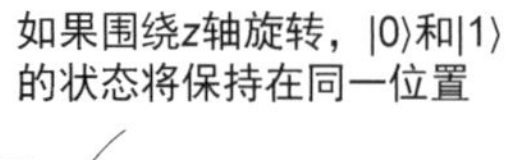

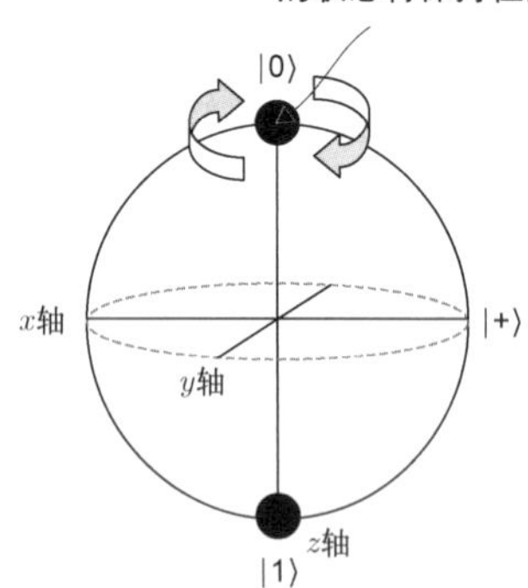

图 6.7　布洛赫球说明 *z* 旋转如何使 |0⟩ 状态保持不变

就像无论我们如何旋转地球仪，北极都保持在同一位置一样，围绕一个与该状态平行的轴旋转一个状态，对我们的量子位没有可观察的影响。我们也可以从数学中看到这种效果（见清单 6.11）。

清单 6.11 $|0\rangle$ 状态如何不受 z 旋转的影响

定义一个变量来表示状态 $|0\rangle$

引入一个新的状态 $|\psi\rangle$，即围绕 z 轴对 $|0\rangle$ 进行 60°（π/3）的旋转

```
>>> ket0 = qt.basis(2, 0)
>>> ket_psi = qt.rz(np.pi / 3) * ket0
>>> ket_psi
Quantum object: dims = [[2], [1]], shape = (2, 1),
➥ type = ket
Qobj data =
[[ 0.8660254-0.5j]
 [ 0.0000000+0.j ]]
>>> bra0 = ket0.dag()
>>> bra0
Quantum object: dims = [[1], [2]], shape = (1, 2),
➥ type = bra
Qobj data =
[[ 1. 0.]]
>>> np.abs((bra0 * ket_psi)[0, 0]) ** 2
1.0
```

得到的状态是 $|\psi\rangle=[\cos(60°/2)-i\sin(60°/2)]|0\rangle=[\sqrt{3}/2-\mathrm{i}/2]|0\rangle$

取内积 $\langle 0|\psi\rangle$，我们可以计算玻恩定理 $\Pr(0|\psi)=|\langle 0|\psi\rangle|^2$。请注意，我们需要用[0, 0]作为索引，因为 QuTiP 将 $|0\rangle$ 与 $|\psi\rangle$ 的内积表示为一个 1×1 矩阵

和以前一样，沿 z 轴测量时，观察到“0”的概率没有改变

在 QuTiP 中，我们通过调用 Qobj 实例的.dag 方法来表示“剑符”操作，在这个示例中，我们会得到 $\langle 0|$ 的行向量

提示 $|\psi\rangle$ 经常被用作一个任意状态的名称，类似于代数中 x 经常被用来代表一个任意的变量。

一般来说，我们总是可以将一个状态乘以一个绝对值为 1 的复数而不改变任何测量的概率。任意复数 $z=a+b\mathrm{i}$ 可以写成 $z=re^{\mathrm{i}\theta}$ 的形式，对于实数 r 和 θ，其中 r 是 z 的绝对值，θ 是一个角度。当 r=1 时，我们有一个形如 $e^{\mathrm{i}\theta}$ 的数字，称之为“相位”。然后我们会说，将状态乘以一个相位就是对该状态应用一个“全局相位”。

练习 6.4：验证应用 rz 不会改变 $|0\rangle$ 的情况

我们只检查了一个测量概率是否仍然相同，但也许 ***X*** 或 ***Y*** 的测量概率已经改变了。为了全面检查全局相位没有改变任何测量概率，制备与清单 6.11 中相同的状态和旋转，并检查沿 x 轴或 y 轴测量状态的概率没有因为应用 rz 指令而改变。

注意 没有任何全局相位可以通过任何测量来检测。

状态$|\psi\rangle$和$e^{i\theta}|\psi\rangle$实际上是描述完全相同状态的两种不同方式。即使在原则上，我们也没有办法通过测量来了解全局相位。另一方面，我们已经看到，可以区分像$|+\rangle=(|0\rangle+|1\rangle)/\sqrt{2}$和$|-\rangle=(|0\rangle-|1\rangle)/\sqrt{2}$这样的状态，它们只在$|1\rangle$计算基态的“局部”相位上有所不同。

暂停一下，让我们总结一下到目前为止我们对 x、y、z 指令的了解，以及我们用来模拟这些指令的泡利矩阵的情况。我们已经看到，x 指令在$|0\rangle$和$|1\rangle$之间翻转，而 z 指令在$|+\rangle$和$|-\rangle$状态之间翻转。换言之，x 指令翻转位，而 z 指令翻转相位。

看一下布洛赫球，我们可以看到，围绕 y 轴的旋转应该同时进行这两种操作。我们也可以通过 $\boldsymbol{Y}=-i\boldsymbol{XZ}$ 看到这一点，因为用 QuTiP 检查是很直接的。我们在表 6.2 中总结了每个泡利指令的作用。

表 6.2 作为位和相位翻转的泡利矩阵

指令	泡利矩阵	翻转位（$|0\rangle\leftrightarrow|1\rangle$）	翻转相位（$|+\rangle\leftrightarrow|-\rangle$）
（没有指令）	$\mathbb{1}$	No	No
x	$\boldsymbol{X}$	Yes	No
y	$\boldsymbol{Y}$	Yes	Yes
z	$\boldsymbol{Z}$	No	Yes

练习 6.5：来自贝尔的提醒

我们已经看过几次的$(|00\rangle+|11\rangle)/\sqrt{2}$态，并不是纠缠态的唯一例子。事实上，如果我们随机挑选一个双量子位状态，它几乎肯定会是纠缠的。正如计算基态$\{|00\rangle, |01\rangle, |10\rangle, |11\rangle\}$是一组特别有用的未纠缠态，有 4 个特别的纠缠态，以物理学家约翰·斯图尔特·贝尔的名字命名，称为“贝尔基态”，如表 6.3 所示。

表 6.3 贝尔基态

名称	用计算基态展开
$|\beta_{00}\rangle$	$(|00\rangle+|11\rangle)/\sqrt{2}$
$|\beta_{01}\rangle$	$(|00\rangle-|11\rangle)/\sqrt{2}$
$|\beta_{10}\rangle$	$(|01\rangle+|10\rangle)/\sqrt{2}$
$|\beta_{11}\rangle$	$(|01\rangle-|10\rangle)/\sqrt{2}$

请利用你所学到的关于 cnot 指令和泡利指令（x, y 和 z），编写程序来制备表格中的 4 个贝尔状态。

提示：表 6.2 对这个练习应该很有帮助。

我们在 Qubit 接口和模拟器上添加 X、Y 和 Z 操作的指令，从而结束对单量子位操作的讨论。为了做到这一点，我们可以使用相应的 QuTiP 函数 qt.rx、qt.ry 和 qt.rz 来实现旋转指令 rx、ry 和 rz，以获得我们需要模拟的每个指令的酉矩阵的副本。清单 6.12 展示了如何在模拟器中实现这一点。

清单 6.12 simulator.py：添加所有的泡利旋转

```
def rx(self, theta: float) -> None:
        self.parent._apply(qt.rx(theta), [self.qubit_id])

def ry(self, theta: float) -> None:
        self.parent._apply(qt.ry(theta), [self.qubit_id])

def rz(self, theta: float) -> None:
        self.parent._apply(qt.rz(theta), [self.qubit_id])

def x(self) -> None:
        self.parent._apply(qt.sigmax(), [self.qubit_id])

def y(self) -> None:
        self.parent._apply(qt.sigmay(), [self.qubit_id])

def z(self) -> None:
        self.parent._apply(qt.sigmaz(), [self.qubit_id])
```

QuTiP 使用 $\boldsymbol{\sigma}_x$ 而不是 $\boldsymbol{X}$ 作为泡利矩阵的符号。使用这个符号，函数 sigmax()会返回一个代表泡利矩阵 $\boldsymbol{X}$ 的新 Qobj。这样，我们就可以实现与每个泡利矩阵相对应的 x、y 和 z 指令。

没人能教会你矩阵是什么，你必须自己去看

我们在本书的第一部分已经谈了很多关于矩阵的内容。我们很想说，量子编程都是关于矩阵的，而量子位实际上只是向量。但实际上，矩阵是我们“模拟”量子设备的方式。

我们将在第二部分看到更多矩阵，但量子程序根本不操纵矩阵和向量——它们操纵经典数据，如向量子设备发送指令，以及处理从设备返回的数据。例如，我们如果在设备上运行一条指令，则无法通过简单的方法了解应该使用什么矩阵来模拟该指令。我们必须使用一种称作“过程断层成像”的技术，从许多重复的测量中重建该矩阵。

当我们写下一个矩阵时，无论是在代码中还是在一张纸上，我们都在隐式地模拟一个量子系统。如果这真的让你感到困惑，不要担心，当你读完本书的其余部分时，你就能更多地理解它了。

6.3 隐形传态

好了，现在我们有了所需的一切，可以把隐形传态写成一个量子程序的样子了。作为快速回顾，图 6.8 是我们希望这个程序能实现的功能。

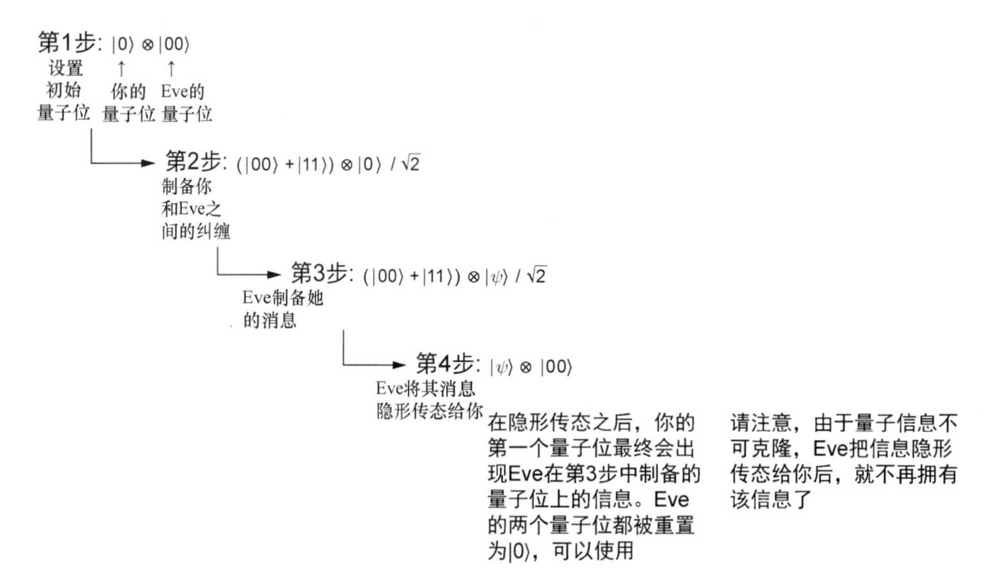

图 6.8　回顾一下隐形传态程序的步骤

我们假设你可以制备一些纠缠的量子位，它们处在同一个设备中，而且你和 Eve 有一种经典的通信手段，那么我们就可以用它来发出正确修正的信号。现在使用本章中为模拟器添加的功能来实现隐形传态程序（见清单 6.13）。

清单 6.13　teleport.py：仅用几行就能实现量子隐形传态

teleport 函数需要两个量子位作为输入：想要移动的量子位（msg）和希望它被移动到的位置（there）。还需要一个临时量子位，我们称之为“here”。按照惯例，假定“here”和“there”都是以 |0⟩ 状态开始的

我们需要从“here”和“there”之间的一些纠缠开始。可以使用我们熟悉的 h 指令和新的 cnot 指令

```
from interface import QuantumDevice, Qubit
from simulator import Simulator

def teleport(msg: Qubit, here: Qubit, there: Qubit) -> None:
    here.h()
```

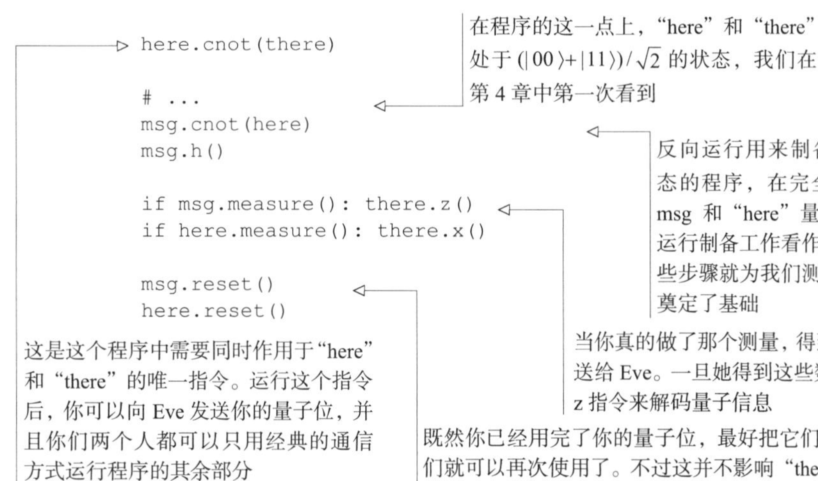

here.cnot(there)
# ...
msg.cnot(here)
msg.h()
if msg.measure(): there.z()
if here.measure(): there.x()
msg.reset()
here.reset()
在程序的这一点上，“here”和“there”处于 (|00⟩+|11⟩)/√2 的状态，我们在第 4 章中第一次看到
反向运行用来制备 (|00⟩+|11⟩)/√2 状态的程序，在完全处于你们设备中的 msg 和“here”量子位上。可以把反向运行制备工作看作一种测量，这样，这些步骤就为我们测量要发送的量子信息奠定了基础
当你真的做了那个测量，得到了经典的数据，发送给 Eve。一旦她得到这些数据，就可以用 x 和 z 指令来解码量子信息
这是这个程序中需要同时作用于“here”和“there”的唯一指令。运行这个指令后，你可以向 Eve 发送你的量子位，并且你们两个人都可以只用经典的通信方式运行程序的其余部分
既然你已经用完了你的量子位，最好把它们置回 |0⟩，这样它们就可以再次使用了。不过这并不影响“there”的状态，因为你只是重置了你的量子位，而不是你给 Eve 的量子位！

我们在那里做了什么？

假设我们不需要把 Eve 的经典测量结果作为隐形传态的一部分来发送。在这种情况下，我们可以使用隐形传态来发送比光速更快的经典数据和量子数据。就像我们在第 5 章玩 CHSH 游戏时无法与 Eve 通信一样，光速的限制使得我们需要与 Eve 进行经典通信，以使用纠缠来发送量子数据。在这两种情况下，纠缠可以帮助我们通信，但它并不能只靠其自身就让我们通信。我们总是还需要一些其他的通信方式。

为了证明这一点，可以在我们的量子位上制备一些内容，并将其发送给 Eve，然后她可以在她的量子位上撤销我们的制备。到目前为止，我们和 Eve 所发送的信息都是经典的，但这里的信息是“量子的”。我们可以测量量子信息以得到一个经典位，也可以像其他量子数据一样使用从 Eve 那里得到的量子信息。例如，我们可以应用喜欢的任何旋转和其他指令。

这有什么用？

发送量子数据可能看起来并不比发送经典数据有用多少。毕竟，发送经典数据已经让我们收获颇丰。相比之下，目前发送量子数据的应用往往更小众一些。

也就是说，移动量子数据是一个非常有用的示例，可以帮助我们理解量子计算机的工作原理。本章提出的想法往往不是直观上有用的，但会帮助我们在未来达成了不起的成就。

假设我们用操作 msg.ry(0.123)来制备一个“量子”信息。清单 6.14 显示了利用隐形传态将这个消息传给 Eve 的过程。

清单 6.14 teleport.py：利用隐形传态来移动量子数据

if __name__ == "__main__":
sim = Simulator(capacity=3)
with sim.using_register(3) as (msg, here, there):
msg.ry(0.123)
teleport(msg, here, there)
there.ry(-0.123)
sim.dump()
像以前一样，分配一个量子位寄存器，并给每个量子位命名
准备发送一个信息给 Eve。这里，展示了使用一个特定的角度作为信息，但它可以是任何内容
调用之前编写的隐形传态程序，将准备的信息转移到 Eve 的量子位上
检查 dump 指令的输出，查看分配的寄存器是否回到了 |000〉状态

如果 Eve 通过旋转相反的角度来撤销我们的旋转，我们可以看到我们分配的寄存器回到了 |000〉状态。这表明我们的隐形传态成功了！当你运行这个程序时，你会得到类似以下的输出：

```
Quantum object: dims = [[2, 2, 2], [1, 1, 1]],
➥ shape = (8, 1), type = ket
Qobj data =
[[1.]
 [0.]
 [0.]
 [0.]
 [0.]
 [0.]
 [0.]
 [0.]]
```

注意 你的输出可能会有不同的全局相位，这取决于你得到的是什么测量结果。

为了验证隐形传态是否成功，如果 Eve 撤销对她的量子位所做的指令（there.ry(0.123)），她应该会回到我们开始时的 |0〉状态。通过隐形传态，我们和 Eve 可以用纠缠和经典通信来发送量子信息。可以在练习 6.6 中尝试证明。

练习 6.6：如果它什么都没做呢？

试着改变我们或 Eve 的操作，来说明如果我们撤销 Eve 对她的量子位所做的同样的操作，我们最后只会得到一个 |000〉状态。

现在我们可以向所有的朋友吹嘘（随心所欲地引用科幻小说），说我们可以实现隐形传态了。希望你能明白为什么这和传送到一个行星上是不一样的，而且当用隐形传态传递一个信息时，它的传播速度不会超过光速。

小结

- “不可克隆定理”虽然使我们无法复制量子寄存器存储的任意数据，但我们仍然可以使用 swap 操作和隐形传态等算法移动数据。
- 当一个量子位没有与任何其他量子位纠缠在一起时，我们可以将其状态想象成球面上的一个点，即所谓的“布洛赫球”。
- 一般来说，我们可以围绕 x 轴、y 轴或 z 轴旋转单量子位状态。围绕这些轴应用旋转 180° 的操作被称为“泡利操作”，其描述了翻转位或相位，或同时翻转二者。
- 在量子隐形传态中，纠缠与泡利旋转一起使用，将量子数据从一个量子位转移到另一个量子位，而不需要复制它。

第一部分：结语

我们已经到达了本书第一部分的结尾，但遗憾的是我们的量子位在另一个“城堡”里😆。学完这一部分并不是一件容易的事，因为我们在为一个量子设备建立一个模拟器的同时，还学习了一大堆新的量子概念。你可能对一些问题或话题有点不确定，这没关系。

提示 附录 B 包含了一些快速参考资料（词汇和定义），这些资料可能对继续学习本书和以后的量子开发工作有所帮助。

我们将使用并练习这些技能，为化学和密码学等很酷的应用开发更复杂的量子程序。不过，在我们继续讨论这个问题之前，先给自己鼓鼓劲：到目前为止，你已经做了很多！让我们总结一下已完成的一些事情：

- 重温了线性代数和复数技能；
- 了解了什么是量子位，以及能用它做什么；
- 用 Python 建立了一个多量子位模拟器；
- 为一些任务编写了量子程序，如量子密钥分配（QKD）、玩非本地游戏，甚至还有量子隐形传态；
- 学习了量子系统状态的 braket 符号。

当我们进入更大的应用程序，试图了解正在发生什么时，Python 模拟器仍是一个有用的工具。在第二部分，我们将主要使用 Q#作为编写量子程序的首选工具。我们将在第 7 章谈到为什么要用 Q#而不是 Python 来编写更高级的量子程序，不过主要原因是速度和可扩展性。另外，我们可以在 Python 中使用 Q#，也可以使用 Jupyter 的 Q#内核，因此你可以在最喜欢的开发环境中工作。

第二部分见！

第二部分

在 Q#中对量子算法进行编程

作为一个开发者，拥有合适的工具来完成合适的工作会事半功倍，量子计算也不例外。量子计算软件栈往往是相当多样化的。在第二部分中，我们用 Q#扩展了我们的软件栈，它是一种用于处理量子设备的“领域特定”编程语言。正如一些领域特定语言可以帮助专门的经典硬件，如 GPU 和 FPGA，Q#通过提供正确的工具来实现和应用量子算法，帮助我们充分利用量子计算。与其他专业语言一样，Q#在与更多的通用语言和平台（如 Python 和.NET）互操作时效果很好。

考虑到所有这些，我们开始用 Q#磨炼我们的技能，学习编写量子算法的基础知识。在第 7 章中，我们将重新审视量子随机数生成器，在第 2 章的技能基础上，学习 Q#语言的基本知识。接下来，在第 8 章中，我们将通过学习相位反冲、oracle 和其他新技巧来扩展我们的量子编程技术工具箱，并用它们来玩一些有趣的新游戏。最后，在第 9 章中，我们将学习相位估计技术，培养在第三部分中开始处理更多应用问题时所需的技能。

第 7 章　改变胜率：关于 Q#的介绍

本章内容

- 使用 QDK 中的 Q#编写量子程序。
- 使用 Jupyter Notebook 与 Q#协同工作。
- 使用经典模拟器运行 Q#程序。

到目前为止，我们用 Python 来实现自己的软件栈来模拟量子程序。如果你还记得，图 2.1（重现为图 7.1）是一个很好的模型，说明了我们要编写的程序如何与量子模拟器和设备（我们作为量子开发者使用并建造了它们）进行交互。

今后，我们将编写更复杂的量子程序，这些程序将依赖其使用的编程语言的特性，而这些特性很难通过在 Python 中嵌入软件栈来实现。特别是当我们探索量子算法时，能够使用一种为量子编程量身定制的语言是很有帮助的。在本章，我们将开始使用 Q#，这是微软公司的量子编程领域专用语言，包含在 QDK 中。

量子计算机思维模型

一个宿主程序，如Jupyter Notebook或Python中的自定义程序，可以将量子程序发送到目标机器，如通过Azure Quantum等云服务提供的设备

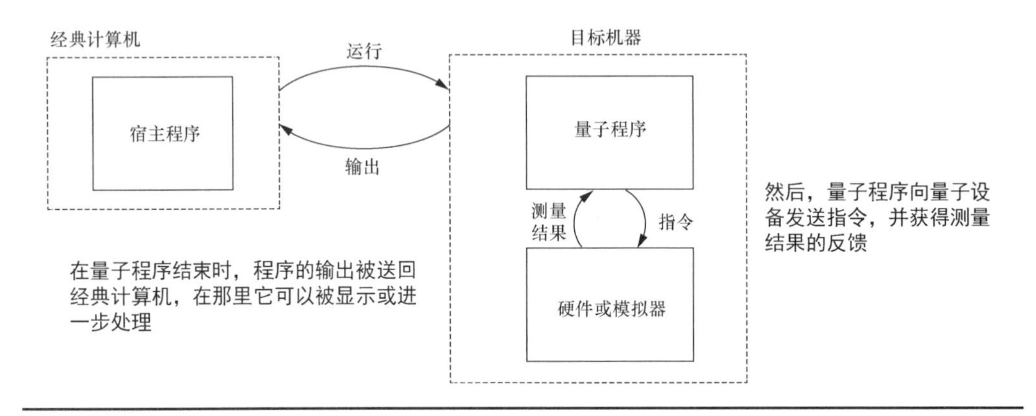

模拟器上的实现

在模拟器上工作时（正如我们在本书中所做的那样），模拟器可以与宿主程序运行在同一台计算机上，但我们的量子程序仍然向模拟器发送指令并获得结果

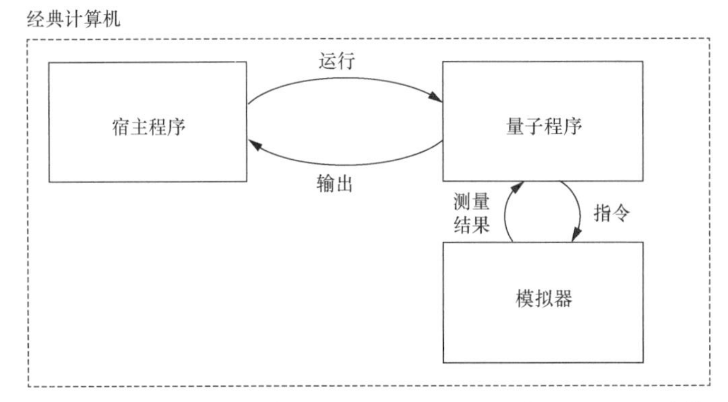

图 7.1　关于我们如何使用量子计算机的思维模型。图中上半部分是量子计算机的一般模型。鉴于我们在本书中使用的是本地模拟器，下半部分代表我们将要建造和使用的东西

7.1　量子开发工具包介绍

量子开发工具包提供了一种新的语言，即 Q#，它用来编写量子程序并使用经典资源进行模拟。用 Q#编写的量子程序运行时将量子设备视为一种加速器，类似于我们在显卡上运行代码的方式。

提示 你如果曾经使用过像 CUDA 或 OpenCL 这样的显卡编程框架，可以认为这就是一个非常类似的模型。

我们来看看图 7.2 中 Q# 的软件栈。

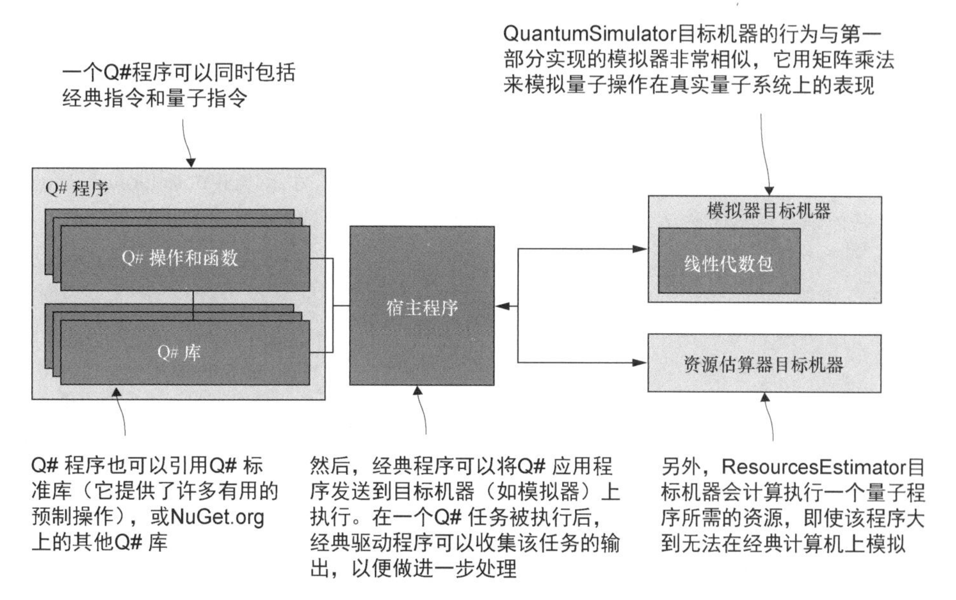

一个Q#程序可以同时包括经典指令和量子指令
QuantumSimulator目标机器的行为与第一部分实现的模拟器非常相似，它用矩阵乘法来模拟量子操作在真实量子系统上的表现
Q# 程序
Q# 操作和函数
Q# 库
宿主程序
模拟器目标机器
线性代数包
资源估算器目标机器
Q# 程序也可以引用Q# 标准库（它提供了许多有用的预制操作），或NuGet.org上的其他Q# 库
然后，经典程序可以将Q# 应用程序发送到目标机器（如模拟器）上执行。在一个Q# 任务被执行后，经典驱动程序可以收集该任务的输出，以便做进一步处理
另外，ResourcesEstimator目标机器会计算执行一个量子程序所需的资源，即使该程序大到无法在经典计算机上模拟

图 7.2 经典计算机上的 QDK 软件栈。我们可以编写一个由函数和操作组成的 Q# 程序，引用任何我们想包括的 Q# 库。然后，宿主程序可以协调 Q# 程序和目标机（例如，在我们的计算机上本地运行的模拟器）之间的通信。

Q# 程序由一些操作和函数组成，它们指示量子和经典硬件如何工作。Q# 中还提供了许多库，这些库有一些有用的、预先制作好的操作和函数，可以在我们的程序中使用。

Q# 程序写好后，我们需要一种方法让它向硬件传递指令。一个经典的程序有时被称为“驱动程序”或“宿主程序”，负责分配一个目标机器并在该机器上运行 Q# 操作。

量子开发工具包包括一个名为 IQ# 的 Jupyter Notebook 插件，它通过自动提供宿主程序，使我们能够轻松地入门 Q#。在第 9 章中，我们将看到如何使用 Python 编写宿主程序，但现在我们将专注于 Q#。关于设置 Q# 环境以与 Jupyter Notebook 一起工作的方法说明，可以参见附录 A。

使用 Jupyter Notebook 的 IQ# 插件，我们可以使用两种不同的目标机器之一来运行 Q# 代码。第一个是 QuantumSimulator 目标机，它与我们一直在开发的 Python 模拟器非常相似。它比我们用来模拟量子位的 Python 代码快得多。第二个是 ResourcesEstimator

目标机器，它可以让我们估算出运行程序需要多少量子位和量子指令，而不用完全模拟。这对于了解我们运行一个 Q# 程序所需的资源特别有用，正如我们在本书后面探讨大型 Q# 程序时所看到的那样。

为了了解一切是如何运作的，让我们从编写一个纯粹的经典的 Q# “Hello, world” 应用程序开始。首先，在终端运行以下程序，启动 Jupyter Notebook。

```
jupyter notebook
```

这将自动在我们的浏览器中打开一个新的标签页，其中包括我们 Jupyter Notebook 会话的主页。在“New ↓”菜单中，选择 Q# 来生成一个新的 Q# notebook。在 notebook 的第一个空单元格中输入以下内容，然后按 Ctrl+Enter 或⌘+Return 组合键运行：

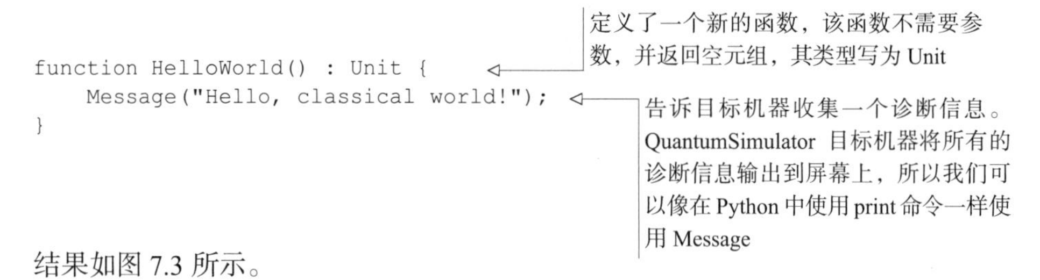

function HelloWorld() : Unit {
    Message("Hello, classical world!");
}
定义了一个新的函数，该函数不需要参数，并返回空元组，其类型写为 Unit
告诉目标机器收集一个诊断信息。QuantumSimulator 目标机器将所有的诊断信息输出到屏幕上，所以我们可以像在 Python 中使用 print 命令一样使用 Message

结果如图 7.3 所示。

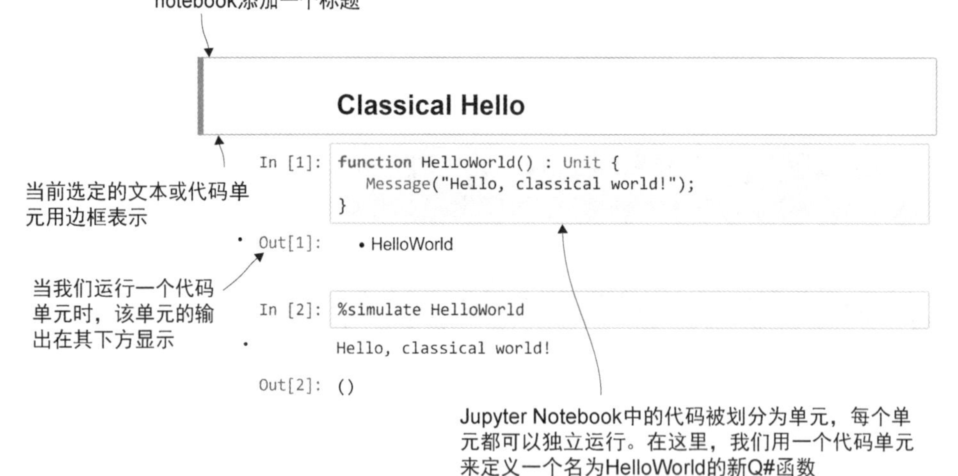

图 7.3 入门 IQ# 和 Jupyter Notebook。这里，一个名为 HelloWorld 的新 Q#函数被定义为 Jupyter Notebook 的第一个单元，而模拟该函数的结果则位于第二个单元

提示 与 Python 不同，Q# 使用分号而不是换行来结束语句。如果看到大量的编译器错误，请确保语句末加了分号。

你应该得到 HelloWorld 函数成功编译的回应。为了运行新的函数，我们可以在一个新单元格中使用%simulate 命令（见清单 7.1）。

清单 7.1 在 Jupyter 中使用%simulate 魔法命令

```
In [2]: %simulate HelloWorld
Hello, classical world!
```

一点经典魔法命令

%simulate 命令是一个“魔法命令”的示例，因为它实际上不是 Q# 的一部分，而是 Jupyter Notebook 环境的一个指令。如果你熟悉 Jupyter 的 IPython 插件，可能使用过类似的魔法命令来告诉 Jupyter 如何处理 Python 的绘图功能。

在本书中，我们使用的魔法命令都以%开头，以与 Q#代码区分开来。

在该例中，%simulate 为我们分配了一个目标机器，并将一个 Q# 函数或操作发送到这个新的目标机器。在第 9 章，我们将看到如何使用 Python 宿主程序而非 Jupyter Notebook 来完成类似的事情。

Q#程序被发送到模拟器上，但在这种情况下，模拟器只是运行经典逻辑，因为还没有需要考虑的量子指令。

练习 7.1：改变问候语

改变 HelloWorld 的定义，让它包含你的名字而非“classical world”，然后用你的新定义再次运行%simulate 命令。

7.2 Q#中的函数和操作

现在我们已经有了量子开发工具包，并在 Jupyter Notebook 中运行，让我们用 Q#来编写一些量子程序。在第 2 章中，我们看到了用量子位做的一件有用的事，就是一次生成一个经典位的随机数。重新审视这个应用是应用 Q#的一个很好的开端，特别是对于各种游戏，随机数是非常有用的。

在 Q#中用量子随机数生成器玩游戏

很久以前，在卡默洛，莫甘娜与我们一样喜欢玩游戏。作为一个聪明的数学家，莫甘娜的技能远远超过了她自己的时代，据说她甚至不时地使用量子位作为她游戏的一部分。有一天，当兰斯洛特爵士躺在树下睡觉时，莫甘娜把他困住，向他提出一个小游戏的挑战：他们中的每个人都必须尝试猜测测量莫甘娜的一个量子位的结果。

同一个量子位的两面?

在第 2 章中，我们看到如何通过制备和测量量子位来一次生成随机数。也就是说，量子位可以用来实现“硬币”。在本章中，我们将使用同样的想法，把硬币看作一种接口，允许接口用户“翻转”它并获得一个随机位。也就是说，我们可以通过制备和测量量子位来实现硬币接口。

如果量子位沿 z 轴测量的结果是 0，那么兰斯洛特就赢得了他们的游戏，可以回到吉尼维尔身边。但如果结果是 1，莫甘娜就赢了，兰斯洛特就得留下来继续游戏。请注意，这与我们之前的 QRNG 程序很相似。就像第 2 章一样，我们将测量一个量子位来生成随机数，只不过这次是为了玩游戏。当然，莫甘娜和兰斯洛特可以抛出一个更传统的硬币，但这还有什么乐趣?

下面是莫甘娜的选边游戏的步骤。

1. 制备好一个处于 $|0\rangle$ 状态的量子位。
2. 应用阿达马操作（回顾一下，酉算子 $\boldsymbol{H}$ 将 $|0\rangle$ 转化为 $|+\rangle$，反之亦然）。
3. 在 z 轴上测量该量子位。如果测量结果是 0，那么兰斯洛特就可以回家。否则，他就得留下来再玩一次!

坐在咖啡馆里消磨时间时，我们可以在笔记本计算机中用 Q# 写一个量子程序，来预测莫甘娜与兰斯洛特的游戏中会发生什么。与之前写的 HelloWorld 函数不同，我们的新程序需要与量子位一起工作，所以让我们花点时间看看如何用 QDK 来实现它。

我们在 Q# 中与量子位交互的主要方式是调用代表量子指令的“操作”。例如，Q# 中的 H 操作代表了我们在第 2 章看到的阿达马指令。为了理解这些操作是如何工作的，了解 Q# 操作和我们在 HelloWorld 例子中看到的函数之间的区别是有帮助的：

- Q# 中的“函数”代表了“可预测”的经典逻辑：如数学函数（sin、log 等）。当给定相同的输入时，函数总是返回相同的输出。
- Q# 中的“操作”代表了可能有“副作用”的代码，例如，对随机数进行采样，或者发出修改一个或多量子位状态的量子指令。

这种区别有助于编译器弄清楚如何将我们的代码自动转换为更大的量子程序的一部分。稍后，我们将看到更多关于这一点的内容。

关于函数与操作的另一种观点

对函数和操作之间的区别的另一种思考方式是，函数可以计算结果，但不能导致任何事情发生。无论我们调用平方根函数多少次，我们的 Q# 程序都不会发生任何变化。相反，如果我们运行 X 操作，那么一条 x 指令就会发送到量子设备上，从而引起设备状态的改变。根据 x 指令所应用的量子位的初始状态，我们就可以通过测量量子位来判断 x 指令是否已经应用。因为函数在这个意义上不做任何事情，所以在相同的输入下，我们总是可以准确地预测它们的输出。

一个重要的结果是，函数不能调用操作，但操作可以调用函数。这是因为我们可以让一个不一定可预测的操作调用一个可预测的函数，而我们仍然会得到可能可预测的或不可预测的结果。然而，一个可预测的函数不能调用一个可能不可预测的操作而仍然是可预测的。

当我们在本书中使用 Q# 函数和操作时，会了解更多关于 Q# 函数和操作之间的区别。

由于我们希望量子指令能影响量子设备（以及兰斯洛特的命运），Q# 中的所有量子操作都被定义为操作（因此而得名）。例如，假设莫甘娜和兰斯洛特用阿达马指令将他们的量子位制备在 $|+\rangle$ 状态。那么我们可以将第 2 章中的 QRNG 的示例写成 Q#操作，从而预测他们的游戏结果。

这个操作可能会有副作用……

如果我们想向目标机器发送指令，用量子位做一些事情，我们需要通过一个操作来实现，因为发送指令是一种“副作用”。也就是说，当我们运行一个操作时，我们不只是在计算，我们还在做某件事。运行一个操作两次和运行一次是不一样的，即使我们两次都得到同样的输出。副作用不是确定的，也不是可预测的，所以我们不能用函数来发送操纵量子位的指令。

在清单 7.2 中，我们就是这样做的，首先写一个名为 GetNextRandomBit 的操作来模拟莫甘娜游戏的每一轮。请注意，由于 GetNextRandomBit 需要与量子位一起工作，它必须是一个操作而非一个函数。我们可以用 use 语句向目标机器索取一个或多个新的量子位。

在 Q#中分配量子位

use 语句是向目标机器索取量子位的仅有的两种方式之一。在 Q# 程序中，除了每个目标机器可以分配的量子位的数量之外，我们可以拥有的 use 语句的数量没有限制。

在包含 use 语句的程序块（即操作、for 或 if 语句块）结束时，量子位会返回给目标机器。通常情况下，量子位是在操作语句块的开始阶段就被分配的，所以考虑 use 语句的一种方式是确保每个被分配的量子位都被一个特定的操作“所拥有”。这使得在 Q# 程序中不可能“泄露”量子位，鉴于量子位在实际的量子硬件上可能是非常昂贵的资源，这一点非常有用。

如果需要进一步控制解除量子位分配的时间，也可以选择在 use 语句后面加上一个语句块，用{和}表示。在这种情况下，量子位会在语句块的末尾被处理，而不是在操作的末尾。

Q#还提供了另一种分配量子位的方式，即“借用”。与我们用 use 语句分配量子位不同，borrow 语句可以借用不同操作所拥有的量子位，而无须知道它们的起始状态。在本书中我们不会看到太多的借用，但 borrow 语句的工作原理与 use 语句非常相似，它会提醒我们已经借用了一个量子位。

按照惯例，所有获得的量子位开始都处于 $|0\rangle$ 状态，并且我们向目标机器承诺，会在语句块结束时将它们重置为 $|0\rangle$ 状态，这样它们就可以被目标机器提供给需要它们的下一个操作了。

清单 7.2 Operation.qs：Q#模拟莫甘娜的一轮游戏

```
operation GetNextRandomBit() : Result {
    use qubit = Qubit();
    H(qubit);
    return M(qubit);
}
```

声明一个操作，因为我们要使用量子位，并向其调用者返回一个测量结果 Result

Q#中的 use 关键字要求目标机器提供一个或多量子位。在这里，我们要求得到一个 Qubit 类型的单一值，并将它存储在新的变量 qubit 中

调用 H 操作后，qubit 处于 $\boldsymbol{H}|0\rangle=|+\rangle$ 状态

使用 M 操作在 Z 基上测量量子位。其结果将是 Zero 或 One，概率相同。在测量之后，我们可以将这个经典数据返回给调用者

在这里，我们用 M 操作在 Z 基上测量量子位，将结果保存到之前声明的 result 变量中。由于量子位的状态处于 $|0\rangle$ 和 $|1\rangle$ 的平等叠加态，result 将是 Zero 或 One，概率相同。

独立的 Q#应用程序

我们也可以把 QRNG 这样的 Q# 应用程序写成独立的应用程序，而不是从 Python 或 IQ# notebook 中调用它们。为此，我们可以在量子程序中指定一个 Q# 操作作为入口点，然后当我们从命令行运行应用程序时自动调用。

在本书中，我们将坚持使用 Jupyter 和 Python 来处理 Q#。请查看本书配套资源上的样本，以了解编写独立的 Q# 应用程序的相关信息。

在清单 7.2 中，我们还看到了在 Q# 中打开“命名空间”的第一个示例。就像 C++ 和 C# 中的命名空间或 Java 中的包一样，Q# 命名空间同样有助于保持函数和操作的有序性。例如，清单 7.2 中调用的 H 操作在 Q# 标准库中定义为 Microsoft.Quantum.Intrinsic.H，也就是说，它位于 Microsoft.Quantum.Intrinsic 命名空间中。要使用 H，我们可以使用它的全名 Microsoft.Quantum.Intrinsic.H，或者通过 open 语句让命名空间中的所有操作和函数可用。

```
open Microsoft.Quantum.Intrinsic;
```

该命令使 Microsoft.Quantum.Intrinsic 中提供的所有函数和操作都可以在 Q# notebook 或源文件中使用，而无须指定它们的全名

提示 在 Jupyter Notebook 中编写 Q#时，Q#标准库中的 Microsoft.Quantum.Intrinsic 和 Microsoft.Quantum.Canon 命名空间总是为我们自动打开，因为它们在大多数 Q# 代码中都被使用。例如，我们先前调用 Message 时，该函数是在 Microsoft.Quantum.Intrinsic 命名空间中提供的，Q# 内核自动打开了该命名空间。要检查哪些命名空间在 Q# notebook 中是开放的，可以使用%lsopen 魔法命令。

练习 7.2：生成更多的位

使用%simulate 魔法命令来运行几次 GetNextRandomBit 操作。你能得到想要的结果吗?

接下来，我们要看看兰斯洛特需要多少轮才能得到他回家所需要的 Zero。让我们写一个操作来玩几轮，直到得到一个 Zero。因为这个操作是模拟玩莫甘娜的游戏，所以我们称之为 PlayMorganasGame（见清单 7.3）。

提示 所有的 Q# 变量默认都是不可变的。

清单 7.3 Operations.qs：使用 Q# 模拟莫甘娜的多轮游戏

```
operation PlayMorganasGame() : Unit {
    mutable nRounds = 0;
    mutable done = false;
    repeat {
        set nRounds = nRounds + 1;
        set done =
            (GetNextRandomBit() == Zero);
    }
    until done;

    Message($"It took Lancelot {nRounds}
    ➥ turns to get home.");
}
```

使用“mutable”关键字来声明一个变量，表明已经过去了多少轮。我们稍后可以用“set”关键字改变这个变量的值

Q# 允许操作使用“重复直到成功”（Repeat-Until-Success，RUS）循环

在循环中，我们调用之前写的 QRNG 作为 GetNextRandomBit 操作。检查结果是否为 Zero，如果是，将 done 设置为真

一旦我们得到一个 Zero，就可以停止循环

我们再次使用Message将轮数输出到屏幕上。为此，我们使用$""字符串，它允许我们在字符串内使用{}占位符，从而在诊断信息中包含变量

提示 Q# 中用$"..."表示的字符串称为“插值字符串”，其工作原理与 Python 中的 f"..."字符串非常类似。

清单 7.3 包括一个 Q#控制流，称为 RUS 循环。与 while 循环不同，RUS 循环还允许我们指定一个“修正”（fixup），在不满足退出循环的条件时运行。

何时需要重置量子位?

在 Q# 中，当我们用 use 语句分配一个新量子位时，向目标机器承诺，在解除分配之前，会把它重置回 $|0\rangle$ 状态。乍一看，这似乎是不必要的，因为目标机器可以在量子位被解除分配时直接重置其状态——毕竟，我们经常在一个操作或 use 语句块结束时调用 Reset 操作。事实上，如果量子位被测量，这种情况就会自动发生，就在它被释放之前!

值得注意的是，Reset 操作的工作原理是在 Z 基上进行测量，如果测量结果为 One，则用 X 操作翻转量子位。在许多量子设备中，测量比其他操作要昂贵得多，所以如果能避免调用 Reset，就能降低量子程序的成本。特别是考虑到一些中期设备的局限性，这种优化对于让量子程序实际

可用至关重要。

在本章的后面，我们会看到这样的示例：如果一个量子位需要撤销分配，而我们知道它的状态，那么我们就可以“解除制备”该量子位，而不是测量它。在这些情况下，我们没有最终的测量，所以 Q# 编译器不会为我们添加自动的重置，避免了潜在的昂贵测量操作。

我们可以用%simulate 命令运行这个新的操作，其方式与 HelloWorld 示例非常相似。当我们这样做时，可以了解兰斯洛特要停留多长时间：

```
In []: %simulate PlayMorganasGame
It took Lancelot 1 turns to get home.
Out[]: ()
```

看起来兰斯洛特那次很幸运！也或许很不幸——如果他在卡默洛的圆桌旁闲逛时感到无聊的话。

深入探究：打开与导入

乍一看，Q# 中的 open 语句可能感觉很像 Python、JavaScript 或 TypeScript 中的 import 语句。open 和 import 都使程序和应用程序中可以引用库中的代码。它们的主要的区别在于，open 语句仅打开了一个命名空间并使其可用，但不会导致任何代码的运行，也不会改变代码编译和查找库的方式。

原则上，我们可以通过明确地用全名（包括命名空间）来引用每个函数和操作（即调用 Microsoft.Quantum.Intrinsic.H 而不只是 H）来编写每个 Q# 程序，而无须使用 open 语句。在这里，open 类似于 C++或 C# 中的 using 语句、F# 中的 open 语句，以及 Java 中的 import 语句。

相比之下，Python、JavaScript 和 TypeScript 中的 import 语句不仅使我们的代码可以引用库中的名称，而且还可以让这些库的一部分运行。当一个 Python 模块第一次被导入时，Python 解释器使用该模块的名称来寻找该模块的定义位置，然后运行该模块及它的任何初始化代码。通常情况下，为了使用这些模块，我们先要使用工具安装一个或多个包，比如 pip 或 conda 可以用于 Python 包，npm 可以用于 JavaScript 和 TypeScript。

我们也可以采用同样的理念，利用 NuGet 包管理器来为 Q# 程序添加新库。在 Q# notebook 中，%package 命令指示 Q# 内核下载一个指定的 Q# 库，并将它添加到我们的会话中。例如，当我们打开一个新的 notebook 时，Q# 标准库会自动从 nuget.org 上的 Microsoft.Quantum.Standard 包中下载并安装。同样地，当编写命令行的 Q# 应用程序时，运行 dotnet add package 可以向项目的 Q# 编译器添加所需的元数据，以找到所需的包。

更多细节，请查看 QDK 的相关技术文档。

7.3　将操作作为参数传递

假设在莫甘娜的游戏中，我们对带有非均匀概率的随机位采样感兴趣。毕竟，莫甘娜没有向兰斯洛特说明她是如何制备他们测量的量子位的，如果她用他们的量子位制作了一个有偏差的硬币而非一个公平的硬币，她可以让他玩得更久。

修改莫甘娜游戏的最简单方法是，不直接调用 H，而将代表莫甘娜为他们的游戏制备的操作作为输入，如清单 7.4 所示。要将一个操作作为输入，我们需要写出输入的类型，就像我们可以写出 qubit : Qubit 来声明一个 Qubit 类型的输入 qubit 一样。操作类型由双线箭头（=>）表示，从其输入类型指向其输出类型。例如，H 的类型是 Qubit => Unit，因为 H 以单量子位作为输入，并返回一个空元组作为其输出。

提示 在 Q# 中，函数用单线箭头（->）表示，而操作则用双线箭头（=>）表示。

清单 7.4　使用操作作为输入来预测莫甘娜的游戏

```
operation PrepareFairCoin(qubit : Qubit) : Unit {
    H(qubit);
}

operation GetNextRandomBit(
        statePreparation : (Qubit => Unit)    <-
) : Result {
    use qubit = Qubit();
    statePreparation(qubit);    <-
    return Microsoft.Quantum.Measurement.MResetZ(qubit);    <-
}
```

我们给 GetNextRandomBit 添加了一个名为 statePreparation 的新输入，代表我们想用来制备作为硬币状态的操作。在这种情况下，Qubit => Unit 是某个操作的类型，它需要一个量子位并返回空元组类型 Unit

在 GetNextRandomBit 中，作为 statePreparation 传递的操作可以像其他操作一样被调用

Q# 标准库提供了 Microsoft.Quantum.Measurement.MResetZ，作为测量和重置量子位的一个便利方法，只需一步即可完成。在这种情况下，MResetZ 操作与前面示例中的 return M(qubit);语句的作用相同。不同的是，MResetZ 总是重置它的输入量子位，而非仅仅在释放量子位前使用它。我们将在本章后面看到更多关于这个操作的内容，以及在调用这个操作时如何使用一个更简短的名称

练习 7.3：GetNextRandomBit 的类型

GetNextRandomBit 新定义的类型是什么?

元组进，元组出

Q# 中的所有函数和操作都以单个元组作为输入，并返回单个元组作为输出，如图 7.4 所示。例如，一个声明为 function Pow(x : Double, y : Double) : Double {...}的函数以一个元组(Double, Double)作为输入，并以一个元组(Double)作为输出返回。这是因为有一个属性在起作用，即所谓的“单元素元组与元素等价”。对于任何类型的'T，包含单个'T 的元组('T)等同于'T 本身。在 Pow 的例子中，我们可以认为输出是一个与 Double 等价的元组(Double)。

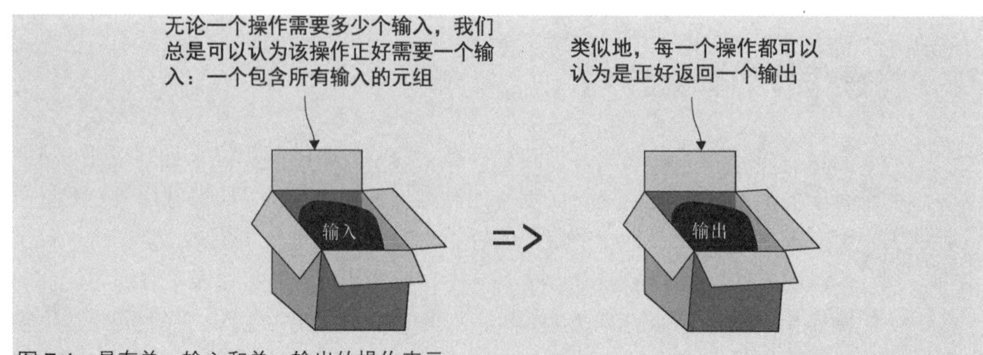

图 7.4　具有单一输入和单一输出的操作表示

考虑到这一点，一个不返回输出的函数或操作可以被认为是返回一个没有元素的元组：()。这种元组的类型被称为 Unit，类似于其他基于元组的语言，如 F#。如果把元组看作一种盒子，那么这就有别于 C、C++或 C#中使用的 void，因为那里仍然有一个空盒子。

在 Q# 中，我们总是返回一个盒子，即使这个盒子是空的。在 Q# 中，一个返回“nothing”的函数或操作没有任何意义（如图 7.5 所示）。更多细节，请参见 Isaac Abraham 所著的 *Get Programming with F#*（Manning, 2018）的 7.2 节。

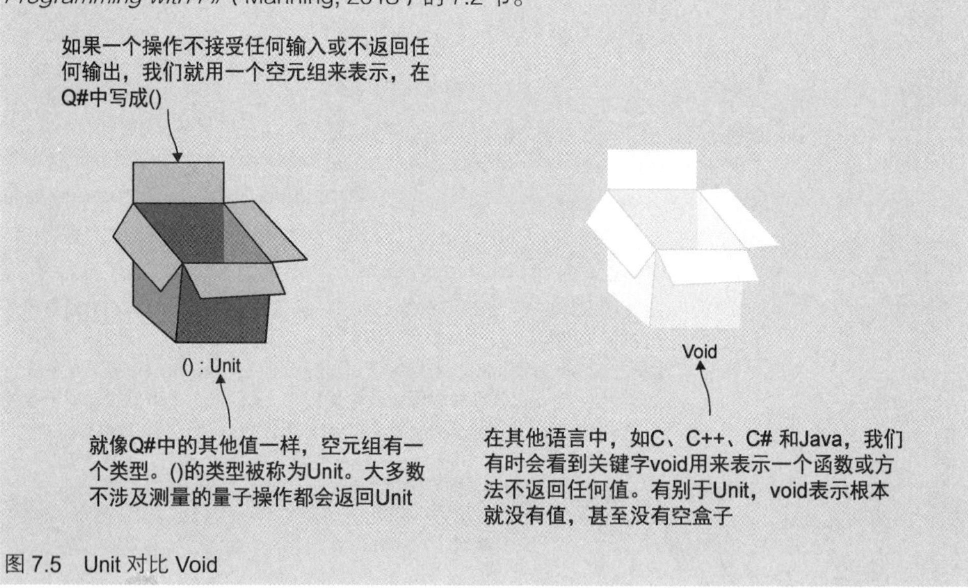

图 7.5　Unit 对比 Void

在清单 7.4 中，我们看到 GetNextRandomBit 将其输入 statePreparation 视为一个“黑盒”。了解莫甘娜制备策略的唯一方法是运行它。

换言之，我们不想做任何与 statePreparation 相关的事，这意味着我们知道它做什么或它是什么。GetNextRandomBit 与 statePreparation 交互的唯一方式是调用

statePreparation，并将 Qubit 传递给 statePreparation。

这让我们可以将 GetNextRandomBit 中的逻辑复用于诸多不同类型的状态制备程序，莫甘娜可能会用这些程序来给兰斯洛特带来一些麻烦。例如，假设她想要一个有偏差的硬币，在四分之三的情况下返回 Zero，在四分之一的情况下返回 One。我们可以运行类似清单 7.5 中的程序来预测这个新策略。

清单 7.5 将不同的状态制备策略传递给 PlayMorganasGame

```
open Microsoft.Quantum.Math;

operation PrepareQuarterCoin(qubit : Qubit) : Unit {
    Ry(2.0 * PI() / 3.0, qubit);
}
```

经典的数学函数如 sin、cos、sqrt 和 arccos，以及常数（如π）都是由 Microsoft.Quantum.Math 命名空间提供的

Ry 操作实现了一个绕 y 轴的旋转。Q# 使用弧度而不是度来表达旋转，所以这是一个围绕 y 轴的 120° 旋转

Ry 操作实现了我们在第 2 章看到的绕 y 轴旋转。因此，当我们在清单 7.5 中把量子位的状态旋转 120° 时，如果量子位从 $|0\rangle$ 状态开始，那就把量子位制备在 $\boldsymbol{R}_y(120°)|0\rangle = \sqrt{3/4}\,|0\rangle + \sqrt{1/4}\,|1\rangle$ 状态。因此，当我们测量量子位时，观察到 1 的概率是 $(\sqrt{1/4})^2 = 1/4$。

我们可以让这个示例更加通用，允许莫甘娜为她的硬币指定一个任意的偏差（这是由他们共享的量子位实现的），如清单 7.6 所示。

清单 7.6 传递操作以实现任意的硬币偏差

```
operation PrepareBiasedCoin(
    morganaWinProbability : Double, qubit : Qubit
) : Unit {
    let rotationAngle = -2.0 * ArcCos(
        Sqrt(1.0 - morganaWinProbability));
    Ry(rotationAngle, qubit);
}

operation PrepareMorganasCoin(qubit : Qubit)
: Unit {
    PrepareBiasedCoin(0.62, qubit);
}
```

找出将输入的量子位旋转到什么角度才能得到正确的概率，即看到 One 作为我们的结果。这需要用到三角函数。

这个操作有正确的类型签名（Qubit => Unit），我们可以看到莫甘娜每轮获胜的概率是 62%

解决三角学的问题

正如我们多次所看到的那样，量子计算大量地涉及旋转。为了弄清楚旋转所需要的角度，我们依靠三角学：这是数学的一个分支，可以描述旋转的角度。例如，正如我们在第 2 章中所看到的那样，围绕 y 轴旋转 $|0\rangle$ 角度 θ 得到的状态是 $\cos(-\theta/2)|0\rangle + \sin(-\theta/2)|1\rangle$。我们知道要选择一个角度 θ，使得 $\cos(-\theta/2) = \sqrt{100\% - 62\%}$，从而得到 62%的概率为 One 的结果。这意味着

我们需要“倒查”余弦函数，以弄清需要什么。

在三角学中，余弦函数的反函数是反余弦函数，写成 arccos。取 $\cos(-\theta/2)=\sqrt{100\%-62\%}$ 的两边的反余弦，就可以得到 $\arccos(\cos(-\theta/2))=\arccos(\sqrt{100\%-62\%})$。我们可以把 arccos 和 cos 相抵消，找到一个能满足我们需要的旋转角度，即 $-\theta/2=\arccos(\sqrt{100\%-62\%})$。

最后，将两边都乘以–2，得到清单 7.6 第 4 行中使用的方程式。我们可以在图 7.6 中直观地看到这一点。

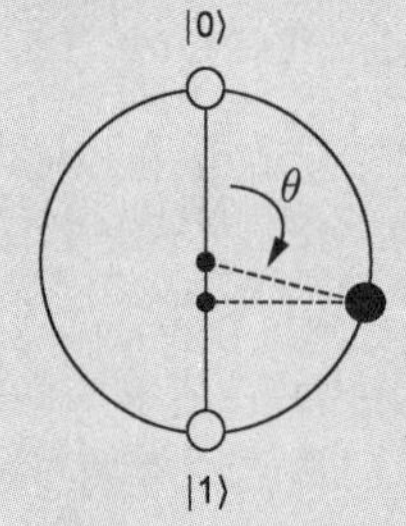
如果沿z轴的测量结果为0，那么兰斯洛特就获胜，并可以回家
|0⟩
θ
|1⟩
莫甘娜可以通过选择θ，即她围绕y轴旋转的角度，来控制一个结果的可能性有多大
如果莫甘娜选择θ接近π/2（90°），那么0和1的结果会有差不多的可能性
如果沿z轴测量的结果是1，那么莫甘娜就获胜，而兰斯洛特必须再玩一轮

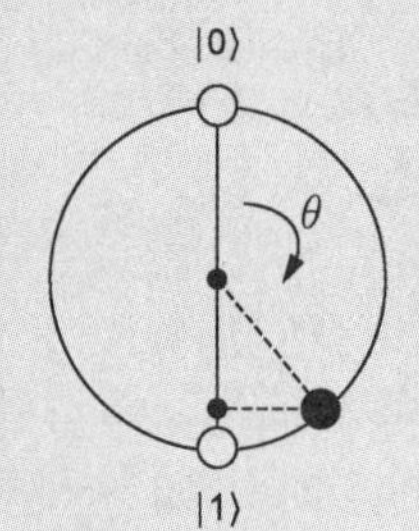
|0⟩
θ
|1⟩
另一方面，莫甘娜越接近（180°），状态在z轴上的投影就越接近|1⟩
如果她选择的θ严格为π，那么结果总会为1——她可以让兰斯洛特无限地玩下去

图 7.6 莫甘娜如何选择 θ 来控制游戏。她选的 θ 越接近 π，莫甘娜就能让兰斯洛特玩得越久

但这令人有点不满意，因为操作 PrepareMorganasCoin 引入了许多样板代码，只是为了锁定输入参数 morganaWinProbability 的 0.62 值，以用于 PrepareBiasedCoin。如果莫甘娜改变了她的策略，有了不同的偏差，那么使用这种方法，我们就需要另一个样板操作来表示它。回过头来，让我们看看 PrepareMorganasCoin 实际上做了什么。它从操作 PrepareBiasedCoin : (Double, Qubit) => Unit 开始，通过将 Double 参数锁定为 0.62，将其包装成一个 Qubit => Unit 类型的操作。也就是说，它通过将 PrepareBiasedCoin 的输入值固定为 0.62 来删除其中的一个参数。

幸运的是，Q#提供了一个方便的速记方法，可以通过锁定一些（但不是全部）参数来制作新的函数和操作。使用这种名为“部分应用”的便捷方法，我们可以将清单 7.6 中的 PrepareMorganasCoin 改写成更易读的形式。

```
let flip = GetNextRandomBit(PrepareBiasedCoin(0.62, _));
```

_表示 PrepareBiasedCoin 的部分输入缺失。说明 PrepareBiasedCoin 已被部分应用。但是 PrepareBiasedCoin 的类型是(Double, Qubit) => Unit，因为我们填入了输入的 Double 部分，而 PrepareBiasedCoin(0.62, _)的类型是 Qubit => Unit，使得它与我们对 GetNextRandomBit 的修改兼容。

提示 Q#中的部分应用类似于 Python 中的 functools.partial 和 Scala 中的_关键字。

另一种思路是将部分应用看作一种方法，通过特殊化现有函数和操作从而产生新的函数和操作（见清单 7.7）。

清单 7.7 使用部分应用来特殊化一个操作

```
function BiasedPreparation(headsProbability : Double)
: (Qubit => Unit) {
    return PrepareBiasedCoin(
        headsProbability, _);
}
```

输出类型是一个操作，它接收一个量子位并返回空元组。也就是说，BiasedPreparation 是一个可以产生新操作的函数

通过传递 headProbability 但为目标量子位留下填空(_)来实现新操作。这就给了我们一个操作，它需要单个 Qubit，并在填空处进行替换

提示 在清单 7.7 中，我们将 PrepareBiasedCoin(headsProbability, _)作为一个值来返回，就像我们可以从一个以 Int 为输出类型的函数或操作中返回 42 一样。在 Q#中，函数和操作都是值，其意义与 42、true 和(3.14, "hello")在 Q#中都是值一样，就像 Python 函数(lambda x: x ** 2)在 Python 中是一个值。因此我们说，在 Q#中，函数和操作是“第一类”值。

BiasedPreparation 从一个函数返回一个操作，这似乎有点令人困惑，但这与前面描述的函数和操作之间的区分完全一致，因为 BiasedPreparation 仍然是可预测的。具体来说，BiasedPreparation(p)对于一个给定的 p 总是返回相同的操作，无论我们调用这个函数多少次。注意到 BiasedPreparation 只是部分地应用了操作，但从未调用它们，这可以让我们确信情况确实如此。

练习 7.4：部分应用

部分应用既适用于函数，也适用于操作！请试着写一个将 n 和 m 相加的函数 Plus，以及另一个函数 PartialPlus，它接收输入 n 并返回一个函数，将 n 加入其输入。

提示：你可以用下面的代码片断作为模板开始。

```
function Plus(n : Int, m : Int) : Int {
    // fill in this part
}

function PartialPlus(n : Int) : (Int -> Int) {
    // fill in this part
}
```

7.4 在 Q#中玩莫甘娜的游戏

有了第一类操作和部分应用的准备，我们现在可以做一个更完善的莫甘娜的游戏了。

Q# 标准库

量子开发工具包附带了各种标准库，我们将在本书的其余部分了解它们。例如，在清单 7.8 中，我们使用了一个 MResetZ 操作，它既可以测量一个量子位（类似于 M），又可以重置它（类似于 Reset）。这个操作是由 Microsoft.Quantum.Measurement 命名空间提供的，是量子开发工具包中的主要标准库之一。

该命名空间中可用的操作和函数的完整列表可以查看微软的相关技术文档。不过现在不用太担心，我们随后会了解更多有关 Q#标准库的信息。

清单 7.8 有偏差的 PlayMorganasGame 的完整 Q# 清单

```
open Microsoft.Quantum.Math;              <-- 从 Q#标准库中打开命名空间，以帮助进行经典数学计算和测量量子位
open Microsoft.Quantum.Measurement;

operation PrepareBiasedCoin(winProbability : Double, qubit : Qubit)
: Unit {
    let rotationAngle = 2.0 * ArcCos(
        Sqrt(1.0 - winProbability));  <-- 旋转角度决定硬币的偏差
    Ry(rotationAngle, qubit);
}

operation GetNextRandomBit(statePreparation : (Qubit => Unit))
: Result {
    use qubit = Qubit();
    statePreparation(qubit);   <-- 使用作为 statePreparation 传入的操作并将其应用于 qubit。
    return MResetZ(qubit);     <-- MResetZ 操作在示例开始时打开的 Microsoft.Quantum.Measurement 命名空间中定义。它在 Z 基上测量量子位，然后应用必要的操作将量子位重置为 |0〉状态
}

operation PlayMorganasGame(winProbability : Double) : Unit {
    mutable nRounds = 0;
     mutable done = false;
    let prep = PrepareBiasedCoin(
        winProbability, _);    <-- 使用部分应用来指定状态制备程序的偏差，而非目标量子位。虽然 PrepareBiasedCoin 的类型是(Double, Qubit)=>Unit，但是 PrepareBiasedCoin(0.2, _)“填充”了两个输入中的一个，得到了一个类型为 Qubit => Unit 的操作，这正是 GetNextRandomBit 所期望的
    repeat {
        set nRounds = nRounds + 1
```

```
        set done = (GetNextRandomBit(prep) == Zero);
    }
    until done;

    Message($"It took Lancelot {nRounds} turns to get home.");
}
```

为 Q# 函数和操作提供文档

可以在函数或操作声明前的三斜线(///)注释中写下小的、特殊格式的文本，从而为 Q# 函数和操作提供文档。这些文档是用 Markdown 编写的，这是一种简单的文本格式语言，在 GitHub、Azure DevOps、Reddit 和 Stack Exchange 等网站，以及 Jekyll 等网站生成器中使用。当我们把鼠标悬停在对该函数或操作的调用上时，///注释中的信息就会显示出来，可以用来作为类似于微软相关技术文档的 API 参考文档。

///注释的不同部分用小节标题表示，如/// # Summary。例如，可以用下面的语句，为清单 7.8 中的 PrepareBiasedCoin 操作提供文档：

```
/// # Summary
/// Prepares a state representing a coin with a given bias.
///
/// # Description
/// Given a qubit initially in the |0⟩ state, applies operations
/// to that qubit such that it has the state √p |0⟩ + √(1 - p) |1⟩,
/// where p is provided as an input.
/// Measurement of this state returns a One Result with probability p.
///
/// # Input
/// ## winProbability
/// The probability with which a measurement of the qubit should return
        One.
/// ## qubit
/// The qubit on which to prepare the state √p |0⟩ + √(1 - p) |1⟩.
operation PrepareBiasedCoin(
        winProbability : Double, qubit : Qubit
) : Unit {
    let rotationAngle = 2.0 * ArcCos(Sqrt(1.0 - winProbability));
    Ry(rotationAngle, qubit);
}
```

在使用 IQ# 时，我们可以通过?命令来查找文档说明。例如，我们可以通过在输入单元中运行 X?命令来查找 X 操作的文档。

完整的参考资料请参见微软的相关技术文档。

我们可以反复运行 PlayMorganasGame 操作，并通过计算得到 Zero 的次数来估计某个特定状态准备操作的偏差。让我们为 winProbability 指定一个值，然后用该值运行 PlayMorganasGame 操作，看看兰斯洛特会被拖住多久。

```
In []: %simulate PlayMorganasGame winProbability=0.9
It took Lancelot 5 turns to get home.
```

我们可以使用%simulate 命令将输入传给操作，方法是在要模拟的操作名后面指定输入

请尝试用不同的 winProbability 值来进行游戏。注意，如果莫甘娜真的让胜负的天平倾斜，可以肯定的是，兰斯洛特将需要相当长的时间才能回到吉尼维尔身边。

```
In []: %simulate PlayMorganasGame winProbability=0.999
It took Lancelot 3255 turns to get home.
```

在第 8 章中，我们将基于为了回到卡默洛而在本章学到的技能，弄清楚第一个量子算法示例：多伊奇-约萨算法。

小结

- Q# 是一种源自微软的量子编程语言，提供了开源的量子开发软件包。
- Q# 中的量子程序被分解为代表经典和确定性逻辑的函数，以及可以产生副作用的操作，如向量子设备发送指令。
- 函数和操作在 Q# 中是第一类值，可以作为输入传递给其他函数和操作。我们可以用它来组合量子程序的不同部分。
- 通过在程序中传递 Q# 操作，可以扩展第 2 章中的 QRNG 示例，允许传入制备 $|+\rangle$ 以外状态的操作，进而允许生成有偏差的随机数。

第 8 章　什么是量子算法

本章内容

- 了解什么是量子算法。
- 在量子程序中设计表示经典函数的口令。
- 使用有用的量子编程技术。

量子算法的一个重要应用是提升解决问题的速度，在这些问题中，需要搜索我们试图了解的函数的输入。这样的函数可能是模糊的（如哈希函数）或者在计算上难以评估的（在研究数学问题时很常见）。无论哪种情况，想要将量子计算机应用于此类问题，都需要我们了解如何为量子算法编程并提供输入。为了掌握如何实现这一点，我们将编程实现并运行“多伊奇-约萨算法”，它允许利用量子设备快速了解未知函数的属性。

8.1　经典算法和量子算法

> 算法（名词）：解决一个问题或完成某种目的的一连串步骤组成的程序。
>
> ——《韦氏大词典》

当我们谈论经典编程时，有时会说一个程序实现了一种“算法”。也就是说，有一连串的步骤，可以用来解决一个问题。例如，如果想对一个列表进行排序，我们会谈论快排算法，这与我们使用的是什么语言或操作系统无关。我们经常在高层次上指定这些步骤。在快排的案例中，我们可能会把这些步骤列出来，就像下面这样。

1. 如果要排序的列表是空的或只有一个元素，则按原样返回。
2. 从列表中挑选一个要排序的元素（称为“支点”）。
3. 将列表中的所有其他元素分成比支点小的元素和大的元素。
4. 递归地对每个新的列表进行排序。
5. 返回第一个列表，然后是支点，最后是第二个列表。

这些步骤可以作为指南，以便在感兴趣的特定语言中编写实现。假设我们想用 Python 编写快排算法（见清单 8.1）。

清单 8.1　快排算法实现示例

```
def quicksort(xs):
    if len(xs) > 1:                                  <- 通过查看列表中是否至少有两个元素来检查基本情况
        pivot = xs[0]                                <- 挑选第一个元素作为我们第 2 步的支点
        left = [x in xs[1:] if x <= pivot]           <- 按照第 3 步所述，构建两个新列表的 Python 代码
        right = [x in xs[1:] if x > pivot]
        return quicksort(left) +
➥ [pivot] + quicksort(right)                        <- 按照第 4 和第 5 步所述，将所有内容连接起来。
    else:
        return xs
```

一个写得好的算法可以明确必须执行的步骤，从而帮助指导如何编写实现。量子算法在这方面也是如此：它们列出了在任何实现中需要执行的步骤。

定义 “量子程序”是量子算法的实现，它包含“经典程序”，向量子设备发送指令以制备一个特定的状态或测量结果。

正如我们在第 7 章中所看到的，当我们编写一个 Q# 程序时，其实是在写一个经典程序，表示向几个不同的目标机器中的一个发送指令，如图 8.1 所示，并将测量结果返回给经典程序。

量子编程的艺术

我们不能复制量子状态，但如果它们是由运行一个程序产生的，我们可以就告诉别人需要采取什么步骤来制备相同的状态。正如我们之前所看到的，量子程序是一种特殊的经典程序，所以可以随意地复制它们。正如我们在本书的其余部分所看到的，任何量子状态都可以通过量子程序的输出来近似或准确地写出来，而量子程序开始时只有 $|0\rangle$ 状态的副本。例如，在第 2 章中，我们用一个由一条 H 指令组成的程序制备了 QRNG 的初始状态 $|+\rangle$。

换言之，我们可以把一个程序看作制备一个量子位的配方。给定一个量子位，我们不能确定是用什么配方来制备它，但我们可以尽可能地复制配方本身。

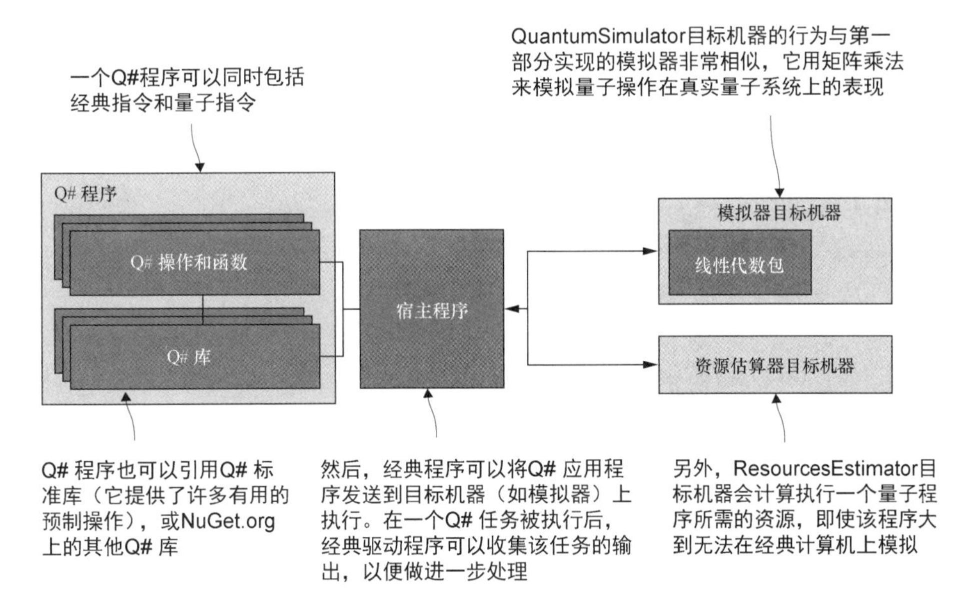
一个Q#程序可以同时包括经典指令和量子指令
QuantumSimulator目标机器的行为与第一部分实现的模拟器非常相似，它用矩阵乘法来模拟量子操作在真实量子系统上的表现
Q# 程序
Q# 操作和函数
Q# 库
宿主程序
模拟器目标机器
线性代数包
资源估算器目标机器
Q# 程序也可以引用Q# 标准库（它提供了许多有用的预制操作），或NuGet.org上的其他Q# 库
然后，经典程序可以将Q# 应用程序发送到目标机器（如模拟器）上执行。在一个Q# 任务被执行后，经典驱动程序可以收集该任务的输出，以便做进一步处理
另外，ResourcesEstimator目标机器会计算执行一个量子程序所需的资源，即使该程序大到无法在经典计算机上模拟

图 8.1　经典计算机上的 QDK 软件栈。我们可以编写一个由函数和操作组成的 Q# 程序，引用任何我们想包括的 Q# 库。然后，宿主程序就可以协调我们的 Q# 程序和目标机（如在我们计算机上本地运行的模拟器）之间的通信

快排算法的执行过程是指示 Python 解释器比较数值并在内存中移动数值，而 Q# 程序的执行过程是指示目标机器对设备中的量子位进行旋转和测量。如图 8.1 所示，我们可以用宿主程序将 Q# 程序发送到各个不同的目标机器上运行。当下，我们将继续使用 Jupyter Notebook 的 IQ# 插件作为宿主程序。在第 9 章，我们将学习如何用 C# 来编写自己的宿主程序。

在本书中，我们大部分时间都在关注模拟量子程序，所以使用 QuantumSimulator 目标机器。这个模拟器的工作原理与我们在第 2 章和第 4 章中开发的模拟器非常类似，因为它通过将量子状态与 $\boldsymbol{H}$ 等酉算子相乘来执行阿达马指令等指令。

提示　与前几章一样，我们用不同字体来区分 H 这样的指令和用来模拟这些指令的 $\boldsymbol{H}$ 这样的酉矩阵。

ResourcesEstimator 目标机器允许不实际运行一个量子程序，而得到运行该程序所需的量子位的估计值。这对那些无法在现有硬件上进行经典模拟或运行的大型程序很有用，可以帮助我们了解它需要多少量子位，我们将在后面了解更多该目标机器的相关信息。

由于 Q# 应用程序向运行它们的目标机器发送指令，所以后续很容易就可在共享相同指令集的不同目标机器上复用 Q# 代码。例如，QuantumSimulator 目标机使用的指令

与我们预期的实际量子硬件相同，一旦它可用，我们就可以先在模拟器上使用小的问题实例测试 Q# 程序，再在量子硬件上运行相同的程序。

在这些不同的目标机器和应用中，相同的是，我们都要编写程序，向目标机器发送指令，以完成一些目标。因此，作为量子程序员，我们的任务是确保这些指令能有效地解决有用的问题。

提示 我们使用模拟器来测试 Q# 程序的方式，有点类似于我们使用模拟器来测试其他专门硬件的程序，如现场可编程门阵列（Field-Programmable Gate Array，FPGA），或用模拟器来测试台式机和笔记本计算机上的移动设备的应用程序。它们的主要的区别在于，我们只能使用经典计算机来模拟数量非常少的量子位或程序种类受限制的量子计算机。

如果有一个算法指导我们组织那些在经典和量子设备中必定会发生的步骤，这就更容易做到了。在开发新的量子算法时，我们可以利用量子效应，比如我们在第 4 章看到的纠缠。

提示 要从量子硬件中获得任何优势，我们必须利用硬件独特的量子特性。否则，我们只是拥有一台更昂贵、更慢的经典计算机。

8.2 多伊奇-约萨算法：对搜索的适度改进

那么，怎样的示例才算作利用我们崭新的量子硬件的“量子”算法的好示例呢？我们在第 4 章和第 7 章中了解到，用游戏的思维来理解往往有所帮助，这次也不例外。为了给本章找到一个游戏，让我们回到卡默洛，在那里，梅林发现自己面临着一个考验[①]。

（量子）湖之女

梅林，著名的聪明的巫师，刚刚遇到了湖之女妮穆。妮穆为了给下一任国王寻找一位有能力的导师，决定测试梅林，看他是否能胜任这一重任。亚瑟和莫德雷德这两个劲敌正在争夺王位，如果梅林接受了妮穆的任务，他就需要选择指导其中一位成为国王。

对妮穆而言，她并不关心谁会成为国王，只要梅林能给他们提供贤明的意见。妮穆关心的是，作为新国王的指定导师，梅林的领导力是否可靠，并始终如一。

由于妮穆和我们一样喜欢游戏，她决定和梅林玩一个游戏，以测试他能否成为一个好导师。妮穆的游戏是“造王者”，测试梅林作为国王顾问的角色是否“始终如一”。在玩造王者游戏时，妮穆向梅林提供两个死对头中的一个名字，梅林必须回答妮穆的候选人是否应该成为王位的真正继承人。规则如下所示。

---

① 此例的人名、地名源于亚瑟王的相关传说。

- 在每一轮中，妮穆向梅林提出一个问题，其形式为“潜在的继承人是否应该成为国王？”
- 梅林必须回答“是”或“否”，不能提供其他信息。

每一轮游戏都会给妮穆带来更多关于这个世界的信息，所以她希望问尽可能少的问题，如果梅林不值得信任，就能被发现。她的目标如下：

- 验证梅林是否会成为新国王的好导师；
- 尽可能少地问问题来验证；
- 避免得知梅林会答应指导谁。

此时，梅林有 4 种可能的策略。

1. 当被问及亚瑟是否应该成为国王时说“是”，否则说“否”（好导师）。
2. 当被问及莫德雷德是否应该成为国王时说“是”，否则说“否”（好导师）。
3. 无论妮穆问起谁，都说“是”（坏导师）。
4. 无论妮穆问起谁，都说“否”（坏导师）。

我们可以再次使用真值表的概念，来思考梅林的策略。比如说，假设梅林决定独善其身，拒绝任何王位的候选人。我们可以用表 8.1 中的真值表把它写下来。

表 8.1　一种可能的造王者策略的真值表：梅林总是说“否”

输入（妮穆）	输出（梅林）
“莫德雷德是否应该成为国王？”	“否”
“亚瑟是否应该成为国王？”	“否”

此时，如果妮穆抱怨梅林作为导师的智慧，她是对的！梅林没有在亚瑟和莫德雷德之间做出始终如一的选择。虽然妮穆可能不在乎梅林选谁，但他肯定要选一个人来指导，为王位做准备。

妮穆需要一个策略，在尽可能少的几轮游戏中确定梅林是否有策略 1 或 2（好导师），或者梅林是否按照 3 或 4（坏导师）来玩。她可以直接问这两个问题，然后比较他的答案，但这样做的结果是妮穆肯定会知道他选择谁做国王。随着每个问题的提出，妮穆会了解到更多关于这个世界的信息——我们不希望这样！

虽然看起来妮穆的游戏注定要迫使她了解梅林对继承人的选择，但她很幸运。作为一个量子湖，我们将在本章的其余部分看到，妮穆可以问“一个”问题，这个问题“仅仅”告诉她梅林是否致力于他的导师角色，而不是他选择了谁。

由于我们没有量子湖，所以我们试着用 Q# 中的量子指令，在经典计算机上对妮穆正在做的事情进行建模，然后进行模拟。我们用一个经典函数 f 来表示梅林的策略，这个函数把妮穆的问题作为输入，也就是说，我们把 f(亚瑟)写成“当问到亚瑟是否应该成为国王时，梅林的回答”。请注意，由于妮穆只会问两个问题中的一个，她问哪个问题就是一个位的示例。有时用“0”和“1”的标签来写这个位是很方便的，而其他时候用布尔值“False”和“True”来标注妮穆的输入位是很有帮助的。毕竟，对于“莫德雷德是否应该成为国王？”这样的问题，“1”将是一个相当奇怪的答案。

借助位，我们写出 $f(0)=0$，这意味着如果妮穆问梅林，“莫德雷德是否应该成为国王？”他的答案是“False”。表 8.2 展示了如何将妮穆的问题映射为布尔值。

表 8.2 将妮穆的问题编码为位

妮穆的问题	表示为位	表示为布尔值
“莫德雷德是否应该成为国王？”	0	False
“亚瑟是否应该成为国王？”	1	True

如果她没有任何量子资源，要确定梅林的策略是什么，妮穆就必须尝试两种输入 f。也就是说，她必须问梅林两个问题。尝试所有的输入会让她得到梅林的全部策略，然而如前所述，妮穆对此并不感兴趣。

我们可以在 Q# 中实现一个量子算法，利用量子效应，只问梅林一个问题，就能了解梅林是不是一个好导师，而不必同时问梅林关于莫德雷德和亚瑟的问题。使用量子开发工具包提供的模拟器，我们甚至可以在笔记本计算机或台式机上运行新的 Q# 程序！在本章的其余部分，我们将看到一个如何编写这种量子算法的示例。这种算法称为多伊奇-约萨算法（见图 8.2）。

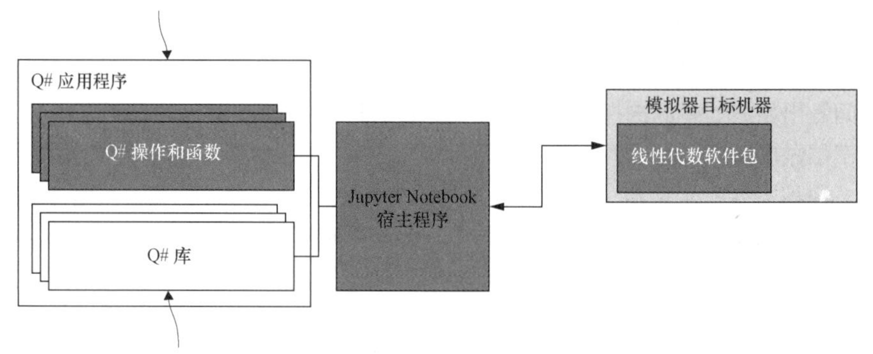

图 8.2 本章我们将在微软量子开发工具包软件栈中工作，编写 Q#程序，通过 Jupyter Notebook 宿主在模拟器目标机器上运行

让我们勾勒出我们的量子程序的模样。f(梅林的策略)可能的输入和输出是 True 和 False。例如，如果 f 是经典的 NOT 操作（通常表示为¬），那么我们将看到 f(True)的结果 False，反之亦然。如表 8.3 所示，在我们的游戏中使用经典的 NOT 操作作为策略，相当于选择莫德雷德为国王。

表 8.3 经典的 NOT 操作的真值表

输入	输出
True（“亚瑟是否应该成为国王？”）	False（“否”）
False（“莫德雷德是否应该成为国王？”）	True（“是”）

函数 f 的定义有 4 种可能的选择，每一种都代表了梅林可用的 4 种策略之一，图 8.3 是其总结。

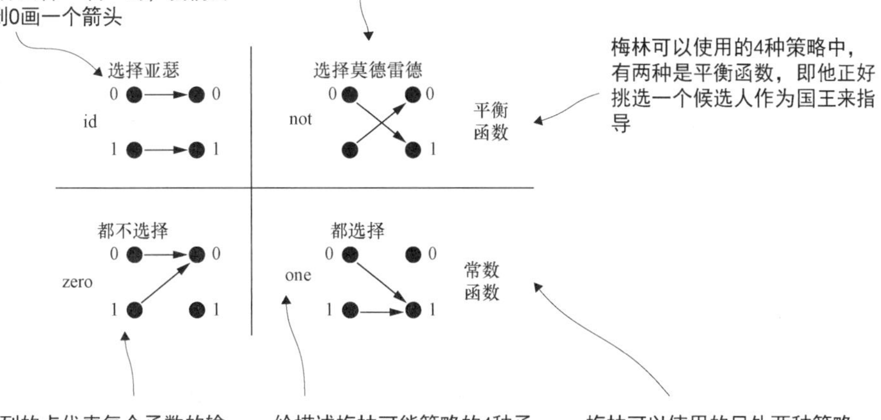

为了有助于写程序，我们会用位来标记一切。例如，当妮穆问起莫德雷德时，我们会使用0，而当梅林回答 “否”时，我们会从0到0画一个箭头
每个不同的函数代表梅林可以用来回应妮穆的不同策略之一。如果梅林使用not函数作为他的策略（使用经典的¬操作），那么当问到0（“莫德雷德”）时，他会说1（“是”）
梅林可以使用的4种策略中，有两种是平衡函数，即他正好挑选一个候选人作为国王来指导
选择亚瑟
id
选择莫德雷德
not
平衡函数
都不选择
zero
都选择
one
常数函数
左列的点代表每个函数的输入，右列代表输出。在这里我们看到，zero将0和1的输入映射到相同的输出，即0
给描述梅林可能策略的4种函数命名，这样以后就可以更轻松地引用它们
梅林可以使用的另外两种策略是常数函数，即无论妮穆问的是谁，他都给出同样的答案

图 8.3 从一位到一位的 4 个不同的函数。我们称上面一行的两个函数为平衡函数，因为映射到 0 的输入，和映射到 1 的输入同样多。我们称下面一行的两个函数为常数函数，因为所有输入都映射到一个输出

其中有两个函数（为方便起见，分别标为 id 和 not）将 0 和 1 的输入发送到的输出不同，我们称这些函数为平衡函数。在我们的小游戏中，它们代表了梅林正好挑选一个人做国王的情况。所有的情况都列在表 8.4 中。

表 8.4 将梅林的策略分为常数或平衡两种类型

梅林的策略	函数	类型	是否通过妮穆的挑战
选择亚瑟	id	平衡（$f(0)\neq f(1)$）	是
选择莫德雷德	not	平衡（$f(0)\neq f(1)$）	是
都不选择	zero	常数（$f(0)=f(1)$）	否
都选择	one	常数（$f(0)=f(1)$）	否

另一方面，我们标记为 zero 和 one 的函数是常数函数，因为它们把两个输入都送到同一个输出。因此常数函数就代表了梅林被判定为无用的策略，因为他要么选了两个人做国王（这是挑起一场恶战的好方法），要么两个人都没选。

经典的做法是，为了确定一个函数是常数函数还是平衡函数（梅林要么是一个坏导师，要么是一个好导师），我们必须通过建立其真值表来了解整个函数。记住，妮穆想确保梅林是一个可靠的导师。如果梅林遵循一个由常数函数代表的策略，他就不是一个好导师。看一下 id 和 one 函数的真值表，即表 8.5 和表 8.6，我们可以了解它们是如何描述梅林遵循的策略，从而评价他是好导师或坏导师的。

表 8.5　id 函数的真值表，平衡函数示例

输入	输出
True（“亚瑟是否应该成为国王？”）	True（“是”）
False（“莫德雷德是否应该成为国王？”）	False（“否”）

表 8.6　one 函数的真值表，常数函数示例

输入	输出
True（“亚瑟是否应该成为国王？”）	True（“是”）
False（“莫德雷德是否应该成为国王？”）	True（“是”）

妮穆试图了解梅林是一个好导师还是坏导师（也就是说，f 是平衡函数还是常数函数），其困难在于，梅林是不是好导师是他策略的一种“全局”属性。我们无法通过查看 f 的单一输出来得出任何关于 f 在不同输入下会输出什么的结论。如果我们只能接触到 f，那么妮穆就被困住了：她必须重建整个真值表来决定梅林的策略是常数的还是平衡的。

另一方面，如果可以将梅林的策略表示为量子程序的一部分，我们就可以使用之前在本书中所学到的量子效应。利用量子计算，妮穆可以只了解他的策略是常数的还是平衡的，而不必确切了解他使用的是哪种策略。由于除了梅林是好导师还是坏导师外，我们对真值表提供的信息不感兴趣，使用量子效应可以帮助我们更直接地了解我们所关心的问题。通过量子算法，我们只需调用一次函数就可以做到这一点，而且无须了解任何我们不感兴趣的额外信息。通过不要求真值表的所有细节，而只寻找函数的更多一般属性，我们可以最好地利用量子资源。

量子计算的力量

如果想用经典计算机来了解一个函数是常数的还是平衡的，我们必须先解决一个更难的问题：准确地确定我们拥有哪个函数。相比之下，量子力学让我们只解决我们关心的问题（常数的与平衡的），而无须解决经典计算机必须解决的更具挑战性的问题。

这是我们在本书中看到的一个模式的示例，在这个模式中，量子力学让我们指定不那么强大、弱于我们能用经典方式表达的算法。

为此，我们将使用多伊奇-约萨算法，该算法利用对梅林策略的量子表示的单一查询来了解他是一个好导师还是坏导师。这个优势不是很实用（只节省了一个问题），但这没关系，我们在本书后面会看到更实用的算法。目前，多伊奇-约萨算法是开启学习量子算法实现方法的好入口，更重要的是，学习什么工具可以用来理解量子算法的作用。

8.3 oracle：在量子算法中表示经典函数

让我们看看从妮穆的量子湖中看到的事物是什么样子的。当我们跳入量子湖中时，我们面临一个有点直接的问题：如何用量子位来实现代表梅林策略的函数 f？在 8.2 节中我们了解到，经典函数 f 是对梅林在每轮国王游戏中使用的策略的描述。由于 f 是经典的，所以很容易将它转化为梅林将采取的一组行动。妮穆给了梅林一个经典位（她的问题），而梅林给了妮穆一个经典位（他的回答）。

现在妮穆想用多伊奇-约萨算法来代替这种做法。由于她住在一个量子湖里，妮穆可以很容易地分配一个量子位给梅林。幸运的是，梅林知道如何用量子位通信，但我们仍然需要弄清楚梅林将如何处理妮穆的量子位来执行他的策略。

问题是，我们不能把量子位传给用于表示梅林策略的函数 f：f 接收并返回经典位，而不是量子位。为了让梅林用他的策略来指导他对妮穆的量子位的处理，我们要把梅林的策略 f 变成一种被称为“oracle”的量子程序。方便的是，梅林很好地扮演了 oracle（传谕者）的角色。

注意 在一些亚瑟王相关的文艺作品中，梅林的生活是时光倒流的。我们将通过确保梅林所做的每件事都是“酉操作”来表示这一点。正如我们在第 2 章中所看到的，结果就是梅林应用的变换是“可逆的”。具体来说，梅林将无法测量妮穆的量子位，因为测量是不可逆的。这个特权仅属于妮穆。

为了理解如何才能将梅林的行动建模为一个 oracle，我们必须弄回答以下两个问题。

问题 1：梅林应该根据他的策略对妮穆的量子位做何转换？

问题 2：梅林需要应用什么量子操作来实现这种转换？

酉矩阵和真值表

另一种说法是，我们需要找到一个表示梅林所做操作的酉矩阵，类似于我们用 f 这样的经典函数来表示梅林在妮穆给他经典位时所做的操作。正如我们在第 2 章中所看到的，酉矩阵对于量子计算就像真值表对于经典计算一样：它们告诉我们一个量子操作对于每个可能的输入的效果是什么。一旦找到了正确的酉矩阵，在第二步中，我们将找到可以执行的量子操作的序列，这将由该酉矩阵描述。

8.3.1 梅林的变换

为了完成第 1 步，我们需要把像 f 这样的函数转化为酉矩阵，所以让我们先来回顾一下 f 可以是什么。梅林可能使用的策略由函数 id、not、zero 和 one 表示（见图 8.4）。

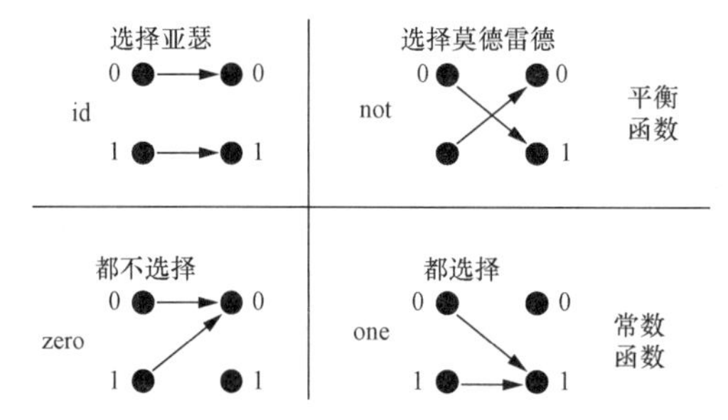

图 8.4 从一位到一位的 4 个不同的函数

对于图 8.4 中的两个平衡函数 id 和 not，我们可以轻松回答问题 1。id 和 not 的量子程序可以作为旋转操作来实现，从而很轻松地变成量子操作。例如，量子 NOT 操作是围绕 x 轴旋转 180°，将 $|0\rangle$ 和 $|1\rangle$ 状态相互交换。

提示 回顾第 3 章，X 操作由酉矩阵 $\boldsymbol{X}=\begin{pmatrix}0 & 1\\ 1 & 0\end{pmatrix}$ 表示，应用了绕 x 轴 180° 的旋转。这个操作实现了 NOT 操作：因为 $\boldsymbol{X}|0\rangle=|1\rangle$ 且 $\boldsymbol{X}|1\rangle=|0\rangle$，我们可以用第 2 章的(NOT)算子把它写成 $\boldsymbol{X}|x\rangle=|\neg x\rangle$。

虽然任何旋转都可以通过向反向旋转相同的角度来撤销，但我们在常数函数 zero 和 one 上遇到了更多的问题。zero 和 one 都不能直接作为旋转来实现，所以我们有更多的工作要做。例如，如果 f 是 zero，那么输出 $f(0)$ 和 $f(1)$ 都是 0。如果我们只有输出 0，就无法判断是给 f 输入 0 还是 1 得到这个输出的（见图 8.5）。

注意 一旦应用 zero 或 one，就失去了关于输入的所有信息。

由于 one 和 zero 都是不可逆的，而对量子位的有效操作是可逆的，梅林需要用另一种方式来表示量子算法中像 f 这样的函数，比如针对妮穆挑战的量子算法。另一方面，如果我们能用一个可逆的经典函数代替 f 来表示梅林的策略，那么编写他的策略的量子表示就会容易得多。下面是我们将经典函数表示为量子 oracle 的策略：

1. 找到一种方法，用一个可逆的经典函数来表示不可逆的经典函数；
2. 用可逆经典函数写一个关于量子态的变换；
3. 弄清楚可以做哪些量子操作来实现这个变换。

例1：我们可以看到，通过输入和输出的映射方式，如果知道函数的输出，就可以追溯到输入是什么

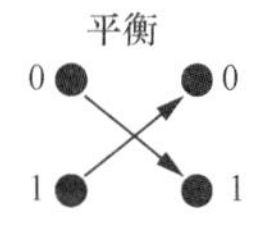

例2：我们可以看到，对于常数函数，虽然我们知道输出，但输入是什么是不明确的。它可能是0或1，但是，我们无法确定……

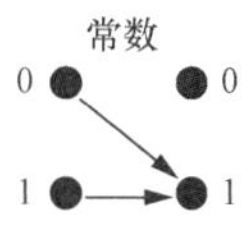

图 8.5 为何不能反转常数函数 zero 或 one? 基本上，如果所有的输入都映射到一个单一的输出，我们就失去了关于从哪个输入开始的信息

让我们用试错法这种久经考验的方法来看看是否能设计一个有效的可逆经典函数。弄清楚我们拿到的输入是 0 还是 1，最简单的方法就是在某处记录它。所以让我们构造一个新的函数，返回两位而不是一位。

作为第一次尝试，让我们记录并保留输入：

$$g(x)=(x,f(x))$$

例如，如果梅林使用策略 one（即无论妮穆问什么，他都说“是”），那么 $f(x)=1$，$g(x)=(x,f(x))=(x,1)$。

这让我们更接近目标了，因为现在可以知道是以 0 还是 1 的输入开始的。但我们还没有完全达到目的，因为 g 有两个输出和一个输入（见图 8.6）。

要使用 g 作为策略，梅林就必须把更多的量子位还给妮穆，但她保管着量子位。从技术上讲，逆转 g 会破坏信息，因为它需要两个输入并返回一个输出！

再试一次，让我们定义一个新的经典函数 h，它接受两个输入并返回两个输出，$h(x,y)$。让我们再次考虑用函数 $f(x)=1$ 来描述梅林的策略的例子。由于 g 让我们几乎达到了目标，我们将选择 h，使得 $h(x,0)=g(x)$。我们从第一次尝试中看到，当梅林使用 $f(x)=1$ 的策略时，那么 $g(x)=(x,1)$，因此得到 $h(x,0)=(x,1)$。如果我们希望 h 是可逆的，就需要给 $h(x,1)$ 分配 $(x,1)$ 以外的结果。实现这一点的一个方法是让 $h(x,y)=(x,\neg y)$，这样，$h(x,1)=(x,0)\neq(x,1)$。这种选择特别方便，因为应用 h 两次就

可以得到原始输入，$h(h(x,y)) = h(x,\neg y) = (x,\neg\neg y) = (x,y)$。如果觉得这有点啰唆，可以参阅图 8.7 中这个论证的图示。

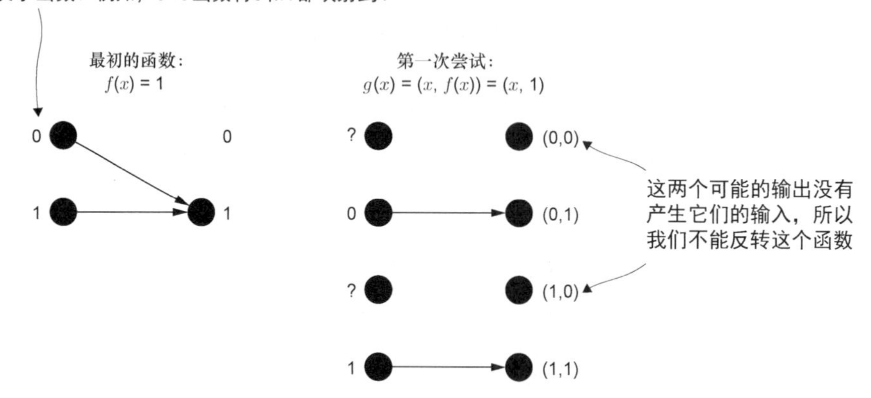

图 8.6　第一次尝试：用 $g(x)$保持输入和输出。利用该方法，有些输出组合无法由任何一个输入实现（例如，没有输入产生输出(1,0)）。因此，由于没有与这些输出相对应的输入，所以该函数不可能逆转

既然我们知道了如何从每个策略中做出一个“可逆的”经典函数，最后让我们从可逆函数中生成一个量子程序。在 one 的情况下，我们看到 h 翻转了它的第二个输入，$h(x,y) = (x,\neg y)$。因此，我们可以写一个量子程序，只要翻转两个输入量子位中的第二个，就可以实现与可逆经典函数相同的作用。正如我们在第 4 章所看到的，这里可以用 x 指令来实现，因为 $\boldsymbol{X}|x\rangle = |\neg x\rangle$。

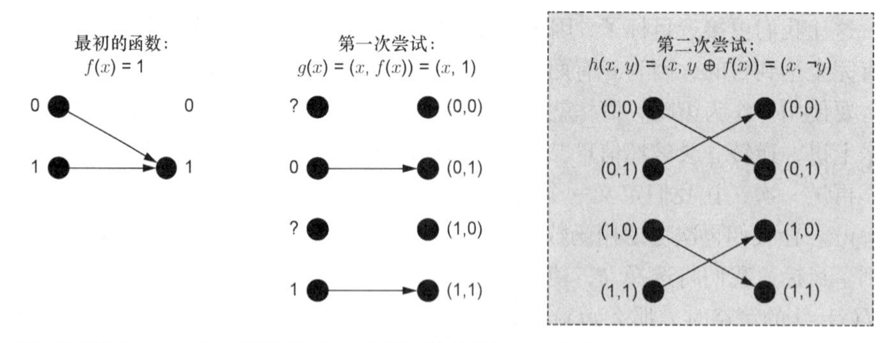

图 8.7　第二次尝试：$h(x, y)$，它是可逆的，有相同数量的输入和输出

8.3.2 推广我们的结果

更一般地，我们可以用制作可逆经典函数 h 的方式制作一个可逆的量子操作，即根据不可逆函数 f 的输出翻转一个输出位，我们可以用完全相同的方式为 f 的每个输入状态定义酉矩阵（即真值表的量子模拟）U_f。图 8.8 展示了如何进行这种定义的比较。

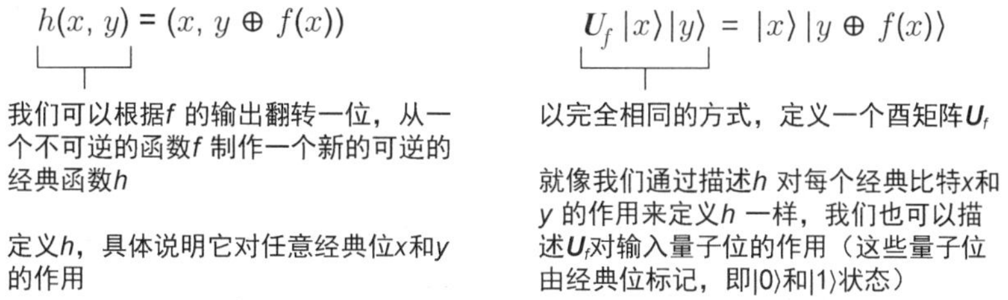

$h(x, y) = (x, y \oplus f(x))$

我们可以根据f 的输出翻转一位，从一个不可逆的函数f 制作一个新的可逆的经典函数h

定义h，具体说明它对任意经典位x和y的作用

$U_f |x\rangle|y\rangle = |x\rangle|y \oplus f(x)\rangle$

以完全相同的方式，定义一个酉矩阵U_f

就像我们通过描述h 对每个经典比特x和y 的作用来定义h 一样，我们也可以描述U_f对输入量子位的作用（这些量子位由经典位标记，即$|0\rangle$和$|1\rangle$状态）

图 8.8 从不可逆经典函数构建可逆经典函数和酉矩阵。在左边，我们可以看到，如果我们跟踪提供给不可逆函数的输入，就可以从一个不可逆的函数建立一个可逆的经典函数。对于一个描述量子操作的酉矩阵，我们也可以通过两个量子位寄存器来实现：一个记录输入，另一个保存不可逆函数的输出

这样定义 U_f使得撤销对 f 的调用变得很容易，因为两次应用 U_f给了我们一个幺矩阵$\mathbb{1}$（也就是“不做任何处理”指令的酉矩阵）。当我们像这样通过将一个函数 f 有条件地应用于量子位状态标签定义一个酉矩阵时，这个新的操作就称为 oracle。

定义 一个 oracle 是一个由酉矩阵 U_f代表的量子操作，它将其输入状态转换为

$$U_f |x\rangle|y\rangle = |x\rangle|y \oplus f(x)\rangle$$

符号 $\oplus$ 代表常规布尔逻辑中的异或操作符。

剩下的就是要弄清楚，需要发送什么样的指令序列来实现每个酉矩阵 U_f。我们已经看到了实现一个 oracle 所需要的指令：在第二个量子位上的 X 指令。现在让我们来看看，如何为其他可能的 f 函数编写 oracle。这样一来，无论梅林的策略是什么，他都会知道自己应该做什么。

深入探究：为什么称为 oracle？

到目前为止，我们已经看到了几个不同的示例，表明量子计算应归功于物理学史上的那种异想天开的命名方式，比如 bra、ket 和隐形传态。不过，不只是物理学家喜欢找点乐子！理论计算机科学的一个分支，即“复杂性理论”，探讨了对于不同种类的计算机器，什么有可能有

效地做到（即使是原则上的）。例如，你可能听说过“P 与 NP”问题，这是复杂性理论中的一个经典难题，问的是 P 类问题是否与 NP 类问题一样难以解决。复杂性类别 P 是一组问题，对于这些问题，存在一种用多项式时间算法来回答的方法。相比之下，NP 是一组问题，对于这些问题，我们可以在多项式时间内检查一个潜在的答案，但不知道是否能在多项式时间内从头找到一个答案。

复杂性理论中的许多其他问题通过引入小游戏或故事，帮助研究人员记住在什么地方使用什么定义。我们关于梅林和妮穆的小故事就是对这一传统的致敬。事实上，量子计算中有个著名的故事称为 MA，代表“梅林-亚瑟”（Merlin-Arthur）。MA 类的问题是用一个故事来思考的，在这个故事中，亚瑟可以问梅林（一个全能但不值得信任的巫师）一组问题。“是/否”决策问题是 MA 假设问题，如果只要答案为“是”，就存在一个梅林可以给亚瑟的证明，而且亚瑟可以用 P 机器和随机数生成器轻松地检查。

oracle 这个名字符合这种说法，因为任何复杂度类 A 都可以变成新的复杂度类 A^B，方法是让 A 机器在一个步骤中解决一个 B 问题，就像他们在咨询传谕者一样。像多伊奇-约萨问题的大部分历史都源于试图理解量子计算如何影响计算复杂性，所以许多命名惯例和许多术语已经被量子计算所采用。

更多关于复杂性理论，以及它与量子计算、黑洞、希腊哲学的关系的相关信息，可查阅 Scott Aaronson 所著的 *Quantum Computing Since Democritus*（剑桥大学出版社，2013）[①]。

一般来说，通过从一个酉矩阵开始寻找指令序列是一个数学上的难题，被称为“酉矩阵合成”。也就是说，在这种情况下，我们可以通过将梅林的每一个策略 f 代入 $\boldsymbol{U}_f$，并确定哪些指令会产生这样的效果——可以采用将 one 函数变成一个 oracle 的同样方法来进行猜测和检查。让我们用 zero 函数尝试一下。

练习 8.1：试着写一个 oracle！

如果 f 是 zero，f 的 oracle 操作（$\boldsymbol{U}_f$）会是什么？

解决办法：让我们一步步来解决这个问题。

1. 根据 $\boldsymbol{U}_f$ 的定义，我们知道 $\boldsymbol{U}_f\,|xy\rangle = |x\rangle|y \oplus f(x)\rangle$。
2. 将 zero 代入 f，$f(x)=0$，我们得到 $\boldsymbol{U}_f\,|xy\rangle = |x\rangle|y \oplus 0\rangle$。
3. 我们可以利用 $y \oplus 0 = y$ 来进一步简化，得到 $\boldsymbol{U}_f\,|xy\rangle = |x\rangle|y\rangle$。
4. 此时，我们注意到 $\boldsymbol{U}_f$ 对其输入状态不做任何处理，所以我们可以通过不做任何处理来实现它。

① 中译本：《量子计算公开课：从德谟克利特、计算复杂性到自由意志》（人民邮电出版社，2021）。

函数 f = id 比 zero 和 one 的情况稍稍微妙一些，因为 $y\oplus f(x)$ 不能简化为不依赖于 x。正如表 8.7 所总结的，我们需要 $U_f|x\rangle|y\rangle=|x\rangle|y\oplus f(x)\rangle=|x\rangle|y\oplus x\rangle$。也就是说，我们需要 oracle 对输入状态（$|x\rangle|y\rangle$）的操作，不考虑 x，而是用 x 和 y 的异或操作来替换 y。

另一种思考这个输出的方式是撤销 $y\oplus 1=\neg y$，所以当 x=1 时，我们需要翻转 y。这正是我们在第 6 章中所定义的受控 NOT（CNOT）指令，因此我们意识到当 f 为 id 时，U_f 可以通过应用 CNOT 来实现。

接下来就是如何定义 f = not 的 oracle。正如 id 的 oracle 在输入（控制）量子位处于 $|1\rangle$ 状态时翻转输出（目标）量子位一样，基于同样的论证，我们需要让 not 的 oracle 在输入量子位处于 $|0\rangle$ 时翻转第二个量子位。最简单的方法是先用 X 指令翻转输入量子位，再应用 CNOT 指令，然后用另一条 X 指令撤销第一次翻转。

提示 如果你想了解更多关于如何构建其他 oracle 的信息，并使用 QuTiP 来证明它们做了你想做的事，请查看附录 D。

为了回顾之前所学到的 oracle 定义，我们将本节的所有内容汇总在表 8.7 中。

表 8.7 每个单位函数 f 的 oracle 输出

函数名称	函数	oracle 的输出
zero	$f(x)=0$	$|x\rangle|y\oplus 0\rangle=|x\rangle|y\rangle$
one	$f(x)=1$	$|x\rangle|y\oplus 1\rangle=|x\rangle|\neg y\rangle$
id	$f(x)=x$	$|x\rangle|y\oplus x\rangle$
not	$f(x)=\neg x$	$|x\rangle|y\oplus\neg x\rangle$

去运算技巧：把函数变成量子 oracle

就目前而言，为每个函数 f 设计 U_f 似乎需要很多工作量。幸运的是，有一个很好的技巧，可以让我们从一个比较简单的要求开始建立一个 oracle。

记得早些时候，我们试图定义一个可逆版本的 f，当给定 $(x,0)$ 作为输入时，返回 $(x,f(x))$ 作为输出。同样，假设我们得到一个量子操作 V_f，它能正确地将 $|x\rangle|0\rangle$ 转换为 $|x\rangle|f(x)\rangle$。我们总是可以通过使用一个额外的量子位和一种名为“去运算技巧”（uncompute trick）的技术调用 V_f 两次来产生一个 oracle U_f，如图 8.9 所示。

去运算技巧：如果我们增加另一个输入$|0\rangle$，那么我们可以生成一个操作，让我们有办法使从$|x\rangle|y\rangle$到$|x\rangle|f(x)\rangle$的操作可逆！这就是去运算技巧。这对任何函数$f(x)$都适用。

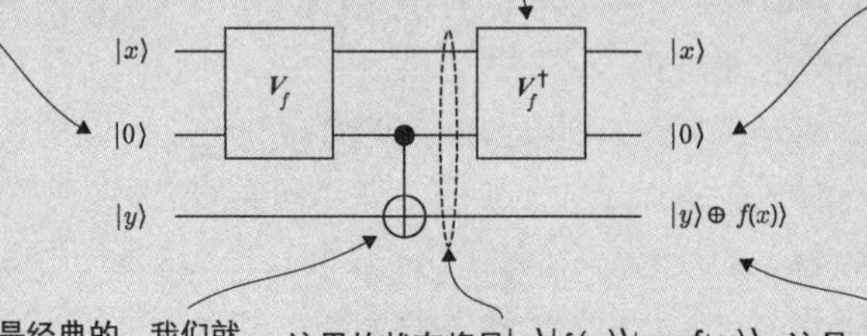

去运算技巧的第一步是使用一个临时量子位和第二次尝试的电路。如果我们从它的|0⟩状态开始，数学运算是最简单的
我们可以应用该电路的反演来避免内存泄露，清理使用的临时寄存器
在去运算技巧结束时，我们的临时寄存器没有“记住”任何关于x的东西，所以没有内存泄露！我们的临时寄存器没有任何记忆
|x⟩
|0⟩
|y⟩
V_f
$V_f^\dagger$
|x⟩
|0⟩
|y⟩ ⊕ f(x)⟩
在这一点上，检查我们的新电路是否可逆是很直接的——它实际上是它自己的逆，与本章中的其他oracle形式相同。
由于f(x)的信息是经典的，我们就可以用一个CNOT把这个信息复制到|y⟩寄存器上
这里的状态将是|x⟩|f(x)⟩|y⊗f(x)⟩。这是一个问题，因为第二个量子位泄露了我们系统的信息（这是一个额外的量子位，我们将在这之后回收，所以，就像一个硬盘，应该让它返回时是空白的）

图 8.9 使用去运算技巧，将一个只有在我们增加一个额外的$|0\rangle$输入量子位时才能工作的操作，变成一个可以作为 oracle 使用的操作

虽然这对多伊奇–约萨的情况没有特别的帮助，但它表明 oracle 的概念是非常普遍的，因为以$\boldsymbol{V}_f$形式的操作开始往往要容易得多。

注意 oracle 结构也适用于多量子位函数。作为一个思考练习，如果我们有一个函数$f(\boldsymbol{x}_0,\boldsymbol{x}_1)=\boldsymbol{x}_0$和$\boldsymbol{x}_1$，那么 oracle $\boldsymbol{U}_f$将如何转换一个输入状态$|x_0\ x_1\rangle$？我们将在后续章节中看到如何给这个 oracle 编码。

这样，我们就用 oracle 表示法解决了像 zero 和 one 这样的函数不能被表示为旋转的问题。解决了这个问题，我们就可以继续编写妮穆用来挑战梅林的其余算法了。

深入探究：将函数表示为 oracle 的其他方式

这并不是我们可以定义$\boldsymbol{U}_f$的唯一方式。当$f(x)$为 one 时，梅林可以翻转妮穆的输入x的符号：

$$\boldsymbol{U}_f\,|x\rangle=(-1)^{f(x)}\,|x\rangle$$

事实证明，这在某些情况下是一种更有用的表示方法，如在梯度下降算法中。这些算法在机器学习中很常见，通过沿着函数变化最快的方向搜索来最小化函数。更多信息，请参见 Andrew Trask 所著的 *Grokking Deep Learning*（Manning, 2019）[①]4.10 节。

为特定的应用挑选正确的方式来表示经典信息，如量子算法中的子程序调用，这是量子编程艺术的一部分。现在，我们将使用前面介绍的 oracle 的定义。

① 中译本：《深度学习图解》（清华大学出版社，2019）。

有了 f 的 oracle 表示，多伊奇-约萨算法的前几步就可以用之前编写快排算法时使用的那种伪代码来编写了。

1. 在 $|0\rangle \otimes |0\rangle$ 状态下制备好两个标记为 control 和 target 的量子位。
2. 对 control 和 target 量子位进行操作，制备以下状态：$|+\rangle \otimes |-\rangle$。
3. 将 oracle U_f 应用于输入状态 $|+\rangle \otimes |-\rangle$。回想一下，$U_f|x\rangle|y\rangle = |x\rangle|y \oplus f(x)\rangle$。
4. 在 X 基中测量 control 量子位。如果我们观察到一个 0，那么该函数是常数函数，否则该函数是平衡函数。

提示 就像我们在 Z 基上测量一样，在 X 基上测量一个量子位总是返回 0 或 1。回顾第 3 章，如果量子位的状态是 $|+\rangle$，我们在 X 基上测量时总是得到 0；如果量子位处于 $|-\rangle$，我们总是得到 1。

图 8.10 展示了这些步骤。我们将在本章末尾看到这个算法的工作原理，现在开始着手编程吧！为此，我们将使用量子开发工具包提供的 Q# 语言，因为这样更容易从源代码中看到量子算法的结构。

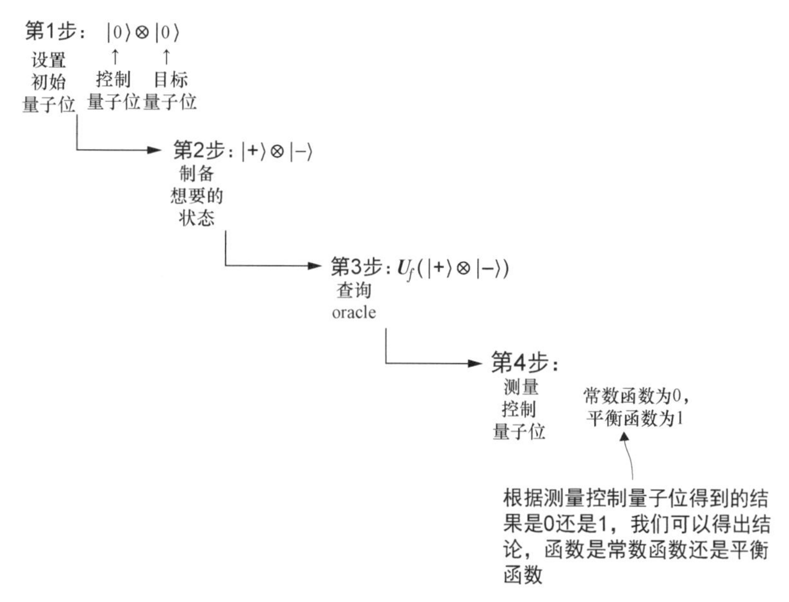

图 8.10 多伊奇-约萨算法的步骤。我们先制备好 $|+-\rangle$ 状态，然后查询 oracle（即问梅林问题），测量控制量子位以了解 oracle 表示一个常数函数还是平衡函数

8.4 在 Q#中模拟多伊奇-约萨算法

在第 7 章中，我们尝试在 Q# 程序中把操作作为参数传递。我们可以使用同样的方法，将操作作为输入传递给 oracle，以帮助预测妮穆的挑战将如何发生。为此，回顾一

下，我们可以为这个问题考虑 4 个可能的函数，每个函数都代表梅林可能使用的策略（见表 8.8）。

表 8.8　将一位函数表示为二位 oracle

函数名称	函数	Oracle 的输出	Q# 操作
zero	$f(x)=0$	$\lvert x\rangle\lvert y\oplus 0\rangle=\lvert x\rangle\lvert y\rangle$	NoOp(control, target);
one	$f(x)=1$	$\lvert x\rangle\lvert y\oplus 1\rangle=\lvert x\rangle\lvert \neg y\rangle$	X(target);
id	$f(x)=x$	$\lvert x\rangle\lvert y\oplus x\rangle$	CNOT(control, target)
not	$f(x)=\neg x$	$\lvert x\rangle\lvert y\oplus \neg x\rangle$	X(control); CNOT(control, target); X(control);

如果我们用一个 oracle（量子操作）来表示每个函数 $f(x)$，将 $\lvert x\rangle\lvert y\rangle$ 映射到 $\lvert x\rangle\lvert y\oplus f(x)\rangle$，那么我们可以从图 8.3 中找出每个函数 zero、one、id 和 not。

这 4 个 oracle 中的每一个都能立即转化为 Q#：

```
namespace DeutschJozsa {
    open Microsoft.Quantum.Intrinsic;

    operation ApplyZeroOracle(control : Qubit, target : Qubit) : Unit {
    }

    operation ApplyOneOracle(control : Qubit, target : Qubit) : Unit {
        X(target);
    }

    operation ApplyIdOracle(control : Qubit, target : Qubit) : Unit {
        CNOT(control, target);
    }

    operation ApplyNotOracle(control : Qubit, target : Qubit) : Unit {
        X(control);
        CNOT(control, target);
        X(control);
    }
}
```

我们就不能看一下源代码吗？

在 Oracles.qs 中，我们为 4 个单量子位 oracleApplyZeroOracle、ApplyOneOracle、ApplyIdOracle 和 ApplyNotOracle 分别编写了源代码。看看那段源代码，我们不用调用它就能知道每个函数是常数函数还是平衡函数，那么我们为什么要费心考虑多伊奇-约萨算法呢？从妮穆的角度思考，她不一定有梅林用来对她的量子位进行操作的源代码。即使她有，梅林的方式也是不可捉摸的，所以即使给了梅林使用的源代码，她也可能无法轻易预测梅林的做法。

实际上，虽然很难混淆一个双量子位 oracle，但多伊奇-约萨算法展示了一种更普遍有用的技术。例如，我们可能有机会接触到某个操作的源代码，但要提取关于该操作的问题的答案，在数学上或计算上是个难题。所有的加密哈希函数在设计上都有这个特性，无论它们是被用来确保一个文件被正确下载，检查一个应用程序是否被开发者签名，还是作为通过挖掘碰撞而增长区块链的一部分。

在第 10 章中，我们将看到一个示例，它使用了类似多伊奇-约萨算法中开发的技术来更快地提出关于这种函数的问题。

有了这些在 Q# 中实现的 oracle，我们就可以写出整个多伊奇-约萨算法（以及妮穆对造王者的策略）了！我们可以在 Q# 中实现（见清单 8.2）。参照图 8.11，了解多伊奇-约萨算法的步骤。

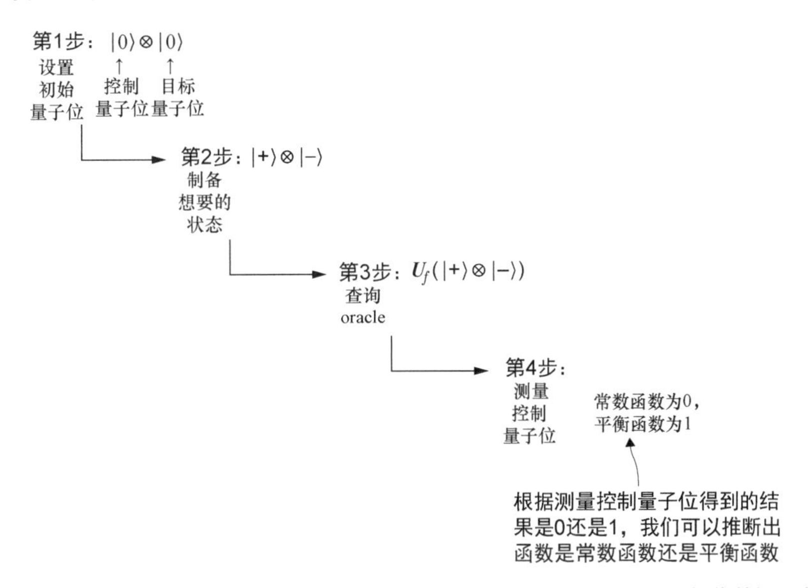

图 8.11 多伊奇-约萨算法的步骤。我们先制备好 $|+-\rangle$ 状态，然后查询 oracle（即问梅林问题），然后测量控制量子位

清单 8.2 Algorithm.qs：运行多伊奇-约萨算法的 Q#操作

```
operation CheckIfOracleIsBalanced(oracle : ((Qubit, Qubit) => Unit))
: Bool {
    use control = Qubit();
    use target = Qubit();

    H(control);
    X(target);
    H(target);

    oracle(control, target);
```

要求目标机器给我们两个量子位：control 和 target，两者都从 $|0\rangle$ 状态开始

在 control 和 target 上制备输入状态 $|+-\rangle = (|00\rangle - |01\rangle + |10\rangle - |11\rangle)/2$，如图 8.10 中第 2 步所示

调用作为输入参数的 oracle。注意，oracle 只被调用一次

```
    H(target);        ◁— 我们知道 target 量子位仍然处于 |−⟩ 状态，所以我们可以撤
    X(target);           销 X(target); H(target); 的操作序列来重置 target 量子位

    return MResetX(control) == One;   ◁— 衡量控制量子位是处于 |+⟩ 还是 |−⟩，对
}                                        应于 X 基中的结果 0 或 1
```

与 Q# 标准库提供的 MResetZ 操作类似，MResetX 操作执行了所需的 X 基测量，并将被测量的量子位重置为 $|0\rangle$ 状态。现在要确保我们的实现运行正常，所以让我们来测试一下吧！

Q# 中的测量结果

我们现在已经看到了 Q#中的 MResetX 和 MResetZ 操作，它们分别在 X基和 Z基上测量并重置一个量子位。这两个操作都会返回一个结果值，这在开始时似乎有点令人困惑。毕竟，X基的测量告诉我们是处于$|+\rangle$ 还是$|-\rangle$ 状态（如表 8.9 所示），那么为什么 Q#使用 Zero 和 One 的标签呢?

表 8.9　Q#中用于 X 基和 Z 基测量结果的惯例

结果值	X 基	Z 基
Zero	$\langle +\|$	$\langle 0\|$
One	$\langle -\|$	$\langle 1\|$

稍后我们会看到更多关于这个问题的内容，但简而言之，结果类型的值告诉我们不同的指令对一个状态应用了多少个−1 相位。例如，$\boldsymbol{Z}|1\rangle = -|1\rangle = (-1)^1|1\rangle$，而 $\boldsymbol{X}|-\rangle = (-1)^1|-\rangle$。由于在这两种情况下，我们都将−1 提升到 1 次幂，所以当我们在 Z基和 X基上测量时，$|1\rangle$和 $|-\rangle$分别被赋予 One 的结果。同样，由于 $\boldsymbol{Z}|0\rangle = (-1)^0|0\rangle$，当我们测量 $\boldsymbol{Z}$ 时，我们把 $|0\rangle$赋予 Zero 的结果。

我们之前说过，妮穆想尽可能少地了解凡人的事务。所以，她只要求梅林对她的量子位做一次事，在这里我们调用 oracle(control, target)。妮穆从对 MResetX 的调用中只得到一个经典位的信息，这不足以让她分辨出 id 策略（梅林选择亚瑟来指导作为国王）和 not 策略（梅林选择莫德雷德来指导）之间的区别。

为了确保她仍然能够了解她真正关心的事件（梅林的策略是恒定的还是平衡的），我们可以使用 Q# 标准库中提供的 Fact 函数来测试实现是否有效。Fact 需要两个布尔变量作为前两个参数，检查它们是否相等，如果不相等，则发出一条消息。

提示　稍后，我们将看到如何使用这些断言来为量子库编写单元测试。

我们做的第一件事是把之前写的 ApplyZeroOracle 操作作为 zero 函数的 oracle 传递给它。由于 zero 不是一个平衡函数，我们期望 CheckIfOracleIsBalanced(ApplyZeroOracle) 的输出结果是 False，可以用 Fact 函数来查验（见清单 8.3）。

清单 8.3　Algorithm.qs: Q# 操作测试多伊奇-约萨

```
operation RunDeutschJozsaAlgorithm() : Unit {
    Fact(not CheckIfOracleIsBalanced(ApplyZeroOracle),
        "Test failed for zero oracle.");
    Fact(not CheckIfOracleIsBalanced(ApplyOneOracle),
        "Test failed for one oracle.");
    Fact(CheckIfOracleIsBalanced(ApplyIdOracle),
        "Test failed for id oracle.");
    Fact(CheckIfOracleIsBalanced(ApplyNotOracle),
        "Test failed for not oracle.");

    Message("All tests passed!");
}
```

在梅林使用 zero 策略的情况下，运行多伊奇-约萨算法

对 one 策略做类似的事情，只不过这次调用的是 CheckIfOracleIsBalanced(ApplyOneOracle)

如果这 4 个断言都通过了，就可以确定我们的多伊奇-约萨算法的程序是有效的，无论梅林使用哪种策略

如果用%simulate 魔法命令来运行，我们可以确认，利用多伊奇-约萨算法，妮穆可以准确地了解她想了解的关于梅林的策略。

```
In [ ]: %simulate RunDeutschJozsaAlgorithm
All tests passed!
```

8.5　对量子算法技术的思考

我们已经迈出了几大步：

- 我们用经典的可逆函数来模拟梅林的策略，把它写作量子 oracle；
- 我们用 Q# 和量子开发工具包实现了多伊奇-约萨算法，并测试了可以通过单一的 oracle 调用来了解梅林的策略。

此时，有必要回顾一下我们在妮穆的量子湖中所学到的知识，因为我们在这一章中使用的技术对本书的其余部分有益。

8.5.1　鞋子和袜子：应用和撤销量子操作

第一个有助于思考的模式是我们可能在 Algorithm.qs 中注意到的 one。让我们再看一下操作应用于 target 量子位的顺序（见清单 8.4）。

清单 8.4　来自多伊奇-约萨的针对 target 的指令

```
// ...
X(target);
H(target);
oracle(control, target);
H(target);
```

```
    X(target);
    // ...
```

思考这个序列的一种方法是，X(target); H(target);指令预先将 target 制备在 |−⟩状态，而 H(target); X(target);指令“撤销制备” |−⟩，使 target 回到 |0⟩ 状态。由于通常所说的“鞋袜原理”，我们必须颠倒顺序：如果我们想同时穿上鞋子和袜子，就需要先穿上袜子；但如果我们想脱掉袜子，就需要先脱掉鞋子。请看图 8.12 对这一过程的说明。

图 8.12 我们不能先脱袜子再脱鞋

Q# 语言使用一种称作“函子”（functor）的特征，以更轻松地对代码进行鞋袜式的转换。函子允许我们轻松地描述已经定义的操作的新变体。让我们直接进入清单 8.5 中的示例，引入一个新的操作 PrepareTargetQubit，它封装了 X(target); H(target);序列。

清单 8.5 来自清单 8.4 的状态制备

```
operation PrepareTargetQubit(target : Qubit)
: Unit is Adj {
    X(target);
    H(target);
 }
```

通过将“is Adj”作为签名的一部分，我们告诉 Q# 编译器自动计算这个操作的逆操作，即伴随操作然后，我们就可以用 Adjoint 调用编译器生成的逆操作了（见清单 8.6），Adjoint 是 Q# 提供的两个函子之一（我们将在第 9 章看到另一个）。

清单 8.6 使用 Adjoint 关键字来应用指令

```
PrepareTargetQubit(target);
oracle(control, target);
Adjoint PrepareTargetQubit(target);
```

Adjoint PrepareTargetQubit 将 Adjoint 函子应用于 PrepareTargetQubit，返回一个“撤销”PrepareTargetQubit 的操作。按照鞋袜的思路，这个新的操作先调用 Adjoint H(target);，再调用 Adjoint X(target);

自伴随操作

在这种情况下，X 和 Adjoint X 是同一个操作，因为翻转一个位后再翻转就可以回到开始的地方。同样，Adjoint H 与 H 相同，所以前面的代码片段提供了 H(target); X(target); 序列。所以说，X 和 H 是自伴随的。

不过，并不是所有的操作都是自伴随的！例如，Adjoint Rz(theta, _)与 Rz(−theta, _)是同一个操作。

用更实际的话来说，U 操作上的 Adjoint 函子与逆转或撤销 U 的效果的操作相同。“Adjoint”这个名称指的是酉矩阵 $\boldsymbol{U}$ 的共轭转置 $\boldsymbol{U}^\dagger$，换言之，$\boldsymbol{U}^\dagger$ 称为 $\boldsymbol{U}$ 的伴随矩阵。Q# 中的 Adjoint 关键字保证，如果一个操作 U 由酉矩阵 $\boldsymbol{U}$ 描述，那么如果 Adjoint U 存在，它就由 $\boldsymbol{U}^\dagger$ 描述。

执行指令的模式非常常用，以至于 Q# 标准库提供了 ApplyWith 操作来表达这种先执行后撤销的操作模式。

注意 ApplyWith 操作是由 Q#中的 Microsoft.Quantum.Canon 命名空间在 Q#标准库中提供的。与其他语言的标准库一样，Q#标准库提供了许多在 Q#中编写程序时需要的基本工具。当你阅读本书的其余部分时会看到，有很多 Q#标准库可以提供帮助，让你的量子开发者生涯更轻松。

利用 ApplyWith 和部分应用，我们可以用紧凑的方式重写 CheckIfOracleIsBalanced 操作（见清单 8.7）。

清单 8.7 ApplyWith 和部分应用对鞋袜顺序的帮助

```
H(control);
ApplyWith(PrepareTargetQubit, oracle(control, _), target);
set result = MResetX(control);
```

这个示例中的 ApplyWith 操作在 oracle(control, _)完成后自动应用 PrepareTargetQubit 的伴随操作。请注意，_是用来将 oracle 部分应用于 control 量子位的。

让我们一步步展开清单 8.7，看看它是如何工作的。我们对 ApplyWith 的调用应用了它的第一个参数，然后应用了它的第二个参数，接着将它的第一个参数的伴随操作应用于最后一个参数中提供的量子位，如清单 8.8 所示。

清单 8.8 展开清单 8.7 中的 ApplyWith

```
H(control);
PrepareTargetQubit(target);
(oracle(control, _))(target);
Adjoint PrepareTargetQubit(target);
set result = MResetX(control);
```

然后，第 3 行的部分应用可以通过用 target 替换_来取代，如清单 8.9。

清单 8.9 解决清单 8.8 中的部分应用

```
H(control);
PrepareTargetQubit(target);
oracle(control, target);
Adjoint PrepareTargetQubit(target);
set result = MResetX(control);
```

使用像 ApplyWith 这样的操作有助于复用量子编程中的常见模式，特别是可以确保我们在大型量子程序中不会忘记求 Adjoint。

Q# 还提供了另一种方法来表示鞋袜模式，使用语句块而非传递操作。例如，我们可以用 within 和 apply 这两个关键字来编写清单 8.7，如清单 8.10 所示。

清单 8.10 使用 within 和 apply 实现鞋袜顺序

```
H(control);
within {
    PrepareTargetQubit(target);
} apply {
    oracle(control, target);
}
set result = MResetX(control);
```

这两种形式在不同的情况下都是有用的，所以请随意使用最适合你的形式！

8.5.2 用阿达马指令来翻转控制和目标

我们可以利用鞋袜思维来改变在 CNOT 等指令中扮演控制和目标角色的量子位。为了理解这一点，重点是要记住，量子指令会改变它们所作用的寄存器的整个状态。在类似多伊奇-约萨算法这样的场景下，可以通过对控制量子位和目标量子位一起（而不仅仅是目标量子位）应用门来影响控制量子位。这是一个更普遍的模式的示例：当我们在 X 基而不是 Z 基（计算基）上应用 CNOT 指令时，CNOT 操作的控制和目标会交换角色。

为了看到这一点，让我们来看一下酉算子（经典真值表的量子类似物），看看如果用 H 指令转换到 X 基，应用 CNOT 指令，然后用更多的 H 指令回到 Z 基会发生什么，如清单 8.11 所示。

清单 8.11 检查 H 是否翻转了 CNOT 的控制和目标量子位

为模拟指令序列 H(control); H(target);的酉算子 $\boldsymbol{H} \otimes \boldsymbol{H}$ 定义一个速记符号是有帮助的

看一下酉算子 $\boldsymbol{H} \otimes \boldsymbol{H}$，我们看到 $|00\rangle$ 被转换为 $(|00\rangle+|01\rangle+|10\rangle+|11\rangle)/2$，是所有四个计算基态的均匀叠加

```
>>> import qutip as qt
>>> from qutip.qip.operations import hadamard_transform
>>> H = hadamard_transform()
>>> HH = qt.tensor(H, H)
>>> HH
Quantum object: dims = [[2, 2], [2, 2]], shape = (4, 4), type = oper,
➥ isherm = True
Qobj data =
[[ 0.5 0.5 0.5 0.5]
 [ 0.5 -0.5 0.5 -0.5]
 [ 0.5 0.5 -0.5 -0.5]
 [ 0.5 -0.5 -0.5 0.5]]
>>> HH * qt.cnot(2, 0, 1) * HH
Quantum object: dims = [[2, 2], [2, 2]], shape = (4, 4), type = oper,
➥ isherm = True
Qobj data =
[[1. 0. 0. 0.]
 [0. 0. 0. 1.]
 [0. 0. 1. 0.]
 [0. 1. 0. 0.]]
>>> qt.cnot(2, 1, 0)
Quantum object: dims = [[2, 2], [2, 2]], shape = (4, 4), type = oper,
➥ isherm = True
Qobj data =
[[1. 0. 0. 0.]
 [0. 0. 0. 1.]
 [0. 0. 1. 0.]
 [0. 1. 0. 0.]]
```

给出了代表 H(control); H(target); CNOT(control, target); H(control); H(target);的酉算子。我们可以将这个指令序列看作在 X 基上而非 Z 基上应用 CNOT

这个序列的酉算子看起来有点像 CNOT，但有一些行被翻转了。发生了什么呢

在对 CNOT 指令的调用中颠倒控制量子位和目标量子位的作用，我们得到的酉算子与使用 H 指令在 X 基中应用 CNOT 指令的作用完全相同

为了尝试弄清楚对每个量子位应用 H 指令对 CNOT 指令的影响，让我们看看 CNOT(target, control)单元算子

图 8.13 提供了我们刚刚运行的 Python 代码的图示。

从前面的计算中，我们可以得出结论，CNOT(target, control)与 H(control); H(target); CNOT(control, target); H(control); H(target);的作用完全相同。就像 H 翻转 X 基和 Z 基的角色一样，H 指令可以翻转一个量子位作为控制或目标量子位。

让我们看看两个不同的程序（以电路形式展示），它们都使用了一条CNOT指令。

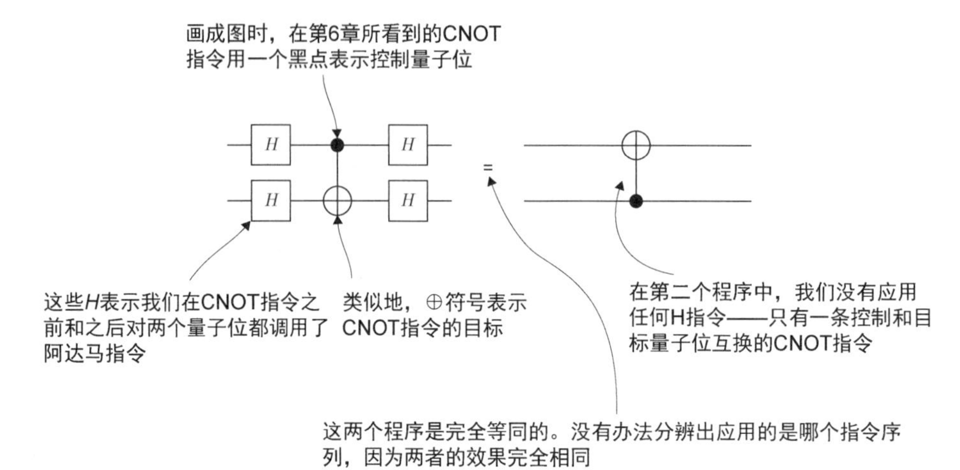
画成图时，在第6章所看到的CNOT
指令用一个黑点表示控制量子位
H
H
H
H
=
这些H表示我们在CNOT指令之
前和之后对两个量子位都调用了
阿达马指令
类似地，⊕符号表示
CNOT指令的目标
在第二个程序中，我们没有应用
任何H指令——只有一条控制和目
标量子位互换的CNOT指令
这两个程序是完全等同的。没有办法分辨出应用的是哪个指令序
列，因为两者的效果完全相同

图 8.13 使用阿达马指令，改变 CNOT 指令的控制和目标量子位。通过在每个量子位上应用阿达马，在 CNOT 之前和之后，我们可以翻转控制和目标量子位的角色

8.6 相位反冲：我们成功的关键

考虑到这些技术，我们现在有能力探索使多伊奇-约萨算法发挥作用的因素：一种名为“相位反冲”的量子编程技术。这种技术让我们可以编写 CheckIfOracleIsBalanced 操作，使其适用于几个不同的 oracle，同时只透露我们想知道的那个位（梅林是不是一个好导师）。

为了了解多伊奇-约萨算法是如何利用相位反冲在“一般情况”下工作的，让我们回到我们的 3 种思维方式，用数学来预测我们调用任何一个 oracle 时会发生什么。回顾一下，我们定义了从每个经典函数 f 构建的 oracle $\boldsymbol{U}_f$，使得对于所有经典位 x 和 y，$\boldsymbol{U}_f\,|\,xy\rangle=|\,x\rangle|\,f(x)\oplus y\rangle$。

提示 这里我们用 x 和 y 来代表标记双量子位状态的经典位。这是借助计算基来推理量子程序行为方式的另一个例子。

我们以在 QuTiP 程序中的相同方式开始，在计算基上扩展输入状态 $|+-\rangle=|+\rangle\otimes|-\rangle$。从扩展控制量子位状态开始，我们有 $|+-\rangle=|+\rangle\otimes|-\rangle=(|\,0\rangle+|1\rangle)/\sqrt{2}\otimes|-\rangle=(|\,0-\rangle+|1-\rangle)/\sqrt{2}$。像之前一样，我们可以用 QuTiP 检查数学状态（见清单 8.12）。

清单 8.12 使用 QuTiP 检查$(|0-\rangle+|1-\rangle)/\sqrt{2}=|+-\rangle$状态

```
>>> import qutip as qt
>>> from qutip.qip.operations import hadamard_transform
>>> from numpy import sqrt
>>> H = hadamard_transform()
>>> ket_0 = qt.basis(2, 0)    <—— 从有用的速记符号开始
>>> ket_1 = qt.basis(2, 1)
>>> ket_plus = H * ket_0
>>> ket_minus = H * ket_1
>>> qt.tensor(ket_plus, ket_minus)
Quantum object: dims = [[2, 2], [1, 1]], shape = (4, 1), type = ket
Qobj data =
[[ 0.5]
 [-0.5]
 [ 0.5]
 [-0.5]]
>>> (
...     qt.tensor(ket_0, ket_minus) +
...     qt.tensor(ket_1, ket_minus)
... ) / sqrt(2)
Quantum object: dims = [[2, 2], [1, 1]], shape = (4, 1), type = ket
Qobj data =
[[ 0.5]     <—— 两个向量相同，告诉我们
 [-0.5]         (|0−⟩+|1−⟩)/√2 是|+−⟩的另
 [ 0.5]         一种写法
 [-0.5]]
```

接下来，正如我们在第 2 章中所看到的，可以用线性关系来预测 U_f如何转变这个输入状态。

> **重新审视矩阵**
>
> 在本节前面，当用矩阵来模拟多伊奇-约萨算法的工作方式时，我们隐式地使用了线性关系。如第 2 章所述，矩阵是编写线性函数的一种方式。

由于 U_f 是一个酉矩阵，我们知道对于任何状态$|\psi\rangle$和$|\phi\rangle$及任意数字 α 和 β，$U_f(\alpha|\psi\rangle+\beta|\phi\rangle)=\alpha U_f|\psi\rangle+\beta U_f|\phi\rangle$。利用这一属性和计算基，我们可以用同样的方式得出，$|+-\rangle$和$(|0-\rangle+|1-\rangle)/\sqrt{2}$是同一状态，$U_f|+-\rangle$和$U_f(|0-\rangle+|1-\rangle)/\sqrt{2}$也是同一状态。

提示 使用多量子位状态速记符号：$|+-\rangle=|+\rangle\otimes|-\rangle$、$|0-\rangle=|0\rangle\otimes|-\rangle$，以及$|1-\rangle=|1\rangle\otimes|-\rangle$。

图 8.14 给出了线性关系的直观描述。

既然 $|+-\rangle = (|0-\rangle + |-1\rangle)/\sqrt{2}$,
我们可以在这里替换
$U_f|+-\rangle = U_f(|0-\rangle + |1-\rangle)/\sqrt{2}$
$= (U_f|0-\rangle + U_f|1-\rangle)/\sqrt{2}$
我们想知道如果将oracle应用到制备好的输入状态，会发生什么，所以先写下这个
利用线性关系，我们可以将U_f应用于每一项（即 $|0-\rangle$和 $|1-\rangle$）

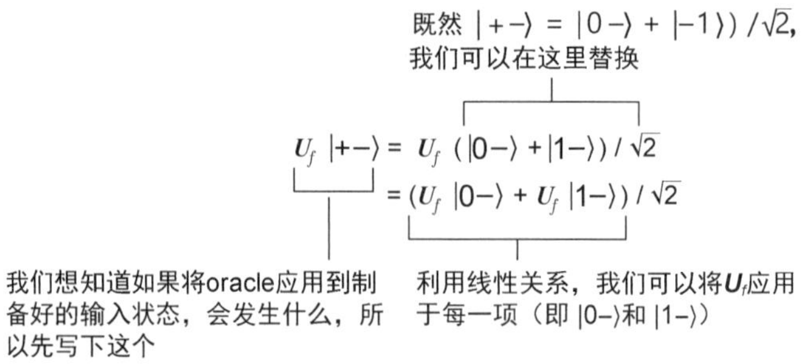

图 8.14 应用线性关系来理解我们的 oracle 如何转换输入状态

像这样写，我们并不清楚对 $|0-\rangle$ 和 $|1-\rangle$ 应用 U_f 有什么好处。让我们提取控制（第一个）量子位作为因子，以考虑对目标量子位的影响，从而看看 oracle 操作如何应用于第一项。

这样做，我们将再次利用线性关系来理解 U_f 是如何通过一次传递一个状态给 oracle 来工作的。正如我们在第 2 章中所学到的，线性关系是一个非常强大的工具，它甚至可以让我们将相当复杂的量子算法分解成更容易理解和分析的片段。在这个示例中，我们可以使用线性关系来理解 U_f 是如何作用于 $|0-\rangle$ 的（也就是说，将 $|0-\rangle$ 分解为 $|00\rangle$ 和 $|01\rangle$ 之间的叠加）。

我们从使用 $|-\rangle = (|0\rangle - |1\rangle)/\sqrt{2}$ 开始。

$$U_f|0-\rangle = U_f(|00\rangle - |01\rangle)/\sqrt{2}$$

根据线性，我们可以将 U_f 应用于每一项。

$$U_f|0-\rangle = (U_f|00\rangle - U_f|01\rangle)/\sqrt{2}$$

Oracle 的定义告诉我们 U_f 如何在计算基上转换状态。

$$U_f|0-\rangle = (|0(0 \oplus f(0))\rangle - |0(1 \oplus f(0))\rangle)/\sqrt{2}$$

与 0 取 XOR 等同于什么都不做。

$$U_f|0-\rangle = (|0f(0)\rangle - |0(1 \oplus f(0))\rangle)/\sqrt{2}$$

与 1 取 XOR 等同于 NOT。

$$U_f|0-\rangle = (|0f(0)\rangle - |0(\neg f(0))\rangle)/\sqrt{2}$$

既然两项的控制量子位是都 $|0\rangle$，我们可以提取因式。

$$U_f|0-\rangle = |0\rangle \otimes (|f(0)\rangle - |\neg f(0)\rangle)/\sqrt{2}$$

例如，如果我们考虑的是 zero 函数，那么 $f(0)=0$。因此，$|f(0)\rangle = |0\rangle$ 且 $|\neg f(0)\rangle = |1\rangle$，所以 $U_f|0-\rangle = |0-\rangle$。

另一方面，如果 $f(0)=1$，那么 $\boldsymbol{U}_f\,|0-\rangle=|0\rangle\otimes(|1\rangle-|0\rangle)/\sqrt{2}=-|0-\rangle$，也就是说，$U_f$翻转了 $|0-\rangle$ 的符号。

提示 $(|1\rangle-|0\rangle)/\sqrt{2}$ 也可以写成 $-|-\rangle$，或者写成 $\boldsymbol{X}|-\rangle$。

那么请注意，U_f要么将目标量子位做 x 旋转，要么不旋转，这取决于 $f(0)$的值：

$$\boldsymbol{U}_f\,|0-\rangle=(-1)^{f(0)}\,|0-\rangle/\sqrt{2}$$

我们可以用之前的技术来理解，如果控制量子位处于 $|1\rangle$ 状态，U_f会做什么。这样做，我们得到的相位是 $(-1)^{f(1)}$ 而非 $(-1)^{f(0)}$，所以 $\boldsymbol{U}_f\,|1-\rangle=(-1)^{f(1)}\,|1-\rangle$。

再次使用线性来结合控制量子位的两个状态项，我们现在知道，当控制量子位处于 $|+\rangle$ 时，U_f如何转换两个量子位的状态：

$$\boldsymbol{U}_f\,|+-\rangle=\frac{1}{\sqrt{2}}\left((-1)^{f(0)}\,|0-\rangle+(-1)^{f(1)}\,|1-\rangle\right)$$

最后一步是要指出，正如我们在第 4 章中看到的，我们无法观察到“全局”相位。因此，我们可以提取 $(-1)^{f(0)}$ 作为因子，用 $f(0)\oplus f(1)$ 表示输出状态，也就是我们一开始就感兴趣的问题，如图 8.15 所示。

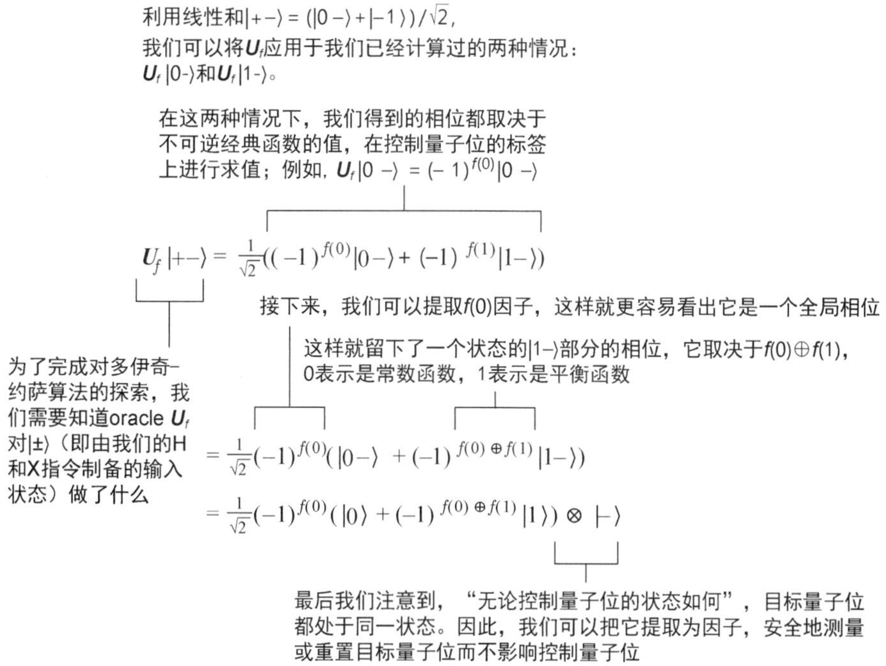

利用线性和$|+-\rangle=(|0-\rangle+|-1\rangle)/\sqrt{2}$，
我们可以将U_f应用于我们已经计算过的两种情况：
$U_f|0-\rangle$和$U_f|1-\rangle$。

在这两种情况下，我们得到的相位都取决于
不可逆经典函数的值，在控制量子位的标签
上进行求值；例如，$U_f|0-\rangle=(-1)^{f(0)}|0-\rangle$

$$U_f|+-\rangle=\frac{1}{\sqrt{2}}((-1)^{f(0)}|0-\rangle+(-1)^{f(1)}|1-\rangle)$$

接下来，我们可以提取$f(0)$因子，这样就更容易看出它是一个全局相位

这样就留下了一个状态的$|1-\rangle$部分的相位，它取决于$f(0)\oplus f(1)$，
0表示是常数函数，1表示是平衡函数

为了完成对多伊奇–
约萨算法的探索，我
们需要知道oracle U_f
对$|\pm\rangle$（即由我们的H
和X指令制备的输入
状态）做了什么

$$=\frac{1}{\sqrt{2}}(-1)^{f(0)}(|0-\rangle+(-1)^{f(0)\oplus f(1)}|1-\rangle)$$

$$=\frac{1}{\sqrt{2}}(-1)^{f(0)}(|0\rangle+(-1)^{f(0)\oplus f(1)}|1\rangle)\otimes|-\rangle$$

最后我们注意到，“无论控制量子位的状态如何”，目标量子位
都处于同一状态。因此，我们可以把它提取为因子，安全地测量
或重置目标量子位而不影响控制量子位

图 8.15　计算出多伊奇-约萨算法的最后几步。通过写出 oracle 对 $|\pm\rangle$ 状态的作用，我们可以看到如何测量末尾的控制量子位，告诉我们 oracle 是代表一个常数函数还是平衡函数

如果 $f(0)\oplus f(1)=0$（常数），那么输出状态是 $|+-\rangle$；但如果 $f(0)\oplus f(1)=1$（平衡），那么输出状态是 $|-\rangle$。通过对 $\boldsymbol{U}_f$ 的调用，我们了解到 f 是常数函数还是平衡函数，尽管我们没有了解到 $f(x)$ 对于任何特定的输入 x 是什么。

当我们在输入量子位处于 $|+\rangle$ 状态下应用 $\boldsymbol{U}_f$ 时发生了什么，一种思考方式是，输入量子位的状态代表了我们要问的关于 f 的问题。如果我们要问 $|0\rangle$，得到的答案是 $f(0)$，而如果我们要问 $|1\rangle$，得到的答案是 $f(1)$。于是问题 $|+\rangle$ 就会告诉我们 $f(0)\oplus f(1)$，而不会单独告诉我们 $f(0)$ 或 $f(1)$ 的情况。

然而，当我们像这样提出叠加问题时，“输入”和“输出”的角色并不像经典情况下那样清晰。特别是 $|0\rangle$ 和 $|1\rangle$ 输入都会导致输出量子位翻转，而 $|+\rangle$ 输入会导致输入量子位翻转，只要输出量子位在 $|-\rangle$ 状态下开始。一般来说，像 $\boldsymbol{U}_f$ 这样的双量子位操作会改变它们所作用的量子位的整个空间，将其划分为输入和输出是解释 $\boldsymbol{U}_f$ 作用的一种方式。

输入量子位的状态根据在输出量子位中定义的变换而改变，一个相位反冲的示例是多伊奇-约萨算法所使用的量子效应。在接下来的两章中，我们将利用相位反冲来探索新的算法，比如那些用于量子传感和量子化学模拟的算法。

深入研究：扩展多伊奇-约萨

虽然我们在这里只考虑了单位输入的函数，但多伊奇-约萨算法对于函数的任意大小的输入/输出都只需要一个查询。

为了编码一个两位的函数 $f(x_0,x_1)$，我们可以引入一个三位的 oracle $\boldsymbol{U}_f|x_0x_1y\rangle=|x_0x_1\rangle\otimes|f(x_0,x_1)\oplus y\rangle$。例如，考虑 $f(x_0,x_1)=x_0\oplus x_1$。这个函数是平衡的，因为 $f(0,0)=f(1,1)=0$，但 $f(0,1)=f(1,0)=1$。当我们将 $\boldsymbol{U}_f$ 应用于三位状态 $|++-\rangle=(|00\rangle+|01\rangle+|10\rangle+|11\rangle)\otimes|-\rangle$，会得到 $(|00\rangle-|01\rangle-|10\rangle+|11\rangle)\otimes|-\rangle=|---\rangle$。使用 X 基测量，可以从 $f(x_0,x_1)=0$ 这样的常数函数中看出这一点，这将给我们一个 $|-\rangle$ 的输出。

只要保证 f 是常数的或平衡的，无论 f 需要多少位作为输入，都有同样的模式：我们可以通过对 $\boldsymbol{U}_f$ 的单一调用来了解关于 f 如何表现的单位数据。说到 $O(1)$！如果你不熟悉大 O 符号，请参阅 Aditya Bhargava 所著的 *Grokking Algorithms*（Manning，2016）。

在第 9 章中，我们将在这里学到的技能的基础上，看看“相位估计算法”是如何实现量子传感器等衍生技术的。

小结

- 量子算法是一连串的步骤，我们可以按照这些步骤使用量子计算机来解决一个问题。我们可以用 Q# 编写量子程序来实现量子算法。

- 多伊奇-约萨算法是一个量子算法的例子，支持我们用比任何可能的经典算法都更少的资源来解决计算问题。
- 如果想把经典函数嵌入到量子算法或程序中，需要“可逆的”实现。可以构建特殊类型的量子操作（称为 oracle），使我们能够代表应用于量子数据的经典函数。
- 多伊奇-约萨算法让我们只需调用一次 oracle，就可以测试一个单位 oracle 的两个输出是否相同或不同；我们不需要了解任何特定的输出，而是直接了解感兴趣的全局属性。
- 多伊奇-约萨算法展示了鞋袜模式，这在其他量子算法中也经常出现。我们经常需要应用一个外部操作，应用一个内部操作，然后撤销外部操作（或执行其伴随操作）。
- 相位反冲技术让我们将量子操作所应用的相位与控制量子位而非目标量子位联系起来。我们将在接下来的算法中看到更多这样的内容。

第 9 章　量子传感：不仅仅是相位

本章内容

- 量子操作如何通过相位反冲来学习未知操作的有用信息。
- 在 Q# 中创建新类型。
- 从 Python 宿主程序中运行 Q# 代码。
- 认识特征态和相位的重要属性和行为。
- 在 Q# 中编程受控量子操作。

在第 8 章中，我们在 Q# 中实现了第一个量子算法多伊奇-约萨。通过帮助妮穆和梅林玩游戏，我们看到了像相位反冲这样的量子编程技术如何带来解决问题的优势。在本章中，我们将看一看可以在量子程序中使用的“相位估计”算法，以解决不同类型的问题。我们再次回到卡默洛。这一次，我们将用兰斯洛特和达戈内之间的游戏来说明面临的任务。

9.1 相位估计：利用量子位的有用属性进行测量

我们已经看到，游戏可以成为学习量子计算概念的一种有益方式。例如，在第 8 章中，妮穆与梅林的游戏让我们探索了第一个量子算法：多伊奇-约萨算法。在本章中，我们将利用另一个游戏来发现如何使用相位反冲来了解量子态的相位，这是多伊奇-约萨和许多其他量子算法所使用的量子开发技术。

对于本章的游戏，让我们回去看一看兰斯洛特都干了些什么。当妮穆和梅林在决定国王的命运时，我们发现兰斯洛特和宫廷小丑达戈内在玩猜谜游戏。由于他们已经玩了一段时间，达戈内已经厌倦了，他想“借用”妮穆的一些量子工具，使他们的游戏更有趣一些。

部分和部分应用

达戈内的新游戏不是让兰斯洛特猜一个数字，而是让兰斯洛特通过用不同的输入调用一个量子操作，猜测它对单量子位的作用。所有的单量子位操作都是旋转，很适合用于游戏。达戈内选择了一个关于特定轴的旋转角度，而兰斯洛特可以给达戈内的操作输入一个数字，从而改变达戈内应用的旋转的比例。达戈内选择什么轴其实并不重要，因为游戏就是要猜测旋转角度。为方便起见，达戈内的旋转总是围绕 z 轴进行。最后，兰斯洛特可以测量量子位，并使用他的测量值来猜测达戈内最初的旋转角度。图 9.1 是下述步骤的流程图。

1. 达戈内为单量子位的旋转操作挑选一个秘密角度。
2. 达戈内为兰斯洛特准备了一个隐藏秘密角度的操作，并允许兰斯洛特再输入一个数字（我们称之为比例），该数字将与秘密角度相乘，以得到操作的总旋转角度。
3. 兰斯洛特在游戏中的最佳策略是选择多个比例值，并针对每个值估计测量为 One 的概率。要做到这一点，他需要对多个比例值中的每一个都重复以下步骤多次。
   a. 制备好 $|+\rangle$ 状态，并在达戈内的旋转中输入比例值。他使用 $|+\rangle$ 状态是因为他知道达戈内在围绕 z 轴旋转；对于这个状态，这些旋转将导致他可以测量的局部相位变化。
   b. 在制备好每个 $|+\rangle$ 状态后，兰斯洛特可以用秘密操作旋转它，测量量子位，并记录测量结果。
4. 兰斯洛特现在有了比例因子和其测量为 One 的概率相关的数据。他可以在脑子里拟合这些数据，并从拟合的参数中得到达戈内的角度（他是伟大的骑士）。也可以借助 Python 来实现同样的目标！

请注意，这是一个游戏，因为兰斯洛特没有办法只用一次测量就直接测量这个旋转。如果他能做到，那就违反了不可克隆定理，他就会超越物理学定律。作为圆桌骑士，兰斯洛特不仅受到责任和荣誉的约束，也受到物理学定律的约束，所以他必须按照规则玩达戈内的游戏。

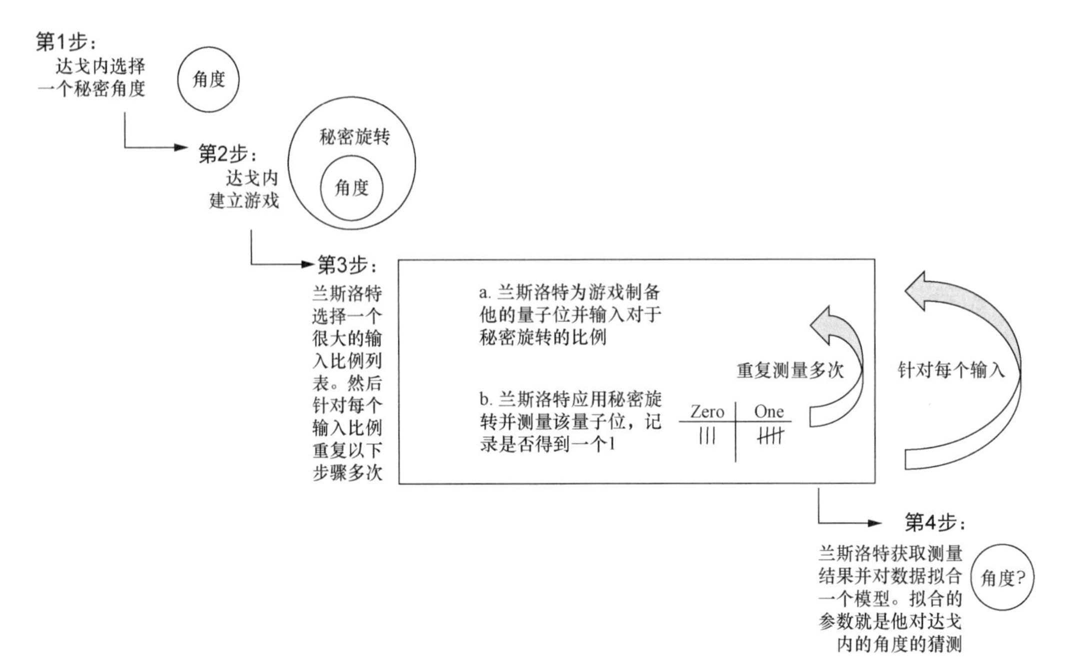

图 9.1　达戈内和兰斯洛特的游戏步骤。达戈内在一个操作中隐藏了一个秘密的旋转角度，兰斯洛特必须弄清楚这个角度是多少

深入研究：用哈密顿学习来了解轴

在本章中，我们关注的是已知达戈内的旋转轴，但需要了解他的旋转角度。这对应物理学中的一个常见问题：如何理解磁场中量子位的“拉莫尔进动”（Larmor precession）。拉莫尔进动不仅可以用于构建量子位，还可以用于检测非常小的磁场并构建非常精确的传感器。

不过，更普遍的是，我们可以学到比单一旋转角度更多的内容。轴也是未知的情况，是一种被称为“哈密顿学习”（Hamiltonian learning）的一般问题示例，这是量子计算中一个丰富的研究领域。在哈密顿学习中，我们采用一个与本章探讨的游戏非常相似的方式，为一个量子位或量子位寄存器重构一个物理模型。

我们立即用 Q# 对这个游戏进行原型设计。访问 Q# 标准库的不同部分会很有帮助，所以可以先在 Q#文件 operations.qs 的顶部添加清单 9.1 中的 open 语句。

清单 9.1　operations.qs：为游戏打开 Q# 命名空间

Q#文件中的所有 open 语句都紧随命名空间声明之后

```
namespace PhaseEstimation {
```

和以前一样，打开 Microsoft.Quantum.Intrinsic，就可以访问所有基本操作（R1、Rz、X 等），将其发送到量子设备了

我们可以将前几章的 MResetZ 操作写成 Meas.MResetZ 来记录该操作的来源

```
open Microsoft.Quantum.Intrinsic;
open Microsoft.Quantum.Convert as Convert;
open Microsoft.Quantum.Measurement as Meas;
open Microsoft.Quantum.Arrays as Arrays;
// ...
```

本章中我们需要打开的最后一个命名空间是 Microsoft.Quantum.Arrays，它提供了处理数组的有效函数和操作

我们也可以在打开命名空间时给它们一个别名，类似于在导入 Python 包和模块时给它们加别名。这里我们缩写了 Microsoft.Quantum.Convert，这样以后就可以通过在前面加上 Convert，使用该命名空间中的类型转换函数

清单 9.2 显示了一个达戈内实现与兰斯洛特要进行的旋转所需的量子操作的示例。像其他旋转一样，新的旋转操作返回 Unit（空元组类型），表示操作并无有意义的返回。对于操作的实际主体，我们可以通过将达戈内的隐藏角度与兰斯洛特的比例因子 scale 相乘来求出要旋转的角度。

清单 9.2　operations.qs：一个设置游戏的操作

为了玩猜谜游戏，我们需要一个量子操作，它需要两个经典的参数：一个是达戈内传入的，另一个是兰斯洛特传入的

```
operation ApplyScaledRotation(
    angle : Double, scale : Double,
    target : Qubit)
: Unit is Adj + Ctl {
    R1(angle * scale, target);
}
```

这里的旋转操作 R1 与我们之前看过几次的 Rz 操作几乎相同。R1 和 Rz 之间的区别会在我们添加 Controlled 函子时变得很重要

签名中的 Adj + Ctl 部分表示这个操作支持我们在第 8 章中第一次看到的 Adjoint 函子，以及我们在本章后面会看到的 Controlled 函子

注意 在自己的文件中编写 Q#（也就是说，不是在 Jupyter Notebook 中编写）时，所有的操作和函数都必须定义在一个命名空间内。这有助于保持代码的条理性，并使代码更不易与我们在量子应用中使用的各种库中的代码冲突。为简洁起见，我们通常不显示命名空间的声明，但完整的代码可以在本书配套资源中找到。

达戈内对游戏的设置图示如图 9.2 所示。

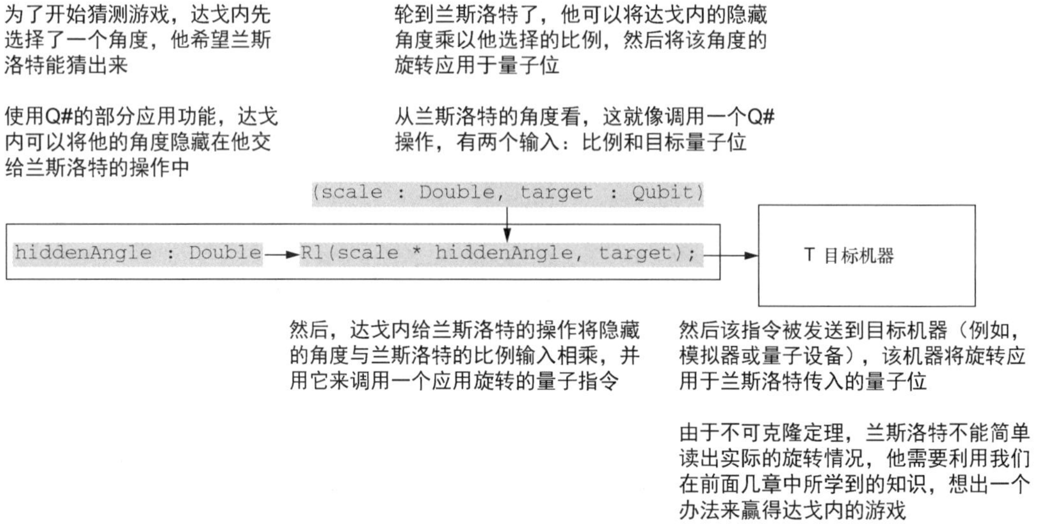

为了开始猜测游戏，达戈内先选择了一个角度，他希望兰斯洛特能猜出来

使用Q#的部分应用功能，达戈内可以将他的角度隐藏在他交给兰斯洛特的操作中

轮到兰斯洛特了，他可以将达戈内的隐藏角度乘以他选择的比例，然后将该角度的旋转应用于量子位

从兰斯洛特的角度看，这就像调用一个Q#操作，有两个输入：比例和目标量子位

```
(scale : Double, target : Qubit)
hiddenAngle : Double ─► R1(scale * hiddenAngle, target); ─► T 目标机器
```

然后，达戈内给兰斯洛特的操作将隐藏的角度与兰斯洛特的比例输入相乘，并用它来调用一个应用旋转的量子指令

然后该指令被发送到目标机器（例如，模拟器或量子设备），该机器将旋转应用于兰斯洛特传入的量子位

由于不可克隆定理，兰斯洛特不能简单读出实际的旋转情况，他需要利用我们在前面几章中所学到的知识，想出一个办法来赢得达戈内的游戏

图 9.2 在玩达戈内的猜谜游戏时，使用部分应用来隐藏秘密角度。兰斯洛特得到的 oracle 有一个比例参数输入，然后他可以选择目标机器来使用该操作，但不能“偷看”该操作以看到秘密的角度

深入探究：为什么不直接测量角度?

看起来兰斯洛特要猜测达戈内的隐藏角度，似乎要绕很多弯。毕竟，除了责任和荣誉，还有什么能阻止兰斯洛特传入 1.0 的比例，然后直接从应用于他的量子位的相位中读出角度呢?事实证明，在这种情况下，不可克隆定理再次应验，告诉我们兰斯洛特永远不可能从单次测量中了解一个相位。

弄清楚这一点的最简单的方法是暂时假设兰斯洛特可以做到这一点，然后看看出了什么问题。假设达戈内隐藏了一个 $\pi/2$ 的角度，并且兰斯洛特在 $|+\rangle = 1/\sqrt{2}(|0\rangle + |1\rangle)$ 状态下制备好他的量子位。如果兰斯洛特将 1.0 作为他的比例，那么他的量子位最终会处于 $1/\sqrt{2}(|0\rangle + i|1\rangle)$ 状态。如果兰斯洛特可以直接测量相位 $e^{i\pi/2} = +i$，从单次测量中猜出达戈内的角度，他就可以用它来制备另一份 $1/\sqrt{2}(|0\rangle + i|1\rangle)$ 状态的副本，尽管兰斯洛特不知道用什么基来测量。事实上，如果达戈内隐藏了角度，兰斯洛特的神奇测量装置也应该起作用，在这种情况下，兰斯洛特会得到一个处于 $1/\sqrt{2}(|0\rangle - |1\rangle)$ 状态的量子位。

换言之，如果兰斯洛特可以通过直接测量相位来计算出达戈内的角度，他就可以为任何角度的 ϕ 制作 $1/\sqrt{2}(|0\rangle + e^{i\phi}|1\rangle)$ 形式的任意状态的副本，而无须提前知道 ϕ。这相当严重地违反了不可克隆定理，所以我们可以确切地得出结论，兰斯洛特需要做更多的工作才能赢得达戈内的游戏。

一旦我们这样定义了一个操作，达戈内就可以使用我们在第 8 章第一次看到的 Q# 的部分应用程序特性来隐藏他的输入。然后，兰斯洛特得到了一个可以应用于其量子位的操作，但这种方式并不能让他直接看到想要猜测的角度。

利用 ApplyScaledRotation，达戈内可以轻松地提供一个操作让兰斯洛特调用。例如，如果达戈内选择了 0.123 这个角度，他可以通过给兰斯洛特提供操作 ApplyScaledRotation (0.123, _, _)来"隐藏"它。与第 7 章中的部分应用示例一样，_表示一个用于未来输入的空位。

如图 9.3 所示，由于 ApplyScaledRotation 的类型是(Double, Double, Qubit)=> Unit is Adj + Ctl，在(Double, Qubit)=> Unit is Adj + Ctl 类型中只需提供第一个输入结果。这意味着兰斯洛特可以提供一个 Double 类型的输入，一个他想应用其操作的量子位，并使用 Adjoint 和我们在第 6 章看到的函子。

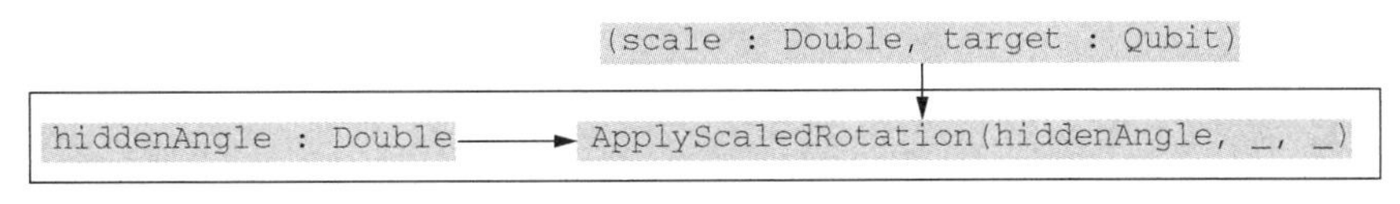
达戈内可以通过只把三个输入中的一个传给ApplyScaledRotation，而把另外两个留空，来制作他交给兰斯洛特的操作
(scale : Double, target : Qubit)
hiddenAngle : Double
ApplyScaledRotation(hiddenAngle, _, _)
为了表示Q#中缺少的输入，我们可以使用_这个关键字。在这里，达戈内将兰斯洛特的比例和目标输入留空，但传入了他的隐藏角度

图 9.3 部分应用 ApplyScaledRotation，为兰斯洛特制备一个操作

我们可以在语法中看到角度的值，但这并不意味着兰斯洛特也可以。事实上，兰斯洛特对一个部分应用的操作或函数唯一能做的就是调用它，进一步部分应用它，或者将它传递给另一个函数或操作。从兰斯洛特的角度来看，ApplyScaledRotation(0.123, _, _)是一个黑盒。多亏了这个部分应用技巧，他只需拥有一个接受他的比例值且可以用来旋转量子位的操作。

作为 Q# 的开发者，我们可以给兰斯洛特的操作类型起一个名称。这个名称要比(Double, Qubit) => Unit is Adj + Ctl 更容易阅读。在 9.2 节，我们将学习在 Q# 中如何注释我们用来玩达戈内和兰斯洛特的猜谜游戏的类型签名。

9.2 用户定义的类型

我们已经了解了类型在 Q# 中的作用，特别是在函数和操作的签名中。我们还了解到，函数和操作都是元组进、元组出。在这一节中，我们将学习如何在 Q# 中建立自己的类型，以及为什么这样做可能很方便。

在 Q#（及许多其他语言）中，一些类型被定义为语言本身的一部分，如我们已经了解的 Int、Qubit 和 Result 等类型。

提示 这些基本类型的完整列表，请参见 Q#语言相关技术文档。

在这些基本类型的基础上，我们可以通过在类型后面添加[]来制作数组类型。例如，在本章的游戏中，我们可能需要输入一个双精度数组来表示兰斯洛特对达戈内操作的多次输入。我们可以用 Double[]来表示一个 Double 值的数组（见清单 9.3）。

清单 9.3　定义一个长度为 10 的 Double 数组类型

```
let scales = EmptyArray<Double>(10);
```

EmptyArray 来自 Microsoft.Quantum.Arrays 命名空间。请确保在运行这段代码之前已打开它

我们也可以用 newtype 语句在 Q# 中定义自己的类型。这个语句允许我们声明新的“用户定义类型”（User-Defined Type，UDT）。使用 UDT 有以下两个主要原因：

- 方便；
- 传达意图。

第一个原因是方便。有时一个函数或操作的类型签名会变得很长，因此可自定义类型作为一种速记。另一个原因是，我们想给类型命名可能是为了传达意图。比如我们的操作需要一个由两个 Double 值组成的元组，用以代表一个复数。定义一个新的 Complex 类型可以提醒我们和队友那个元组代表什么。QDK 提供了几个不同的函数、操作和 UDT 与 Q# 库，比如清单 9.4 定义了 Complex 类型用以表示复数。

清单 9.4　在 Q# 运行时中如何定义复数

```
namespace Microsoft.Quantum.Math {
    newtype Complex = (
        Real: Double,
        Imag: Double
    );
}
```

复数在 Microsoft.Quantum.Math 命名空间中作为一个 UDT 实现。我们可以通过在量子程序中加入“open Microsoft.Quantum.Math;”语句来使用这个类型

Complex 类型被定义为两个 Double 值的一个元组，其中第一项命名为 Real，第二项命名为 Imag

提示 QDK 是开源的，所以如果你感到好奇，可以随时查看 Q# 语言、运行时、编译器和标准库的各个部分是如何工作的。例如，Complex UDT 定义在 Q# 运行时资源库相关文件中。

如图 9.4 所示，有两种方法可以从 UDT 中取回不同的项。我们可以用::操作符来取出命名的项，或者用!操作符来解包，回到被 UDT 包装前的原始类型。

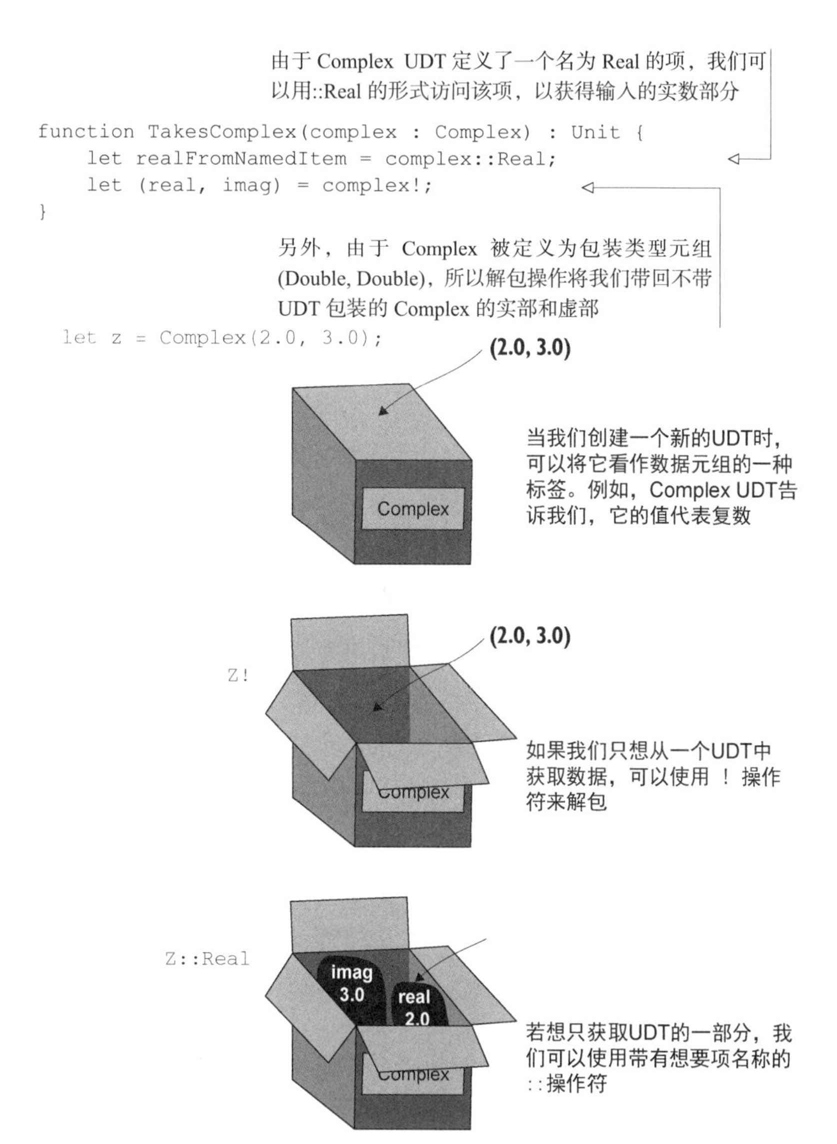

由于 Complex UDT 定义了一个名为 Real 的项，我们可以用::Real 的形式访问该项，以获得输入的实数部分
function TakesComplex(complex : Complex) : Unit {
let realFromNamedItem = complex::Real;
let (real, imag) = complex!;
}
另外，由于 Complex 被定义为包装类型元组(Double, Double)，所以解包操作将我们带回不带 UDT 包装的 Complex 的实部和虚部
let z = Complex(2.0, 3.0);
(2.0, 3.0)
Complex
当我们创建一个新的UDT时，可以将它看作数据元组的一种标签。例如，Complex UDT告诉我们，它的值代表复数
Z!
(2.0, 3.0)
如果我们只想从一个UDT中获取数据，可以使用 ！ 操作符来解包
Z::Real
imag
3.0
real
2.0
若想只获取UDT的一部分，我们可以使用带有想要项名称的 :: 操作符

图 9.4 在 UDT 中使用 :: 和 ! 操作符。我们可以把 UDT 看作一个有标签的数据元组。:: 操作符让我们通过名称来访问这些数据，而 ! 操作符则将 UDT 解包为其基本类型

提示 这两种处理 UDT 的方式在不同的情况下都很有用，但大多数时候，我们会坚持在本书中使用命名项和 :: 操作符。

一旦定义了一个新的 UDT，它也可以作为一种方式来实例化该类型的一个新实例。例如，Complex 类型可以作为一个函数，通过输入两个 Double 值的元组来创建一个新的复数（见清单 9.5）。这与 Python 相似，在 Python 中，类型也是创建该类型实例的函数。

清单 9.5　用 UDT Complex 创建一个复数

```
let imaginaryUnit = Complex(0.0, 1.0);
```

用 newtype 定义一个 UDT 也定义了一个与该类型同名的新函数，该函数返回新 UDT 的值。例如，我们可以调用 Complex 作为一个函数，它有两个 Double 输入，代表新的 Complex 值的实部和虚部。在这里，我们定义了一个复数值，代表 0 + 1.0i（Python 中常写作 0+1j），也称为虚数单位

练习 9.1：用于策略的 UDT

在第 4 章中，我们用 Python 类型注解来表示 CHSH 游戏中的策略概念。Q# 中的 UDT 也可以类似地使用。请试着为 CHSH 策略定义一个新的 UDT，然后用其来包装第 4 章中的常数策略。

提示：你和 Eve 的策略部分可以分别表示为一个操作，它接受一个 Result 并输出一个 Result：即作为 Result => Result 类型的操作。

对于本章的游戏，我们定义了一个新的 UDT，既是为了表明我们打算如何使用它，也是对兰斯洛特在猜谜游戏中得到的操作类型的一种方便的简写。在清单 9.6 中，我们可以看到这个新类型的定义，名为 ScalableOperation，它是一个元组，有一个名为 Apply 的输入。

清单 9.6　operations.qs：游戏的设置

我们可以使用与声明操作或函数的签名相同的语法来给 UDT 中的各项命名。在这里，新的 UDT 只有一个名为 Apply 的项，允许调用由 ScalableOperation 包装的操作

我们可以用 newtype 语句声明一个新的 UDT，方法是为新类型命名，并定义新类型所基于的基础类型

```
newtype ScalableOperation = (
    Apply: ((Double, Qubit) => Unit is Adj + Ctl)
);
function HiddenRotation(hiddenAngle : Double)
: ScalableOperation {
    return ScalableOperation(
        ApplyScaledRotation(hiddenAngle, _, _)
    );
}
```

一旦定义后，我们就可以像使用其他类型一样使用新的 UDT。在这里，我们定义了一个函数，输出 ScalableOperation 类型的值

我们可以通过调用 ScalableOperation 与新的 UDT 中要包装的操作来轻松地制作输出值。在该例中，我们可以使用在本章前面所了解的 ApplyScaledRotation 的部分应用来创建新的 ScalableOperation 实例

提示 当我们在 Q# 中定义函数和操作的输入时，这些输入的名称都是以小写字母开头的。然而，在清单 9.6 中，ScalableOperation 中的命名项 Apply 是以大写字母开始的。这是因为函数或操作的输入只在可调用范围内有意义，而命名项的意义更广泛。我们可以以首字母大写的方式命名输入和命名项，以更合理地查找它们的定义。

清单 9.6 中定义的函数 HiddenRotation 帮助我们实现了兰斯洛特和达戈内的游戏，并为达戈内提供了一种隐藏其角度的方法。用达戈内的角度调用 HiddenRotation 会返回一个新的 ScalableOperation，兰斯洛特可以调用它来收集所需的数据以猜测隐藏的角度。图 9.5 展示了达戈内的新游戏设置。

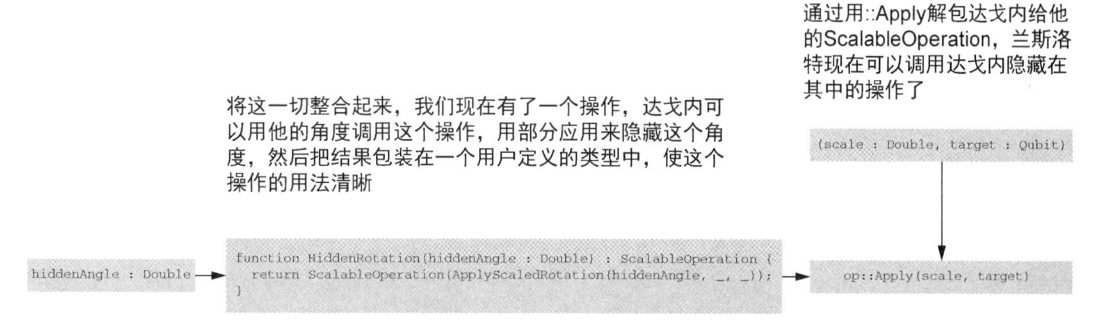

图 9.5 用部分应用和 UDT 玩达戈内的猜测游戏。达戈内用函数来构造传给兰斯洛特的 UDT，用隐藏角度代表旋转

有了一些新的类型和一种让达戈内隐藏其角度的方法后，便可以继续实施游戏的其余部分。现在我们进行下一步：估计在兰斯洛特和达戈内的游戏中所做的每个测量的概率。这与我们估计投掷硬币的概率非常相似，如图 9.6 所示。

让我们看看在达戈内的游戏中，这个抛掷估计过程的代码会是什么样的（见清单 9.7）。请注意，由于兰斯洛特和达戈内同意将 z 轴作为游戏的旋转轴，所以兰斯洛特可以将他的目标量子位制备在 $|+\rangle$ 状态下，这样达戈内的旋转就会产生效果。

假设有人递给我们一枚硬币，我们想知道这枚硬币的偏差，也就是这枚崭新的硬币落在正面的概率

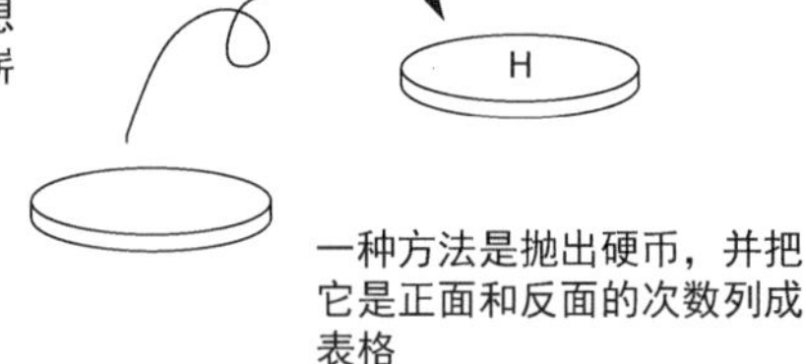

一种方法是抛出硬币，并把它是正面和反面的次数列成表格

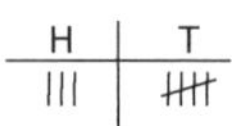

如果得到3次正面和5次反面，就可以非常合理地估计，得到正面的概率是3/8=37.5%。如果抛掷更多次，就可以得到更准确的估计

如果我们试图通过测量量子位来估计得到One的概率，这个想法也是成立的

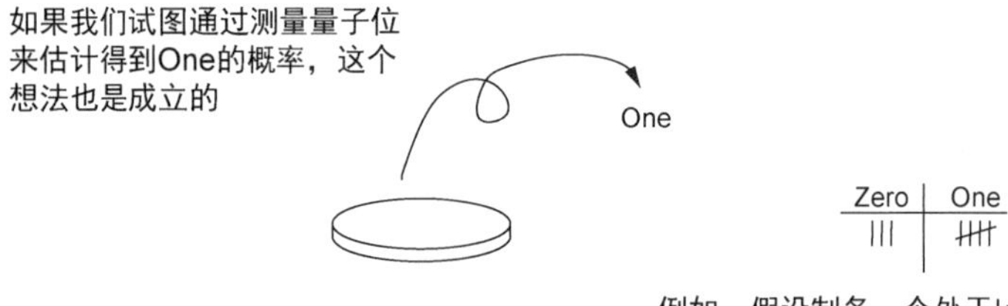

例如，假设制备一个处于$|\psi\rangle$状态的量子位并对其进行测量，整个过程重复8次。如果我们得到5次One的结果，我们会估计$|\langle 1|\psi\rangle|^2$=5/8=62.5%

图 9.6　兰斯洛特的估计与估计抛硬币的结果相似。可以通过多次抛掷硬币并计算“正面”的数量来估计硬币的偏差。类似地，可以将同一个量子位制备在同一状态下多次，每次都对其进行测量，并计算测量结果

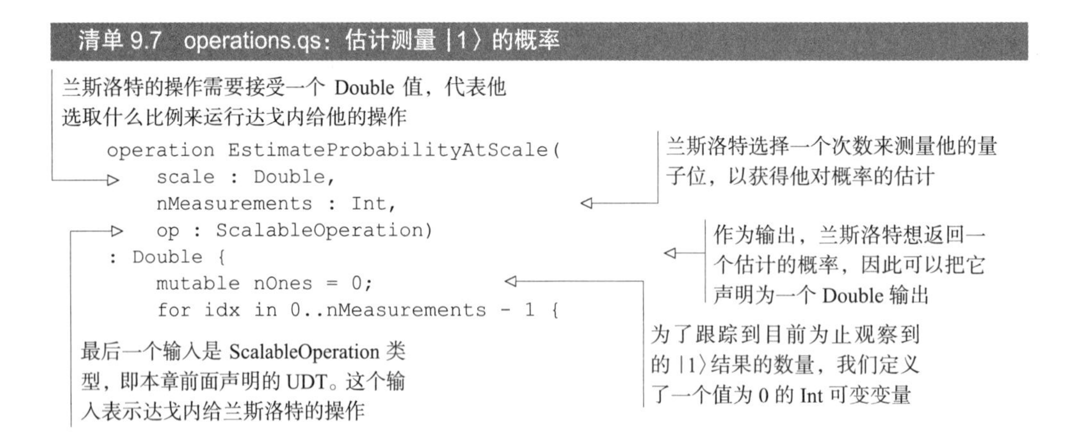

清单 9.7　operations.qs：估计测量 |1〉的概率

兰斯洛特的操作需要接受一个 Double 值，代表他选取什么比例来运行达戈内给他的操作

```
operation EstimateProbabilityAtScale(
    scale : Double,
    nMeasurements : Int,
    op : ScalableOperation)
: Double {
    mutable nOnes = 0;
    for idx in 0..nMeasurements - 1 {
```

兰斯洛特选择一个次数来测量他的量子位，以获得他对概率的估计

作为输出，兰斯洛特想返回一个估计的概率，因此可以把它声明为一个 Double 输出

为了跟踪到目前为止观察到的 |1〉结果的数量，我们定义了一个值为 0 的 Int 可变变量

最后一个输入是 ScalableOperation 类型，即本章前面声明的 UDT。这个输入表示达戈内给兰斯洛特的操作

使用 within 和 apply 关键词，实现我们在第 8 章所学到的鞋袜模式

对于每次测量，我们都需要分配一个量子位，它是达戈内操作的目标

执行兰斯洛特的策略，使用 H 操作来制备一个处于 |+〉状态的量子位

?| 三元操作符（很像 Python 中的 if_else 操作符或 C、C++和 C#中的?: 操作符）提供了一种便捷方法来增加 nOnes

为了得到对测量到 |1〉的概率的最终估计，我们计算 One 与总计数的比率。函数 Convert.IntAsDouble 帮助我们返回一个浮动数字

一旦制备好了达戈内操作的输入，就使用::Apply 来解包 ScalableOperation 的 UDT，从而调用它

```
        use target = Qubit();
        within {
            H(target);
        } apply {
            op::Apply(scale, target);
        }
        set nOnes += Meas.MResetZ(target) == One
                     ? 1 | 0;
    }
    return Convert.IntAsDouble(nOnes) /
           Convert.IntAsDouble(nMeasurements);
}
```

在清单 9.7 中，within/apply 语句块确保兰斯洛特的量子位回到了正确的轴。我们可以通过在 nOnes 上添加 1 或 0 来计算最终测量结果有多少次是 1。在这里，?|三元操作符（很像 Python 中的 if - else 操作符或 C、C++和 C#中的?: 操作符）提供了一种便捷方法来递增 nOnes。

任何其他名称的操作

你可能已经注意到，操作往往是用动词来命名的，而函数则是用名词来命名的。这有助于记忆第 7 章中提到的函数和操作的区别。使用一致的名称可以帮助理解一个量子程序是如何工作的，所以 Q# 在整个语言和库中使用这样的约定。

有了这些，我们现在可以写一个操作，运行整个游戏，并返回兰斯洛特猜测达戈内的隐藏角度所需的一切（见清单 9.8）。

清单 9.8 operations.qs：运行完整的游戏

制作一个新的 ScalableOperation 值，使用之前写的 HiddenRotation 函数来隐藏达戈内的角度

Microsoft.Quantum.Arrays 中的 ForEach 操作（我们给它起了一个缩写名 Arrays）接受一个操作，并将它应用于比例数组的每个元素

```
operation RunGame(
    hiddenAngle : Double, scales : Double[], nMeasurementsPerScale : Int
) : Double[] {
    let hiddenRotation = HiddenRotation(hiddenAngle);
    return Arrays.ForEach(
```

```
                为了得到传递给 ForEach 的操作，我们使用部分应用来锁
                定兰斯洛特在每个不同的比例上做了多少次测量，以及达
                戈内给出了什么隐藏操作
            EstimateProbabilityAtScale(                   <-
                _,
                nMeasurementsPerScale,
                hiddenRotation
            ),
            scales  <-  当我们把"scales"作为第二个输入传给
        );              ForEach时，"scales"的每个元素都被替
    }                   换到部分应用空位_中
```

注意 当 Q# 也有 Microsoft.Quantum.Arrays.Mapped 时，ForEach 的行为就像 Python 和其他语言中的 map，这似乎有点滑稽。关键的区别在于，ForEach 需要一个操作，而 Mapped 需要一个函数。

对于兰斯洛特来说，要真正理解他从 Q# 程序中得到的所有数据，使用一些经典的数据科学技术可能会有所帮助。由于 Python 在这方面很出色，从 Python 宿主程序中运行新的 RunGame 操作可能是帮助兰斯洛特的一个好方法。

9.3 从 Python 中运行 Q#

在前几章中，我们在带有 Q# 内核的 Jupyter Notebook 中运行 Q# 代码。现在，我们学习运行 Q# 代码的另一种方式：从 Python 运行。从 Python 中调用 Q# 有助于应对各种不同情况，尤其是当我们想在 Q# 中使用数据之前对其进行预处理，或者想为量子程序的输出提供图示时。

让我们开始编写文件来实现达戈内和兰斯洛特的游戏。为了尝试 Q# 和 Python 的互操作，我们将使用一个 Python 宿主程序来运行 Q# 程序。这意味着我们将有两个游戏文件：operations.qs 和一个我们直接用来运行游戏的 host.py 文件。让我们深入研究 host.py 文件，看看我们如何从 Python 中与 Q# 交互，如图 9.7 所示。

我们所需的所有 Python 和 Q#之间的互操作功能都由 Python 包 qsharp 提供。

提示 附录 A 有 Python 包 qsharp 的完整安装说明。

一旦有了 qsharp 包，就可以像导入其他 Python 包一样导入它。让我们看一个小的 Python 文件样本（见清单 9.9），在那里我们可以看到它的作用。

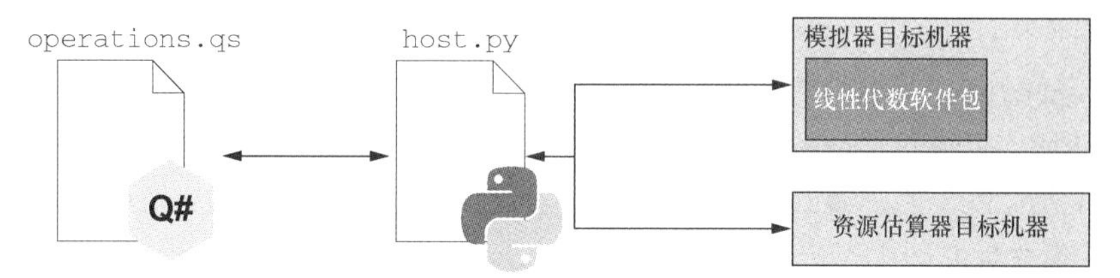
除了使用Jupyter Notebook作为预制的宿主程序，我们也可以用Python编写自己的宿主程序。与前几章一样，宿主程序负责将Q# 程序发送到目标机器上
operations.qs
host.py
Q#
模拟器目标机器
线性代数软件包
资源估算器目标机器

图 9.7 使用 Python 编写的 Q# 宿主程序。像 Jupyter Notebook 宿主一样，Python 程序可以协调将 Q# 程序发送到特定的目标机器上并收集结果

清单 9.9 qsharp-interop.py：在 Python 中直接使用 Q# 代码

```
import qsharp

prepare_qubit = qsharp.compile("""
    open Microsoft.Quantum.Diagnostics;

    operation PrepareQubit(): Unit {
        using (qubit = Qubit()) {
                DumpMachine();
        }
    }
    """)

if __name__ == "__main__":
    prepare_qubit.simulate()
```

- qsharp 需要像其他 Python 包一样导入
- 使用 qsharp.compile Python 函数，获取一个包含 Q# 代码的字符串，并将其编译为用于 Python 文件
- 就像普通的 Q#文件一样，需要带有 open 语句以使用 Q#标准库的不同部分
- 这串 Q#代码描述的操作只是制备了一个处于 |0⟩状态的量子位，并使用 DumpMachine 来显示目标机器对该量子位的了解
- 我们还想使用定义为 prepare_qubit 的可调用程序，因此可以使用 qsharp 包中的 simulate 方法，它可以运行先前编译的 Q# 代码片段

试运行清单 9.9 中的 qsharp-interop.py 脚本。

清单 9.10 运行清单 9.9

```
$ python qsharp-interop.py
Preparing Q# environment...
# wave function for qubits with ids (least to most significant): 0
|0⟩ :    1.000000 +  0.000000 i  ==     ******************** [ 1.000000 ]
➥      --- [ 0.00000 rad ]
|1⟩ :    0.000000 +  0.000000 I  ==                          [ 0.000000 ]
```

提示 如果是在 Q# Jupyter Notebook 中运行代码，Q#片段的输出看起来会有所不同。

从清单 9.10 的输出中，我们可以看到它确实制备了一个 |0⟩ 状态，因为输出中唯一系数为 1.0 的项就是 |0⟩ 状态。

Python 包 qsharp 也会寻找定义在*.qs 文件中的 Q#操作或函数，该文件与 Python 程序处于同一目录下。在本例中，当进行到本章的其余部分时，我们将把内容添加到一个名为 operations.qs 的 Q#文件中。对于启动游戏的 host.py 文件，这是一种相当方便的方式。然后，加载的 qsharp 包允许在与 host.py 同一目录下的 Q#文件的命名空间中导入操作和函数。我们之前看到了 RunGame，很快就会看到 RunGameUsingControlledRotations（见清单 9.11）。

清单 9.11　host.py：相位估计游戏的开始

导入 Q#操作的 Python 包

从 operations.qs 中导入 RunGame 和 RunGameUsingControlledRotations 操作，自动创建代表导入的每个 Q# 操作的 Python 对象

```
import qsharp
from PhaseEstimation import RunGame, RunGameUsingControlledRotations

from typing import Any
import scipy.optimize as optimization
import numpy as np

BIGGEST_ANGLE = 2 * np.pi
```

其余的导入有助于在 Python 中进行类型提示，为 Q#模拟结果提供图示，以及拟合测量数据以获得兰斯洛特的最终猜测

既然已经导入并设置了 Python 文件，那么就来编写 run_game_at_scales（它是调用 Q#操作的函数），如清单 9.12 所示。

清单 9.12　host.py：调用 Q# 操作的 Python 函数

设置返回类型提示为 Any，这告诉 Python 无须对这个函数的返回值进行类型检查

达戈内选择了他希望兰斯洛特猜测的隐藏角度

```
def run_game_at_scales(scales: np.ndarray,
                       n_measurements_per_scale: int = 100,
                       control: bool = False
    ) -> Any:
    hidden_angle = np.random.random() * BIGGEST_ANGLE
    print(f"Pssst the hidden angle is {hidden_angle}, good luck!")
    return (
        RunGameUsingControlledRotations
        if control else RunGame
    ).simulate(
        hiddenAngle=hidden_angle,
        nMeasurementsPerScale=n_measurements_per_scale,
        scales=list(scales)
    )
```

当 qsharp 导入这些操作时，它们的 Python 表示法有一个名为 simulate 的方法，它接收所需的参数并将它们传递给 Q#模拟器

run_game_at_scales的返回是以 control 为条件的，它允许我们在为这个游戏开发的两个模拟之间进行选择（当前使用 control =False）

这个 Python 文件应该可以作为一个脚本运行，所以我们还需要定义__main__。在这里，我们可以通过 Python 中的宿主程序实现兰斯洛特的想法，获取测量结果和比例，并将它们与达戈内的旋转模型相匹配。旋转角度改变测量结果作用机理的最佳模型是由以下公式给出的，其中 θ 是达戈内的隐藏角度，scale 是达戈内的比例因子：

$$\Pr(1) = \sin\left(\frac{\theta \times \text{scale}}{2}\right)^2$$

练习 9.2：又是波恩

如果使用玻恩定则，就可以找到这个模型！接下来显示的是第 2 章的定义。看看能不能用 Python 把结果值绘制成兰斯洛特比例的函数。你的图看起来像一个三角函数吗？

$$\Pr(测量 \mid 状态) = |\langle 测量 \mid 状态 \rangle|^2$$

提示：对于兰斯洛特的测量，玻恩定理的〈测量 |部分是由〈1 |给出的。在测量之前，他的量子位处于 $HR_1(\theta \times \text{scale})H|0\rangle$ 状态。你可以使用 Q#参考中的矩阵形式。

一旦有了那些模型和数据，就可以用 Python 软件包 SciPy 中的 scipy.optimize 函数匹配数据与模型。它为 θ 参数找到的值就是达戈内的隐藏角度！这就是我们的模型。清单 9.13 展示了如何将这一切结合起来。

清单 9.13　host.py：作为脚本运行 host.py

该脚本绘制了数据和拟合结果，所以我们需要导入友好的 matplotlib

兰斯洛特对游戏的输入列表（也就是他的那些比例）是以 np.linspace 的一个有规律的、连续的数字列表的形式生成的

该脚本运行了两个版本的游戏模拟，因此可以对它们进行比较。现在不要担心 control = True 的情况，我们很快就会回到这个问题上

```
if __name__ == "__main__":
    import matplotlib.pyplot as plt
    scales = np.linspace(0, 2, 101)
    for control in (False, True):
        data = run_game_at_scales(scales, control=control)

        def rotation_model(scale, angle):
            return np.sin(angle * scale / 2) ** 2
        angle_guess, est_error = optimization.curve_fit(
            rotation_model, scales, data, BIGGEST_ANGLE / 2,
            bounds=[0, BIGGEST_ANGLE]
        )
        print(f"The hidden angle you think was {angle_guess}!")
```

代表对量子位的操作。兰斯洛特可以把他得到的数据拟合到模型上，并提取出对角度的猜测

标准的 scipy 函数 optimization.curve_fit 需要一个函数模型、输入、测量数据和一个初始猜测来尝试拟合模型的所有参数

在 run_game_at_scales 中存储从 Python 中运行的 Q#模拟结果

```
        plt.figure()
        plt.plot(scales, data, 'o')
        plt.title("Probability of Lancelot measuring One at each scale")
        plt.xlabel("Lancelot's input scale value")
        plt.ylabel("Lancelot's probability of measuring a One")
        plt.plot(scales, rotation_model(scales, angle_guess))

    plt.show()
```

验证 optimization.curve_fit 找到的拟合是很重要的，所以可以同时绘制数据和拟合的模型，看看它看起来是否正确

在新的窗口中显示带有数据和拟合的图

现在我们有了一个可以用来运行整个游戏的宿主程序，可以看到，兰斯洛特在弄清达戈内在 Q#操作中隐藏了什么角度方面做得相当合理。通过采取不同的测量和使用经典的数据科学技术，兰斯洛特可以估计出达戈内的操作来应用于他的量子位的相位。运行 host.py 应该会产生两个弹窗，显示他可以使用的两种策略的测量概率与兰斯洛特的比例的函数图（见图 9.8）。第一种方法前面已经介绍过，我们将在 9.6 节实现后者。

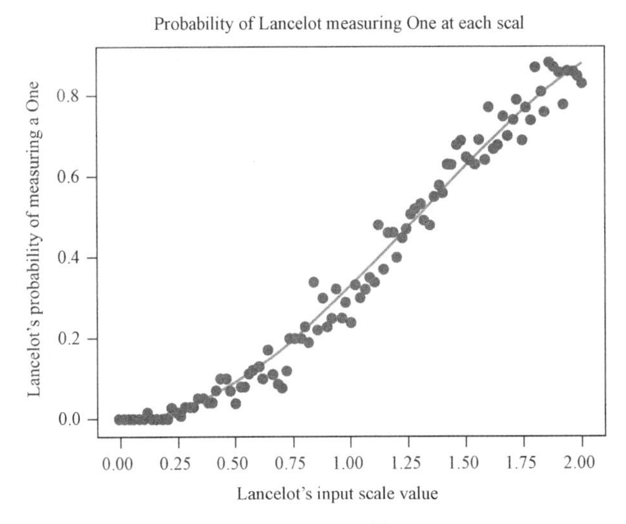

图 9.8 当我们运行 host.py 时，应该弹出的两个图之一的示例

提示 由于 SciPy 的拟合包并不完美，有时它找到的拟合参数并不正确。多运行几次，力求拟合算法找到的拟合参数更准确。如果你对绘图包 matplotlib 有疑问，请查看 Manning 出版社的其他一些书：*Data Science Bootcamp*（第 2 章，Leonard Apeltsin），以及 *Data Science with Python and Dask*（第 7 章和第 8 章，Jesse C. Daniel，2019）。

从这些图中可以看到，我们能够很好地拟合兰斯洛特的数据。这意味着我们在 angle_guess 中找到的拟合值是对达戈内的隐藏角度的一个非常好的近似值！

不过，兰斯洛特的策略还有一个令人头疼的问题：每次进行测量时，他都需要制备好正确的输入，以传递给达戈内操作。在这个特定的游戏中，这可能不是什么大问题，但当我们在第 10 章探讨这个游戏的更大应用时，每次将输入寄存器制备成正确的状态可能会很昂贵。幸运的是，我们可以使用"受控操作"来复用相同的输入，正如我们在本章的其余部分所看到的。

你已经看到了受控操作的例子（如 CNOT），但事实证明，许多其他量子操作也可以有条件地应用，这可能非常有用。受控操作，以及我们需要的最后一个新的量子计算概念（特征态），将帮助实现我们在第 8 章末尾所看到的技术：相位反冲。

提示 在接下来的几节中，有很多关于局部相位和全局相位的讨论。回顾一下，全局相位是一个复数系数，可以从状态的所有项中提取出来，而且不能被观察到。如果你需要对复习相位的相关知识，请查看本书第 4 章～第 6 章。

9.4 特征态和局部相位

到此，我们已了解了 X 操作允许我们翻转位（$|0\rangle \leftrightarrow |1\rangle$），Z 操作允许我们翻转相位（$|+\rangle \leftrightarrow |-\rangle$）。不过，这两种操作都只对某些输入状态施加全局相位。正如我们在前几章中所了解的，我们实际上无法了解任何关于全局相位的信息，所以理解每个操作单独留下的状态，对于理解我们通过应用该操作可以了解到什么是至关重要的。

例如，重新审视一下 Z 操作。在清单 9.14 中可以看到，如果我们试图用 Z 操作不去翻转处于 $|+\rangle$ 和 $|-\rangle$ 状态之间的量子位，而是去翻转处于 $|0\rangle$ 状态的输入量子位，会发生什么（见清单 9.14）。

清单 9.14 将 Z 操作应用于处于 $|1\rangle$ 状态的量子位

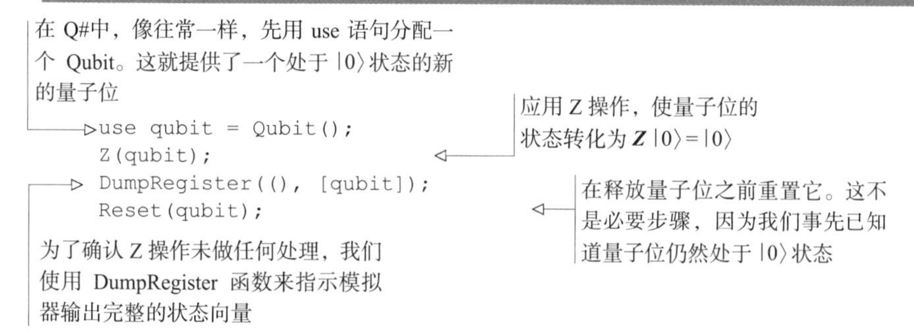

在 Q#中，像往常一样，先用 use 语句分配一个 Qubit。这就提供了一个处于 |0⟩ 状态的新的量子位
use qubit = Qubit();
Z(qubit);
DumpRegister((), [qubit]);
Reset(qubit);
应用 Z 操作，使量子位的状态转化为 Z |0⟩ = |0⟩
在释放量子位之前重置它。这不是必要步骤，因为我们事先已知道量子位仍然处于 |0⟩ 状态
为了确认 Z 操作未做任何处理，我们使用 DumpRegister 函数来指示模拟器输出完整的状态向量

在清单 9.14 中，我们可以通过 DumpRegister 函数来确认 Z 操作未做任何处理，指示模拟器输出所有的诊断信息——在示例中，是完整的状态向量。图 9.9 展示了该诊断信息的样子。

提示 如果我们在模拟器以外的目标机器上运行这个程序，得到的就不是状态向量了，而是机器提供的其他诊断信息（例如，硬件 ID）。

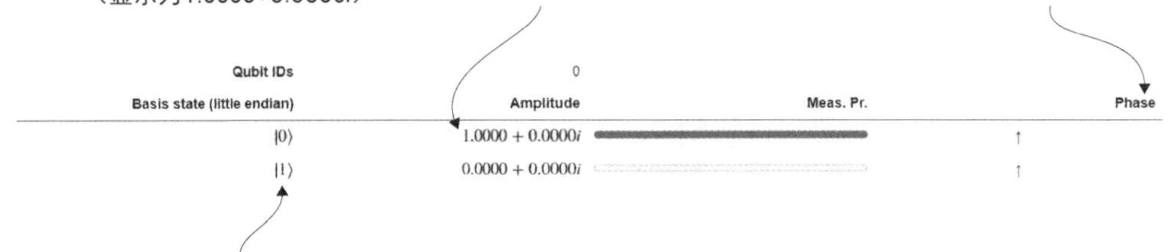

DumpRegister的第一行输出显示了|0⟩状态的系数；在这里，DumpRegister显示你的系数仅是1（显示为1.0000+0.0000i）
DumpRegister的输出还显示了其他有用信息，例如，观察到每个基态的概率（振幅绝对值的平方，遵循波恩定则），以及与每个基态相关的相位
Qubit IDs
0
Basis state (little endian)
Amplitude
Meas. Pr.
Phase
|0⟩
1.0000 + 0.0000i
|1⟩
0.0000 + 0.0000i
第二行告诉你，|1⟩状态的系数是0。结合从第一行了解到的信息，可知转储的状态是1|0⟩+0|1⟩=|0⟩

图 9.9　运行清单 9.14 后的输出

请注意，在清单 9.14 中，Z 对 qubit 没有任何作用，因为 $\boldsymbol{Z}|0\rangle=|0\rangle$。如果我们修改该清单，在 Z 之前使用 X 来制备 $|1\rangle$，会得到类似的结果，如清单 9.15 所示。

清单 9.15　将 Z 应用于处于 | 1 〉状态的量子位

```
use qubit = Qubit();
X(qubit);                      ◁ 和以前一样，我们可以用 |1⟩=X|0⟩的方式来制备 |1⟩状态

Z(qubit);   ◁———— 重复上面的实验，但使用不同的输入

DumpRegister("1.txt", [qubit]); ◁ 和以前一样，我们可以把量子位的状态写到
Reset(qubit);                     一个文本文件中，利用这一点，我们在一个
                                  内部保存状态的模拟器上运行
```

输出结果如下：

```
# wave function for qubits with ids (least to most significant): 0
|0〉:     0.000000 +  0.000000 i  ==                          [ 0.000000 ]
|1〉:   -1.000000 +  0.000000 I  ==     ******************** [ 1.000000 ]
➥ ---       [  3.14159 rad ]  ◁ 该文件代表向量[[0], [−1]]，使用
                                 狄拉克符号就是− |1〉
```

对一个 $|1\rangle$ 状态应用 Z 操作的效果是翻转 qubit 状态的符号。这是“全局相位”的另一个用例，就像我们在第 6 章和第 8 章所看到的那样。

每当两个状态 $|\psi\rangle$ 和 $|\phi\rangle$ 只相差一个复数 $e^{i\theta}$ 时，$|\phi\rangle=e^{i\theta}|\psi\rangle$，我们就说 $|\psi\rangle$ 和 $|\phi\rangle$ 差一个“全局相位”。例如，$|0\rangle$ 和 $-|0\rangle$ 的全局相位是 $-1=e^{i\pi}$。

一个状态的全局相位并不影响任何测量概率，所以当一个 Z 操作的输入处于 $|0\rangle$ 或 $|1\rangle$ 状态时，我们永远无法检测到是否应用了该操作。我们可以通过使用 AssertQubit

操作来确认这一点，它可以检查特定测量结果的概率（见清单 9.16）。

清单 9.16　使用 AssertQubit 来检查测量结果

```
use qubit = Qubit();
AssertQubit(Zero, qubit);
Z(qubit);
AssertQubit(Zero, qubit);
Message("Passed test!");
Reset(qubit);
```

检查测量量子位的结果是否为 Zero，如果不是，则终止程序

在此之后，量子位处于 $-|0\rangle$ 状态，而非 $|0\rangle$ 状态。也就是说，Z 操作对量子位状态应用了一个全局相位

再次调用 AssertQubit 来检查获得 Zero 结果的概率是否仍为 1

输出一条信息，以检查量子程序是否通过了两个断言

运行该片段只会输出“Passed test!”，因为在断言成功的情况下，对 AssertQubit 的调用不做任何处理。使用这样的断言，可以编写单元测试，利用模拟器来确认对特定量子程序行为方式的理解。在实际的量子硬件上，由于不可克隆定理，我们不能做这种检查，断言可以安全地去除。

重要提示　断言对于编写单元测试和检查量子程序的正确性来说是非常有用的工具。尽管如此，重要的是要记住，当我们的程序在实际的量子硬件上运行时，它们会被去除，所以我们不使用断言来达到程序正确运行的目的。当然，这也是很好的编程实践。在像 Python 这样的经典语言中，断言常常因为性能原因而被禁用，因此我们不能过于依赖断言。

识别哪些量子态被 U 操作分配了全局相位，这给我们提供了一种理解该量子操作行为的方法。我们称这样的状态为 U 的“特征态”。如果两个操作具有相同的特征态，并且对每个特征态应用相同的全局相位，就无法将这两个操作区分开来了——就像两个经典函数具有相同的真值表一样，无论量子位在应用每个操作时处于什么状态，我们都无法区分哪个是哪个。这意味着我们不仅可以通过矩阵表示来理解操作，还可以通过理解它们的特征态是什么，以及操作对每个特征态应用的全局相位是什么来理解操作。正如我们所看到的，我们不能直接了解一个量子位的全局相位，所以在 9.5 节，我们将学习如何使用操作的受控版本，将全局相位变成可以测量的局部相位。不过现在，让我们用一个更正式的定义来总结一下什么是特征态。

如果在应用 U 操作之后，一个由量子位 qs 组成的寄存器的状态只改变了一个全局相位，我们就说这个寄存器的状态是 U 的一个“特征态”。例如，$|0\rangle$ 和 $|1\rangle$ 都是 Z 操作的特征态。同样地，$|+\rangle$ 和 $|-\rangle$ 都是 X 的特征态。

尝试一下练习 9.3，练习如何处理特征态吧！

练习 9.3：诊断性练习

尝试编写 Q#程序，使用 AssertQubit 和 DumpMachine 来验证以下内容。

- $|+\rangle$ 和 $|-\rangle$ 都是 X 操作的特征态。
- $|0\rangle$ 和 $|1\rangle$ 都是 z 旋转的特征态，而与旋转角度无关。

作为补充练习，请尝试找出 Y 操作和 CNOT 操作的特征态，并编写一个 Q#程序来验证你的猜测！

提示：可以用 QuTiP 查找酉操作特征态的矢量形式。例如，Y 操作的特征态源自 qt.sigmay().eigenstates()。在这里，可以用第 4 章～第 6 章中所学到的关于旋转的知识来确定哪些 Q# 操作可以制备这些状态。

不要忘了，总是可以通过在 Q#中编写一个快速测试来测试一个特定的状态是不是一个操作的特征态！

特征态是一个非常有用的概念，可用于各种量子计算算法中。我们将在 9.5 节中同时使用特征态与受控操作实现一种名为“相位反冲”的量子开发技术，我们在第 7 章末尾介绍过这种技术。

深度探究：“适当的”特征

特征态的名称来自于贯穿线性代数的一个概念：特征向量。正如一个特征态是一个被量子操作单独留下的状态（即最多应用一个全局相位），一个特征向量是一个在与矩阵相乘时被预设了缩放系数的向量。也就是说，如果对于一个矩阵 $\boldsymbol{A}$，$\boldsymbol{Ax}=\lambda\boldsymbol{x}$ 对于某个数字 λ 成立，那么 $\boldsymbol{x}$ 就是 $\boldsymbol{A}$ 的一个特征向量，λ 是响应的特征值。

特征向量和特征值有助于我们理解矩阵的属性或特征。特别是，如果一个矩阵 $\boldsymbol{A}$ 与其共轭转置可交换（也就是说，如果 $\boldsymbol{AA}^\dagger=\boldsymbol{A}^\dagger\boldsymbol{A}$），那么它就可以被分解为投射到特征向量上的投影，每个投影都被其特征值所缩放：

$$\boldsymbol{A}=\sum_i \lambda x_i x^\dagger_i$$

由于这个条件对于酉矩阵总是成立的，我们总是可以通过将它们分解为其特征态和应用于每个特征态的相位来理解量子操作。例如，$\boldsymbol{Z}=|0\rangle\langle 0|-|1\rangle\langle 1|$ 和 $\boldsymbol{X}=|+\rangle\langle +|-|-\rangle\langle -|$。

这样分解矩阵的一个重要结论是，如果两个矩阵 $\boldsymbol{A}$ 和 $\boldsymbol{B}$ 有相同的特征向量和特征值，它们就是同一个矩阵。同样地，如果两个操作可以用相同的特征态和特征相位来表示，那么它们是无法区分的。

这种对状态和操作的思考方式往往可以帮助我们理解不同的量子计算概念。另一种思考方式是，将本章中所研究的相位估计游戏当作一种学习与每个特征态相关的相位的算法！在第 10 章，你会看到这与某些应用联系紧密，比如了解化学系统的特性。

9.5 受控应用：将全局相位变成局部相位

从我们所了解的和可以测试的情况来看，状态的“全局”相位是不可观察的，而状态的“局部”相位则是可以测量的。例如，考虑状态$1/\sqrt{2}(-i|0\rangle - i|1\rangle) = -i/\sqrt{2}(|0\rangle + |1\rangle)$。我们无法通过测量来区分这种状态与$(|0\rangle + |1\rangle)/\sqrt{2}$。然而，我们可以将这两种状态之一与状态$(|0\rangle - |1\rangle)/\sqrt{2}$区分开来，因为“局部”相位有差异。也就是说，其中一个状态中$|1\rangle$的前面是“+”，另一个是“−”。

提示 如果想复习一下相位，以及如何将它们看作旋转，请复习第4章和第5章。当使用模拟器作为目标机器时，DumpMachine和DumpRegister的输出也可以帮助了解状态的相位。

在9.4节中，我们使用了特征态，并了解到特征态的全局相位可以携带操作的信息：这里姑且称之为U。如果我们想了解这个关于特征态的全局相位信息，那么我们似乎被难住了。如果兰斯洛特只制备了达戈内操作的特征态，那么他就永远无法了解达戈内所隐藏的角度。

量子算法来救场！有一个非常有用的技巧，我们可以把一个操作U应用的全局相位变成一个与它密切相关的操作应用的局部相位。为了理解这一点，让我们回到CNOT操作。回顾一下第6章，我们可以用一个酉矩阵来模拟CNOT：

$$\boldsymbol{U}_{\text{CNOT}} = \begin{pmatrix} 1 & 0 & 0 & 0 \\ 0 & 1 & 0 & 0 \\ 0 & 0 & 0 & 1 \\ 0 & 0 & 1 & 0 \end{pmatrix}$$

在第6章中第一次遇到这个矩阵时，我们用酉矩阵和经典真值表之间的类比来说明CNOT操作交换了$|10\rangle$和$|11\rangle$状态，但让$|00\rangle$和$|01\rangle$状态的量子位保持不变。也就是说，CNOT是否翻转其第二个量子位的状态，“受控”于第一个量子位的状态。如图9.10所示，我们可以把CNOT操作的酉矩阵理解为描述一种“量子如果”的语句：“如果控制量子位处于$|1\rangle$状态，那么就对目标量子位应用X操作。”

要在Q#中使用CNOT操作，我们可以尝试清单9.17中的代码。

从我们在第6章所看到的CNOT操作开始。我们可以用一个酉矩阵来表示它。由于CNOT作用于两个量子位（控制和目标量子位），其酉矩阵是一个4×4的矩阵

这个矩阵的左上部分告诉我们，当控制量子位处于|0⟩状态时，CNOT操作的作用

$$U_{\text{CNOT}} = \begin{pmatrix} 1 & 0 & 0 & 0 \\ 0 & 1 & 0 & 0 \\ 0 & 0 & 0 & 1 \\ 0 & 0 & 1 & 0 \end{pmatrix}$$

右下角的部分告诉我们，当控制量子位处于|1⟩状态时会发生什么。请注意，CNOT的这部分矩阵与X操作的矩阵是一样的。

我们可以用同样的方法写出其他受控操作的酉矩阵。例如，受控的Z操作（简称CZ）由一个对角线上有𝟙矩阵和Z矩阵的矩阵表示

$$U_{\text{CZ}} = \begin{pmatrix} 1 & 0 & 0 & 0 \\ 0 & 1 & 0 & 0 \\ 0 & 0 & 1 & 0 \\ 0 & 0 & 0 & -1 \end{pmatrix}$$

图 9.10　写出受控操作的酉矩阵

清单 9.17　在 Q#中使用 CNOT 操作

```
use control = Qubit();
use target = Qubit();
H(control);          // 将控制量子位制备在 |+⟩ 状态
X(target);           // 将目标量子位制备在 |1⟩ 状态

CNOT(control, target);   // 应用 CNOT 并输出模拟器的状态
DumpMachine();

Reset(control);
Reset(target);
```

通过把 CNOT 看作条件语句的量子类似物，可以更直接地写出其酉矩阵。具体来说，可以将 CNOT 操作的酉矩阵看作一种“块状矩阵”，使用在第 4 章所看到的张量积来建立。

$$\boldsymbol{U}_{\text{CNOT}} = \begin{pmatrix} \mathbb{1} & 0 \\ 0 & \boldsymbol{X} \end{pmatrix} = |0\rangle\langle 0| \otimes \mathbb{1} + |1\rangle\langle 1| \otimes \boldsymbol{X}$$

练习 9.4：验证 CNOT 矩阵

验证 $|0\rangle\langle 0| \otimes \mathbb{1} + |1\rangle\langle 1| \otimes \boldsymbol{X}$ 与前面的方程相同。

提示：可以使用 NumPy 的 np.kron 函数或 QuTiP 的 qt.tensor 函数来手工验证。如果需要，可以回顾一下第 6 章中如何模拟隐形传态的，或者回顾一下第 8 章中多伊奇-约萨算法的推导。

我们可以按照这个模式构建其他操作，比如 CZ（代表 controlled-Z，即受控 Z）操作：

$$U_{CZ}=\begin{pmatrix}1&0&0&0\\0&1&0&0\\0&0&1&0\\0&0&0&-1\end{pmatrix}=|00\rangle\langle00|+|01\rangle\langle10|+|10\rangle\langle10|-|11\rangle\langle11|$$

就像 CNOT 操作与 X 操作作用相同（应用位翻转），但受控于另一个量子位的状态，对于 CZ 操作来说，当其控制量子位处于 $|1\rangle$ 状态时，它像 Z 操作一样翻转一个相位。图 9.10 展示了其工作方式的一个示例。可以通过编写一些 Q#代码来试一试操作 CZ，看看受控操作 Z 实际是如何工作的（见清单 9.18）。

清单 9.18　测试 Q#操作 CZ

```
use control = Qubit();
use target = Qubit();
H(control);        <-------将控制量子位制备在 |+⟩状态
X(target);         <-------将目标量子位制备在 |1⟩状态

CZ(control, target);
DumpRegister("cz-output.txt", [control, target]);   应用CZ操作并转储所产生的状态

Reset(control);
Reset(target);
```

输出结果如下：

```
# wave function for qubits with ids (least to most significant): 0;1
|0⟩ :    0.000000 +  0.000000 i ==                          [ 0.000000 ]
|1⟩ :    0.000000 +  0.000000 i ==                          [ 0.000000 ]
|2⟩ :    0.707107 +  0.000000 i ==     ***********          [ 0.500000 ]
➥      --- [  0.00000 rad ]
|3⟩ :   -0.707107 + 0.000000 i ==      ***********          [ 0.500000 ]
➥---        [  3.14159 rad ]
```

如果我们运行这段程序，cz-output.txt 的内容将显示[control, target]寄存器的最终状态是 $U_{CZ}|+1\rangle=|-1\rangle$。

练习 9.5：验证 CZ 的输出

无论是用手还是用 QuTiP，都要验证之前的输出是否与 $|-1\rangle=|-\rangle\otimes|1\rangle$ 相同。

如果量子位的顺序被调换了，但除此之外，答案是正确的，注意 DumpMachine 使用了“小端字节序”表示法来排列状态。在小端字节序中，$|2\rangle$ 是 $|01\rangle$ 的缩写，而不是 $|10\rangle$。如果这看起来令人困惑，那就要怪 x86 处理器架构。

也就是说，基于“目标”的状态，“控制”的状态也随之改变，就像我们在第 8 章中所看到的多伊奇-约萨算法一样！这是因为在 control 处于 $|0\rangle$ 状态的情况下，Z 应用的相位与 control 处于 $|1\rangle$ 状态时不一样，这种效应称为“相位反冲”。在第 8 章中，我

们使用了一对处于 $|+-\rangle$ 状态的量子位的相位反冲来判断是否应用了 CNOT 操作。在这里，我们可以使用 CZ 操作来了解 Z 操作所应用的全局相位。

重要提示 尽管 $|1\rangle$ 是 Z 操作的一个特征态，但 $|+1\rangle$ 不是 CZ 操作的一个特征态。这意味着对处于 $|+1\rangle$ 状态的寄存器调用 CZ 会产生可观察到的效果！

相位反冲是一种常见的量子编程技术，因为它允许我们将本来是全局的相位，变成控制量子位的 $|0\rangle$ 和 $|1\rangle$ 分支之间的相位。在 CZ 的例子中，输入状态 $|+\rangle|1\rangle$ 和输出状态 $|-\rangle|1\rangle$ 都是直积态（product state），能够在不影响目标量子位的情况下测量控制量子位。

全局思考，局部了解相位

请注意，$|1\rangle$ 和 $\boldsymbol{Z}|1\rangle=-|1\rangle$ 之间的全局相位差变成了 $|1\rangle$ 和 $\boldsymbol{U}_{CZ}|+1\rangle=|-1\rangle$ 的局部相位差。也就是说，通过控制处于 $|+\rangle$ 状态的量子位上的 Z 指令，我们能够了解到未控制时的全局相位。

使用 CZ 操作，我们可以实现相位反冲技术，将全局相位变成局部相位，然后就可以测量了（见清单 9.19）。

清单 9.19 使用 CZ 来实现相位反冲

```
use control = Qubit();
use target = Qubit();
H(control);
X(target);
CZ(control, target);
if (M(control) == One) { X(control); }

DumpRegister("cz-target-only.txt", [target]);

Reset(target);
```

将控制量子位制备在 $|+\rangle$ 状态，将目标量子位制备在 $|1\rangle$ 状态

应用 CZ 并保存结果状态。不过，在转储 target 量子位的状态之前，让我们先测量并重置 control 量子位

有趣的是，这实际上是 Q# 中 Reset 操作的实现方式

现在我们只转储 target 的状态

我们已经重置了 control，所以不需要在这里再次重置它

下面是其输出：

```
# wave function for qubits with ids (least to most significant): 1
|0⟩:   0.000000 +  0.000000 i  ==                       [ 0.000000 ]
|1⟩:  -1.000000 +  0.000000 i  ==   ******************** [ 1.000000 ]
➥ ---    [ 3.14159 rad ]
```

正如预料的那样，我们得到的结果是，target 量子位保持在 $|1\rangle$ 状态，准备进入另一个 CZ 操作

控制任何操作

回想一下兰斯洛特和达戈内的游戏，如果我们能帮助兰斯洛特复用他传入达戈内操作中的量子位，让他不必每次都重新制备，那就真的非常有用了。幸运的是，利用受控操作来实现相位反冲，为如何实现这一点提供了提示。具体来说，当我们在第 7 章和第 8 章使用相位反冲来实现多伊奇-约萨算法时，目标量子位在算法的开始和结束时都处于 $|-\rangle$ 状态。这意味着兰斯洛特可以在每一轮游戏中复用同一个量子位，而不必每次都重新制备。这对多伊奇-约萨算法来说并不重要，因为我们只进行了一轮妮穆和梅林的游戏。但这正是兰斯洛特赢得他与达戈内游戏的真正的秘诀，所以让我们看看如何帮助他利用相位反冲。

问题是，虽然相位反冲是 QDK 中的一个有用的工具，但到目前为止，作为量子开发者的我们只看到了如何在 X 和 Z 操作中使用它。我们知道在游戏中，达戈内告诉兰斯洛特他将使用 R1 操作，那么是否有办法利用相位反冲在这里提供帮助？在 9.4 节中，我们用来实现相位反冲的模式只需要我们控制一个操作，所以我们需要的是一种控制达戈内给兰斯洛特的 op::Apply 操作的方法。在 Q#中，多亏了 Controlled 函子，这就像写 Controlled op::App 而非 op::App 一样简单。与第 6 章中的 Adjoint 函子一样，Controlled 是一个 Q#关键字，它可以修改一个操作的行为方式，在本例中，把它变成其受控版本。

提示 就像 is Adj 表示一个操作可以和 Adjoint 一起使用一样，操作类型中的 is Ctl 表示它可以和 Controlled 函子一起使用。为了表示一个操作同时支持两者，可以写作 is Adj + Ctl。例如，X 操作的类型是(Qubit => Unit is Adj + Ctl)，让我们知道 X 既可伴随又可控制。

因此，为了帮助兰斯洛特，我们可以把 op::Apply(scale, target)这行改为 Controlled op::Apply([control], (scale, target))，这样就有了 R1 的受控版本。

虽然这确实解决了兰斯洛特的问题，但有必要多解读一下其幕后的工作原理。任何酉操作（也就是说，不分配、不删除、不测量量子位的量子操作）都可以受控，就像我们控制 Z 操作以得到 CZ，以及控制 X 以得到 CNOT 一样。例如，我们可以将受控-受控-NOT（CCNOT，也称为 Toffoli）操作定义为这样一个操作，它需要两个控制量子位，如果两个控制都处于 $|1\rangle$ 状态，则翻转其目标。在数学上，我们称 CCNOT 操作将输入状态 $|x\rangle|y\rangle|z\rangle$ 转换为输出 $|x\rangle|y\rangle|z \text{ XOR } (y \text{ AND } z)\rangle$。我们还可以用矩阵来模拟 CCNOT 操作：

$$
\boldsymbol{U}_{\text{CCNOT}}=\begin{pmatrix}1&0&0&0&0&0&0&0\\0&1&0&0&0&0&0&0\\0&0&1&0&0&0&0&0\\0&0&0&1&0&0&0&0\\0&0&0&0&1&0&0&0\\0&0&0&0&0&1&0&0\\0&0&0&0&0&0&0&1\\0&0&0&0&0&0&1&0\end{pmatrix}
$$

同样，受控 SWAP 操作（也被称为 Fredkin 操作）将其输入状态从$|1\rangle|y\rangle|z\rangle$转变为$|1\rangle|z\rangle|y\rangle$，当第一个量子位处于$|0\rangle$状态时，其输入保持不变。

提示 我们可以用三个 CCNOT 操作来实现一个受控 SWAP。“CCNOT(a, b, c); CCNOT(a, c, b); CCNOT(a, b, c);”相当于“Controlled SWAP ([a], (b, c));”。要看到这一点，注意也可以用三个 CNOT 操作来实现不受控的 SWAP 操作，出于同样的原因，我们可以用三个经典异或（XOR）操作序列交换两个经典寄存器。

我们可以对任一酉操作 U（即任何不分配、不删除或不测量其量子位的操作）的这种模式进行概括。在 Q# 中，使用 Controlled 函子生成的转换为操作增加了新的输入，以表示哪些量子位应该用作控制。

提示 Q#是一种“元组入，元组出”的语言，这里就体现了这一点非常有用。由于每个操作都只需要一个输入，因此对于任何操作 U，Controlled U 都将 U 的原始输入作为其第二个输入。

CNOT 和 CZ 操作只是对 Controlled 的适当调用的简写。表 9.1 展示了这种模式的更多用例。

提示 就像 Adjoint 作用于所有类型为 Adj 的操作一样（正如我们在第 8 章中所看到的），Controlled 函子也作用于所有类型为 Ctl 的操作。

表 9.1 Q#中受控操作的部分示例

描述	简写	定义
Controlled-NOT	CNOT(control, target)	Controlled X([control], target)
Controlled-controlled-NOT (Toffoli)	CCNOT(control0, control1, target)	Controlled X([control0, control1], target)
Controlled-SWAP (Fredkin)	无	Controlled SWAP([control], (target1, target2))
Controlled Y	CY(control, target)	Controlled Y([control], target)
Controlled-PHASE	CZ(control, target)	Controlled Z([control], target)

正如我们在 CZ 的示例中所看到的那样，通过这种方式控制操作，可以将全局相位（如应用于特征态的相位）转化为相对相位，从而通过测量来了解。

不仅如此，通过利用受控旋转在控制寄存器上实现相位反冲，还可以复用同一个目标量子位。当我们将 CZ 操作应用于一个处于 Z 操作特征态的目标寄存器时，即使控制寄存器发生了变化，该目标寄存器也保持在同一状态。我们还会在本章看到如何利用这一事实来实现兰斯洛特与达戈内的小游戏的策略。

9.6 实现兰斯洛特的相位估计游戏的最佳策略

现在万事俱备，可以为兰斯洛特编写一个稍有不同的策略，让他使用受控操作来复用相同的量子位。如前所述，这可能不会对达戈内的游戏产生巨大影响，但对量子计算的其他应用却有影响。

例如，在第 10 章中，我们将看到量子化学中的问题是如何用一个与达戈内和兰斯洛特正在玩的游戏非常相似的游戏来解决的。然而，在那里，制备正确的输入状态可能需要调用多个不同的量子操作，这样，如果能够保留目标量子位供以后使用，就可以获得相当大的性能提升。

让我们简单回顾一下这个游戏的步骤。

1. 达戈内为单量子位的旋转操作挑选一个秘密角度。

2. 达戈内为兰斯洛特准备了一个隐藏秘密角度的操作，并允许兰斯洛特再输入一个数字（我们称之为比例），该数字将与秘密角度相乘，以得到操作的总旋转角度。

3. 兰斯洛特在游戏中的最佳策略是选择多个比例值，并针对每个值估计测量为 One 的概率。要做到这一点，他需要针对多个比例值中的每一个都重复以下步骤多次。

   a. 制备好 $|+\rangle$ 状态，并在达戈内的旋转中输入比例值。使用 $|+\rangle$ 状态是因为他知道达戈内在围绕 z 轴旋转；对于这个状态，这些旋转将导致他可以测量的局部相位变化。

   b. 在制备好每个 $|+\rangle$ 状态后，兰斯洛特可以用秘密操作旋转它，测量量子位，并记录测量结果。

4. 兰斯洛特现在有了与比例因子和其测量为 One 的概率相关的数据。他可以在脑子里拟合这些数据，并从拟合的参数中得到达戈内的角度，也可以借助 Python 来实现同样的目标。

为了使用我们新发现的“受控”旋转技能，需要改变步骤 3。其中，对于步骤 a，量子位的“分配”将发生变化。兰斯洛特可以分配一个 target 量子位与达戈内的黑盒一起旋转，不是每次分配、制备和测量一个量子位，而是分配和测量 control 量子位。他仍然可以重复测量，但不必每次都测量或重新制备 target。

我们可以通过这样改写步骤 3 来总结这些变化，如下所示。

3. 兰斯洛特在游戏中的最佳策略是选择多个比例值，并估计对每个值的测量为 One 的概率。要做到这一点，他必须对这些比例值中的每一个都重复以下步骤多次。他制备一个处于 |1⟩ 状态的量子位，作为所有测量的 target，因为它是隐藏旋转的一个特征态。

a. 制备第二个处于 |+⟩ 状态的 control 量子位。

b. 用兰斯洛特的比例值应用新的受控版本的秘密旋转，解除 control 量子位的制备并对其进行测量，然后记录测量结果。

在我们的代码中，这些变化可以通过修改之前的 EstimateProbabilityAtScale 操作来实现。由于旋转轴可以是达戈内选择的任意轴（这里为了方便，是 z 轴），兰斯洛特需要知道如何控制一个任意的旋转。我们可以在调用达戈内传来的 ScalableOperation 之前用 Controlled 函子来完成这个任务。Controlled 函子与 Adjoint 函子非常相似，它接收一个操作并返回一个新操作。例如，语法 Controlled U(control, target)允许我们将 U 应用于 target 量子位，受控于一个或多个 control 量子位。清单 9.20 显示了如何修改 EstimateProbabilityAtScale 以使用 Controlled 函子。

清单 9.20 operations.qs：兰斯洛特的新策略

```
operation EstimateProbabilityAtScaleUsingControlledRotations(
    target : Qubit,
    scale : Double,
    nMeasurements : Int,
    op : ScalableOperation)
: Double {
    mutable nOnes = 0;
    for idx in 0..nMeasurements - 1 {
        use control = Qubit();
        within {
            H(control);
        } apply {
            Controlled op::Apply(
                [control],
                (scale, target)
            );
        }
            set nOnes += Meas.MResetZ(control) == One
                         ? 1 | 0;
    }
    return Convert.IntAsDouble(nOnes) /
           Convert.IntAsDouble(nMeasurements);
}
```

现在的猜测操作将目标寄存器作为输入并重复使用。因此，我们每次只需要分配和准备控制寄存器即可

唯一要做的改变是调用 Controled op::App 而非 op::App，将新的控制量子位与原来的输入一起传入

我们要做的另一个修改是运行游戏的操作。由于使用受控操作允许兰斯洛特复用目标量子位，所以只需要在游戏开始时分配一次即可。关于如何实现这一点，请参阅清单 9.21。

清单 9.21 operations.qs：实现 RunGameUsingControlledRotations

```
operation RunGameUsingControlledRotations(
    hiddenAngle : Double,
    scales : Double[],
    nMeasurementsPerScale : Int)
: Double[] {
    let hiddenRotation = HiddenRotation(hiddenAngle);
    use target = Qubit();
    X(target);
    let measurements = Arrays.ForEach(
        EstimateProbabilityAtScaleUsingControlledRotations(
            target, _, nMeasurementsPerScale, hiddenRotation
        ),
        scales
    );
    X(target);
    return measurements;
}
```

使用 EstimateProbability-AtScaleUsingControlled-Rotations，可以只分配一次目标量子位，因为每次猜测时都会反复使用它

使用 X 操作，我们可以在 |1〉状态下制备好目标，这是（未受控制的）R1 操作的一个特征状态，达戈内在其中隐藏了他的角度

使用清单 9.21 中的 X 操作，我们可以在 |1〉状态下制备目标，这是达戈内隐藏其角度的（未受控的）R1 操作的一个特征态。由于每次测量都利用相位反冲，只影响控制寄存器，所以这个制备工作可以只在玩游戏前完成一次。

小结

- 相位估计是一种量子算法，它允许通过给定的操作来学习应用于量子位寄存器的相位。
- 在 Q#中，我们可以声明新的用户定义类型，以标明一个给定的类型是如何在量子程序中使用的，或者为长类型提供一个缩写名。
- Q#中的量子程序可以独立运行，也可以在用 Python 编写的宿主程序中运行。这使得 Q#程序可以与 SciPy 等数据科学工具一起使用。
- 如果一个操作除了应用一个全局相位外，可以使输入处于一个给定的状态而不被修改，我们就说该输入状态是一个“特征态”，而相应的相位是一个“特征相位”。
- 通过使用 Controlled 函子和相位反冲，可以把全局特征相位变成可观察和估计的局部相位。
- 把所有内容整合在一起，我们可以使用经典的数据拟合技术，从运行一个执行相位估计的 Q#程序所返回的测量值中了解特征相位。

第二部分：结语

在这一部分，我们使用 Q#和量子计算帮助卡默洛的各种人物，获得了很多乐趣。

利用以 Q#编写的量子随机数生成器，我们能够帮助莫甘娜拖住可怜的兰斯洛特。同时，我们帮助梅林和妮穆在决定国王的命运方面发挥各自的作用，并学习了多伊奇-约萨算法和相位反冲。随着王国走向和平、卡默洛城堡的战火在夜间熄灭，我们看到了如何利用我们所学到的一切来帮助兰斯洛特玩另一个游戏，这次是通过猜测达戈内隐藏的量子操作而获胜。

在我们的卡默洛冒险过程中，你应该学到了不少新的技巧，它们会帮助你踏上量子开发者之路：

- 什么是量子算法，以及如何用 QDK 和 Q#来实现它；
- 如何从 Python 和 Jupyter Notebook 中使用 Q#；
- 如何设计 oracle，以在量子程序中表示经典函数；
- 用户定义的类型；
- 受控操作；
- 相位反冲。

现在是时候把你从卡默洛学到的知识带回家，并把这些新技术应用到更实际的地方了。在第 10 章中，你将看到量子计算是如何帮助理解化学问题的。如果你不记得元素周期表，也不用担心。你将和一些了解化学知识的同事一起工作，他们正在寻求你的帮助。请利用在本书这部分学到的知识，用量子技术升级他们的工作流程吧！

第三部分

应用量子计算

本书至此，已经介绍了很多了不起的量子算法技术，在这一部分，我们会看到如何将这些技术应用于不同的实际问题。具体来说，我们将实现并运行三个不同的量子程序小示例，分别涉及量子计算不同的应用领域。这些示例很小，可以用经典计算机模拟它们，但它们展示了量子设备如何为实际感兴趣的问题提供计算优势。

在第 10 章，我们将利用量子编程技能来实现一个量子算法，帮助解决具有挑战性的化学问题。在第 11 章，我们将在此基础上实现一个搜索非结构化数据的算法、学习如何应用 Q#和 QDK 中的功能来估计大规模运行量子应用所需的资源。最后，在第 12 章，我们将实现舒尔因数分解算法。这是一个著名的量子算法，在经典密码学中有广泛应用。

第 10 章　用量子计算机解决化学问题

本章内容

- 用量子计算机解决化学模拟问题。
- 实现 Exp 操作和 Trotter-Suzuki 方法。
- 为相位估计、分解等创建程序。

在第 9 章中，我们使用了一些新的 Q# 特性，如 UDT 和从 Python 宿主中运行程序，从而帮助我们编写一个可以估计相位的量子程序。正如我们在这一章中所看到的，相位估计在量子算法中常用来建立更大、更复杂的程序。在本章中，我们将了解量子计算机的一个实际应用领域：化学。

10.1　量子计算的实际化学应用

到目前为止，在本书中你已经学会了如何使用量子设备来实现每一项功能，从与朋友 Eve 聊天到帮助决定国王的命运。不过在这一章，我们将有机会做一些更“实际”的事情。

注意　现在，我们具备了用量子计算机解决更难的问题所需要的条件。本章的情景比我们以前的大多数游戏和情景要复杂一些，如果一开始不太理解，请不要担心。慢慢来，慢慢读，我们保证你的付出是值得的！

事实表明，我们的量子化学家朋友玛丽已经达到了用经典计算机帮助建立不同化学系统模型的极限。那些玛丽用计算化学技术解决的问题，可以帮助人们应对气候变化，了解新材料，以及改善各行业的能源使用情况。如果我们可以用 Q# 来帮助她，那将会有相当多的实际应用。幸运的是，利用在第 9 章所学到的估计相位的相关知识，我们可以做到这一点，所以让我们开始吧！

通过化学方法寻找更好的味道

任何一个糖果制造商都能告诉你温度导致的差异：把糖煮到“软脆”阶段，我们就能得到太妃糖；如果再加热一下，就能做出其他令人愉快的糖果，比如焦糖。糖的性质（它的味道、外观和拉动方式）会根据熔锅的温度发生变化。在很大程度上，如果我们了解糖分子的形状是如何随着糖果熔锅的加热而发生变化的，就能理解糖本身。

我们不仅在糖果上看到这种效果，在生活中也看到这种效果。水、水蒸气和冰是通过 H_2O 分子的排列方式来区分的。在许多情况下，我们想通过模拟而不是实验，来了解分子是如何作为能量的函数而排列的。在本章中，我们将在前几章的技术基础上，展示如何模拟化学系统的能量，从而可以像糖果制造商理解他们的工艺那样敏锐地理解它们，并利用这些化学系统让生活变得更好——也许变得更甜一些。

为了感受这一点，我们同意了玛丽的意见，从研究氢气分子（H_2）开始，因为它是一个足够简单的化学系统，我们可以比较从量子程序中学到的内容和经典建模工具可以模拟的事物。这样，当我们用同样的技术来研究比经典模拟更大的分子时，就有了一个很好的测试案例，可以反过来确保一切正确。

模拟中的模拟

在本章中，我们与玛丽的工作涉及两种不同的模拟：用经典计算机模拟量子计算机，用量子计算机模拟不同种类的量子系统。我们经常想同时做这两件事，因为在建立量子化学应用时，用经典计算机来模拟量子计算机如何模拟量子化学系统是很有帮助的。采用这种方式，当在实际的量子硬件上运行量子模拟时，可以保证它能正确地工作。

如图 10.1 所示，玛丽首先会用她在量子化学方面的专业知识，来描述一个她有兴趣用量子计算机解决的问题：在该例中，是理解 H_2 的结构。在大多数情况下，这些问题涉及了解一种名为“哈密顿算符”的特殊矩阵的属性。一旦我们从玛丽那里得到一个哈密顿算符，就可以编写量子操作来模拟它（这非常像清单 10.1），并了解其相关信息，玛丽可以用它来理解不同的化学反应。在本章的其余部分，我们将生成一些实现图 10.1 中的步骤所必需的概念和解释。

我们将在本章为哈密顿算符模拟算法实现以下步骤。

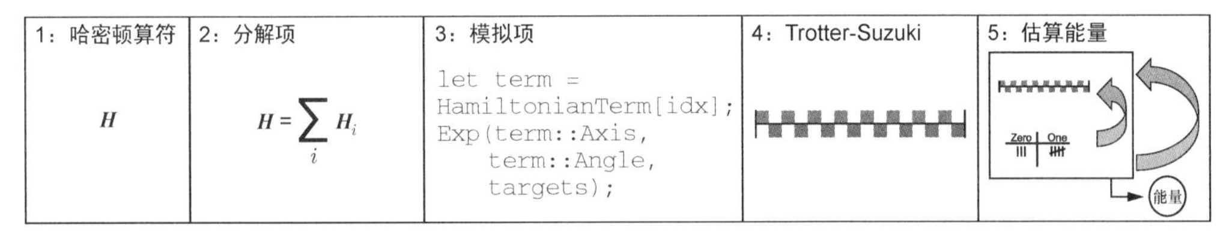

图 10.1 我们在本章中开发的用于帮助玛丽了解其分子基态能量图的步骤概述

1. 与玛丽合作，找出描述她所感兴趣的系统的能级的哈密顿算符，以及基态（或最低能量）的近似值。

2. 制备好基态的近似值，并使用 Q# 中的 Exp 操作来实现量子系统对哈密顿算符每项的演化。

3. 使用在 Q# 函数 DecomposedIntoTimeStepsCA 中实现的 Trotter-Suzuki 分解，通过将演化细分为小的步骤，同时模拟系统在哈密顿算符的所有项的作用下的演化。

4. 模拟系统在哈密顿算符下的演化后，用相位估计法来了解量子设备的相位变化。

5. 对我们估计的系统相位做最终修正，之后就可以得到 H_2 的基态能量了。

清单 10.1 展示了这些步骤的转换代码。

清单 10.1 估计 H_2 基态能量的 Q#代码

```
operation EstimateH2Energy(idxBondLength : Int) : Double {
    let nQubits = 2;
    let trotterStepSize = 1.0;
    let trotterStep = EvolveUnderHamiltonian(idxBondLength,
        trotterStepSize, _);
    let estPhase = EstimateEnergy(nQubits,
        PrepareInitalState,
        trotterStep,
        RobustPhaseEstimation(6, _, _));
    return estPhase / trotterStepSize + H2IdentityCoeff(idxBondLength);
}
```

闲话少说，接下来深入探讨帮助玛丽所需的第一个量子概念：能量。

10.2 通往量子力学的多条路径

我们已经用计算语言了解了量子力学的相关概念：位、量子位、指令、设备、函数和操作。不过，玛丽对量子力学的思考方式与众不同（见图 10.2）。对她来说，量子力学是一种物理理论，告诉她像电子这样的亚原子粒子是如何表现的。从物理学和化学的角度来思考，量子力学是一门关于我们周围的一切由什么组成的学说。

当需要模拟像分子这样的物理系统的行为时，这两种思维方式相遇了。我们可以使用量子计算机来模拟其他量子系统如何随时间演化和变化。也就是说，量子计算不只是与物理学或化学相关，还可以帮助我们理解像玛丽所遇到的那样的科学问题。

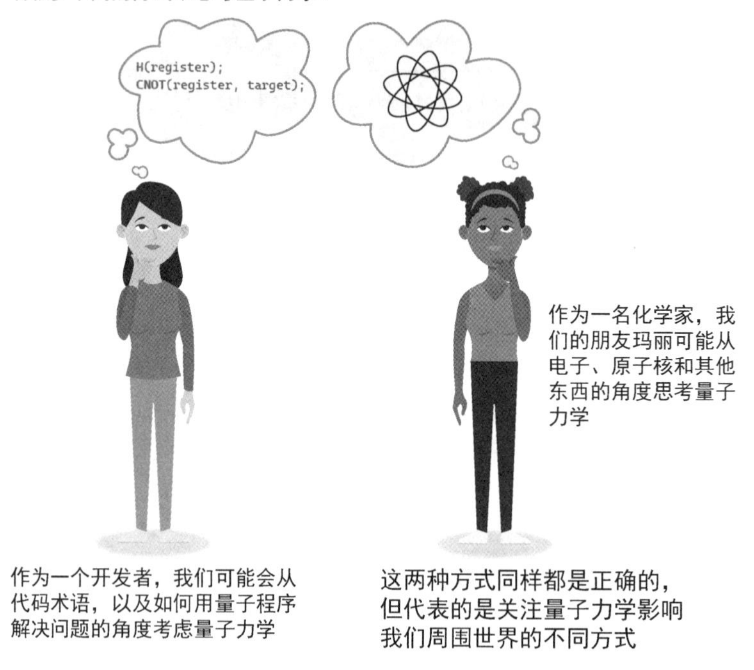

图 10.2 以两种非常不同的方式思考量子力学问题

信息是我们思考量子计算的核心，但对于物理学和化学的思维方式，量子力学在很大程度上依赖于“能量”的概念。能量可以用来描述像球和罗盘这样不同的物理系统是如何被周围的世界所影响的，并提供了理解这些各不相同的系统的一致方法。在图 10.3 中可以看到，一个球在山上的状态和一个罗盘的状态都可以采用同样的方式用能量概念来描述。

事实证明，能量并不仅仅适用于像球和罗盘这样的经典系统。实际上，我们可以通过了解不同构型的能量来理解像电子和原子核这样的“量子”系统的行为。在量子力学中，能量是由一种特殊的矩阵描述的，我们称之为哈密顿算符。任何矩阵，只要是其自身的伴随矩阵，都可以作为哈密顿算符，而哈密顿算符本身不是操作。

回顾第 8 章和第 9 章，矩阵 $\boldsymbol{A}$ 的伴随矩阵是其共轭转置，即 $\boldsymbol{A}^\dagger$。这个概念与 Q# 中的 Adjoint 关键字密切相关：如果一个操作 op 可以由酉矩阵 $\boldsymbol{U}$ 模拟，那么操作 Adjoint op 可以由 $\boldsymbol{U}^\dagger$ 模拟。

在本章中，我们将学习用来计算量子系统的能量的所有工具和技术，前提是我们有该系统的哈密顿算符。通常情况下，获得系统哈密顿算符的过程是一个合作过程，但只要拥有哈密顿算符和一些其他的信息，就可以估计出该系统的能量。这个过程被称为“哈密顿算符模拟”，对包括化学在内的许多不同的量子计算应用至关重要。

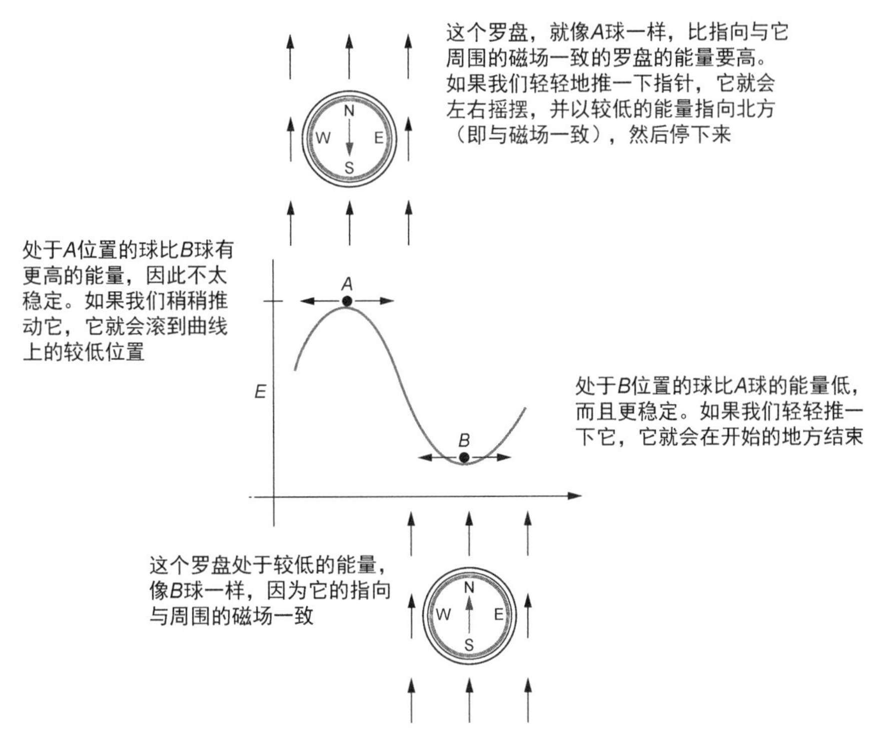

这个罗盘，就像A球一样，比指向与它周围的磁场一致的罗盘的能量要高。如果我们轻轻地推一下指针，它就会左右摇摆，并以较低的能量指向北方（即与磁场一致），然后停下来
N
W
E
S
处于A位置的球比B球有更高的能量，因此不太稳定。如果我们稍稍推动它，它就会滚到曲线上的较低位置
A
E
处于B位置的球比A球的能量低，而且更稳定。如果我们轻轻推一下它，它就会在开始的地方结束
B
这个罗盘处于较低的能量，像B球一样，因为它的指向与周围的磁场一致
N
W
E
S

图 10.3　利用能量来了解不同的物理系统是如何受其环境影响的。与山谷中的球或指向北方的罗盘相比，山顶上的球和指向南方的罗盘是高能量系统的实例

> **提示**　我们在前几章已经看到了一些哈密顿算符的实例：所有的泡利矩阵（$\boldsymbol{X}$、$\boldsymbol{Y}$和$\boldsymbol{Z}$）都是哈密顿算符的实例，也是酉矩阵。不过，并不是所有的酉矩阵都可以作为哈密顿算符使用！本章中的大多数例子还需要做进一步处理，才能将它们作为量子操作来应用。

玛丽对了解化学品中的键的能量感兴趣。因此，提出一个描述分子的哈密顿算符是有意义的。然后，我们可以帮助她估计感兴趣的能量。在化学中，这种能量通常被称为“基态能量”，而相应的状态被称为基态（或最小能量状态）。

一旦我们有了哈密顿算符，下一步就是要弄清楚如何构建操作，以模拟哈密顿算符所描述的量子系统在时间上的变化。在 10.3 节中，我们将学习如何描述量子系统在哈密顿算符下的演化。

有了代表哈密顿算符的算子，接下来，下一个挑战是弄清楚如何在量子设备上模拟哈密顿算符。在物理设备中很可能不会有一个单一的操作可以完全满足我们的需要，所以必须找到一种方法，以设备可以提供的方式来分解哈密顿算符的操作。在 10.4 节中，我们将介绍如何获取任意操作并以泡利操作来表达它们，这些泡利操作通常是作为硬件指令提供的。

一旦哈密顿算符被表达为泡利矩阵之和，如何在系统上模拟全部泡利矩阵？很可能会有多个项，它们的总和代表了哈密顿算符的作用，而且它们不一定会相互抵消。在 10.6 节中，我们将学习如何使用 Trotter-Suzuki 方法，同时在操作中应用每个项的一部分来模拟整个操作的演化。然后，我们就以描述玛丽的哈密顿算符的方式，演化量子系统！

最后，为了帮玛丽算出我们发现的哈密顿算符所描述的系统的能量，可以借助相位估计。在 10.7 节中，我们将利用在第 9 章中学到的算法，通过模拟哈密顿算符的方式，探索应用于量子位的相位。这就开始吧！

10.3　用哈密顿算符描述量子系统如何随时间演化

图 10.4 展示了一个用量子计算机模拟另一个量子系统的步骤的追踪器。要用哈密顿算符来描述一个物理或化学系统的能量，需要查看它的特征态和它们的特征相位。

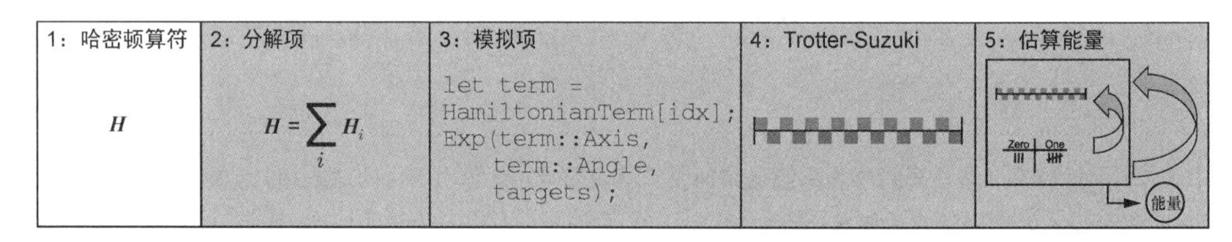

图 10.4　我们在这里开始了解玛丽的 H_2 分子，以及哪个哈密顿算符描述它的演化

回顾一下第 9 章，如果一个状态 $|\psi\rangle$ 是一个操作 op 的特征态，那么将 op 应用处于 $|\psi\rangle$ 状态的寄存器，最多对 $|\psi\rangle$ 应用一个全局相位。这个相位称为对应于该特征态的“特征值”或“特征相位”。像所有其他全局相位一样，这个特征相位不能被直接观察到，但可以用在第 9 章学到的 Controlled 函子，将这个相位变成一个局部相位。

哈密顿算符的每个特征态都是一个能量恒定的状态。就像量子操作不会对特征态做任何处理一样，一个处于哈密顿算符特征态的系统也会随着时间的推移保持这个能量。我们在第 9 章中看到的特征态的另一个属性在这里也仍然成立：特征态的相位随时间演化。

特征态的相位随时间演化的观测是薛定谔方程的内容，这是所有量子物理学中最重要的方程之一。薛定谔方程告诉我们，当一个量子系统演化时，哈密顿算符的每个特征态都会积累一个与其能量成比例的相位。用数学的方法，我们可以写出薛定谔方程，如图 10.5 所示。

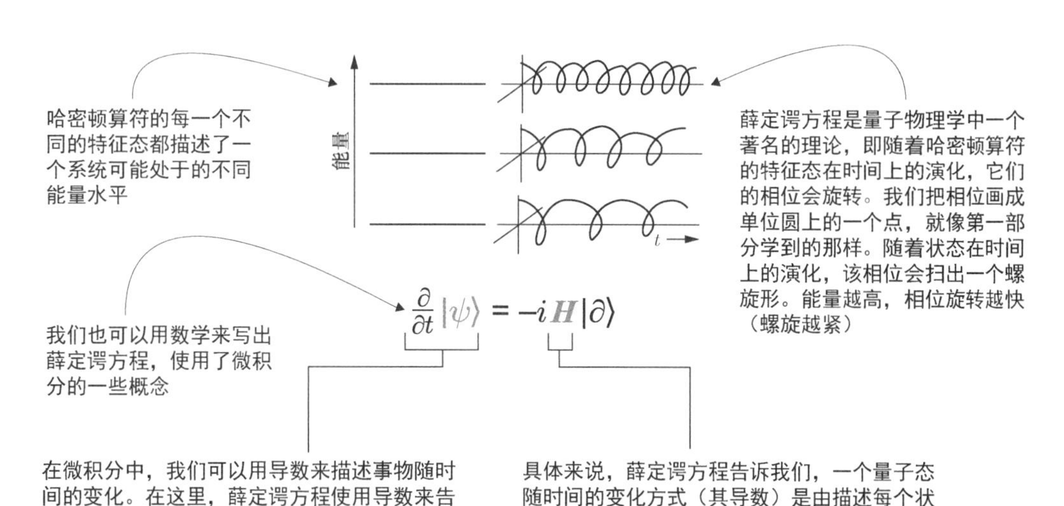

哈密顿算符的每一个不同的特征态都描述了一个系统可能处于的不同能量水平
能量
t
薛定谔方程是量子物理学中一个著名的理论，即随着哈密顿算符的特征态在时间上的演化，它们的相位会旋转。我们把相位画成单位圆上的一个点，就像第一部分学到的那样。随着状态在时间上的演化，该相位会扫出一个螺旋形。能量越高，相位旋转越快（螺旋越紧）
我们也可以用数学来写出薛定谔方程，使用了微积分的一些概念
$\frac{\partial}{\partial t}|\psi\rangle = -iH|\partial\rangle$
在微积分中，我们可以用导数来描述事物随时间的变化。在这里，薛定谔方程使用导数来告诉我们量子系统的状态如何随时间发生变化
具体来说，薛定谔方程告诉我们，一个量子态随时间的变化方式（其导数）是由描述每个状态的能量的同一矩阵给出的：哈密顿算符

如果我们用微积分来解薛定谔方程，我们会得到这里所示的那种图景：哈密顿算符 ***H*** 描述了状态随时间演化时的旋转。这种联系意味着，了解每个相位在时间上的旋转速度可以告诉我们相应状态的能量

图 10.5 用数学符号写出薛定谔方程

真正的专家是我们一路上认识的朋友

我们第一次在本书中看到量子物理学中如此重要的方程，这怎么可能呢？开发量子应用可能与量子物理密切相关，但这不是一回事，为了编写量子应用，我们不需要成为物理学专家——如果有兴趣，也可以成为，但不一定要成为。薛定谔方程在这里进入了我们的视野，只是因为我们需要它来理解量子计算机如何被用于实际影响。

就像我们的朋友玛丽是量子化学专家，而非量子计算机专家一样，我们无须知道所有的知识，就能做一些了不起的事情。这就是朋友的作用！

提示 薛定谔方程将不同状态的相位如何随时间演化与这些状态的能量联系起来。全局相位是不可观察的，而哈密顿算符的特征态只有在演化过程中才能获得全局相位。薛定谔方程告诉我们，哈密顿算符的特征态不会随时间演化。

薛定谔方程是本章的关键，因为它把系统的能量与相位联系起来，这是一个非常有用的联系，因为在第 9 章中，我们学会了如何进行相位估计！薛定谔方程还有其他的用

处，其中之一是用另一种方式来看待实现量子系统的操作。

实现我们到目前为止在书中看到的旋转的一种方法是建立正确的哈密顿算符，然后——等待。薛定谔方程中的时间导数（$\partial/\partial t$）告诉我们，量子位状态的旋转方式完全由与每个状态相关的能量描述。例如，薛定谔方程告诉我们，如果哈密顿算符是 $\boldsymbol{H}=\omega\boldsymbol{Z}$，其中 ω 为某个数字，如果我们想围绕 z 轴旋转一个角度 θ，可以让量子位在时间 $t=\theta/\omega$ 下演化。

练习 10.1：全方位的旋转

试着将书中前面展示的其他旋转（如 x 旋转和 y 旋转）写成哈密顿算符。

清单 10.2 展示了一个简单的 Q# 操作，它模拟了在哈密顿算符 $\boldsymbol{H}=\omega\boldsymbol{Z}$ 下的演化。

注意 在实践中，建立量子计算机的大部分挑战是确保量子位不会演化，除非是按照量子程序的指示。如果离开量子设备一会儿，就意味着回来时所有的量子位都处于完全不同的状态，那就不是很有用了。这就是为什么作为量子开发者，我们倾向于在发送到设备的指令（也就是量子操作）层面上思考，而非直接从哈密顿算符的角度来思考。

暂时换个角度，用哈密顿算符的方式思考，我们就可以在玛丽求助的问题上有所进展了。毕竟，玛丽所处理的问题用这种语言来描述要容易得多。例如，在第 9 章中，我们看到了如何得知像达戈内隐藏到兰斯洛特那里的那个旋转所应用的相位。不过，我们也可以用哈密顿算符的项来表述达戈内和兰斯洛特的游戏。假设达戈内隐藏了 2.1π 的旋转角度，那么，由于他的旋转是关于 z 轴的，我们也可以把这个隐藏的旋转描述为一个隐藏的哈密顿算符 $\boldsymbol{H}=-2.1\pi\boldsymbol{Z}$。

注意 薛定谔方程中的“–”号决定了我们这里需要“–”号。在量子编程中，弄错这一点就像其他语言中的“差 1”错误一样常见，所以如果你忘记了一两次，或者几乎每次都忘记那个讨厌的“–”号，也不要紧张。你仍然做得很好。

使用这种描述，兰斯洛特的比例对应于他让量子位在达戈内的隐藏哈密顿算符下演化多长时间。虽然用游戏的方式思考让我们更容易地编写量子程序来了解达戈内的隐藏旋转，但用哈密顿算符的方式思考使我们更容易映射到玛丽所关注的各种物理概念，如场强和时间。唯一棘手的部分是，我们需要将 z 旋转的角度乘以 2.0，因为 z 旋转将其角度乘以–1/2，这是 Q# 中的惯例（见清单 10.2）。由于薛定谔方程告诉我们，角度需要一个负号，2.0 给我们提供了所需要的角度，以匹配图 10.5。

清单 10.2 在哈密顿算符 $H = \omega Z$ 下的演化

```
operation EvolveUnderZ(
    strength : Double,
    time : Double,
    target : Qubit
) : Unit is Adj + Ctl {
    Rz(2.0 * strength * time, target);
}
```

使用 Q# 模拟 $H = \omega Z$

ω 表示描述哈密顿算符的能量有多大。这就起到了第 9 章中达戈内的隐藏角度的作用

我们要模拟哈密尔顿算符多久。这类似于第 9 章中的兰斯洛特的比例

实际的模拟只有一行，因为关于 z 轴的旋转已经内置于 Q# 中

由于薛定谔方程告诉我们，演化的哈密顿算符根据其能量旋转量子系统，如果我们可以“模拟”玛丽给予的哈密顿算符，就可以玩与第 9 章完全相同的相位估计游戏，以了解该哈密顿算符的能量水平。

深度探究：哈密顿算符是我可以控制的

当我们第一次介绍像 H、X 和 Z 这样的量子操作时，你可能已经想知道如何在真正的量子设备上实现它们。利用哈密顿算符的概念，我们可以重新审视这个问题，并探索内在的量子操作如何在硬件上工作。

当磁场应用于具有磁偶极的物理系统（如电子自旋）时，该系统的哈密顿算符包括一个描述该系统如何与磁场相互作用的项。通常，我们把这个项写成 $H = \gamma BZ$，其中 B 是该磁场的强度，γ 是一个描述该系统对磁场的反应强度的数字。因此，为了在使用电子自旋来实现量子位的量子硬件中应用 z 旋转，可以打开一个磁场，并慢慢等待适当的时间长度。类似的效应可以用来实现其他哈密顿项或控制其他量子设备的哈密顿算符。

同样的原理也用于其他量子技术，如磁共振成像，其中已经开发出良好的经典算法，通过以合适的频率来“脉冲”磁场或建立复杂形状的脉冲来应用量子操作，从而建立有效的哈密顿算符。传统上，在核磁共振和更广泛的量子计算中，脉冲设计算法被赋予荒唐的缩写名，如 GRAPE、CRAB、D-MORPH，甚至 ACRONYM。不过，不管是什么奇思妙想，这些算法使用经典计算机来设计量子操作，只要有像 $H = \gamma BZ$ 这样的控制哈密顿算符即可。如果你有兴趣了解更多，最初的 GRAPE 论文阐述了很多最优控制理论，并一直沿用至今[①]。

当然，在实践中，这并不是完整的故事。不仅设计控制脉冲有很多内容，而且对于容错的量子计算机来说，我们作为量子开发者工作的内在操作并不像近期的硬件那样直接映射到物理操作上。相反，这些低级别的硬件操作被用来建立纠错代码，这样一个单一的内在操作可能会被分解成许多不同的脉冲，并在我们的设备上应用。

假设玛丽问我们能否模拟 $H = \omega Z$，而非 $H = \omega X$。幸运的是，Q# 也提供了绕 x 轴

① Navin Khaneja, et al. Optimal Control of Coupled Spin Dynamics: Design of NMR Pulse Sequences by Gradient Ascent Algorithms[J]. Journal of Magnetic Resonance 172, no. 2 (2005): 296.

旋转的操作，所以我们可以修改清单 10.2 中对 Rz 的调用，改为对 Rx 的调用。不幸的是，并不是每一个玛丽感兴趣的哈密顿算符都像 $\boldsymbol{H}=\omega\boldsymbol{Z}$ 或 $\boldsymbol{H}=\omega\boldsymbol{X}$ 那样简单，所以让我们看看可以用什么量子开发技术来模拟那些更难的哈密顿算符。

这些不是我们要找的哈密顿算符

当我们开始与玛丽交谈时，她很可能也会在她的模拟和建模软件中为她的系统描述哈密顿算符。然而，这些可能是“费米子哈密顿算符”，它与我们在这里用来描述量子设备如何随时间变化的那种哈密顿算符不同。作为我们与玛丽合作的工作流程的一部分，我们可能需要使用一些工具，比如 NWChem，来转换描述化学品如何随时间变化的哈密顿算符，以及量子位如何随时间变化。详细研究这些方法不在本书的范围之内，但有一些很好的软件工具可以帮助我们解决这个问题。如果有兴趣的话，可以查看量子开发工具包文档，以了解细节。这对当前在来说不是什么大问题，只是一个方便的提示，当你和你的合作者交谈时，你就会知道了！

10.4　用泡利操作围绕任意轴旋转

在复杂性方面，也许玛丽对一些需要比单量子位哈密顿算符更多描述的内容感兴趣（见图 10.6）。如果她提供了一个像 $\boldsymbol{H}=\omega\boldsymbol{X}\otimes\boldsymbol{X}$ 这样的哈密顿算符，可以怎样来模拟它？幸运的是，我们在本书第一部分所学到的关于旋转的知识对那种双量子位哈密顿算符仍然有用，因为可以把它看作描述了另一种旋转。

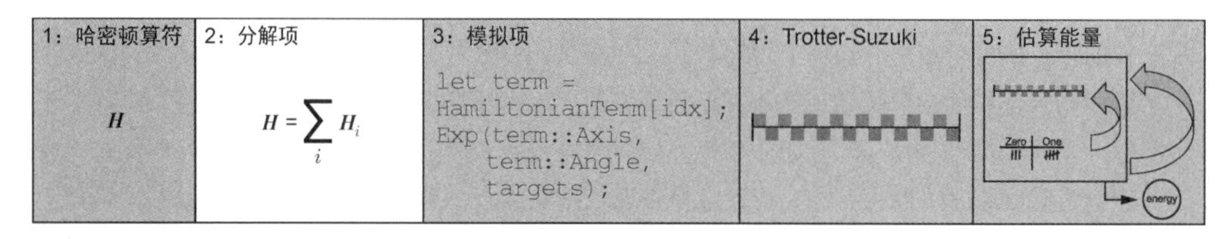

图 10.6　在第 2 步中，如何将哈密顿算符分解成更容易模拟的广义旋转

注意　在 10.3 节中，指令 Rx、Ry 和 Rz 对应的旋转分别与 $\boldsymbol{X}$、$\boldsymbol{Y}$ 和 $\boldsymbol{Z}$ 这样的哈密顿算符相关。我们可以认为像 $\boldsymbol{X}\otimes\boldsymbol{X}$ 这样的双量子位哈密顿算符以同样的方式指定了一个轴。事实证明，一个双量子位寄存器有 15 个可能的正交旋转轴，而在单量子位寄存器上得到的是 3 个维度。因此，如果要把其中的某个概念画成图，需要比纸面上的维度多出 13 个维度，这让我们有点犯难！

这个旋转看起来并不像之前所看到的任何一个内置（也就是内在）指令，所以看起来我们好像被难住了。但事实证明，只要我们在两边使用一些双量子位操作，仍然可以用 Rx 这样的单量子位旋转来模拟这个哈密顿算符。在这一节中，我们将了解它的工作方式，以及 Q# 是如何使自动应用多量子位旋转变得容易的。

作为开始，让我们看看一些通过其他操作来改变量子操作的方法。正如在第 9 章中所看到的，我们总是可以用数学来推理事物，不过幸运的是，Q# 也提供了一些不错的可以提供帮助的测试函数和操作。例如，在第 9 章中我们看到，用 H 操作围绕一个 CNOT 操作会提供另一个方向上的 CNOT（见清单 10.3）。让我们看看如何用 Q# 来检查这一点吧！

提示 回顾一下，清单 10.3 中的 within/apply 语句块应用了在第 9 章中第一次学到的鞋袜原理。本节中的大多数代码实例都使用了 within/apply 语句块来帮助跟踪鞋袜思维。

清单 10.3 改变一个 CNOT 的控制和目标

Microsoft.Quantum.Diagnostics 命名空间中的操作和函数有助于测试和调试量子程序，对于确保程序按预期工作非常有用

```
open Microsoft.Quantum.Diagnostics;

operation ApplyCNOT(register : Qubit[])
: Unit is Adj + Ctl {
    CNOT(register[0], register[1]);
}

operation ApplyCNOTTheOtherWay(register : Qubit[])
: Unit is Adj + Ctl {
    within {
        ApplyToEachCA(H, register);
    } apply {
        CNOT(register[1], register[0]);
    }
}

operation CheckThatThisWorks() : Unit {
    AssertOperationsEqualReferenced(2,
        ApplyCNOT, ApplyCNOTTheOtherWay);
    Message("Woohoo!");
}
```

为了比较 CNOT 操作的两种写法，需要它们都可以作为一种操作被调用，这种操作需要一组代表量子寄存器的量子位

为了检验在第 7 章中第一次看到的等价关系，我们可以写出第二个操作，将 CNOT 操作的控制和目标颠倒过来

第一个输入指定每个操作作用于多大的寄存器，第二个和第三个输入代表被比较的操作。如果操作有任何不同，则断言失败、量子程序结束

如果我们看到消息“Woohoo!”，就可以有把握地得出结论，通过观察这两个操作对量子寄存器的状态所做的处理，这两个操作是相互不可区分的

注意 像 AssertOperationsEqualReferenced 这样的断言只有在模拟器上运行才有意义，因为运行它们需要违反不可克隆定理。在实际的硬件上，这类断言会被剥离出来，就像运行 Python 的-O 命令行参数会禁用 assert 关键字一样。这意味着 Q# 断言提供了一个安全的作弊方法，因为无论我们是否作弊，使用断言的量子程序都会做同样的处理。

练习 10.2：验证 CNOT 的同一性

用 QuTiP 验证 ApplyCNOT 和 ApplyCNOTTheOtherWay 这两个操作可以用同一个酉矩阵来模拟，即所做的处理完全一致。

练习 10.3：三个 CNOT 制作一个 SWAP

就像我们可以用三条经典的 XOR 指令来实现一个原地经典交换一样，也可以用三个 CNOT 操作来制作与一个 SWAP 操作相同的操作。下面的 Q# 片段等价于 SWAP(left, right)：

```
CNOT(left, right);
CNOT(right, left);
CNOT(left, right);
```

使用 AssertOperationsEqualReferenced 和 QuTiP，双重验证这是否等价于 SWAP(left, right)。

加分题：SWAP(left, right)与 SWAP(right, left)等价，所以即使从 CNOT(right, left)开始，前面的代码片段也应该有效。双重验证一下吧！

深入探究：Choi-Jamiołkowski 同构

清单 10.3 中的 AssertOperationsEqualReferenced 操作应用了一种名为“Choi-Jamiołkowski 同构”的数学原理，它认为所有可以用酉矩阵模拟的操作都完全等价于一种名为 Choi 状态的特定状态。这意味着模拟器可以通过找到 Choi 状态，有效地找到任何可伴随操作（即任何在其签名中含有 Adj 的操作）的整个真值表。AssertOperationsEqualReferenced 操作使用这个概念，为每个作为输入的操作制备一个处于 Choi 状态的量子位寄存器。在模拟器上，很容易作弊并检查两个状态是否相同，尽管不可克隆定理告诉我们在实际设备上不能这样做。

在编写单元测试和其他检查量子程序是否正确时，这可能是一种强大的技术，可以利用经典的模拟器，同时还可以防止在实际硬件上作弊。

当我们在 Jupyter Notebook 中（正如我们在第 7 章中所看到的那样）或在命令行中运行 CheckThatThisWorks 时，应该看到“Woohoo!”消息，这说明 Q#程序通过了对 AssertOperationsEqualReferenced 的调用。由于该断言只有在所提供的两个操作对所有可能的输入都做了完全相同的处理时才能通过，因此可知在第 7 章所学到的等价关系是有效的。

我们可以用同样的逻辑来检查像 CNOT 这样的双量子位操作如何转换其他操作。例如，用对 CNOT 的调用来转换对 X 的调用，与多次调用 X 的结果是一样的，正如清单 10.4 所展示的那样。

清单 10.4 在一个寄存器中的每个量子位上应用 X

```
open Microsoft.Quantum.Diagnostics;
open Microsoft.Quantum.Arrays;

operation ApplyXUsingCNOTs(register : Qubit[])
: Unit is Adj + Ctl {
    within {
        ApplyToEachCA(

            CNOT(register[0], _),

            Rest(register)
        );
    } apply {
        X(register[0]);
    }
}

operation CheckThatThisWorks() : Unit {
    AssertOperationsEqualReferenced(2,
        ApplyXUsingCNOTs,
        ApplyToEachCA(X, _)
    );
    Message("Woohoo!");
}
```

注释：
- 通过多个 CNOT 来表示对 X 的单一调用的操作，可以使用 within/apply 语句块
- 对于 within/apply 语句块的“袜”部分，可以使用 ApplyToEachCA 和在第 7 章学到的部分应用技术，来编写需要的 CNOT 调用
- 调用 ApplyToEachCA 的这一部分是说，让 CNOT 操作受控于寄存器的第一个量子位，应用于量子位数组的每个元素
- 使用 Rest 挑出 regeister 数组中除第一个（即第 0 个）元素外的所有元素
- within/apply 语句块的“鞋”部分更简单一些：就是对用作控制 CNOT 调用序列的同一量子位进行 X 操作
- 这一次，我们不是写出自己的操作来进行比较，而是使用部分应用来与寄存器中每个量子位上的 X 操作进行比较

练习 10.4：酉矩阵等价

请用 QuTiP 检查一下，在双量子位寄存器上运行时，清单 10.4 中的两个程序可以通过相同的酉矩阵来模拟，从而对其输入寄存器做同样的处理。

练习 10.5：程序等价

请试着修改清单 10.4，看看当应用于两个以上的量子位时，两个程序是否等价。

注意：对多个量子位应用 AssertOperationsEqualReferenced 可能会很昂贵。

我们还可以使用 within/apply 概念建立其他有趣的操作种类。特别是，采用与清单 10.4 相同的方式，用 CNOT 操作转换旋转，可以实现玛丽在本节开始时要求的那种多量子位旋转。利用在第 9 章学到的 DumpMachine 和 DumpRegister，可以看到，正如 Rx 在 $|0\rangle$ 和 $|1\rangle$之间应用 x 轴旋转一样，我们可以在 $|00\rangle$和 $|11\rangle$之间实现一个 $\boldsymbol{X}\otimes\boldsymbol{X}$ 轴旋转（见清单 10.5）。

清单 10.5 创建一个多量子位的 Rx 操作

```
open Microsoft.Quantum.Diagnostics;
open Microsoft.Quantum.Math;
```

```
operation ApplyRotationAboutXX(
    angle : Double, register : Qubit[]
) : Unit is Adj + Ctl {
    within {
        CNOT(register[0], register[1]);
    } apply {
        Rx(angle, register[0]);
    }
}

operation DumpXXRotation() : Unit {
    let angle = PI() / 2.0;
    use register = Qubit[2];

    ApplyRotationAboutXX(angle, register);

    DumpMachine();
    ResetAll(register);
}
```

为简单起见，我们在这个列表中特别讨论了双量子位的情况，但是可以用同样的方式利用 ApplyToEachCA 调用来处理两个以上量子位的寄存器

我们不是对控制量子位进行 X 操作，而是要对控制量子位进行一个任意角度的 x 旋转

为了检查新的 ApplyRotationAboutXX 操作的作用，我们先用 use 语句要求目标机器提供一个双量子位寄存器

然后将绕 $X \otimes X$ 轴的新旋转应用于新寄存器，看看它有什么作用

在模拟器上运行时，DumpMachine 会输出模拟器的全部状态，检查新旋转操作是如何改变寄存器的状态的

像往常一样，在将寄存器释放回目标机器之前，需要将所有的量子位重新设置为 $|0\rangle$ 状态

练习 10.6：预测 ApplyRotationAboutXX

试着在调用 ApplyRotationAboutXX 之前，将寄存器制备成除 $|00\rangle$ 以外的状态。该操作是否与你预期的一样?

提示：回顾本书第一部分，我们可以通过应用 X 操作来制备 $|1\rangle$ 状态的副本，应用 H 操作来制备 $|+\rangle$。

清单 10.5 中的输出可能看起来与图 10.7 略有不同，因为 Jupyter Notebook 的 IQ# 内核支持多种不同的方式来标记量子位状态。

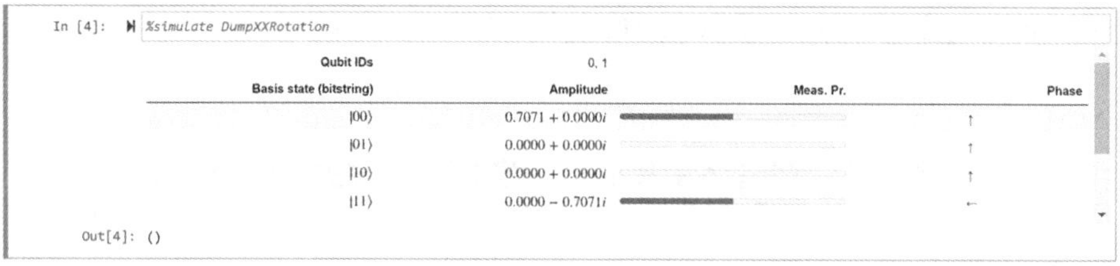

In [4]: %simulate DumpXXRotation

Qubit IDs	0, 1		
Basis state (bitstring)	Amplitude	Meas. Pr.	Phase
$\|00\rangle$	0.7071 + 0.0000i		↑
$\|01\rangle$	0.0000 + 0.0000i		↑
$\|10\rangle$	0.0000 + 0.0000i		↑
$\|11\rangle$	0.0000 − 0.7071i		←

Out[4]: ()

图 10.7 在 Jupyter Notebook 中运行清单 10.5 后的输出。可以从 DumpXXRotation 中 DumpMachine 的输出看到，它显示结果状态是 $|00\rangle$ 和 $|11\rangle$ 之间的叠加

提示 默认情况下，IQ# 使用“小端字节序”约定，这对于类似于我们将在第 12 章了解的算术问题非常有用。要使用在本书中看到的那样的位串来标记量子位状态，可以在一个新的 Jupyter Notebook 单元格中运行%config dump.basisStateLabelingConvention = "Bitstring"语句。

练习 10.7：Rx 与绕 $X \otimes X$ 的旋转

试着用 DumpMachine 来探索 Rx 操作是如何作用于单量子位的，并与在清单 10.5 中实现的绕 $X \otimes X$ 轴的双量子位旋转进行比较。这两种旋转操作有什么相似之处，又有什么不同？将绕 $X \otimes X$ 轴的旋转与对双量子位寄存器中的每个量子位进行 Rx 操作进行比较。

一般来说，“任意”围绕由泡利矩阵的张量积给出的轴的旋转（如 $X \otimes X$、$Y \otimes Z$ 或 $Z \otimes Z$），都可以通过应用由 CNOT 和 H 等一系列操作转换的单位旋转来实现（见清单 10.6）。

清单 10.6 使用 Exp 来计算如何转换状态

```
open Microsoft.Quantum.Diagnostics;
open Microsoft.Quantum.Math;

operation ApplyRotationAboutXX(
    angle : Double, register : Qubit[]
) : Unit is Adj + Ctl {
    within {
        CNOT(register[0], register[1]);
    } apply {
        Rx(angle, register[0]);
    }
}

operation CheckThatThisWorks() : Unit {
    let angle = PI() / 3.0;
    AssertOperationsEqualReferenced(2,
        ApplyRotationAboutXX(angle, _),
        Exp([PauliX, PauliX], -angle / 2.0, _)
    );
    Message("Woohoo!");
}
```

警告 Exp 和 Rx 用于表示角度的约定相差 1/2。在同一个程序中使用 Exp 操作和单量子位旋转操作时，一定要仔细检查所有的角度！

使用 Exp，很容易模拟哈密顿算符 $H = \omega X \otimes X$ 或任何其他由泡利矩阵的张量积组成的哈密顿算符（见图 10.8）。如清单 10.7 所示，在 Q# 中，可以通过 Q# 值[PauliX, PauliX]来指定 $X \otimes X$。

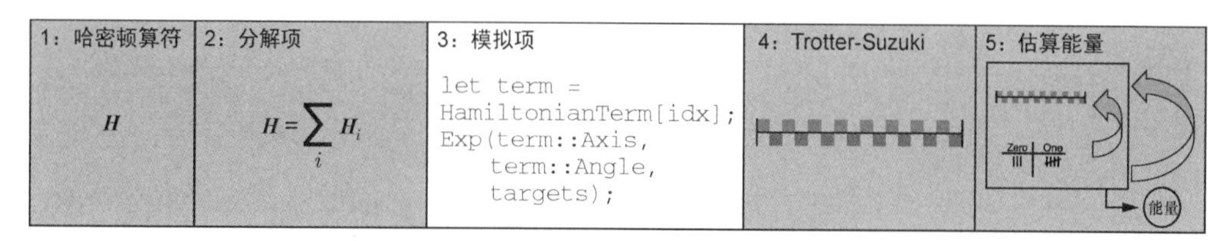

图 10.8 在第 3 步中，使用 Exp 操作来编程表示我们试图模拟的哈密顿算符的广义旋转的示意图

清单 10.7　使用 Exp 来模拟在 $X \otimes X$ 下的演化

```
operation EvolveUnderXX(        <- 利用之前学到的知识，编写模拟在与 X⊗X 成比例的哈密顿算符下的演化的操作，就像我们在清单 10.2 中编写模拟在与 z 成比例的哈密顿算符下的演化的操作一样

    strength : Double,          <- 代表哈密顿算符强度的参数：哈密顿算符所描述的能量有多大

    time : Double,              <- 描述模拟演化时间的参数（类似于第 9 章中兰斯洛特的比例参数）
    target : Qubit
) : Unit is Adj + Ctl {
    Exp([PauliX, PauliX], strength * time,
        target);                <- 使用 Microsoft.Quantum.Intrinsic 命名空间提供的 Exp 操作，要求绕 X⊗X 轴进行旋转
}
```

$Z \otimes Z$ 并非两个 z 旋转

我们可能很容易认为，可以通过对第一个量子位做 z 旋转，然后对第二个量子位做 z 旋转来实现绕 $Z \otimes Z$ 轴的双量子位旋转。然而，结果表明它们是完全不同的操作：

$$R_z(\theta) \otimes R_z(\theta) = \begin{pmatrix} e^{-i\theta} & 0 & 0 & 0 \\ 0 & 1 & 0 & 0 \\ 0 & 0 & 1 & 0 \\ 0 & 0 & 0 & e^{i\theta} \end{pmatrix} \quad R_{zz}(\theta) = \begin{pmatrix} e^{-i\theta/2} & 0 & 0 & 0 \\ 0 & e^{i\theta/2} & 0 & 0 \\ 0 & 0 & e^{i\theta/2} & 0 \\ 0 & 0 & 0 & e^{-i\theta/2} \end{pmatrix}$$

一种思考方式是，绕 $Z \otimes Z$ 轴旋转只对每个计算基态的奇偶性敏感，所以 $|00\rangle$ 和 $|11\rangle$ 各自旋转的相位相同。

既然我们有了 Exp 操作，就很容易用它来写一个操作，模拟玛丽所提供的哈密顿算符中的每个项（见清单 10.8）。

清单 10.8　operations.qs：模拟单项的演化

```
operation EvolveUnderHamiltonianTerm(
    idxBondLength : Int,        <- 用于查找玛丽所提供的哈密顿算符的索引。每一个都对应着不同的分子键长
    idxTerm : Int,              <- 我们要模拟演化的玛丽的哈密顿算符的项
    stepSize : Double,          <- 模拟演化时间。也就是说，一个模拟步骤要花多长时间
    qubits : Qubit[])
: Unit is Adj + Ctl {
    let (pauliString, idxQubits) =
        H2Terms(idxTerm);       <- 使用 idxTerm 和本书代码库中提供的 H2Terms 函数，从哈密顿算符中获得该项
    let coeff =
        (H2Coeff(idxBondLength))[idxTerm];   <- 使用 H2Coeff 函数获得该项的系数，该函数也在本书的示例库中提供
```

```
    let op = Exp(pauliString,
        stepSize * coeff, _);
    (RestrictedToSubregisterCA(op, idxQubits))
        (qubits);
}
```

模拟该项下的演化，用 Exp 来进行按模拟步长缩放的旋转，类似列表 10.7 中的 EvolveUnderXX 操作

由于并非所有项都会影响所有的量子位，我们可以使用 Q#提供的 RestrictedToSubregisterCA 操作，将对 Exp 的调用只应用于输入的一个子集

在 10.5 节中，我们将了解如何利用这一点来模拟在玛丽的整个哈密顿算符下的演化。

10.5 在系统中做出想要的变化

既然已经学会了用哈密顿算符的概念来描述量子设备如何随时间发生变化，一个非常现实的问题是，如何实现想要模拟的特定哈密顿算符？大多数量子设备都有一些对它们来说很容易做到的特定操作。例如，我们在 10.4 节中看到，在任何由泡利矩阵的张量积给出的哈密顿算符下，模拟演化是很简单的。也就是说，我们（和玛丽）感兴趣的哈密顿算符很可能不是一个内置的操作，而是量子计算机上不能直接提供的操作。

提示 通常很容易让设备实现一些泡利算子，也许还有其他一些操作。然后，游戏就变成了弄明白怎样将我们想要的操作转化为设备可以轻松完成的操作。

如果没有足够简单的方式来模拟哈密顿算符下的演化，那么如何实现特定的哈密顿算符的模拟，从而可以应用设备中的量子位？

让我们把它分解。在第 2 章中了解到，可以将一个向量描述为基向量或方向的线性组合。事实证明，用矩阵同样可以做到这一点，一个非常方便的基就是泡利算子。

泡利矩阵复习

如果你需要复习一下什么是泡利矩阵，不用担心，我们来帮你：

$$\boldsymbol{X}=\begin{pmatrix}0 & 1\\ 1 & 0\end{pmatrix}\quad \boldsymbol{Y}=\begin{pmatrix}0 & -i\\ i & 0\end{pmatrix}\quad \boldsymbol{Z}=\begin{pmatrix}1 & 0\\ 0 & -1\end{pmatrix}$$

就像可以用北和西来描述地图上的任何方向一样，也可以用泡利矩阵的线性组合来描述任何矩阵。例如：

$$\begin{pmatrix}1 & 0\\ 0 & 0\end{pmatrix}=\frac{1}{2}\mathbb{1}+\frac{1}{2}\boldsymbol{Z}$$

类似地，

$$\begin{pmatrix} 2 & 3 \\ 4 & 5 \end{pmatrix} = \frac{1}{2}(7\mathbb{1} + 7\boldsymbol{X} - \mathrm{i}\boldsymbol{Y} - 3\boldsymbol{Z})$$

对于作用于多个量子位的矩阵也是如此：

$$\boldsymbol{U}_{\mathrm{SWAP}} = \frac{1}{2}(\mathbb{1} \otimes \mathbb{1} + \boldsymbol{X} \otimes \boldsymbol{X} + \boldsymbol{Y} \otimes \boldsymbol{Y} + \boldsymbol{Z} \otimes \boldsymbol{Z})$$

练习 10.8：验证同一性

使用 QuTiP 来验证前面的方程。

提示：可以使用 qt.qeye(2)来获得$\mathbb{1}$的副本，qt.sigmax()来获得 $\boldsymbol{X}$ 的副本，以此类推。要计算像 $\boldsymbol{X} \otimes \boldsymbol{X}$ 这样的张量积，可以使用 qt.tensor。

这是个好消息，因为我们可以将想要模拟的哈密顿算符写成泡利矩阵的线性组合。在 10.4 节中我们看到，可以用 Exp 来轻松模拟仅由泡利矩阵的张量积组成的哈密顿算符。这使得泡利基非常方便，因为玛丽使用的化学工具的工作流程很可能已经为量子设备输出了泡利基的哈密顿算符。

看看玛丽希望我们模拟的哈密顿算符的表示方法，用泡利基来展开它。玛丽利用她的化学建模技能，告诉我们，需要用量子位模拟的哈密顿算符是由下面的方程给出的，其中 a、b_0、b_1、b_2、b_3、b_4 中的每一个都是一个实数，它们取决于玛丽想要模拟 H_2 的分子键长：

$$\boldsymbol{H} = a\mathbb{1} \otimes \mathbb{1} + b_0 \boldsymbol{Z} \otimes \mathbb{1} + b_1 \mathbb{1} \otimes \boldsymbol{Z} + b_2 \boldsymbol{Z} \otimes \boldsymbol{Z} + b_3 \boldsymbol{Y} \otimes \boldsymbol{Y} + b_4 \boldsymbol{X} \otimes \boldsymbol{X}$$

提示 玛丽使用的所有项和系数都来自论文“Scalable Quantum Simulation of Molecular Energies”[1]。确切的系数取决于氢原子之间的键长，但所有这些常数都可在本书配套资源中找到。

有了该哈密顿算符表示法，现在是时候弄清楚如何实际使用它了。该哈密顿算符有 6 个项，那么我们应该先应用哪个项？顺序是否重要？不幸的是，在模拟哈密顿算符下的系统演化时，项的使用顺序往往很重要。在 10.6 节中，我们将了解一种方法，它允许我们将系统的演化分成几个小步骤，从而一次性模拟所有项下的演化。

10.6 经历（非常小的）变化

此时，回过头来评估一下帮助玛丽的进展是很有帮助的。我们已经看到了如何将任意哈密顿算符分解为泡利矩阵之和，以及如何使用 Exp 操作来模拟该和中每项下的演化。要模拟任意的哈密顿算符，剩下的就是把这些模拟结合起来，模拟整个哈密顿

① O’Malley, et al. Scalable Quantum Simulation of Molecular Energies[EB/OL]. 2015.

算符（见图 10.9）。要做到这一点，还可以使用另一个量子计算技巧“Trotter–Suzuki 分解”。

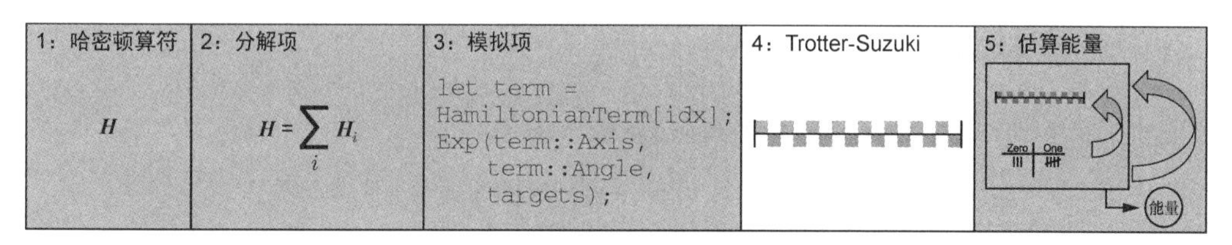

图 10.9 在本节中，我们将探讨如何使用“Trotter–Suzuki 分解”来模拟总哈密顿算符的作用，将其分解为步骤 3 中每个项的更小的演化

在讨论 Trotter-Suzuki 分解的细节之前，让我们回到本书中用来分解线性代数概念的地图比喻（在附录 C 中讨论）。

假设我们正在探索 P 城的市中心，并决定体验下从西南方向往东北方向穿过城市。如果我们先向北走几个街区，然后再向东走几个街区，那么在地图上描绘的路线看起来就不像一条对角线。与此不同，如果我们每个街区都在向北和向东之间切换，就会找出一条更像对角线的路径，它看起来就像是从附录 C 中出现的 M 市中倾斜的街道地图上走出来的。也就是说，即使我们被困在 P 城，也可以通过快速切换行走方向来模拟穿过 M 市的可能路线，如图 10.10 所示。

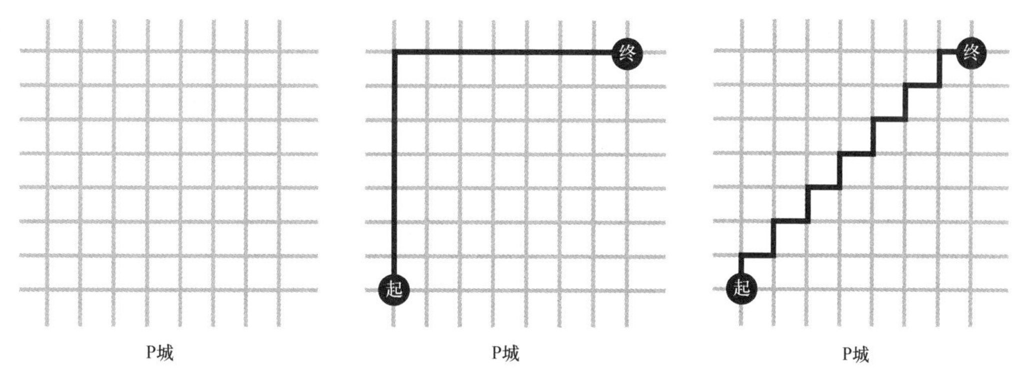

图 10.10 如果我们在 P 城的市中心，仍然可以通过快速切换方向来模拟穿过 M 市的路线。理想情况下，我们只需斜着走到目的地，但考虑到街道的布局，可以通过走短的之字形来近似对角线

在 10.5 节中我们看到，就像状态一样，哈密顿算符的不同项可以看作高维地图上的方向。泡利矩阵的张量乘积，如 $Z\otimes\mathbb{1}$和 $X\otimes Z$，发挥着类似于地图的基本方向或轴的作用。不过，当我们试图模拟玛丽的哈密顿算符时，并不是沿着一条轴，而是沿着该高维空间的一种对角线进行。这就是 Trotter-Suzuki 分解法的作用。

就像当我们快速切换行走方向时，我们的路径看起来更加接近对角线。我们可以在模拟不同的哈密顿项之间快速切换。如图 10.11 所示，Trotter-Suzuki 分解告诉我们，如果以这种方式快速切换，我们近似于在所模拟的不同项的总和下演化。

假设我们有两个量子操作，A和B。它们中的每一个都是在不同的哈密顿项下模拟旋转

我们想用它们来模拟一个组合的哈密顿算符。如果能同时运行这两者那就太好了

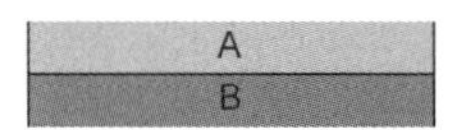

可悲的是，我们一次只能对给定的一组量子位进行单一操作。一个解决方案是先使用A，然后再使用B

然而，事实证明，如果我们先短暂运行A，再短暂运行B，一直交替进行，就会给出一个更好的近似值

图 10.11 使用 Trotter-Suzuki 分解法来近似地同时在两个哈密顿项下演化。就像前面的地图比喻一样，如果想尽快应用两个哈密顿项的效果，我们应该在每个项下一点点交替演化，直到实现完全演化

原则上我们可以在 Q#中把它写成一个 for 循环。使用伪代码，我们可能写出清单 10.9 的内容。

清单 10.9 利用 Trotter-Suzuki 模拟一个哈密顿算符

由于这是伪代码，我们暂时不用担心类型问题。如果没有类型，这个操作是无法编译的，但现在也没关系

```
operation EvolveUnderHamiltonian(time, hamiltonian,
    ➥ 〉 register) {

    for idx in 0..nTimeSteps - 1 {

        for term in hamiltonian {
            evolve under term for time / nTimeSteps
        }
    }
}
```

针对我们想将模拟分成的每一步（想想 P 城的城市街区或屏幕上的像素），需要给每个哈密顿项做一点处理

在每个时间步长内，我们可以在每个需要模拟的项上循环，并对每个项做一步的模拟

幸运的是，Q#提供了可以实现这一点的标准库函数 DecomposedIntoTimeStepsCA。在清单 10.10 中，我们展示了调用 DecomposedIntoTimeStepsCA 怎样使借助 Trotter-Suzuki 分解来模拟玛丽的哈密顿算符下的演化变得容易。DecomposedIntoTimeStepsCA 函数支持更高阶的 Trotter-Suzuki 分解，而非本章之前所探讨的一阶近似（用 trotterOrder 为 1 表示）。在某些情况下，这个功能有助于提高模拟的精度，但对于我们的目的来说，trotterOrder 为 1 是可以的（见清单 10.10）。

清单 10.10 operations.qs：使用 DecomposedIntoTimeStepsCA

EvolveUnderHamiltonian 根据玛丽求助的 H_2 分子的所需键长的系数，应用适当的哈密尔顿算符

```
operation EvolveUnderHamiltonian(
    idxBondLength : Int,
    trotterStepSize : Double,
    qubits : Qubit[])
: Unit is Adj + Ctl {
    let trotterOrder = 1;
    let op = EvolveUnderHamiltonianTerm(
            idxBondLength, _, _, _);
    (DecomposedIntoTimeStepsCA ((5, op), trotterOrder))
        (trotterStepSize, qubits);
}
```

代表要模拟的哈密顿算符演化的时间步长大小

在某些情况下，trotterOrder>1 有助于提高模拟的精度，但 trotterOrder 为 1 对我们的目的来说是足够用的

部分应用可以固定 EvolveUnderHamiltonianTerm 的输入 idxBondLength，将 idxTerm、stepSize 和 qubits 参数留空

这个函数输出一个操作，可以用来自动模拟整个哈密顿算符下的演化，使用该操作将逐一模拟每个项，所以可以继续应用它

10.7 整合在一起

既然加深了对哈密顿算符，以及如何在哈密顿算符下模拟演化以了解量子系统如何随时间变化的了解，那就准备整理一个程序来帮助玛丽解决她的问题吧（见图 10.12）。做个提示，玛丽是一名化学家，她研究不同化学品的基态能量（又称最低可能能量）。她请求我们用量子装置帮助其计算出 H_2 分子的基态能量。因为组成 H_2 分子的氢原子也是量子系统，所以用量子位模拟 H_2 的行为比用经典计算机模拟要容易得多。

提示 量子计算机非常适合模拟其他量子系统的行为，这可以说是量子计算的第一个应用！

图 10.13 回顾了我们本章所学的所有步骤和技术，以模拟玛丽的 H_2 分子在量子设备中的演化。

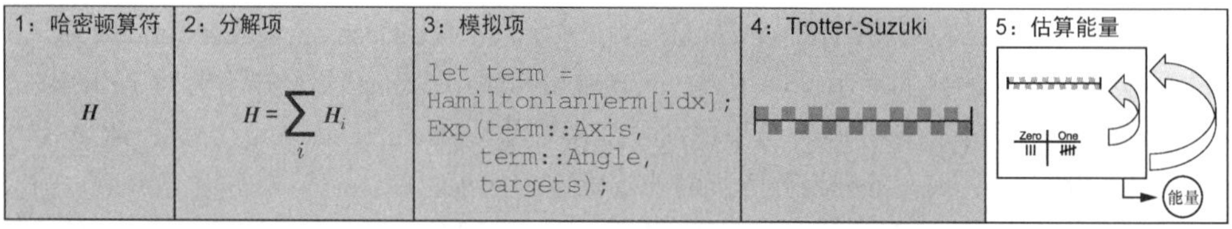

1：哈密顿算符	2：分解项	3：模拟项	4：Trotter-Suzuki	5：估算能量
H	$H=\sum_i H_i$	let term = HamiltonianTerm[idx]; Exp(term::Axis, term::Angle, targets);		Zero One 能量

图 10.12 帮助玛丽模拟 H_2 分子的最后一步，是利用相位估计来读取基态能量

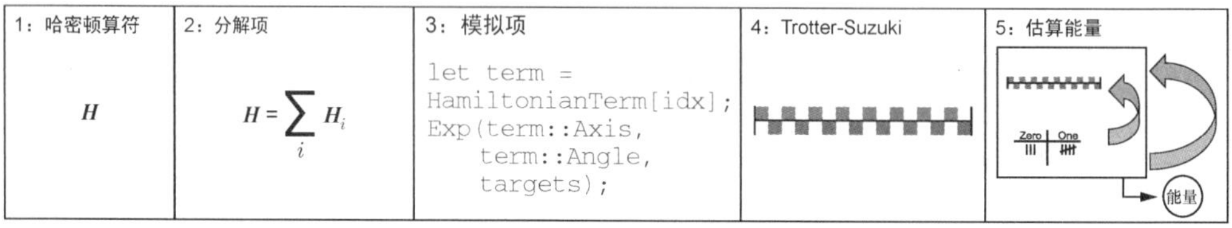

1：哈密顿算符	2：分解项	3：模拟项	4：Trotter-Suzuki	5：估算能量
H	$H=\sum_i H_i$	let term = HamiltonianTerm[idx]; Exp(term::Axis, term::Angle, targets);		Zero One 能量

图 10.13 本章中为帮助玛丽了解其分子的基态能量而制定的步骤概述

因此，作为量子开发者，我们可以与玛丽合作，及时模拟 H_2 分子的演化，并计算出基态能量，这一切要归功于薛定谔方程。需要记住的关键点是，H_2 分子的可能能量水平对应哈密顿算符的不同“特征态”。

假设我们的量子位处于哈密顿算符的一个特征态。那么，模拟在哈密顿算符下的演化不会改变量子位寄存器的状态，只是应用了一个与该状态的能量成比例的全局相位。这个能量正是我们解决玛丽问题所需要的，但全局相位是无法观察到的。幸运的是，在第 9 章中，我们从兰斯洛特和达戈内的游戏中学到了如何将全局相位变成可以通过相位估计来了解的概念——这里是一个应用它的好地方！总结一下，与玛丽合作并解决其问题的步骤如下。

1. 制备好玛丽所提供的初始状态。在这个例子中，她告诉我们要制备 $|10\rangle$，这很有帮助。

2. 将代表该系统的哈密顿算符分解成小的步骤，这些步骤可以按顺序模拟，以代表整个操作。

3. 将代表哈密顿算符的每个步骤应用于初始状态。

4. 用相位估计算法来了解量子态上累积的全局相位，这将与能量成正比。

我们已经掌握了本章前几节的技能和代码，可以把这一切结合起来，让我们来试一试。

从 Q# 文件开始（这里名为 operations.qs，以配合我们在前几章看到的内容）。我们可以打开一些命名空间，来利用预先写好的函数和操作（见清单 10.11）。

清单 10.11 operations.qs：QDK 需要的命名空间

```
namespace HamiltonianSimulation {
open Microsoft.Quantum.Intrinsic;
open Microsoft.Quantum.Canon;
```

我们以前见过 Microsoft.Quantum.Intrinsic 和 Microsoft.Quantum.Canon，它们拥有我们需要的基本实用工具/辅助函数和操作

```
open Microsoft.Quantum.Simulation;
open Microsoft.Quantum.Characterization;
```

Microsoft.Quantum.Simulation 是 QDK 的一个命名空间，正如我们所期望的那样，它具有用于模拟系统的工具

Microsoft.Quantum.Characterization 具有我们在第 9 章中开发的相位估计算法的便捷实现

接下来，我们需要添加玛丽拥有的化学分子的相关数据。你可以在配套资源的 blob/master/ch10/operations.qs 文件中找到这些数据。函数 H2BondLengths、H2Coeff 和 H2IdentityCoeff 是我们所需要的。

一旦文件中有了来自玛丽的所有系数数据，我们就还需要哈密顿算符的实际项/结构，它们将与那些刚刚添加的系数一起使用。清单 10.12 显示了一个函数的概要，该函数返回以泡利算子表示的玛丽的哈密顿算符的各项，以及将双量子位寄存器制备成该算法正确状态的操作。

清单 10.12 operations.qs：返回哈密顿算符各项的函数

```
function H2Terms(idxHamiltonian : Int)
: (Pauli[], Int[]) {
    return [
       ([PauliZ], [0]),
        ([PauliZ], [1]),
        ([PauliZ, PauliZ], [0, 1]),
        ([PauliY, PauliY], [0, 1]),
        ([PauliX, PauliX], [0, 1])
    ][idxHamiltonian];
}

operation PrepareInitalState(q : Qubit[])
: Unit {
    X(q[0]);
}
```

H2Terms 函数使得构建玛丽的哈密顿算符的项变得容易

这个函数实际上只是一个硬编码的元组列表，描述了哈密顿算符的项

将 PauliZ 应用于第 0 个和第 1 个量子位

我们还需要一种方法来为算法制备量子位。按照玛丽的建议，我们将第一个量子位置于 $|1\rangle$状态，让剩下的输入量子位保持在 $|0\rangle$ 状态

为了处理量子算法的第 2 和第 3 步，需要用到先前定义的操作：EvolveUnderHamiltonianTerm 和 EvolveUnderHamiltonian。

全局相位和 Controlled 函子

正如我们在第 9 章中所看到的，应用 EvolveUnderHamiltonian 对制备在玛丽哈密顿算符特征态中的量子位没有任何作用——事实上，这就是全部的意义！在第 9 章中，我们能够使用 Controlled 函子来解决这个问题，将对制备在特征态中的量子位应用达戈内的操作所产生的全局相位转化为可以观察到的局部相位，然后利用相位反冲来将该相位应用于控制量子位。量子开发工具包提供的 EstimateEnergy 操作使用了完全相同的技巧来了解本属于 EvolveUnderHamiltonian 操作的全局相位。这意味着，为了帮助玛丽，我们的操作必须支持 Controlled 函子，在传入 EstimateEnergy 的每个操作的签名中加入 Ctl。

最后，我们可以使用量子开发工具包提供的 EstimateEnergy 操作来自动应用 Trotter-Suzuki 和相位估计步骤。我们还可以使用一个内置的相位估计操作，该操作实现了我们在第 9 章中学到的相位估计算法的一个更优版本。例如，Microsoft.Quantum.Simulation 库有一个名为 EstimateEnergy 的操作，它使用相位估计来估计一个特征态的能量。它需要指定量子位的数量（nQubits）、制备所需的初始状态的操作（PrepareInitialState）、如何应用哈密顿算符（trotterStep），以及使用什么算法来估计应用哈密顿算符后所产生的相位。我们来看看它的运行情况，如图 10.13 所示。

清单 10.13 operations.qs：估计 H_2 基态能量的 Q# 操作

这就是了！操作 EstimateH2Energy 接收分子键长的索引并返回其基态（即最低能量状态）的能量

```
operation EstimateH2Energy(idxBondLength : Int)
: Double {
    let nQubits = 2;
    let trotterStepSize = 1.0;
    let trotterStep = EvolveUnderHamiltonian(
        idxBondLength, trotterStepSize, _);
    let estPhase = EstimateEnergy(nQubits,
        PrepareInitalState, trotterStep,
        RobustPhaseEstimation(6, _, _));
    return estPhase / trotterStepSize
        + H2IdentityCoeff(idxBondLength);
}
```

定义了我们需要两个量子位来模拟这个系统

为 Trotter-Suzuki 步骤设置一个比例参数，该步骤将哈密顿项应用于量子位

建立在 ApplyHamiltonian 基础上，并为操作提供了一个易记的名称，即用我们的参数来应用哈密顿项

为了确保返回的能量的单位是正确的，必须除以 trotterStepSize，并加上来自哈密顿算符中幺矩阵项的能量

我们在 Microsoft.Quantum.Simulation 库中建立了一个操作来估计应用哈密顿算符产生的相位，可以认为它代表了系统的能量

现在来实际运行一下这个算法吧！由于基态能量是分子键长的函数，可以用 Python 宿主来运行 Q# 算法，然后将结果绘制成键长的函数（见清单 10.14）。

清单 10.14 host.py：Python 模拟的设置

导入 Q#的 Python 包，然后从 operations.qs 文件中导入 Q#命名空间（HamiltonSimulation）。作为常规导入语句，Python 包 qsharp 使 Q#命名空间可用

```
import qsharp
import HamiltonianSimulation as H2Simulation

bond_lengths = H2Simulation.H2BondLengths.simulate()

def estimate_energy(bond_index: float,
                    n_measurements_per_scale: int = 3
```

方便起见，从 Q#函数 H2BondLengths 中拉出可以模拟的 H_2 的键长列表

estimate_energy 函数是 Q#操作 EstimateH2Energy 的 Python 封装器，但它会运行几次，以确保能量估计最小化

```
    ) -> float:
    print(f"Estimating energy for bond length of {bond_lengths[bond_index]} Å.")
    return min([H2Simulation.EstimateH2Energy.simulate(idxBondLength=bond_index)
                for _ in range(n_measurements_per_scale)])
```

为什么需要多次运行 EstimateH2Energy?

玛丽所提供的状态 |01⟩ 实际上不是任一哈密顿算符的特征态，而是她用量子化学的近似方法，即“Hartree–Fock 理论”计算出来的。由于量子化学是她的专业领域，她可以通过提供这样的近似值来提供帮助。

实际上，这意味着当我们使用 Microsoft.Quantum.Characterization 命名空间提供的工具运行相位估计时，我们不是在了解某个特定特征态的能量，而是随机地投影到一个特征态上并了解其能量。由于我们的初始状态是一个极佳的近似值，所以大多数时候，我们会投影到玛丽哈密顿算符的最低能量状态（即基态），但也可能不走运，正确地了解到错误的特征态能量。由于我们正在寻找最小的能量，所以多次运行并取最小值更有可能了解到想要的能量。

在 Python 宿主中设置好一切后，剩下的就是编写和运行主函数（见清单 10.15）。

清单 10.15 host.py：我们模拟的主程序

将 host.py 作为一个脚本运行，绘制出 Q# 中量子算法的估计基态能量

```
if __name__ == "__main__":
    import matplotlib.pyplot as plt

    print(f"Number of bond lengths: {len(bond_lengths)}.\n")
    energies = [estimate_energy(i) for i in range(len(bond_lengths))]
    plt.figure()
    plt.plot(bond_lengths, energies, 'o')
    plt.title('Energy levels of H2 as a function of bond length')
    plt.xlabel('Bond length (Å)')
    plt.ylabel('Ground state energy (Hartree)')
    plt.show()
```

直接生成每个 H_2 分子键长的估计能量列表

设置绘图的数据和样式

调用 plt.show()应该会弹出或返回一个绘制的图像

图 10.14 展示了运行 host.py 输出的示例。该图显示了我们对 H_2 分子不同键长的各种哈密顿算符的模拟结果。我们可以看到，当键长较短时，最低状态的能量要高得多，而当键越长时，能量就越平缓。可能的最低能量应该发生在大约 0.75 Å[①]的键长附近。如果我们查一下，氢的稳定（即平衡）键长是 0.74 Å！所以，是的，事实证明玛丽的分子是众所周知的，但我们可以看到如何完成这个过程，不仅可用于其他化学品，也可以用于模拟其他量子系统。

① 1Å=10^{-10}m。

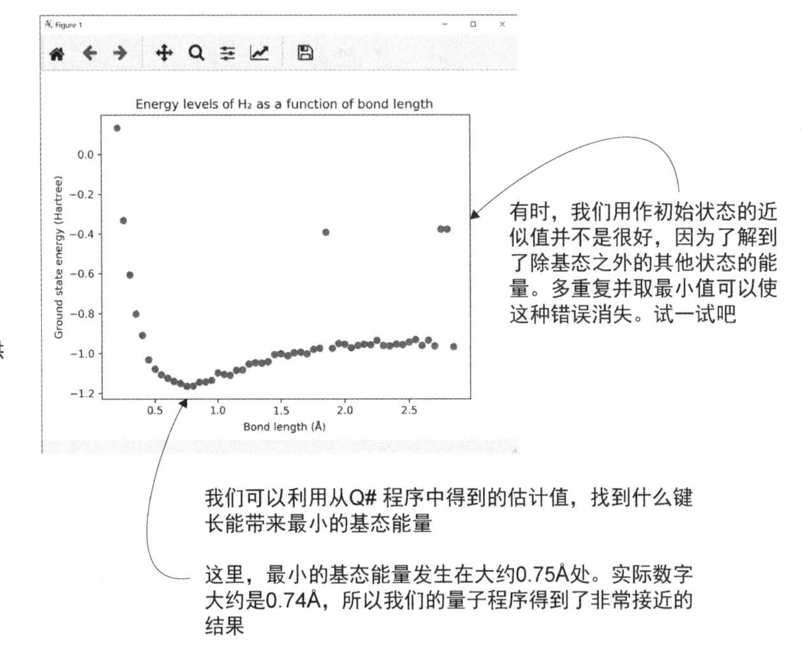

当我们在Python中运行Q# 程序时，会得到一个Matplotlib图，显示在经典计算机上模拟Q#程序的结果
每个点代表了不同键长下H_2的基态能量的估计
化学家们倾向于用一种名为“哈特里”的单位来描述不同分子的能量
对于每个键的长度，以Å为单位，玛丽提供了一个不同的哈密顿算符，描述了H_2在该长度上的能量水平
Figure 1
Energy levels of H_2 as a function of bond length
Ground state energy (Hartree)
0.0
−0.2
−0.4
−0.6
−0.8
−1.0
−1.2
0.5
1.0
1.5
2.0
2.5
Bond length (Å)
有时，我们用作初始状态的近似值并不是很好，因为了解到了除基态之外的其他状态的能量。多重复并取最小值可以使这种错误消失。试一试吧
我们可以利用从Q# 程序中得到的估计值，找到什么键长能带来最小的基态能量
这里，最小的基态能量发生在大约0.75Å处。实际数字大约是0.74Å，所以我们的量子程序得到了非常接近的结果

图 10.14　运行 host.py 应该产生的图表示例。确切的数据可能会有所不同，但是一般来说，我们应该看到最小的基态能量发生在横轴上约 0.75 Å 处，这就是能量最低的键长

恭喜！我们已经实现了第一个量子计算机的实际应用！当然，我们在这里实际使用的化学品相当简单的，但这个过程适用于我们可能想要模拟的大多数其他量子系统。在接下来的两章中，我们将探讨量子计算机的另外两个应用：用格罗弗算法进行非结构化搜索，以及用舒尔算法进行因数分解。

小结

- 量子计算的一个吸引人的应用是帮助我们理解量子力学系统的特性，如化学反应。
- 我们可以采用许多不同的方式来思考量子力学。使用 Python 和 Q#，量子力学可看作一种计算，而化学家和物理学家可以把量子力学看作一套描述物理系统如何相互作用和反应的规则。
- 物理学家和化学家使用一种特殊的矩阵，称为“哈密顿算符”，来预测量子力学系统如何随时间发生变化。如果我们能在量子计算机上模拟哈密顿算符，那么

我们就能模拟这些矩阵所描述的物理系统。

- 哈密顿算符的一个重要特例是泡利矩阵的张量积。这些哈密顿算符描述了我们在整本书中看到的旋转的一种泛化，可以用 Q#的 Exp 操作来模拟。
- 较复杂的哈密顿算符可以分解为较简单的哈密顿算符之和，这使我们可以同时模拟哈密顿算符的每一项。
- 如果我们快速交替模拟一个哈密顿算符的各项，就可以得到一个模拟完整哈密顿算符的较好近似值。这类似于快速交替着向北和向东行走，看起来就有点像沿对角线走。
- 利用化学模型（比如从化学家朋友那里得到的），我们可以写出并模拟量子化学的哈密顿算符。将这种模拟与相位估计相结合，可以让我们了解不同化学品的能量结构，帮助我们预测其反应。

第 11 章　用量子计算机搜索

本章内容

- 用量子算法搜索非结构化数据。
- 使用 QDK 资源估算器来了解运行算法的成本。
- 反射量子寄存器的状态。

在第 10 章，我们通过与同事玛丽合作，帮助计算氢分子的基态能量，深入研究了量子计算的第一个应用。为此，我们实现了一个哈密顿算符模拟算法，该算法使用了我们在第 9 章中学习的一些相位估计技术。

在本章，我们将探讨量子计算的另一个应用领域：搜索数据。这个应用领域一直是高性能计算领域的热门话题，它展示了使用之前学到的技术建立另一种量子程序的方式，该例基于相位反冲。我们还会探讨量 QDK 中内置的“资源估算器”，看看它如何帮助我们了解量子程序的扩展，即使它们大到无法在本地运行。

11.1 搜索非结构化数据

假设我们想通过一些数据搜索来找到一个联系人的电话号码。如果联系人列表是按姓名排序的，那么使用“二分搜索”，可以轻易找到与某个特定姓名有关的电话号码，见算法 11.1。

算法 11.1：二分搜索的伪代码

1. 在列表中间挑选一个名字-电话号码对。将该对作为支点。
2. 如果支点的名字是要找的名字，则返回该支点的电话号码。
3. 如果要找的名字在支点的名字之前，就在列表的前一半重复搜索。
4. 如果要找的名字在支点的名字之后，就在列表的后半部分重复搜索。

"数据"不仅仅是《星际迷航》中的一个角色

在这一章中，我们将讨论很多关于搜索数据的问题。这些数据可以有很多不同的形式：

- 电话号码；
- 狗的名字；
- 天气测量；
- 门铃的类型。

所有这些数据的共同点是，我们可以在经典计算机上将它们表示为一串位，使用各种不同的约定来表示。

这样的搜索能够很快完成，并且是得以让我们搜索充满信息的数据库的关键。问题是，在算法 11.1 中，我们严重依赖于名字和电话号码列表的排序。如果它没有排序，二分搜索就不起作用。

注意 现在，我们具备了用量子计算机解决更难的问题所需要的条件。本章的情景比之前的大多数游戏和情景要复杂一些，如果一开始难以理解，请不要担心。慢慢来，慢慢读，我们向你保证，这是值得的！

换言之，为了快速搜索数据，我们需要对数据应用某种结构：对数据进行排序，或者做一些其他假设，以避免查看每一项数据。如果无任何结构，我们最好随机查看数据，直到找到想要的数据。算法 11.2 中列出的步骤展示了如何搜索一个非结构化列表。我们也许会很幸运，但平均来说，随机搜索的速度只有查看每一项数据的两倍。

算法 11.2：搜索非结构化列表的伪代码

1. 从列表中随机挑选一个元素。
2. 如果是正确的元素，返回它。否则，挑选一个新的元素并重复该过程。

搜索非结构化列表是困难的，这个事实也是许多密码学的基础。在这种情况下，尝试破解一个加密算法时的任务就是尝试不同的密钥，直到其中有一个有效，而非显式地编写列表。我们可以把解密函数看作"隐式地"定义了一个列表，其中有一个特殊的"标记项"，对应正确的密钥。

算法 11.3 中的伪代码可以表示这个解密任务。我们选取的随机输入是密钥，我们将它与解密"函数"或算法一起使用，看看它是否能解密信息。

算法 11.3：搜索一个函数的非结构化输入的伪代码

1. 挑选一个随机的输入。
2. 用该输入调用该函数。如果成功了，就返回输入。
3. 否则，挑选一个新的随机输入并重复步骤 2 和 3。

如果我们能更快地搜索非结构化列表，就能够对数据库进行排序，解决数学问题，甚至能够破解某些经典加密过程。

这也许令人惊讶：如果定义列表的函数可以写成一个量子操作（利用我们在第 8 章学到的关于 oracle 的知识），就可以用名为“格罗弗算法”的量子算法来寻找一个输入，这比使用算法 11.3 快得多。

提示 我们正在接近本书的结尾，这意味着我们有机会把整本书所学的内容整合在一起。具体来说，在本章，我们将利用在第 8 章中的妮穆和梅林的游戏中所学到的关于 oracle 的知识来表示格罗弗算法的输入。如果你需要复习一下什么是 oracle，不用担心，回顾第 8 章的内容即可。

当我们运行格罗弗算法时，我们是在一个函数的所有可能的输入中，搜索一个或多个特定的值。如果我们想搜索一个非结构化数据列表，可以考虑先定义一个函数，负责查找列表中的一个特定条目。然后，在这个函数的输入中搜索，找到想要的特定函数输出值。

考虑这样一个场景，需要在 1 分钟内解密一个信息。我们需要尝试 250 万个不同的密钥，但只有一个可以解密该信息，而且每次尝试一个密钥会花费相当长的时间。我们可以使用格罗弗算法和一个代表问题的函数，比如“这个加密密钥是否能解密某个特定的信息”来更快地找到正确的密钥，而不必逐个测试每个密钥！这很像图 11.1 所示的挂锁示例，这里把不同的可能的钥匙当作输入。

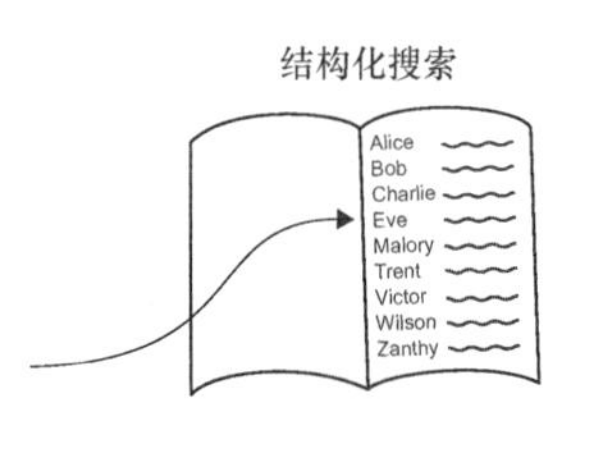

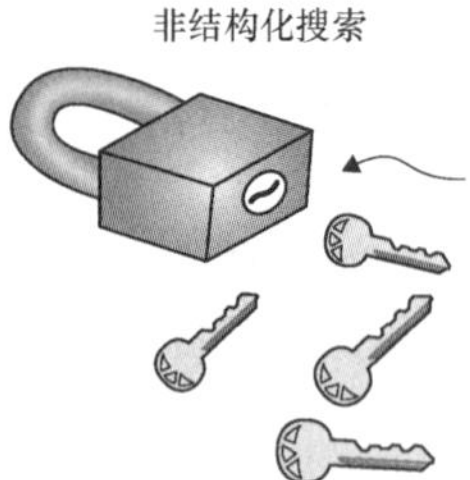

在搜索电话簿时，名字都是按顺序排列的。如果没有找到正确的名字，依然可以得到一个提示，知道下一步该去哪里找

非结构化搜索
另一方面，如果我们在挂锁中尝试不同的钥匙，就没有结构来帮助搜索
如果一把钥匙不合适，这并不有助于挑选下一把钥匙进行尝试
这意味着，平均而言，在打开锁之前，我们必须尝试半数可能的钥匙

图 11.1 结构化和非结构化搜索。如果我们正在寻找一个按字母顺序排列的地址簿，那么数据就有一些结构，我们可以利用这些结构来更快地找到数据。如果是在一盒随机的钥匙中找到正确的那一把，我们只能不断尝试这些钥匙，直到锁打开

当我们在本章后面重新审视 oracle 时，会让格罗弗算法所需的函数更精确地表示这个问题，但当我们用格罗弗算法搜索时，是在搜索一个“函数的输入”，而非一个数据列表，有必要记住这一点。考虑到这一点，算法 11.4 展现了格罗弗算法。

算法 11.4：执行非结构化搜索的伪代码（格罗弗算法）

1. 分配一个足够大的量子位寄存器，大到足以表示我们正在搜索的函数的所有输入。
2. 将寄存器制备成均匀叠加态，即所有可能的状态都有相同的振幅。这是因为，由于问题的类型，我们没有任何关于哪个输入是“正确的输入”的额外信息，所以这代表了数据的均匀概率分布（即“先验”概率）。
3. 反射寄存器的标记状态（即我们正在搜索的状态）。这里，“反射”意味着选择一个特定的状态并翻转其上的符号，我们将在 11.2 节了解更多的细节，以及如何在 Q# 中实现反射。
4. 反射寄存器的初始状态（均匀叠加态）。
5. 重复步骤 3 和 4，直到测量到所寻找的项的概率足够高，然后测量寄存器。可以在数学上计算出这样做所需的最佳次数，以最大限度地提高找回标记项的概率。

图 11.2 展示了这些步骤。

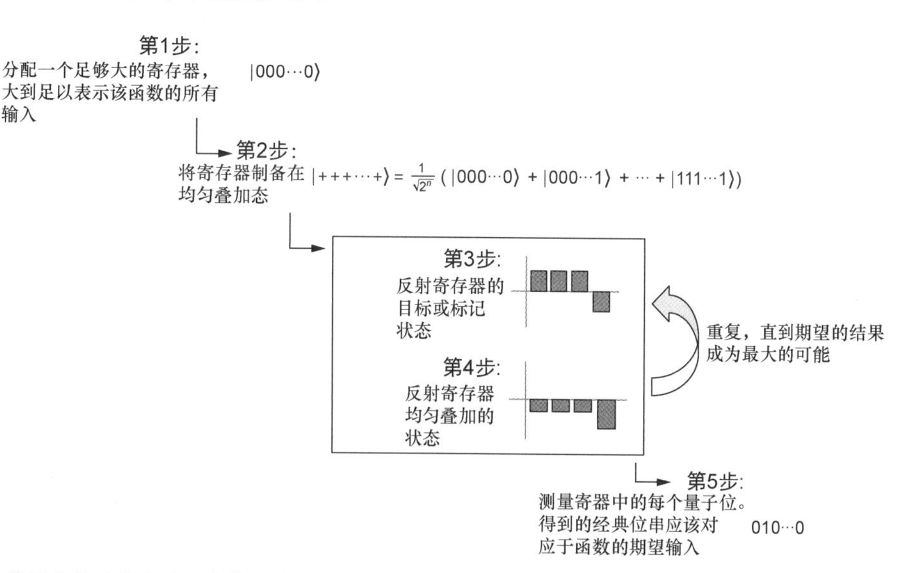
第1步:
分配一个足够大的寄存器，大到足以表示该函数的所有输入
|000···0⟩
第2步:
将寄存器制备在均匀叠加态
|+++···+⟩ = 1/√2ⁿ (|000···0⟩ + |000···1⟩ + ··· + |111···1⟩)
第3步:
反射寄存器的目标或标记状态
第4步:
反射寄存器均匀叠加的状态
重复，直到期望的结果成为最大的可能
第5步:
测量寄存器中的每个量子位。得到的经典位串应该对应于函数的期望输入
010···0

图 11.2　格罗弗算法的步骤，该算法搜索一个函数的输入，寻找特定的函数输出。我们先分配一个足够大的量子位的寄存器，大到足以表示要搜索的所有输入，然后将其置于均匀叠加态。最后，对寄存器的状态进行适当次数的反射，以使测量到我们要找的答案的概率最大化

注意 随着本章的学习，会发现思考格罗弗算法的一种方式，是将它看作一种状态间的旋转，表示我们是否找到了正确的标记项，即场景中的密钥。如果我们应用格罗弗算法的第 3 和第 4 步的次数太多，我们就会直接转过要找的状态，所以选择迭代的次数是算法的一个组成部分。

图 11.3 展示了一个示例，说明了经典搜索非结构化列表的成本与使用格罗弗算法的成本是如何比较的。

提示 描述图 11.3 所示内容的一种方式，是利用一个名为"渐近复杂性"的概念。具体来说，我们说经典的非结构化搜索需要调用 $O(N)$次函数来搜索 N 个输入，而格罗弗算法需要调用 $O(\sqrt{N})$次。如果对此不熟悉，不要担心；如果你对算法该怎样理解感到好奇，可以查看 Aditya Y. Bhargava 所著的 *Grokking Algorithms*（Manning，2016）第 1 章。

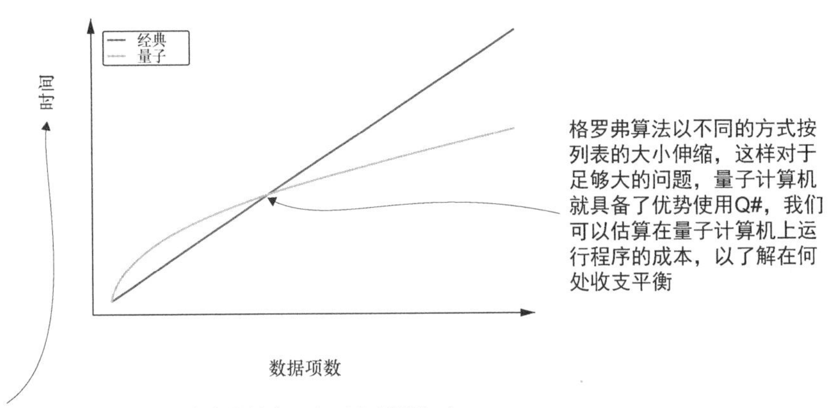

图 11.3 经典计算机和量子计算机搜索非结构化列表所需时间长短的示例。我们可以看到，对于数量较少的数据项，量子方法需要更多的时间；但是当我们增加搜索中的数据项数量时，量子方法搜索的时间就会减少

和以前一样，让我们剖析一下这些代码是什么样子的。清单 11.1 是一个 Q#操作示例，它使用格罗弗算法来搜索非结构化列表中的标记项。在这里，我们将范围缩小到 8 个密钥，而非 250 万个密钥，标记项（即正确的密钥）由 0 到 7 的整数表示。是的，这意味着我们可能会在经典计算机上以同样的速度解决这个问题。然而，在本章的最后我们会看到，随着需要搜索的密钥数的增加，使用格罗弗算法时，找到正确密钥所需的步骤或计算量要少得多。另外，对于该处的示例代码，代表解密算法的函数并不真正做任何解密工作，它只是像在玩一个猜谜游戏一样，如果给它正确的密钥，就返回一个布尔值。为本章实现一种特定的解密算法有些超出本书范围，可能需要进行一些研究才能完

成。这里的目标是展示如何使用格罗弗算法来搜索一个函数的输入，以加快特定问题的解决（见清单 11.1）。

清单 11.1 operations.qs：运行格罗弗算法的 Q#代码

```
operation RunGroverSearch(nItems : Int, idxMarkedItem : Int) : Unit {
    let markItem = ApplyOracle(
        idxMarkedItem, _, _);
    let foundItem = SearchForMarkedItem(
            nItems, markItem);
    Message(
        $"Marked {idxMarkedItem} and found
    ➥ {foundItem}.");
}
```

我们可以利用部分应用，将标记项的索引包含在提供给搜索算法的 Oracle 中

在一个由三个量子位组成的寄存器上运行格罗弗算法，并提供之前定义的 oracle markItem

发出一条消息以验证它找到了正确的项

如果运行清单 11.1 中的示例，应该得到以下输出：

```
In [1]: %simulate RunGroverSearch nItems=7 idxMarkedItem=6
Out[1]: Marked 6 and found 6
```

我们可以从运行格罗弗算法的示例中看到，我们要找的解密密钥是索引或标记为 6 的那个，而且该算法发现密钥也是数字 6。现在，由于 SearchForMarkedItem 操作确实是这个示例的重点，来看看它的实现吧（见清单 11.2）。

清单 11.2 operations.qs：将格罗弗算法写成一个 Q# 操作

下一个输入是搜索问题的表示。可以通过一个 oracle 隐式地定义搜索问题，该 oracle 标志着列表中的项目是否正确

像往常一样，从定义一个新的操作开始，这里使用 operation 关键字

我们的操作需要的第一个输入是列表中的项数

```
operation SearchForMarkedItem(
    nItems : Int,
    markItem : ((Qubit[], Qubit) => Unit is Adj)
) : Int {
    use qubits = Qubit[BitSizeI(nItems)];
    PrepareInitialState(qubits);

    for idxIteration in
            0..NIterations(BitSizeI(nItems)) - 1 {
        ReflectAboutMarkedState(markItem, qubits);
```

完成搜索后，将得到一个索引，显示标记项的位置。将输出定义为一个 Int，可以返回该索引

要开始索引，需要分配一个足够大的寄存器来将存储索引到列表中

格罗弗算法的核心在于反复反射起始状态和正在寻找的项的索引

由于是在一个非结构化的列表上开始搜索，所有项都处于同样值得查看的位置。我们通过在列表中制备一个所有索引的均匀叠加态来表示这一点

```
        ReflectAboutInitialState(PrepareInitialState, qubits);
    }

    return MeasureInteger(LittleEndian(qubits));
}
```

一旦完成，测量量子位寄存器就会提供格罗弗算法找到的项的索引

Q# 标准库提供了一个有用的操作 MeasureInteger，它将测量结果解释为一个经典的整数。为了使用清单 11.2 中的 MeasureInteger，我们可以使用 Microsoft.Quantum.Arithmetic.LittleEndian 用户定义类型，从而将寄存器标记为用小端字节序编码的一个整数。

用户定义类型 如果你需要了解什么是用户定义类型，以及如何使用它们，请参阅第 9 章，在那里我们用它们来帮助兰斯洛特和达戈内玩角度猜谜游戏。

本书至此，我们几乎掌握了清单 11.2 所需的所有量子概念。在本章的其余部分，我们将了解如何使用所学到的知识，来实现一个 oracle 示例，该示例可以定义一个简单搜索问题，以及实现构成格罗弗算法的两个反射来解决这个问题。

我的好朋友——我对你的查询有意见！

使用 ReflectAboutMarkedState 这样的操作作为 oracle 来定义格罗弗算法的查询似乎有点不自然。毕竟，由于标记项的索引是作为 ReflectAboutMarkedState 的输入而炮制的，所以在该例中，我们看起来好像在作弊。话虽如此，SearchForMarkedItem 只看到 oracle 是一个不透明的盒子，而没有看到它的输入，这使得用这样的方式炮制输入根本无法作弊。

使用这样简单的 oracle 有助于专注于格罗弗算法的工作原理，而不必去理解一个更复杂的 oracle。然而，在实践中，我们希望使用一个更复杂的 oracle 来表示更困难的搜索问题。例如，为了搜索一些表示为列表的数据，我们可以使用一种名为“量子 RAM”（qRAM）的技术，把列表变成一个 oracle。qRAM 的细节超出了本书的范围，但是网上有一些关于 qRAM 的很棒的资源，以及在特定的应用中使用它是多昂贵。请在 GitHub 查找 qsharp-community/qram 库，了解 qRAM 的相关优秀入门知识和可用的 Q# 库。

格罗弗算法被大量使用的另一个领域是对称密钥加密（与公共密钥不同，我们将在第 12 章介绍公共密钥）。例如，GitHub 的 microsoft/grover-blocks 库提供了代表 AES 和 LowMC 密码的关键口令的实现，这样就可以用格罗弗算法来理解这些密码了。

11.2 关于状态的反射

在算法 11.4 和列表 11.2 中，我们在 for 循环中重复使用了两个操作：ReflectAboutInitialState 和 ReflectAboutMarkedState。让我们挖掘一下，这些操作如何帮助搜索表示解密场景函数的输入。

这些操作中的每一个都是关于特定状态的反射的示例。这是一种新的量子操作的示例，但仍然可以像以前一样用酉矩阵来模拟它。术语“关于状态的反射”（reflecting about a state）指当我们有一个量子位寄存器时，挑选一个它可能处于的特定状态，如果它恰好处于这个状态，我们就翻转这个状态的符号（改变这个状态的相位）。如果你认为这听起来像之前讨论的一些受控操作，那么你是对的。我们将使用受控操作来实现这些反射。

11.2.1　关于全一状态的反射

让我们先看一个特别有用的示例：关于全一状态 $|11\cdots1\rangle$ 的反射（见清单 11.3）。我们可以使用在第 9 章中第一次看到的 CZ 操作来实现这个反射。

提示　请记住，Controlled 函子并不只是一个花哨的 if 语块，还可以在叠加中使用。要了解 Controlled 函子的工作原理，请参阅第 9 章，在那里我们用它来帮助兰斯洛特和达戈内玩游戏。

清单 11.3　operations.qs：关于 $|11\cdots1\rangle$ 状态的反射

```
operation ReflectAboutAllOnes(register : Qubit[]) : Unit is Adj + Ctl {
    Controlled Z(Most(register),
        Tail(register));
}
```

Controlled 函子允许以受控方式使用 Z 操作

与其他受控操作一样，受控 Z 操作也采用两个输入：作为控制量子位的寄存器，以及控制寄存器中的所有量子位都处于 $|1\rangle$ 状态时将被应用 Z 操作的量子位。在清单 11.3 中，我们可以使用 Microsoft.Quantum.Arrays 中的 Most 函数来获取除最后一个量子位以外的所有量子位，而 Tail 函数仅获取最后一个量子位。

提示　通过将 CZ 与 Most 和 Tail 一起使用，无论寄存器中有多少个量子位，我们的实现都能正常工作。这在后面会很有用，因为我们可能需要不同数量的量子位来表示列表中的数据。

回顾第 9 章，CZ 操作对 $|11\cdots1\rangle$ 状态应用一个−1 的相位，而对其他每一个计算基态不做任何处理。回想一下第 2 章，每个计算基态都是一种方向，这意味着一个方向被 CZ 翻转了，而所有其他的输入状态都被忽略了。这就是为什么我们将这种操作称为“反射”，尽管由于涉及的维数，实际的图形表示很棘手。

CZ 的矩阵表示

如前所述，看到 CZ 操作翻转单一输入状态的符号的一种方法，是写一个模拟 CZ 的酉矩阵。下面是单个控制量子位的示例：

$$\boldsymbol{U}_{\mathrm{CZ}}=\begin{pmatrix}1&0&0&0\\0&1&0&0\\0&0&1&0\\0&0&0&-1\end{pmatrix}$$

下面是两个控制量子位的示例：

$$\boldsymbol{U}_{\mathrm{CCZ}}=\begin{pmatrix}1&0&0&0&0&0&0&0\\0&1&0&0&0&0&0&0\\0&0&1&0&0&0&0&0\\0&0&0&1&0&0&0&0\\0&0&0&0&1&0&0&0\\0&0&0&0&0&1&0&0\\0&0&0&0&0&0&1&0\\0&0&0&0&0&0&0&-1\end{pmatrix}$$

使用我们在本书中所学到酉矩阵，这些矩阵清楚地表明输入状态 $|11\rangle$ 和 $|111\rangle$ 分别被翻转，而所有其他输入状态保持不变（获得+1 的相位）。无论我们使用多少个控制量子位的 CZ，同样的模式都会继续下去。

练习 11.1：对 CZ 的诊断

使用 DumpMachine 查看 CZ 如何作用于均匀叠加态 $|+\cdots\rangle$。

提示：回顾一下，$|+\rangle=\boldsymbol{H}|0\rangle$，因此可以使用程序 ApplyToEachCA(H, register)在一个开始处于 $|00\cdots0\rangle$ 状态的寄存器上制备 $|+\cdots+\rangle$。

11.2.2 关于任意状态的反射

一旦具备了关于 $|11\cdots1\rangle$ 的反射，就可以用它来反射其他状态。这一点很重要，因为我们可能无法建立表示解密算法的 oracle 函数，以便用全一输入来表示所需的输入或密钥。另外，回顾我们的示例代码，可以发现，oracle 函数只是实现了一种猜谜游戏式的解密，而不是真正的解密算法。

深入探究：反射是旋转吗？

鉴于我们对反射的几何理解，很自然地认为它们是一种 180° 的旋转。事实证明，这只是因为量子态是复数的向量，如果我们只能接触到实数，就不能用旋转来得到反射了！我们可以回想一下在第 2 章和第 3 章中描述状态和旋转的方式，从而了解二维圆的旋转。

我们拿起一个二维物体，把它翻转过来，再把它放回去。现在，如果不把它拿起来就无法把它变回原来的样子。三维空间给了我们足够的额外空间来结合不同的旋转进行反射。当描述量子位的状态时，复数提供了第三个轴（即 y 轴），这也让我们能够在格罗弗算法中实现反射。

反射除全一之外的其他状态的诀窍在于，将想反射的任意状态变成全一状态，调用 ReflectAboutAllOnes，然后撤销用来映射到全一状态的反射的操作。我们可以从全零状态开始描述任何状态，所以需要一种从全零状态到全一状态的方法，然后就可以使用刚刚学到的反射了。清单 11.4 展示了一个从全零状态制备一个全一状态的寄存器的示例。

清单 11.4 operations.qs：制备全一状态

```
operation PrepareAllOnes(register : Qubit[]) : Unit is Adj + Ctl {
    ApplyToEachCA(X, register);
}
```

ApplyToEachCA 操作允许将第一个输入（一个操作）应用于寄存器中的每个量子位（第二个输入）

在 Q#中，所有新分配的寄存器都从 $|00\cdots0\rangle$ 状态开始。因此，在清单 11.4 中，当我们将 X 应用于每个新分配的量子位时，就为新寄存器制备了 $|11\cdots1\rangle$ 状态。

对于下一步，我们需要考虑制备要反射的状态的操作。如果我们有一个可伴随的操作（is Adj）来制备想要反射的特定状态，那么我们所要做的就是“撤销制备”该状态，制备全一状态，反射全一状态（$|11\cdots1\rangle$），撤销制备全一状态，然后“重新制备”想要反射的状态。

为什么我们喜爱狄拉克符号

在理解算法 11.5 中的步骤时，考虑一下该步骤序列中的每个操作对其输入状态的影响是很有帮助的。幸运的是，狄拉克符号（第一次使用是在第 2 章中）可以帮助我们描述酉矩阵如何转换不同的状态，这样我们就可以理解并预测相应的 Q# 操作会对量子位产生什么影响。

例如，考虑阿达马操作 H。正如我们在书中所看到的，H 可以由以下酉矩阵来模拟：

$$\boldsymbol{H}=\frac{1}{\sqrt{2}}\begin{pmatrix}1 & 1\\1 & -1\end{pmatrix}$$

这个酉矩阵就像一种真值表，告诉我们 H 将 $|0\rangle$ 状态转换为 $1/\sqrt{2}(|0\rangle+|1\rangle)$ 状态。使用狄拉克符号，写成 $\boldsymbol{H}=|+\rangle\langle 0|+|-\rangle\langle 1|$，可以让这一点更清晰。把 kets($|\cdot\rangle$)看作去掉输入和 bras($\langle\cdot|$)的符号，我们在读它的时候就像在说“H 操作把 $|0\rangle$ 转化为 $|+\rangle$ 和 $|1\rangle$”。

图 11.4 显示了狄拉克符号是如何作为一种视觉语言，提供不同酉矩阵的输入和输出，使我们更容易理解 Q#操作序列如何一起工作。

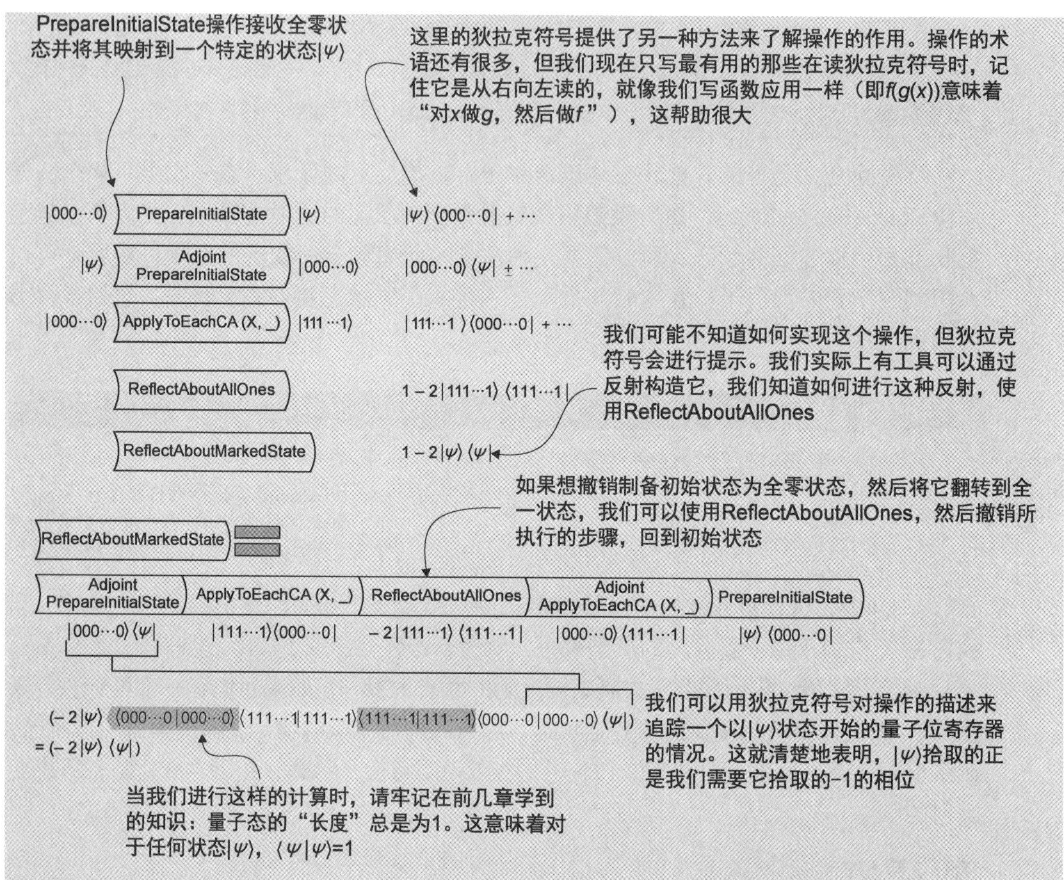

图 11.4 用狄拉克符号分解关于状态的反射。ReflectAboutMarkedState 的每一步都被拆开，我们展示了该操作的狄拉克符号。当所有单独的步骤被连接起来时，得到的状态是 $-2|\psi\rangle\langle\psi|$

算法 11.5：如何反射一个任意状态

1. 使用 Adjoint 函子，“撤销制备”任意状态，将其映射到全零状态 $|00\cdots0\rangle$。
2. 从全零状态制备好全一状态 $|11\cdots1\rangle$。
3. 使用 CZ 来反射 $|11\cdots1\rangle$。
4. 撤销制备全一状态，将其映射回全零状态。
5. 再次制备状态，将全零状态映射到任意状态。

提示 在算法 11.5 中，步骤 1 和 5 抵消了彼此的伴随，步骤 2 和 4 也是如此。利用我们所学到的鞋袜思维，这使得算法 11.5 的过程成为实现 Q#的 within/apply 特征的理想选择！提醒一下，可参阅第 8 章查看该特征是如何工作的，在那里我们用 within/apply 语句块为妮穆和梅林实现了多伊奇-约萨算法。

由于我们在运行格罗弗算法时，对 oracle 的正确输入没有任何先验的概念，所以我们想从均匀叠加 |+⋯+〉开始搜索，以表示任何输入都可能是正确的。这就给了我们一个机会来利用从算法 11.5 中所学到的知识来练习在 Q#中实现反射！按照反射初始状态的步骤，我们可以实现清单 11.2 中使用的 ReflectAboutInitialState 操作。清单 11.5 展示了如何在 Q#操作中使用算法 11.5。

清单 11.5 operations.qs：对任意状态进行反射

均匀叠加态表示搜索没有任何先验信息（毕竟这是一个非结构化的搜索问题）

```
operation PrepareInitialState(register : Qubit[]) : Unit is Adj + Ctl {
    ApplyToEachCA(H, register);
}

operation ReflectAboutInitialState(
    prepareInitialState : (Qubit[] => Unit is Adj),
    register : Qubit[])
: Unit {
    within {
        Adjoint prepareInitialState(register);
        PrepareAllOnes(register);
    } apply {
        ReflectAboutAllOnes(register);
    }
}
```

按照算法 11.5，为了反射初始状态，我们需要提供一个制备初始状态的操作

当然，我们还需要一个量子位寄存器来应用反射

Adjoint 函子表示要做的是“反向”或相反的操作，即与制备初始状态的操作相反。换言之，如果我们从初始状态开始，应用 Adjoint prepareInitialState 操作将回到 |00⋯0〉状态

执行算法 11.5 中的步骤 1 和 2

我们现在有了反射该初始状态的代码，那么如何验证其是否符合我们的预期呢？在运行模拟器目标机器时，我们可以使用像 DumpRegister 这样的命令来显示用于模拟量子位寄存器的所有信息。图 11.5 展示了制备好均匀叠加后 DumpRegister 的输出。

为了反射标记状态，也就是格罗弗算法所需要的另一种反射，我们必须使用一种稍微不同的方法。毕竟，我们不知道如何制备标记状态——这就是我们打算用格罗弗算法来解决的问题！幸运的是，回想一下第 8 章，我们可以利用从妮穆和梅林的游戏中所学到的内容来实现关于一个状态的反射，即使我们不知道这个状态是什么。

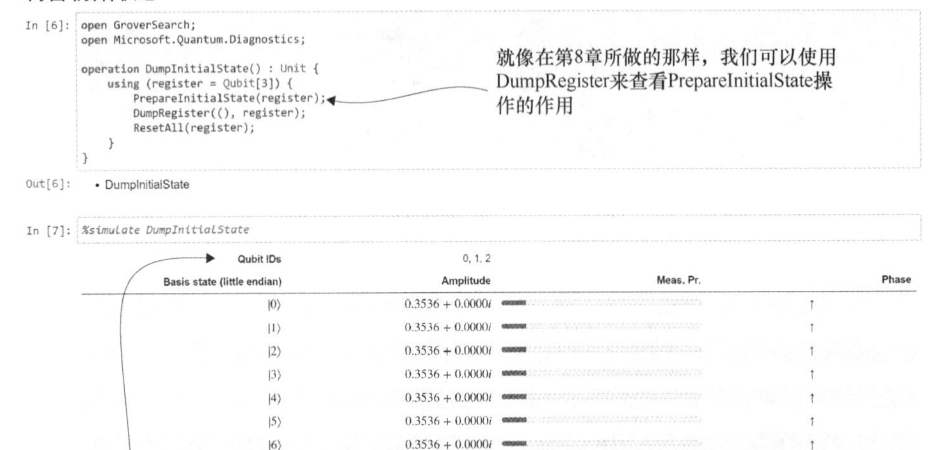

图 11.5 使用 DumpRegister 来查看 PrepareInitialState 操作所制备的初始状态。每个可能的基态都有相同的振幅（因此也有相同的测量概率），这称为均匀叠加

注意 这是格罗弗算法的要点：我们可以用 oracle 来反射标记状态，只要用正确的输入叠加调用它一次即可。正如我们在 11.3 节中所看到的，每一次反射都会提供一些标记项的相关信息。相比之下，每个经典的函数调用最多可以消除一个可能的输入。

为了了解在这种情况下是如何工作的，让我们先退一步，看看标记状态是什么。由于我们的列表是由 oracle 定义的，所以可以编写一个酉操作符 $\boldsymbol{O}$ 来模拟这个 oracle。下面是狄拉克符号：

$$\boldsymbol{O}|x\rangle \otimes |y\rangle = |x\rangle \otimes \begin{cases} |\neg y\rangle & x\text{是标记项} \\ |y\rangle & \text{其他情况} \end{cases}$$

在第 8 章中，我们看到对处于 $|-\rangle$ 状态的量子位应用 X 操作时，其实是应用了相位 −1，因为 $|-\rangle$ 是 X 操作的一个特征态。采用同样的方式，我们可以写出当标志量子位（ $|y\rangle$ 寄存器）处于 $|-\rangle$ 状态时，oracle 会做什么：

$$\boldsymbol{O}|x\rangle \otimes |-\rangle = \begin{cases} -|x\rangle|-\rangle & x\text{是标记项} \\ |x\rangle|-\rangle & \text{其他情况} \end{cases}$$

这正是我们实现反射所需的操作！因此，按照在第 8 章中所学到的知识，我们可

以用同样的方式来实现它：只需将 oracle 应用于一个开始处于 $|-\rangle$ 状态的量子位。然后，用这个 oracle 表示该场景的解密算法，这里简化为一个函数，它将可能的密钥作为输入，并仅返回一个表示其是否为正确密钥的布尔值。清单 11.6 展示了使用这种方法的 Q#操作的示例。回顾一下，在 Q#中，我们可以将一个操作作为输入传递给另一个函数或操作。

清单 11.6 operations.qs：反射标记状态

我们的标记项 oracle 的操作类型是(Qubit[], Qubit)=>Unit is Adj)，表示它需要一个量子位寄存器和一个额外的量子位，并且是可连接的

```
operation ReflectAboutMarkedState(
    markedItemOracle :
        ((Qubit[], Qubit) => Unit is Adj),
    inputQubits : Qubit[])
: Unit is Adj {
    use flag = Qubit();
    within {
        X(flag);
        H(flag);
    } apply{
        markedItemOracle(inputQubits,
            flag);
    }
}
```

用于反射标记状态的第二个输入是一个寄存器，我们要对它应用反射

我们需要分配一个额外的量子位（称为标志）来应用我们的 oracle，它对应于前面方程中的 y 寄存器

我们应用 oracle 来使用多伊奇-约萨技巧，并对 oracle 所标记的状态应用 −1 相位

就像在第 8 章中使用 H 和 X 操作来制备妮穆的 $|-\rangle$状态的量子位一样，我们在这里使用 $|-\rangle = HX|0\rangle$ 来制备标志量子位

在清单 11.6 中，由于这个制备是在 within/apply 语句块中进行的，Q# 通过撤销 X 和 H 操作，自动将量子位置回 $|0\rangle$ 状态。毕竟，正如在第 8 章中所看到的那样，应用 oracle 会使其目标处于 $|-\rangle$ 状态。

练习 11.2：标志的制备

在清单 11.6 中，我们也可以写成 H(flag);Z(flag);。无论是使用 QuTiP 和 AssertOperationsEqualReferenced 之一还是两者兼用，都可证明这两种制备标志量子位的方式提供了相同的反射。

用多伊奇-约萨的技巧来反射一个由 oracle“隐式”定义的状态是多么令人惊奇！我们不必明确知道应用反射的标记状态是什么——这非常适用于非结构化搜索。

在 11.3 节中，我们将了解如何将初始状态和标记状态的反射整合在一起，完全实现格罗弗算法，并找到密钥。

11.3 实现格罗弗算法

现在，我们已经了解了关于状态的旋转并复习了 oracle，是时候将它们整合起来，实现非结构化搜索了！我们先回顾一下实现格罗弗算法的所有步骤（见图 11.6）。

1. 分配一个足够大的量子位寄存器，大到足以表示我们正在搜索的函数的所有输入。

2. 将寄存器制备成均匀叠加态，即所有可能的状态都有相同的振幅。这是因为，由于问题的类型，我们没有任何关于哪个输入是“正确的输入”的额外信息，所以这代表了数据的均匀概率分布（即“先验”概率）。

3. 反射寄存器标记状态（即我们正在搜索的状态）。

4. 反射寄存器的初始状态（均匀叠加态）。

5. 重复步骤 3 和步骤 4，直到测量到我们正在寻找的项的概率足够高，然后测量寄存器。可以在数学上计算出这样做所需的最佳次数，以最大限度地提高找回标记项的概率。

尽量接近，但不超过

如果我们应用格罗弗算法的迭代次数过多，想要测量的状态的振幅就会下降。这是因为每次迭代实际上都是一次旋转，诀窍在于在正确的位置停止旋转。为了计算出停止判据（stopping criteria）的三角函数，我们把格罗弗算法中使用的寄存器的状态写成未标记和标记状态的叠加。我们不会在这里讨论这个推导的细节，但是如果你有兴趣了解更多其背后的相关数学知识，请查阅微软的技术文档或者 Michael A. Nielsen 和 Isaac L. Chuang 合著的 *Quantum Computation and Quantum Information*（剑桥大学出版社，2010）一书的 6.1.3 小节。这本书的示例库中有其实现，但如果你想自己尝试用 Q#编程，公式如下：

$$\boldsymbol{N}_{\text{iterations}} = \text{round}\left(\frac{\pi}{4\arcsin\left(\frac{1}{\sqrt{2^n}}\right)} - \frac{1}{2}\right)$$

在 11.2 节中，我们开发了全面实现所需的一些操作。例如，我们用 PrepareInitialState 操作实现了第 2 步，用 ReflectAboutMarkedState 和 ReflectAboutInitialState 操作分别实现了第 3 和第 4 步的反射。我们仍然需要一个函数来帮助计算在第 3 和第 4 步中循环多少次，还需要一个 oracle 的实现来标识我们要查找的项。让我们从定义格罗弗算法的停止判据的函数开始（见清单 11.7）。

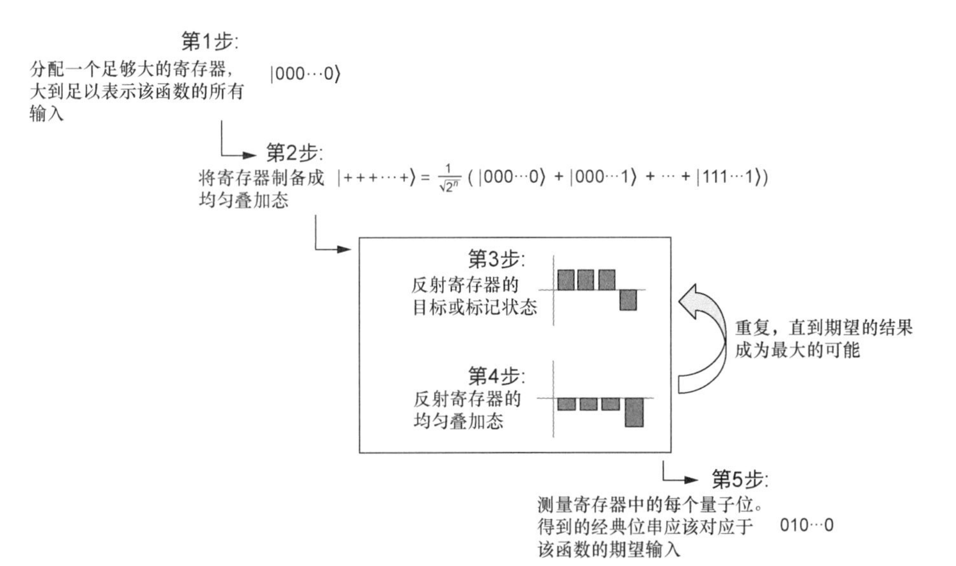
第1步:
分配一个足够大的寄存器，大到足以表示该函数的所有输入
|000⋯0⟩
第2步:
将寄存器制备成均匀叠加态
|++⋯+⟩ = 1/√2ⁿ (|000⋯0⟩ + |000⋯1⟩ + ⋯ + |111⋯1⟩)
第3步:
反射寄存器的目标或标记状态
重复，直到期望的结果成为最大的可能
第4步:
反射寄存器的均匀叠加态
第5步:
测量寄存器中的每个量子位。得到的经典位串应该对应于该函数的期望输入
010⋯0

图 11.6 回顾一下格罗弗算法的步骤，搜索函数的输入，寻找特定的函数输出。我们先分配一个足够大的量子位寄存器，大到足以表示我们要搜索的所有输入，然后将其置于均匀叠加态。最后，对寄存器的状态进行适当次数的反射，以使测量到我们正在寻找的答案的概率最大化

清单 11.7 operations.qs：格罗弗算法的停止判据

<<<是左移位操作符，用于计算 $2^{nQubits}$，它代表了一个大小为 nQubits 的量子寄存器所能索引的最大项数

```
function NIterations(nQubits : Int) : Int {
    let nItems = 1 <<< nQubits;
    let angle = ArcSin(1. /
        Sqrt(IntAsDouble(nItems)));
    let nIterations =
        Round(0.25 * PI() / angle - 0.5);
    return nIterations;
}
```

计算格罗弗算法每次迭代所应用的有效旋转角度

利用有效的旋转角度和一些三角函数，我们可以计算出迭代多少次可以最大化测量到标记项的概率

既然可以计算出在实现格罗弗算法的过程中何时停止循环，现在就只差一个 oracle 了，它可以（给定我们正在寻找的项和数据集中的潜在项）在潜在项是我们正在寻找的项的情况下翻转寄存器的相位。举个例子，让我们把 oracle 看作一种猜谜游戏：有人想到了数字 4，并要求我们猜测该数字。这是一个经典函数的示例：

$$f(x)=\begin{cases}1 & x=4\\0 & \text{其他情况}\end{cases}$$

在经典情况下，我们没有更好的策略，只能尝试 f 的不同输入，直到尝试 $x=4$。如果我们想尝试格罗弗算法，利用在第 8 章中所学到的知识，可知我们需要一个表示 f 的操作：

$$\boldsymbol{U}_f(|x\rangle \otimes |y\rangle) = |x\rangle \otimes \begin{cases} \boldsymbol{X}|y\rangle & x=4 \\ |y\rangle & \text{其他情况} \end{cases}$$

利用 Q# 标准库中提供的 Q#函数 ControlledOnInt，实现一个可以用 $\boldsymbol{U}_f$ 模拟的操作非常容易。与 Controlled 函子一样，ControlledOnInt 函数允许我们控制对另一个寄存器状态的操作。不同的是，Controlled 总是控制在全一状态 $|11\cdots1\rangle$ 上，而 ControlledOnInt 函数允许控制在一个不同的状态上，该状态由一个整数指定。例如，如果 Length(register) 是 3，那么(ControlledOnInt(4, X))(register, flag)在 register 处于 $|100\rangle$ 状态时翻转 flag 的状态，因为在小端字节序中，4 会写成 100。

练习 11.3：ControlledOnInt 的动作

请试着写出(ControlledOnInt(4, X))(register, flag)对 register + [flag]状态的作用，可以使用狄拉克符号（如果需要复习，可以参阅本书第 2 和第 4 章），或者写一个酉矩阵，用来模拟将(ControlledOnInt(4, X))作用于一个三量子位寄存器和一个标志量子位的情况。

提示：由于(ControlledOnInt(4, X))在本例中作用于四个量子位（三个控制量子位和一个目标量子位），所以酉矩阵应该是一个 16×16 矩阵。

请试着做同样的事情，但针对(ControlledOnInt(4, Z))。

使用 ControlledOnInt 函数，可以快速编写一个 oracle，根据输入到该 oracle 的信号翻转一个标志量子位的状态，如清单 11.8 所示。在这里，oracle 应该在其输入处于标记状态时，翻转其标志量子位。

清单 11.8 operations.qs：一个 oracle，标记我们想要的状态

```
operation ApplyOracle(
    idxMarkedItem : Int,
    register : Qubit[],
    flag : Qubit
) : Unit is Adj + Ctl {
    (ControlledOnInt(idxMarkedItem, X))
        (register, flag);
}
```

表示我们要找的项的整数索引[此处样本使用三个量子位，所以我们可以输入 0 到 7（即 2^3-1）的任何整数]

我们之前所学到的 ControlledOnInt 函数可以在 flag 上应用一个 X，受控于位于正确标记项下的输入寄存器

有了这两段代码的补充，我们返回到前面的示例代码（见清单 11.9）。

清单 11.9 operations.qs：作为 Q# 操作的格罗弗算法

像往常一样，我们从定义一个新的操作开始，使用“operation”关键字

第一个输入是列表中的项数

就像密码学示例一样，我们可以用一个 oracle 隐式定义列表，标记列表中的某个项是不是正确的项

```
operation SearchForMarkedItem(
    nItems : Int,
    markItem : ((Qubit[], Qubit) => Unit is Adj)
) : Int {
    use qubits = Qubit[BitSizeI(nItems)];
    PrepareInitialState(qubits);

    for idxIteration in
            0..NIterations(BitSizeI(nItems)) - 1 {
        ReflectAboutMarkedState(markItem, qubits);
        ReflectAboutInitialState(PrepareInitialState, qubits);
    }

    return MeasureInteger(LittleEndian(qubits));
}
```

当我们完成搜索后，就有了一个标记项的索引。将输出定义为一个 Int，可以返回该索引

一旦我们完成，测量量子位寄存器就会提供格罗弗算法找到的项的索引

格罗弗算法的核心是反复反射起始状态和我们正在寻找的项的索引

由于我们正在搜索一个非结构化列表，所以当我们第一次开始搜索时，所有的项都处在同样好的查找位置

要开始搜索，我们需要分配一个足够大的寄存器来存储对列表的索引

Q# 标准库提供了一个有用的操作 MeasureInteger，它将测量结果解释为一个经典的整数。要使用 MeasureInteger，如清单 11.10 所示，我们可以通过 Microsoft.Quantum.Arithmetic.LittleEndian UDT，将寄存器标记为用小端字节序编码的一个整数。

我们已经有了所有需要的代码，下面运行一个示例，如清单 11.10 所示。

清单 11.10 operations.qs：格罗弗的一个具体示例

```
operation RunGroverSearch(nItems : Int, idxMarkedItem : Int) : Unit {
    let markItem = ApplyOracle(
        idxMarkedItem, _, _);
    let foundItem = SearchForMarkedItem(
            nItems, markItem);
    Message(
        $"Marked {idxMarkedItem} and found
    ➥ {foundItem}.");
}
```

我们可以使用部分应用，在提供给搜索算法的 oracle 中包含标记项的索引

在寄存器上运行格罗弗算法，并提供我们之前定义的 oracle——markItem

发出一条消息以验证它找到了正确的项

如果运行这个示例，应该得到以下输出：

```
In [1]: %simulate RunGroverSearch nItems=7 idxMarkedItem=2
Out[1]: Marked 2 and found 2.
```

练习 11.4：改变 oracle

试着改变 oracle 的定义，使其控制在一个不同的整数上。当运行格罗弗算法时，这是否会改变输出？

恭喜你，你现在可以用一个量子程序来进行非结构化搜索了！但实际上发生了什么呢？从几何学上看，使格罗弗算法发挥作用的关键见解是，当我们围绕两个不同的轴进行反射时，会得到一个旋转。图 11.7 展示了一个例子，说明这对文字的作用。

从New York的字样开始，
关于偏离水平线25°的轴来
反射它

接下来，再次反射字样，
这次是关于水平轴

我们最终得到的是一张
不再有反射，但被旋转
了50° 的字样

图 11.7　成对的反射如何产生旋转。如果将字样关于水平线向上 25° 的轴线进行反射，然后再关于水平线进行反射，就相当于旋转了 50°

同样的想法也适用于量子态。在格罗弗算法中，初始状态和标记状态的反射结合成单一的旋转，从未标记状态进入标记状态。为了理解这一点，我们可以使用在本书中学到的技术来研究当我们完成算法的步骤时，寄存器的每个状态的振幅发生了什么变化。

我们可以从图 11.8 中看到，每一轮反射似乎都会放大与我们正在寻找的索引相对应的状态的振幅。通过在无标记状态和有标记状态之间的旋转，我们可以使量子位的状态与我们想要找的标记状态相一致。

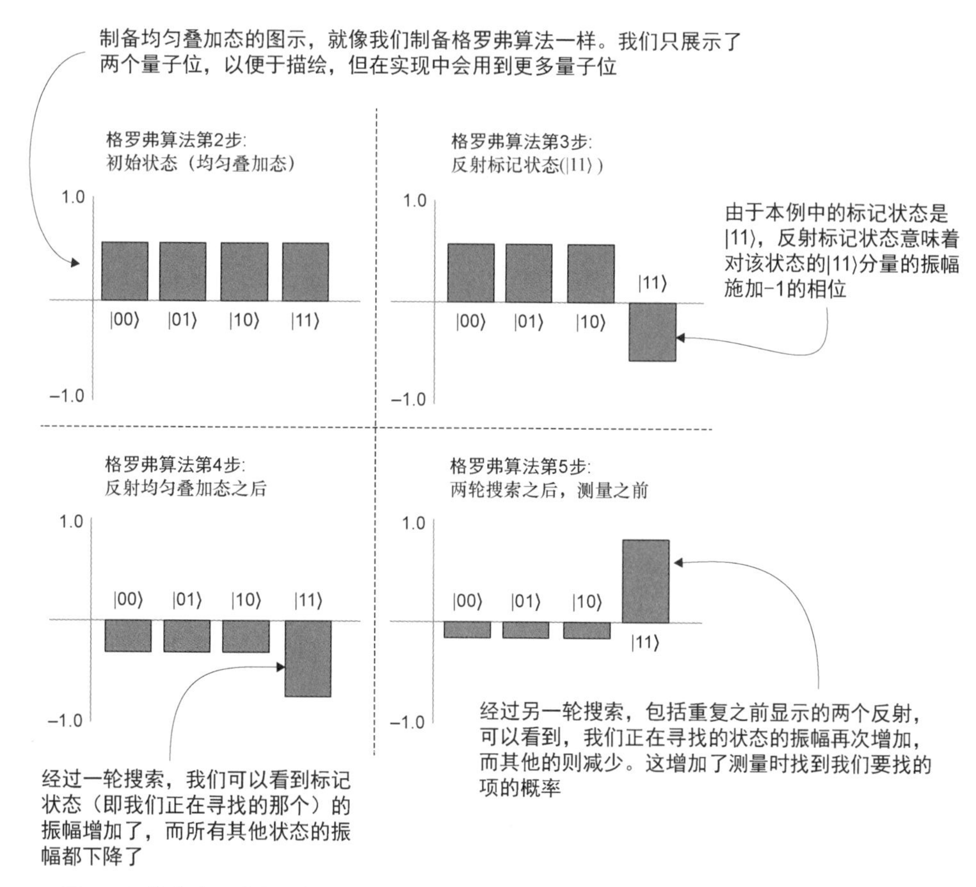
制备均匀叠加态的图示，就像我们制备格罗弗算法一样。我们只展示了两个量子位，以便于描绘，但在实现中会用到更多量子位
格罗弗算法第2步:
初始状态（均匀叠加态）
1.0
|00⟩ |01⟩ |10⟩ |11⟩
−1.0
格罗弗算法第3步:
反射标记状态(|11⟩)
1.0
|00⟩ |01⟩ |10⟩ |11⟩
−1.0
由于本例中的标记状态是|11⟩，反射标记状态意味着对该状态的|11⟩分量的振幅施加−1的相位
格罗弗算法第4步:
反射均匀叠加态之后
1.0
|00⟩ |01⟩ |10⟩ |11⟩
−1.0
经过一轮搜索，我们可以看到标记状态（即我们正在寻找的那个）的振幅增加了，而所有其他状态的振幅都下降了
格罗弗算法第5步:
两轮搜索之后，测量之前
1.0
|00⟩ |01⟩ |10⟩ |11⟩
−1.0
经过另一轮搜索，包括重复之前显示的两个反射，可以看到，我们正在寻找的状态的振幅再次增加，而其他的则减少。这增加了测量时找到我们要找的项的概率

图 11.8 展示量子位寄存器的状态振幅随着格罗弗算法中的步骤如何变化的示意图。随着我们继续进行反射，一些振幅被放大，其余的被缩小

事实证明，我们也可以在其他应用中应用同样的想法。格罗弗算法是一类更广泛的量子算法的实例，这类算法所做的是所谓的“振幅放大”。这意味着我们极大地放大了这样的机会，即测量量子位寄存器时，测量结果的经典位串就是我们要找的项。

在我们结束本章之前，有必要先简短地讨论一下，像刚刚在量子硬件上实现的搜索与使用经典硬件有什么不同。

确定性量子算法与概率性量子算法

格罗弗算法是通过每次迭代增加得到正确答案的概率来工作的。但一般来说，格罗弗算法可能无法将该概率一直提高到 100%。因此，格罗弗算法是一个概率性量子算法的实例，这意味着我们不能保证每次运行都能得到要寻找的答案。这在实践中并不是一个问题，因为我们总是可以通过运行少量的次数来获得更高的成功概率。

可能很容易得出这样的结论，即所有的量子算法都是像这样概率性的，但事实证明并非如此。

正如我们在第 8 章中所看到的，多伊奇–约萨算法是“确定性”量子算法的一个实例，它每次运行都会得到相同的结果。

练习 11.5：用 DumpMachine 探索格罗弗算法

到目前为止，我们在本书中已经学到了很多关于旋转的知识，这有助于了解格罗弗算法每次迭代时所应用的旋转。试着修改格罗弗算法的实现，使其应用两倍的迭代次数，并使用 DumpMachine 来查看结果状态。它看起来像你期望的那样，应用了两次旋转吗?

更一般的振幅放大示例

与相位估计一样，振幅放大是整个量子算法中使用的最基本的技术之一。自格罗弗算法首次引入振幅放大的概念以来的 25 年中，已经出现了大量的变体，用以涵盖各种不同的问题。例如针对有多个标记项，或想优化一个函数而非找到标记项，甚至偶尔正确地制备初始状态的情况。许多这样的技术都可以在 Q#标准库的 Microsoft.Quantum.Amplitude.Amplification 命名空间中找到。去看看吧!

11.4 资源估算

之前当我们将方案从 250 万个密钥简化为 8 个时，我们曾提到，随着我们需要搜索的密钥数量的增加，使用格罗弗算法会具备优势。那么，在实践中，运行格罗弗算法需要多长时间呢? 事实证明这是一个相当复杂的问题——我们可以就此写几本书。在某种程度上，这是一个复杂的问题，因为估算资源需求必然依赖于量子计算栈的诸多不同部分。

例如，错误在量子设备中很常见，所以我们需要使用纠错来保护计算运行。使用哪种纠错方法来保护计算，对运行程序所需的资源有很大的影响。许多研讨会致力于寻找更好的纠错代码，就是因为这个原因。

幸运的是，Q#和量子开发工具包提供了一些我们需要的工具，以处理运行不同量子程序所需的资源。我们不是在模拟真实量子计算机工作原理的模拟器上运行程序，而是在“资源估算器”上运行，它可以告诉我们需要调用多少种内在操作，程序需要多少量子位，以及程序中有多少量子操作可以并行调用。来看一个小案例，它使用我们在第 8 章中所学到的多伊奇-约萨算法（见清单 11.11）。

清单 11.11 再次定义多伊奇-约萨算法

```
In [1]: operation ApplyNotOracle(control : Qubit, target : Qubit)
        : Unit {
            within {
                X(control);
            } apply {
                CNOT(control, target);
```

与我们之前看到的 ApplyNotOracle 相同，只是现在它使用了一个 within/apply 流程

```
            }
        }
Out[1]: - ApplyNotOracle
In [2]: open Microsoft.Quantum.Measurement;

        operation CheckIfOracleIsBalanced(
                oracle : ((Qubit, Qubit) => Unit)
        ) : Bool {
            use control = Qubit();
            use target = Qubit();
                H(control);

                within {
                    X(target);
                    H(target);
                } apply {
                    oracle(control, target);
                }

                return MResetX(control) == One;
        }
Out[2]: - CheckIfOracleIsBalanced
In [3]: operation RunDeutschJozsaAlgorithm()
        : Bool {
            return CheckIfOracleIsBalanced(ApplyNotOracle);
        }
Out[3]: - RunDeutschJozsaAlgorithm
```

请记住，使用 Q# Jupyter Notebook 时，我们必须在每个想使用的单元中打开命名空间

操作 CheckIfOracleIsBalanced 与之前一样，只是再次使用了一个 within/apply 语句块来代替重复的 H 和 X 操作

在 Q# Notebook 中，我们需要一个无参操作，以便与 %simulate 和%estimate 命令一起使用

当我们在 IQ# notebook 中运行%estimate 魔法命令时，会得到一个类似图 11.9 所示的表格。这个表格报告了 QDK 估算程序运行所需的各种资源。表 11.1 展示了由%estimate 魔法命令跟踪的资源类型。

In [4]: `%estimate RunDeutschJozsaAlgorithm`

Out[4]:

Metric	Sum	Max
CNOT	1	1
QubitClifford	8	8
R	0	0
Measure	1	1
T	0	0
Depth	0	0
Width	2	2
QubitCount	2	2
BorrowedWidth	0	0

当我们使用%estimate魔法命令而非%simulate命令时，IQ# 会输出运行量子程序所需的资源，并按不同的资源类型进行细分

图 11.9 在清单 11.11 的程序上运行%estimate RunDeutschJozsaAlgorithm 后的输出。当我们使用%estimate 命令时，会得到量子设备（或模拟器）需要提供的各种类型的资源的计数，以使程序能够运行。请查看表 11.1，了解更多关于这些计数的含义

表 11.1 由%estimate 魔法命令跟踪的资源类型

资源类型	描述
CNOT	CNOT 操作调用了多少次
QubitClifford	X、Y、Z、H 和 S 操作调用了多少次
R	单量子位旋转操作调用了多少次
Measure	测量操作调用了多少次
T	T 调用了多少次
Depth	在一个单量子位上需要连续调用多少个 T 操作
Width	程序需要多少量子位
BorrowedWidth	程序需要能够借用多少个量子位（这是比本书中涉及的技术更高级的技术）

提示 我们也可以从 Python 中估算资源！只是要使用 estimate_resources 方法，而非我们在前几章学到的 simulate 方法。

正如我们在 notebook 和表 11.1 中运行%estimate 魔法命令所看到的那样，有些类别可能是我们已经知道的，比如宽度（Width）、进行多少次测量（Measure），以及单量子位旋转次数（R）。其他是新类别，比如 T 操作计数和深度（Depth）。我们以前没有见过 T 操作，但它们只是另一种单量子位操作。

认识 T 操作

就像我们在本书之前看到的大多数其他操作一样，T 操作也可以由一个酉矩阵来模拟：

$$\boldsymbol{T}=\begin{pmatrix}1 & 0\\0 & \mathrm{e}^{\mathrm{i}\pi/4}\end{pmatrix}=\begin{pmatrix}1 & 0\\0 & (1+\mathrm{i})/\sqrt{2}\end{pmatrix}$$

也就是说，T 操作是一个围绕 z 轴 45°（π/4）的旋转。

也可以认为 T 操作是我们已经看到过的 Z 操作的 4 次方根。由于 45°×4=180°，如果我们连续应用 4 次 T 操作，这种应用 Z 操作的方式成本很高。

在 Q# 中，T 操作是由 Microsoft.Quantum.Intrinsic.T 提供的，其类型为“Qubit => Unit is Adj + Ctl”。

练习 11.6：四个 T 操作组成一个 Z 操作

使用 AssertOperationsEqualReferenced 来证明，应用四次 T 操作和应用一次 Z 操作的效果是一样的。还有一个操作，S 操作，可以看作 Z 操作的平方根（围绕 z 轴旋转 90°），请验证应用两次 T 操作与应用一次 S 操作效果是一样的。

T 操作有些特别，因此在估算资源时值得大量关注，这是因为它们与纠错方法一起使用的成本很高，而在较大的量子设备上运行时需要纠错。到目前为止，我们所使用的大多数操作都是“克利福德群”（Clifford group）的一部分：具有纠错功能的操作更容易使用。如前所述，在这里讨论纠错的细节超出了本书的范围，但简言之，有越多的操作不属于克利福德群，在纠错的硬件上实现程序就越难。因此，计算在当前可用的硬件上运行的“昂贵”操作（如 T 操作）的数量是很重要的。

提示 在较高的层面上，必须依次应用的 T 操作的数量（也就是说，不能并行运行）是对量子程序在纠错的量子计算机上运行所需时间的一个非常好的近似。资源估算器将它报告为 Depth 指标。

那么在 Q# 中，我们可以用资源估算器计数的资源的典型值或特殊值是什么？对于像 RunDeutschJozsaAlgorithm 这样的简单程序来说，所需的资源是非常少的。不过，看看表 11.1，有很多人都在关注 T 操作，所以让我们深入了解一下，看看这个操作是什么，为什么它对资源估算至关重要。图 11.10 展示了估算调用 CCNOT 操作（我们在第 9 章学习了该操作）所需资源的输出结果。

练习 11.7：重置寄存器

如图 11.10 所示，为什么我们不需要重置在 EstimateCcnotResources 中分配的量子位寄存器？

让我们看看在CCNOT操作上运行%estimate魔法命令时会发生什么！为此，我们需要把对CCNOT的调用包装成分配量子位寄存器的样子

CCNOT

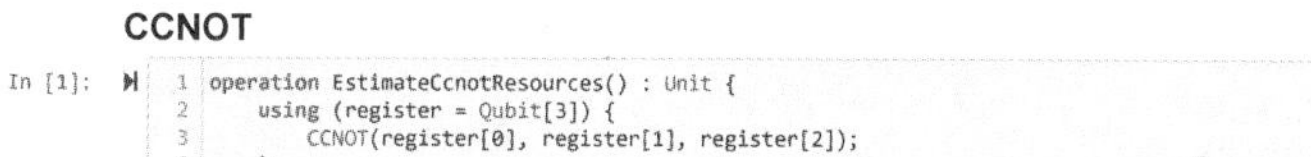

```
In [1]:
1 operation EstimateCcnotResources() : Unit {
2     using (register = Qubit[3]) {
3         CCNOT(register[0], register[1], register[2]);
4     }
5 }
```

Out[1]: • EstimateCcnotResources

考虑到我们只是调用了单个操作，%estimate的输出可能看起来来有点令人惊讶！在后面的场景中，资源估计器将我们对CCNOT的调用扩展为更容易在纠错的量子设备上运行的操作

```
In [2]:
1 %estimate EstimateCcnotResources
```

Out[2]:

Metric	Sum	Max
CNOT	10	10
QubitClifford	2	2
R	0	0
Measure	0	0
T	7	7
Depth	5	5
Width	3	3
BorrowedWidth	0	0

图 11.10 估算调用 CCNOT 所需资源的输出。从代码上看，似乎只有一个操作，但实际上，CCNOT 被分解成更容易实现的操作，这取决于目标机器的情况

这个输出有点令人惊讶，因为我们的小程序需要 10 个 CNOT 操作、5 个单量子位操作和 7 个 T 操作，尽管我们没有直接调用其中任何一个操作。事实证明，在一个纠错的量子程序中直接应用像 CCNOT 这样的操作是非常困难的。因此，Q#资源估算器会先将程序转换成更接近于在硬件上实际运行的程序，调用更多的基本操作，如 CNOT 操作和 T 操作。

练习 11.8：T 操作的规模

当你增加控制量子位的数量时，T 操作调用的数量是如何变化的？有一个大致的趋势就可以了。

提示：正如我们前面所看到的，具有任意数量量子位的受控 NOT 操作可以写成 Controlled X(Most(qs), Tail(qs))。使用 Microsoft.Quantum.Arrays 命名空间提供的函数即可。

如果想估算运行一个对我们来说太大而无法在一台经典计算机上进行模拟的程序所需的资源时，这种工具就派上用场了。图 11.11 显示了在一个 20 位的列表（大约 100 万个项）上运行格罗弗算法的输出。

如果我们针对不同的列表大小运行格罗弗算法，会得到一条类似图 11.12 所示的曲线。对于有 250 万个密钥的情况，量子的步骤数要比经典的步骤成本低得多。当然，这不是整个故事的全部，因为量子计算机上的每一步都可能比经典计算机上的相应步骤慢得多，但这是了解在实践中运行不同量子程序所需资源的一个非常好的步骤。

计算运行格罗弗算法所需的资源

我们再次运行格罗弗算法，这次使用更多的量子位来代表列表；20个应该就可以了

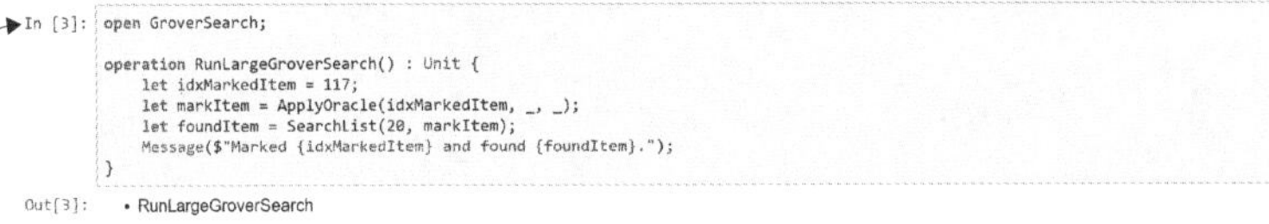

In [3]:
open GroverSearch;
operation RunLargeGroverSearch() : Unit {
let idxMarkedItem = 117;
let markItem = ApplyOracle(idxMarkedItem, _, _);
let foundItem = SearchList(20, markItem);
Message($"Marked {idxMarkedItem} and found {foundItem}.");
}
Out[3]:
• RunLargeGroverSearch

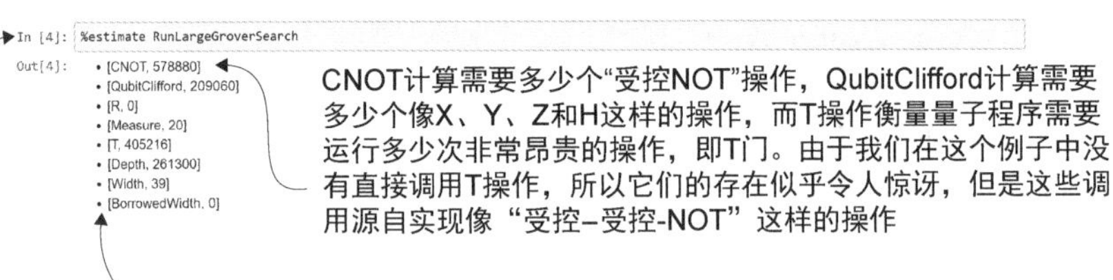

如果我们使用 IQ# notebook 中的%estimate 魔法命令，而非%simulate命令，会得到一个运行操作所需资源的清单

CNOT计算需要多少个“受控NOT”操作，QubitClifford计算需要多少个像X、Y、Z和H这样的操作，而T操作衡量量子程序需要运行多少次非常昂贵的操作，即T门。由于我们在这个例子中没有直接调用T操作，所以它们的存在似乎令人惊讶，但是这些调用源自实现像“受控-受控-NOT”这样的操作

%estimate的输出还告诉我们量子程序需要运行多长时间（Depth），以及量子程序需要多少量子位（Width）。在这里，搜索一个2^{20}（约100万）个项的列表大约需要261300次操作的深度——明显低于100万

图 11.11　在格罗弗算法上运行资源估算器的结果。这些资源计数清楚地表明了为什么不能直接模拟这么大的格罗弗算法实例，因为我们需要 39 个量子位。但是，我们可以利用这些来自多个搜索规模的数据，来了解格罗弗算法的实现将如何扩展

我们现在已经知道了如何结合在第 7 章所学到的 oracle 和一种新的量子操作（反射）来搜索函数的输入。如果时间紧迫，需要更快地找到解密密钥，那么在这样的场景中它们就派上用场了！。

在第 12 章中，我们将使用本章的技能来回答量子计算提出的最重要的问题之一：量子计算机需要多长时间才能破解现代加密？

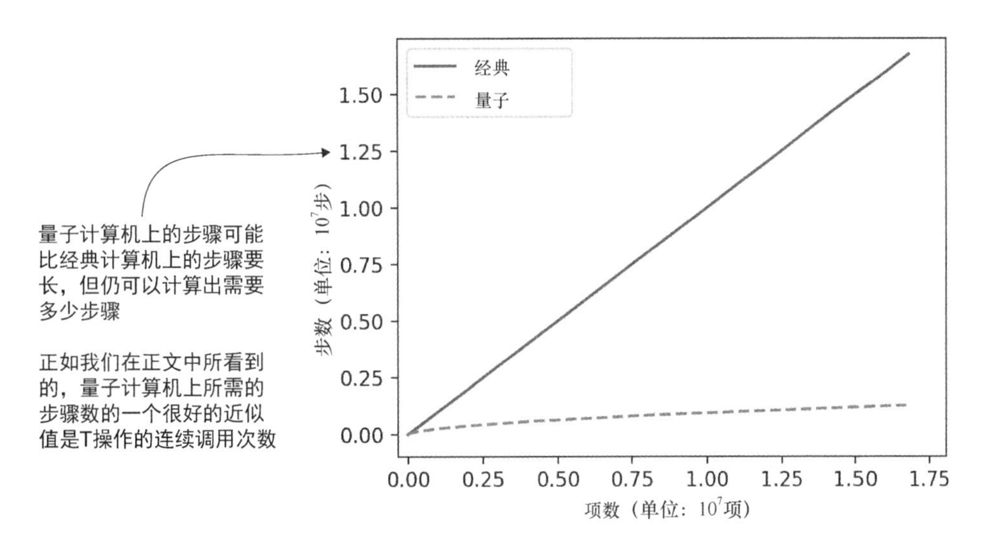
经典
量子
步数（单位：10^7步）
项数（单位：10^7项）
1.50
1.25
1.00
0.75
0.50
0.25
0.00
0.00 0.25 0.50 0.75 1.00 1.25 1.50 1.75
量子计算机上的步骤可能比经典计算机上的步骤要长，但仍可以计算出需要多少步骤
正如我们在正文中所看到的，量子计算机上所需的步骤数的一个很好的近似值是T操作的连续调用次数

图 11.12　针对各种不同大小的列表，估算运行格罗弗算法所需资源的输出结果

小结

- 量子计算机的另一种应用是搜索不透明函数的输入，以寻找产生所需输出的输入（即“标记输入”）。我们可以使用格罗弗算法来搜索，使用比经典计算更少的次数来调用 oracle。
- 格罗弗算法使用反射，这种量子操作让其中一个输入状态的相位翻转，而所有其他输入状态都不被修改。我们可以利用旋转和在第 8 章所看到的鞋袜模式建立多个不同种类的反射。
- 使用 Q# 提供的各种旋转及 within 和 apply，我们可以定义一个标记特定项的 oracle，然后使用单一 oracle 调用反射该标记项。这些技术一起使用，可以让我们实现格罗弗算法。
- 为了验证格罗弗算法在足够大的问题上优于经典方法，可以在资源估算器上运行我们的 Q#程序。与量子开发工具包提供的模拟器不同，资源估算器并不模拟量子程序，而是计算它们需要多少量子位，以及它们需要在量子设备上调用多少操作。

第 12 章　用量子计算机进行算术运算

本章内容
- 使用 Q# Numerics 库编程。
- 舒尔算法在整数因数分解中的应用。
- 了解量子计算对安全基础设施的影响。

在第 11 章，我们在格罗弗算法中使用了一种名为“振幅放大”的量子编程技术，来加速搜索非结构化数据集。虽然格罗弗算法对于较小的数据集来说不是最有效的搜索方法，但如果我们希望扩展到越来越大的问题规模，量子方法提供了明显的优势。在这最后一章中，我们将在整本书学到的技能基础上，面对著名的量子算法：舒尔算法。我们将实现舒尔算法，并展示它在尝试大整数因数分解时如何带来优势。虽然这似乎不是最有趣的任务，但整数因数分解的难度，实际上是目前许多加密基础设施的基础。

12.1　将量子计算纳入安全因素

在本书的第一部分，我们看到了如何应用量子概念，利用 QKD 等技术安全地发送数据。不过，即使没有 QKD，关键数据也一直在互联网上秘密地分享。互联网被用来分享支付数据、个人健康数据和约会偏好，甚至用来组织活动。在本章中，我们将了解经典计算机如何保护隐私，以及量子计算对数据保护工具选择的影响。

注意 现在，我们具备了用量子计算机解决更难的问题所需要的条件。本章的情景比我们以前的大多数情景要复杂一些。如果一开始难以理解，请不要担心，慢慢来，慢慢读，我们保证你的付出是值得的！

首先，让我们看看用经典计算机保护数据安全的技术现状。事实证明，经典数学中有许多不同的问题，其中有些问题真的很容易解决（例如，“2 + 2 是什么？”），有些问题真的很难解决（例如，“P 是否等于 NP？”）。在这两个极端之间，我们遇到的一些问题是很难解决的，除非有人给我们一个提示，在这种情况下，它们就会变得很容易。这些问题往往看起来更像“谜题”，对隐藏数据很有用：我们必须知道秘密的提示，或者耗费大量的计算时间来解决它们。

提示 在第 3 章中，我们了解了量子密钥分配，这是一种安全分享信息的好方法，依赖于量子力学而非谜题。不过，我们可能不一定总是能够将量子位发送给朋友，所以了解如何利用谜题进行安全和私密的通信仍然很重要。

正如我们将在本章后面所看到的那样，数字因数分解可以成为加密算法可以依赖的安全谜题之一。目前正在使用的一些非常重要的算法和加密协议，都依赖于计算机很难解决涉及大数因数分解的谜题这一事实。如果你猜测量子计算机有助于对大数进行因数分解，你就想对了。

下面开始舒尔算法的探讨。利用经典计算机，我们可以将寻找整数因数的问题或谜题简化，变成完成这样一项任务：估算使用“模算术”（也称为“时钟算术”，我们将在本章后面了解更多内容）时函数重复的速度。如果我们使用舒尔算法，估计函数重复的速度正是那种可以在量子计算机上轻松解决的谜题。让我们深入了解一下舒尔算法的步骤，然后看一下使用它的示例。

我们要面对的场景是整数 N 的因数分解。前提是我们知道 N 正好有两个质因数。接下来使用 Q#实现舒尔算法，对 N 进行因数分解。

互质数和半素数

我们认为两个除了 1 之外没有共同因数的数字是“互质数”。例如，15 和 16 都不是质数，但 15 和 16 是一组互质数。

类似地，我们认为一个正好有两个质因数的数字是“半素数”。例如，15 是半素数，因为 $15 = 3 \times 5$，而且 3 和 5 都是质数。与此相反，28 不是半素数，因为 $28 = 4 \times 7 = 2 \times 2 \times 7$。在考虑密码学时，半素数经常出现，所以在该场景中做出这样的假设往往是有用的。

我们可以执行算法 12.1 中的步骤（流程图如图 12.1 所示），利用在第 9 章和第 10 章中所学到的相位估计，再加上一些经典的数学知识来寻找 N 的因数。

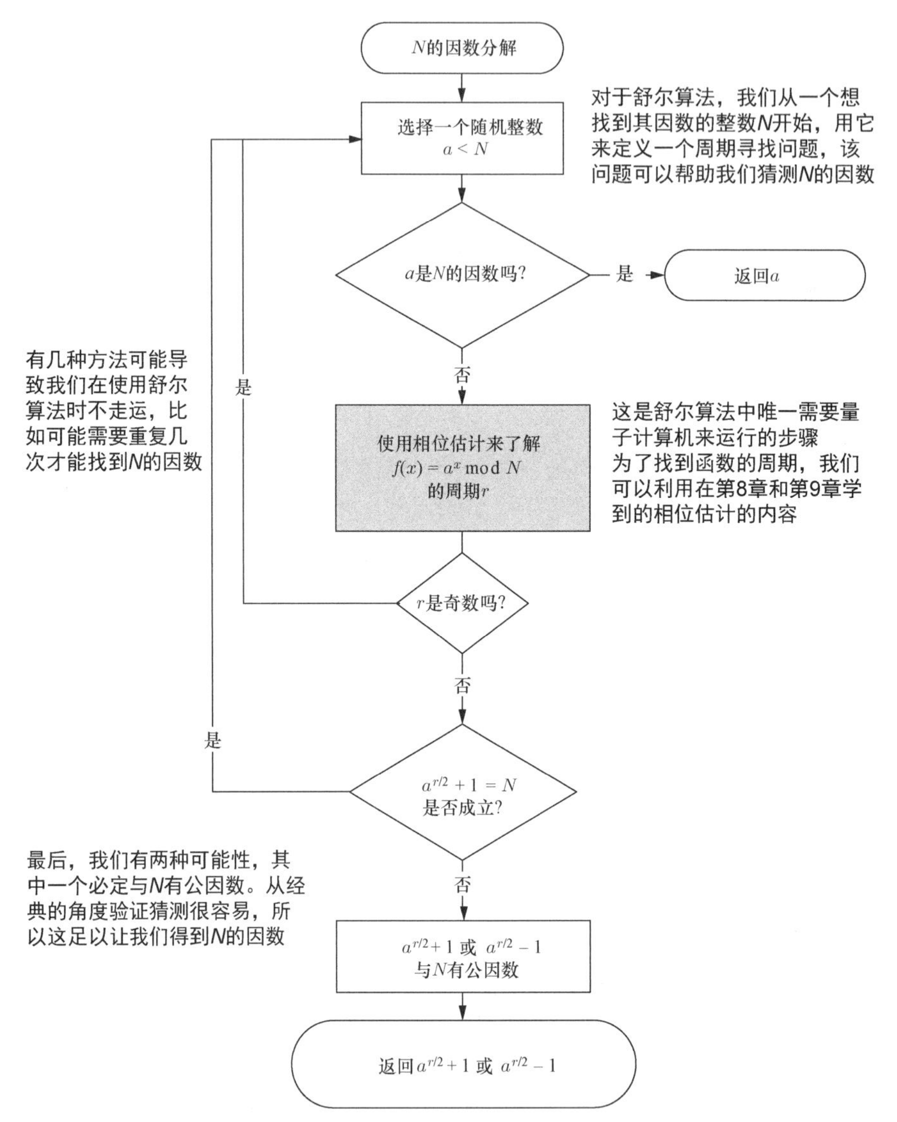

图 12.1 以流程图形式表示的舒尔算法。为了对整数 N 进行因数分解，舒尔算法使用相位估计和量子计算机来寻找一个函数的“周期”，该函数使用模算术模数 N 来获取另一个整数 a 的幂。经过一些经典的后期处理，这个周期可以用来寻找 N 的因数

模操作符

算法 12.1 中，我们使用了模操作符 mod。如果你以前没有见过这个操作符，不要担心。我们将在本章后面详细介绍它。

算法 12.1：用舒尔算法对整数进行因数分解的伪代码

1. 选择一个随机的整数 g，我们称之为“生成器”。
2. 通过确定 g 和 N 是否互质来检查生成器是否恰巧就是一个因数。如果它们有一个公因数，那么我们就有了一个 N 的新因数，否则继续执行算法的其余部分。
3. 利用迭代相位估计来寻找经典函数 $f(x)=g^x \bmod N$ 的频率。该频率告诉我们，当 x 增加时，f 恢复到相同值的速度有多快。
4. 使用名为“连分式展开”的经典算法，将步骤 3 的频率转换成周期 r。r 应该具有这样的性质：对于所有的输入 x，$f(x)=f(x+r)$。
5. 如果我们找到的周期 r 是奇数，回到步骤 1，进行新的猜测。如果 r 是偶数，则进入下一步骤。
6. $g^{r/2}-1$ 或 $g^{r/2}+1$ 与 N 共享一个因数。

注意 在算法 12.1 中需要注意，只有步骤 3 涉及量子计算。舒尔算法的大部分步骤最适合经典硬件，并展示了量子硬件将可能被使用的方式。也就是说，量子硬件和算法作为组合式量子-经典算法的“子程序”，运作良好。

既然我们已经了解了舒尔算法的步骤，清单 12.1 展示了其最终实现应该是什么模样。操作 FactorSemiprimeInteger 是该算法的入口：它以要进行因数分解的整数作为输入，并返回它的两个因数。

清单 12.1 半素数因数分解的 Q# 代码

```
operation FactorSemiprimeInteger(number : Int) : (Int, Int) {
   if (number % 2 == 0) {
       Message("An even number has been given; 2 is a factor.");
       return (number / 2, 2);
   }
   mutable factors = (1, 1);
   mutable foundFactors = false;

   repeat {
       let generator = DrawRandomInt(3,number - 2);

       if (IsCoprimeI(generator, number)) {
           Message($"Estimating period of {generator}...");
           let period = EstimatePeriod(generator, number);
           set (foundFactors, factors) = MaybeFactorsFromPeriod(
               generator, period, number
           );
```

首先检查一下问的是不是一个偶数的因数，因为 2 一定是偶数的一个因数

按照算法 12.1 的步骤 1，我们挑选一个随机数来定义周期函数，用来对 number 进行因数分解。

在本章中，我们将学习如何利用学到的相位估计知识，编写一个 EstimatePeriod 操作来处理算法 12.1 的步骤 3 和 4。

一旦有了周期，就可以使用算法 12.1 的步骤 5 和 6 来猜测 number 的因数。我们将在本章后面写出 MaybeFactorsFromPeriod

```
        } else {
            let gcd = GreatestCommonDivisorI(number, generator);
            Message(
                $"We have guessed a divisor of {number} to be " +
                $"{gcd} by accident. Nothing left to do."
            );
            set foundFactors = true;
            set factors = (gcd, number / gcd);
        }
    }
    until (foundFactors)
    fixup {
        Message(
            "The estimated period did not yield a valid factor, " +
            "trying again."
        );
    }
    return factors;
}
```

如果出了问题（例如，生成器有一个奇怪的周期），可以用 repeat/until 循环来重新尝试

返回用量子程序找到的 number 的两个因数

运气不是万能的，但可能有帮助

在清单 12.1 中，我们使用 IsCoprimeI 来检查 generator 是不是 number 的一个因数，然后再进行舒尔算法的其余部分。如果我们足够多幸运，generator 就是一个因数，在这种情况下，量子计算机就不必对 number 进行因数分解了。

虽然在笔记本计算机或台式机上可以模拟的小例子中，我们可能经常运气不错，但随着 number 越来越大，我们越来越难意外地猜到正确的因数，因此舒尔算法几乎在所有时候都是非常有用的。

由于这是本书的最后一章，我们已经拥有了理解清单 12.1 中变化的所有量子概念，唯一缺少的是将之前所学的知识与半素数因数分解问题联系起来的经典部分，以及 Q#库中一些有用的部分，它们在这里可以派上用场。如前所述，这里只有一个步骤使用了量子技术，它是通过创建一个实现我们想了解的经典函数的 oracle 来工作的。通过使用叠加态、应用 oracle，并进行相位估计，我们可以了解经典函数的属性（这里指的是周期）。在本章的其余部分，我们将详细了解算法 12.1，并介绍运行舒尔算法所需的最后几项内容。理解算法 12.1 所需的第一项内容是名为“模算术”的经典数学运算，所以让我们开始吧！

12.2 将模算术与因数分解联系起来

找到可用于安全背景的谜题的一个方法是看一下“模算术”的工作原理。其与普通算术运算的不同之处在于，在模算术中，一切都像时钟上的指针一样会绕回来。例如，如果有人问我们 11 点后 2 小时是什么时间，如果回答说“13 点”，我们会得到一个非常莫名其妙的表情（如果他们不使用 24 小时制），那么这个人更有可能希望得到“1 点”这样的答案。

使用模算术，我们可以通过说“(11 + 2) mod 12 = 1”来记录这个思路。在这个等式中，“mod 12”表示我们希望任何超过 12 的值都绕回来，如图 12.2 所示。

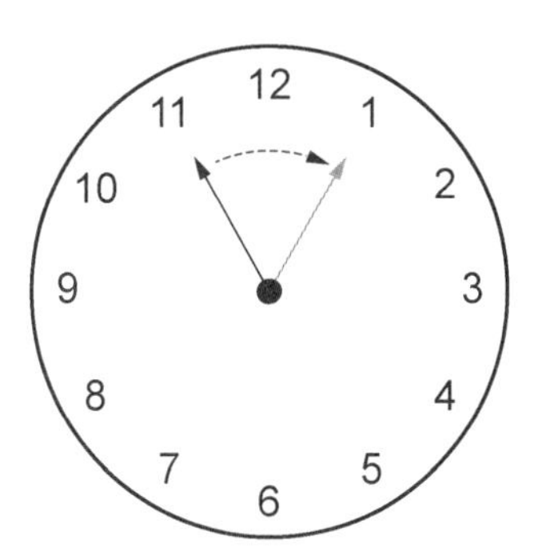

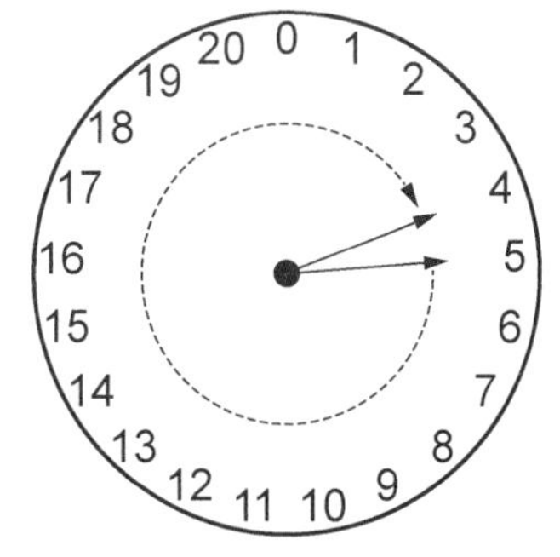

假设在11点钟，有人问我们2小时后是什么时间。如果我们说13点，会得到莫名其妙的眼神，但如果我们说1点，那就更能提供帮助了！我们可以把11+2看作按时钟上的12“绕回了”，这是一个模算术的实例

当然，我们不必只对12小时的时钟做模算术。
例如，如果时钟有21小时，那么使用模算术，可以记作5^2=25≡4(mod 21)

图 12.2　利用时钟来理解模算术。当加法和乘法为“模 *N*”时，我们可以把正常的数轴视为绕在一个有 *N* 小时的钟面上。就像 11 点后 2 小时是 1 点一样，即 11 + 2≡1（mod 12）

当算术允许像这样绕回时，就很难弄清楚不同的计算是从哪里开始的。例如，如果我们使用的是普通实数，如果给定 a 和 a^b，计算 b 很容易：我们可以取 a^b 的对数来求 b。如果我们试图用模算术解决同样的问题，很快就会变得很棘手。例如，当 5 的幂模 21 时，计算结果是 1,5,4,20,16,17,1,⋯从表面上看，5、4 和 16 不像是同一个数字的幂，而且也不按顺序递增，这使得从“取指数并模 21”倒推回去时，就有更多可能的起始位置需要检查。

练习 12.1：11 的幂

当 11 的幂模 21 时，计算结果是多少？循环到 11^0=1 需要多长时间？

在最后取模 21，还是每一步都计算模，有关系吗？

提示：Python 或 Q# 都能很好地解决这个问题，因为它们都定义了模操作符%。

给定 $a^b \bmod N$ 的值，找到指数 b 很难，这个发现提供了一个谜题，可以用来隐藏一些数据！这个谜题通常被称为“离散对数”问题。如果爱丽丝想和你分享一个秘密，你

们可以先公开商定一个小数（如 $g=13$）和一个大数（如 $N=71$），然后各自随机挑选一个秘密数字。假设爱丽丝挑选 $a=4$，你挑选 $b=5$。然后，爱丽丝向你发送 $g^a \bmod N=19$，而你返回 $g^b \bmod N=34$。如果你计算 $(g^a)^b \bmod N=19^5 \bmod 71=45$，而爱丽丝计算 $(g^b)^a \bmod 71=34^4 \bmod 71=45$，你们双方都会得到相同的数字，但窃听者必须解决我们之前看到的钟面跳转谜题才能算出来（见图 12.3）。由于 $g^{ab}=45$ 是你和爱丽丝都知道的一个数字，但其他人都不知道，所以可以利用第 3 章中所学到的知识，把 g^{ab} 作为密钥来隐藏你们的信息。

图 12.3 将离散对数问题作为一个谜题来隐藏秘密信息。这里，如果倒推模算术操作（如指数函数）难以计算，你与爱丽丝分享的信息就会受到保护

警告：不要在家里尝试这个协议

这个协议的很多技术条件远远超出了本书的范围。糟糕地选择 g 和 N 会破坏这项技术提供的任何安全性，使得有经验的攻击者可以轻易地破解它。而且自己这样做也很容易引入错误，所以只能将它看成一个概念性的示例！

如果想了解更多关于使用这类谜题来保护数据安全的实际情况，可参阅 Niels Ferguson, Bruce Schneier 和 Tadayoshi Kohno 合著的 *Cryptography Engineering*（Wiley, 2010）一书，这是一本可以进阶学习的好书。

与 QKD 不同，这种分享秘密数据的方式（被称为迪菲-赫尔曼协议）依赖于这样一个假设：你和爱丽丝使用的谜题如果没有提示（而窃听者无法获得），是很难解决的。如果有人能有效地解出类似于“给定 g 和 N，解出 $g^a \bmod N$ 的 a”的谜题，那么我们的数据就可能被暴露在大庭广众之下。

目前，另一个常用于保护数据的谜题是 RSA 算法[①]，它使用更先进的经典数学，从真正的大整数因数分解中获得谜题。就像我们可以通过解决 $g^a \bmod N$ 来破解迪菲-赫尔曼协议一样，我们可以通过求解“只给定 N，而 $N=pq$，求 p 或 q”来破解 RSA。在 RSA 谜题中，我们称 N 为公钥，因数 p 和 q 为私钥。如果我们可以轻易地将 N 进行因数分解，就可以在只给定公钥的情况下获得私钥了。考虑到这一点，我们可以使前面的情景更精确一些。

现在我们尝试破解 RSA。假设我们知道一个公钥 N。我们尝试使用 Q#实现舒尔算法，来对 N 进行因数分解，以恢复私钥 p 和 q。

破解它，直到成功

与前几章相比，这个场景可能显得有点不道德。但在实践中，有必要了解那些针对保护数据安全的工具和协议的攻击，这样我们才能相应地调整方法。如果我们使用像 RSA 这样的加密算法来保护数据，对该算法实施量子攻击有助于了解攻击者需要多大的量子设备才能破坏我们的数据。毕竟，存在从“RSA 根本没有问题”到“我们应该感到恐惧”的种种说法，要区分这些极端情况，需要了解攻击者需要的资源。

换言之，通过探索让我们暂时处于攻击者角色的场景，我们可以了解成功攻击 RSA 需要多少量子算力。我们将在本章末尾回到这一点，但现在，像一个攻击者那样思考是有帮助的。量子计算机攻击经典密码学可以作为练习应用我们的量子计算技能的一个很好的场景！

不过，在使用这个示例时，值得谨慎。量子计算对信息安全的影响取决于我们对经典算法的假设、量子算法的改进、量子硬件的发展进度、我们需要前向安全性持续多长时间，以及其他许多这样的问题。不幸的是，充分涵盖所有这些问题，以便对如何最好地部署密码学做出负责任的决策，将需要更多的空间，所以本章中的 RSA 场景只是一个示例，而非对该问题的完整分析。

① 一种广泛应用的“非对称加密算法”，由三位数学家 Rivest、Shamir 和 Adleman 的名字命名。

事实证明，尽管迪菲-赫尔曼和 RSA 看起来很不一样，但我们可以用一些经典的数学方法把 RSA 的因数分解谜题转换成另一个示例，即进行模算术时，在钟面上移动的速度如何。这个问题可以用在第 10 章所学到的知识在量子计算机上轻松解决。举个例子，用舒尔算法对一个小整数进行因数分解，这样我们就可以看到所有部分的工作情况了。

用舒尔算法进行因数分解示例

舒尔算法列出的步骤看起来非常抽象，所以在讨论其工作原理之前，让我们用前面学到的模算术来举个例子。假设我们要进行因数分解的数字是 21。真正的 RSA 公钥会大得多，但为了手工计算，我们还是用 21。请相信我们，这将使数学变得简单得多。

下面是使用算法 12.1 因数分解 21 的步骤。

1. 选择一个随机整数作为生成器，假设使用 11。
2. 可以验证，由于 11 与 21 没有公因数，所以可以用它作为下一步的生成器。
3. 不幸的是，我们无法在头脑中完成量子步骤，所以要使用 Q# 中的迭代相位估计操作，通过应用一个实现经典函数 $f(x)=11^x \bmod 21$ 的 oracle 来估计产生的相位。它返回一个相位ϕ，我们可以通过以下公式将其转换为 427 的频率：$(\phi \times 2^9)/2\pi$ 。
4. 我们对 427 使用连分式算法来猜测周期可能是多少。通过手工操作，我们得到的周期估计为 6。
5. 找到的周期是偶数，所以继续进行下一步。
6. 使用周期 6 可以得出，$(11^{6/2}-1) \bmod 21 = 7$ 或 $(11^{6/2}+1) \bmod 21 = 9$ 与 21 共享一个因数。我们可以检查和验证每一种可能性，从而确定 7 确实是 21 的一个因数。

练习 12.2：寻找公因数

试试前面的步骤 6，但是用 35 作为因数、17 作为生成器、12 作为周期。检查你从步骤 6 得到的答案中的任何一个或两个是否与 35 有公因数。

使用 Python 或 Q#，用 N=143、g=19 和周期 r= 60 进行同样的尝试。

注意：在 12.3 节中，我们将了解当给定一个数字并共享一些因数时，如何轻松地使用经典计算机来因数分解另一个数字。

虽然这对像 21、35 或 143 这样小的数字进行因数分解是一个很大的工作，但同样的过程也适用于大得多的整数，比如在试图解决 RSA 算法用来保护数据的谜题时，可能会遇到的那些整数。

本章的其余部分将详细介绍这些步骤，并展示它们如何协同完成因数分解。为了启动这个过程，让我们来看看寻找周期帮助我们分解整数背后的经典数学，以及如何使用Q#来实现这个经典数学。

12.3 经典代数和因数分解

通过使用舒尔算法的具体案例，我们可以看到经典算术和代数是如何帮助利用量子计算的。在讨论算法的核心量子部分之前，多探索一下经典部分，有助于理解为什么发现生成器的周期有助于因数分解。

我们可能记得在代数中，对于任何数字 x，$x^2-1=(x+1)(x-1)$。事实证明，这在模算术（时钟算术）中也适用。如果我们发现生成器 g 的周期 r 是偶数，则有整数 k 使得 $g^r=g^{2k} \bmod N=1$。

从两边各减去 1，我们得到 $(g^{2k}-1) \bmod N=0$，由 $x^2-1=(x+1)(x-1)$ 就可以得到 $(g^k+1)(g^k-1) \bmod N=0$。

为什么这很重要？如果 $x \bmod N=0$，这说明 x 是 N 的倍数。回想一下时钟的比喻，0、12、24、36 等模 12 都等于 0。换言之，如果 $x \bmod N=0$，那么就存在某个整数 y，使得 $x=yN$。利用这一点和从周期中得到的信息，可以知道存在某个整数 y 使得 $(g^k+1)(g^k-1)=yN$。如果 g^k-1 或 g^k+1 是 N 的倍数，则什么也没了解到；但在其他情况下，其说明 g^k-1 或 g^k+1 必定与 N 共享一个因数。

为了弄清 g^k-1 或 g^k+1 是否与 N 共享一个因数，我们可以计算每个猜测与 N 的最大公约数（Greatest Common Divisor，GCD）。这在经典计算机上很容易实现，使用的技术称为“欧几里得算法”。

注意 既然 GCD 在经典中很容易计算，为什么我们还需要量子计算机来帮助计算？在舒尔算法的这一步上，我们已经将潜在的因数缩小到两个非常好的猜测，并在这些猜测上使用 GCD。如果我们没有很好地缩小范围，我们就必须在更多的猜测上使用 GCD，这样才有可能找到 N 的因数。即使 GCD 很容易确定，我们仍然需要一个很好的方法来缩小它的范围。

在 Q# 中，我们可以用 GreatestCommonDivisorI 函数来计算 GCD，如清单 12.2 所示，代码在 Q# Jupyter Notebook 中运行。我们可以检查从 GreatestCommonDivisorI 得到的正确输出，方法是先将两个整数用质因数的乘积表示，例如，$a=2\times3\times113$，$b=2\times3\times5\times13$。由于这两个整数只共享 2 和 3 两个因数，它们的 GCD 应该是 $2\times3=6$。

Q#标准库文件

像往常一样，清单 12.2 以 open 语句开始，允许使用 Q# 标准库中提供的函数和操作。在本例中，计算两个整数的 GCD 的 Q# 函数在 Microsoft.Quantum.Math 命名空间中，所以我们先打开该命名空间，使该函数可用。同样，我们需要测试新的 GcdExample 函数的事实和断言也可以通过打开 Microsoft.Quantum.Diagnostics 命名空间来使用。

关于 Q# 标准库中可用功能的完整列表，请查看微软的技术文档，以获得完整的参考信息。

清单 12.2　寻找两个整数的最大公约数

```
In [1]: open Microsoft.Quantum.Math;
        open Microsoft.Quantum.Diagnostics;

        function GcdExample() : Unit {
            let a = 2 * 3 * 113;
            let b = 2 * 3 * 5 * 13;
            let gcd = GreatestCommonDivisorI(a, b);
            Message($"The GCD of {a} and {b} is {gcd}.");

            EqualityFactI(gcd, 6, "Got the wrong GCD.");
        }
Out[1]: - GcdExample
In [2]: %simulate GcdExample
The GCD of 678 and 390 is 6.
Out[2]: ()
```

这个函数是一个简单的测试用例，看看 GCD 是如何工作的

使用 EqualityFactI 函数来确认我们得到的答案与预期的一致（$2 \times 3 = 6$）

像往常一样，我们可以使用%simulate 在模拟器上运行一个函数或操作。在这里，我们得到了输出()，因为 GcdExample 返回了一个 Unit 类型的输出

为了计算 GCD，在之前打开的 Microsoft.Quantum.Math 命名空间中调用了 GreatestCommonDivisorI

Q# 中的输入类型和命名规则

请注意 GreatestCommonDivisorI 这个名字后面的 I，它告诉我们，GreatestCommonDivisorI 对 Int 类型的输入有效。在实际使用舒尔算法时，*N* 会比我们能容纳的普通 Int 值大得多，所以 Q# 还提供了另一种类型，称为 BigInt，以提供帮助。

为了处理 BigInt 输入，Q# 还提供了 GreatestCommonDivisorL 函数。为什么是 L 而不是 B? 在这种情况下，L 代表 Long，有助于与其他以“B”开头的类型区分开来，如 Bool。

这一惯例也适用于 Q# 标准库的其他部分。例如，我们之前使用的相等事实比较了两个整数，所以被称为 EqualityFactI。比较两个大整数的相应事实称为 EqualityFactL，而比较两个 Result 值的事实称为 EqualityFactR。

练习 12.3：最大公约数

35 和 30 的最大公约数是多少？这是否有助于找到 35 的因数？

总结一下，假设我们获得了生成器的周期，那么清单 12.3 展示了如何使用它来编写 Q#中的 MaybeFactorsFromPeriod。该函数名以“Maybe”开头，这是因为找到的周期有可能不符合必要条件，无法了解数字因数的信息。

清单 12.3 operations.qs：通过一个周期来计算可能因数

为了计算一个周期的可能因数，我们需要输入要进行因数分解的数字 N、周期 r 和生成器

如果 $g^{r/2}+1$ 或 $g^{r/2}-1$ 是 N 的倍数，我们找不到任何因数，需要重试。Bool 输出让调用者知道要重试

如果周期是奇数，我们就不能使用 $x^2-1=(x+1)(x-1)$ 的技巧，因此要先检查周期是否为偶数

```
function MaybeFactorsFromPeriod(
    generator : Int, period : Int, number : Int)
: (Bool, (Int, Int)) {
    if period % 2 == 0 {

        let halfPower = ExpModI(generator,
            period / 2, number);

        if (halfPower != number - 1) {
            let factor = MaxI(
                GreatestCommonDivisorI(halfPower - 1, number),
                GreatestCommonDivisorI(halfPower + 1, number)
            );
            return (true, (factor, number / factor));
        } else {
            return (false, (1, 1));
        }
    } else {
        return (false, (1, 1));
    }
}
```

核对 $g^{r/2}+1$ 不是 N 的倍数，所以我们知道继续下去是安全的

GCD 说明猜测之一是否与 N 有共同的因数。如果猜测没有共同的因数，则 GCD 返回 1。这里检查了两个猜测，并选择了不是 1 的任一结果

Q# 函数 Microsoft.Quantum.Math.ExpModI 返回形式为 $g^x \bmod N$ 的模算术指数，给定 g、r 和 N，我们可以用它来求 $g^{r/2} \bmod N$

既然我们知道了如何将周期转换为可能的因数，那么就来看看舒尔算法的核心：利用相位估计来估计生成器的周期。为了做到这一点，我们将使用在本书其他部分所学到的知识，加上几个新的 Q# 操作，在量子计算机上做算术。出发！

深入探究：这里着眼于欧几里得算法

早些时候，我们使用 Q# 标准库中提供的 GreatestCommonDivisorI 函数来计算两个整数的 GCD。这个函数使用欧几里得算法来工作，它递归地尝试将一个整数除以另一个整数，直到没有余数。

假设我们想找到两个整数 a 和 b 的 GCD。我们从欧几里得算法开始，找到两个额外的整数 q 和 r[“商”（quotient）和“余数”（remainder）的缩写]，使得 $a=qb+r$。使用整数除法指令直接找到 q 和 r，所以这一步在经典计算机上并不难实现。在这一点上，如果 $r=0$，我们就完成了：b 是 a 和它本身的除数，所以不可能有更大的公约数。如果不是，我们知道 a 和 b 的 GCD 也必定是 r 的除数，所以我们可以通过寻找 b 和 r 的 GCD 进行递归。最终，这个过程必定结束，因为我们要找的整数的 GCD 会越来越小，但绝不会变成负数。

为了使事情变得更加具体，可以在清单 12.2 中的示例中进行操作，如表 12.1 所示。

表 12.1　使用欧几里得算法查找 678 和 390 的 GCD

a	*b*	*q*	*r*
678	390	1	288
390	288	1	102
288	102	2	84
102	84	1	18
84	18	4	12
18	12	1	6
12	6（答案）	2	0（完成）

12.4 量子算术

到目前为止，我们已经了解了 Q# 标准库的很多不同部分，由于本章的重点是算术，所以有必要介绍一下 Q# 的 Numerics 库提供的 Microsoft.Quantum.Arithmetic 命名空间的一些函数和操作。正如你可能猜到的，该命名空间提供了很多有用的函数、操作和类型，简化了量子系统中的算术。特别是，我们可以使用一些实现，比如在量子位寄存器中表示的加法和乘法，支持多量子位寄存器的编码，如 BigEndian（其中最小有效位在左边）和 LittleEndian（其中最小有效位在右边）。让我们来看看一些使用 Q# 数字库来完成两个整数相加的示例代码。

注意 本书的配套资源中有一个 Q# notebook，提供了所有的代码片段！

首先，由于 Numerics 包在默认情况下未加载，我们需要用魔法命令%package，要求 Q# 内核加载它。%package 魔法命令将一个新的包添加到 IQ# 会话中，使得该包实现的函数、操作和用户定义类型在会话中可用。

为了让事情更简单，我们还可以关闭显示小振幅的诊断输出，如 DumpMachine，如清单 12.4 所示。

清单 12.4　在 IQ# 中加载软件包和设置偏好值

使用%package 加载 Microsoft.Quantum.Numerics 包，该包提供了额外的操作和函数，用于处理由寄存器的量子位表示的数字

运行%package 后，IQ# 会报告在我们的 IQ# 会话中目前有哪些软件包。你的版本号可能会有所不同

```
In [1]: %package Microsoft.Quantum.Numerics
Adding package Microsoft.Quantum.Numerics: done!
Out[1]: - Microsoft.Quantum.Standard::0.15.2101125897
        - Microsoft.Quantum.Standard.Visualization::0.15.2101125897
```

```
        - Microsoft.Quantum.Numerics::0.15.2101125897
In [2]: %config dump.truncateSmallAmplitudes = "true"
Out[2]: "true"
```

%config 魔法命令为当前的 IQ# 会话设置各种偏好。例如，在这里，我们可以用%config 告知 DumpRegister 和 DumpMachine 的可调用程序，以略去每个状态向量中的微小振幅。这使得可视化几个量子位状态变得很容易，因为输出每个计算基状态会很快变得难以操作

提示 在 Jupyter Notebooks 中使用 Q# 时，除了我们目前看到的%simulate、%package 和%config 等命令外，IQ# 内核还提供了其他几个魔法命令来帮助编写量子程序。完整的清单，请查看微软技术文档中的文档。

12.4.1 用量子位相加

现在，让我们来编写一个示例，在两个整数被编码在量子位寄存器中时，将它们相加。清单 12.5 使用 AddI 操作将两个量子寄存器的内容相加。这个清单使用了 Q#标准库提供的 LittleEndian UDT，将要解释的每个寄存器的量子位标记为一个用小端字节序（也称为最小重要性顺序）编码的整数。也就是说，当把 LittleEndian 寄存器解释为一个整数时，将最低的量子位索引作为最不重要的位。例如，用小端字节序表示法将整数 6 表示为一个三量子位的量子态，我们写作 $|011\rangle$，因为 $6 = 0\times2^0 + 1\times2^1 + 1\times2^2 = 2 + 4$ 。

清单 12.5 使用 Numerics 库来求和以量子位编码的整数

```
In [3]: open Microsoft.Quantum.Arithmetic;
        open Microsoft.Quantum.Diagnostics;
        open Microsoft.Quantum.Math;
        operation AddCustom(num1 : Int, num2 : Int) : Int {
            let bitSize = BitSizeI(MaxI((num1, num2))) + 1;
            use reg1 = Qubit[bitSize];
            use reg2 = Qubit[bitSize];
            let qubits1 = LittleEndian(reg1);
            let qubits2 = LittleEndian(reg2);

            ApplyXorInPlace(num1, qubits1);
            ApplyXorInPlace(num2, qubits2);

            Message("Before addition:");
            DumpRegister((), reg2);

            AddI(qubits1, qubits2);

            Message("After addition:");
            DumpRegister((), reg2);
```

我们的寄存器必须足够大，大到足以容纳两个整数的最大可能之和。至多比表示最大输入值所需的大小多一位

表示我们想把 reg1 和 reg2 解释为整数，用小端字节序编码表示

准备将一个整数的小端字节序表示放入量子位寄存器，因为无论 x 是 0 还是 1，$x\otimes 0$ 都为 x

使用从 Numerics 包中加载的操作 AddI，将两个输入寄存器 qubits1 和 qubits2 代表的整数相加

```
            ResetAll(reg1);
            return MeasureInteger(qubits2);
        }
Out[3]: - AddCustom
```

重置第一个寄存器，这样它就可以解除分配，然后测量包含结果的寄存器

我们可以在图 12.4 中看到运行这段代码后的输出。

```
In [4]: operation AddFourAndSix():Int{
            return AddCustom(4, 6);
        }
Out[4]:  • AddFourAndSix

In [5]: %simulate AddFourAndSix
        Before addition:
```

Qubit IDs	4, 5, 6, 7		
Basis state (little endian)	Amplitude	Meas. Pr.	Phase
$\|6\rangle$	$1.0000 + 0.0000i$		↑

```
        After addition:
```

Qubit IDs	4, 5, 6, 7		
Basis state (little endian)	Amplitude	Meas. Pr.	Phase
$\|10\rangle$	$1.0000 + 0.0000i$		↑

```
Out[5]: 10
```

图 12.4 使用 Numerics 库对量子位寄存器中编码的整数相加后的输出

12.4.2 处于叠加态的量子位相乘

我们已经了解了如何在 Q# 中做一些基本的模算术，但是就像大多数的量子算法一样，除非利用独特的量子属性/操作，否则我们只是拥有了一种非常昂贵的计算方式。在本节中，我们将利用可以让量子位处于数字的“叠加态”这一事实，来帮助我们获得所需的优势，以便让舒尔算法发挥作用。幸运的是，AddI 和许多其他类似的算术运算在叠加态中有效：接下来使用这些算术运算与相位估计时，会用到该属性。不过，在这之前，有必要先熟悉一下处于叠加态的整数加法或乘法是什么意思。

在这里，我们以 MultiplyByModularInteger 为例，看看如何将我们所学到的叠加态知识应用于算术。稍后，我们将利用同样的操作来构造舒尔算法所需的 oracle，所以这是一个相当实用的应用。

首先，来看一个操作，我们可以用它来制备处于两个整数叠加态的寄存器。清单 12.6 展示了如何使用我们已经学到的 ApplyXorInPlace 操作和 Controlled 函子来实现这一目的。

正如我们所看到的 Controlled 的其他用途，当控制寄存器处于全一状态（$|11\cdots1\rangle$）时，受控操作会做一些处理。相反，通过使用 X 操作将 $|0\rangle$ 状态映射到 $|1\rangle$ 状态，清单 12.6 控制在零状态上。将对 X 的调用放在 within/apply 语句块中，可以确保 Q# 在应用控制操作后撤销对 X 的调用。

提示 以这种方式使用 within/apply 实现了与我们在第 11 章中使用的 ControlledOnInt 函数近似的功能，这也是该函数在 Q# 标准库中的实现方式。

清单 12.6　制备处于整数叠加态的寄存器

```
open Microsoft.Quantum.Arithmetic;
open Microsoft.Quantum.Diagnostics;
open Microsoft.Quantum.Math;

operation PrepareSuperpositionOfTwoInts(
    intPair : (Int, Int),
    register : LittleEndian,
) : Unit is Adj + Ctl {
    use ctrl = Qubit();
    H(ctrl);

    within {
        X(ctrl);
    } apply {
        Controlled ApplyXorInPlace(
            [ctrl],
            (Fst(intPair), register)
        );
    }
    Controlled ApplyXorInPlace(
        [ctrl],
        (Snd(intPair), register)
    );
     (ControlledOnInt(Snd(intPair), Y))(register!, ctrl);
}
```

接收一个寄存器和一对整数，并以 LittleEndian 的编码方式，将该寄存器制备于这些整数的叠加态

在 $|+\rangle = (|0\rangle + |1\rangle)/\sqrt{2}$ 状态下制备好控制量子位，这样当我们控制该量子位的后续操作时，它们也处于叠加态

如前所述，在 within/apply 语句块中使用 X 可以让我们在 $|0\rangle$ 状态上进行控制，而非在 $|1\rangle$ 状态上

为控制寄存器增加一个新的输入（见第 9 章）。另一个输入是一个带有原始参数的元组：我们想要制备为状态的整数，以及想要制备该状态的寄存器

对 intPair 中的第二个整数做同样的处理，并将其编码到寄存器中，受控于 ctrl 量子位

使用 Y 操作进行旋转，在控制量子位处于 $|1\rangle$ 状态的情况下，为叠加态的两个分支之一增加某个相位

提示 在这个例子中不需要 Y 操作，但它有助于了解受控的 Y 操作所应用的相位是如何通过后面的步骤传播的。

一旦具备了表示两个整数叠加态的量子寄存器，就可以在该叠加态上应用其他算术运算了。例如，在清单 12.7 中，使用 DumpMachine 可调用程序，查看在使用 Q# 标准库所提供的 MultiplyByModularInteger 操作时寄存器的状态如何变化。

清单 12.7　使用 Numerics 库进行叠加态中的乘法运算

```
operation MultiplyInSuperpositionMod(
    superpositionInts : (Int, Int),
    multiplier : Int,
    modulus : Int
) : Int {
    use target = Qubit[BitSizeI(modulus - 1)];
    let register = LittleEndian(target);
```

我们需要做的第一件事是分配一个足够大的寄存器。在这里，由于我们正在做取模乘法，寄存器所能容纳的最大数值是模数减 1

```
    PrepareSuperpositionOfTwoInts(superpositionInts, register);

    Message("Before multiplication:");
    DumpMachine();

    MultiplyByModularInteger(
        multiplier, modulus, register
    );

    Message("After multiplication:");
    DumpMachine();

    return MeasureInteger(register);
}
```

使用在清单 12.6 中定义的操作来制备目标寄存器的整数叠加态

Numerics 包提供了 MultiplyByModularInteger，它获取一个 LittleEndian 寄存器，并将其与一个经典乘法器的值相乘，再按给定的模数取模

测量一个寄存器，并返回该寄存器所代表的经典 Int 值

如果我们运行示例 notebook 中清单 12.6 和清单 12.7 中的代码，会看到图 12.5 中的输出：寄存器在乘法前正确显示了 2 和 3 的叠加态，然后显示了 1 和 6 的叠加态。我们期望的正确输出是什么？如果我们像往常一样计算乘法，应该是 6 和 9；但由于我们是在做模 8 算术，所以 9 等价于 1。当我们测量该寄存器时，一半时间得到 6，另一半时间得到 1，因为它们按相同的权重叠加，正如我们从图 12.5 中描述的状态振幅条所看到的。

练习 12.4：取模乘法

假设你制备了一个 $1/\sqrt{2}(|2\rangle+|7\rangle)$ 状态的寄存器，每个 ket 都代表一个小端字节序的编码。你的寄存器在乘以 5 模 9 后会处于什么状态？编写 Q# 程序，利用 DumpMachine 来确认你的答案。

In [18]:
```
operation MultiplyInSuperpostionTest() :  Int {
    // Here we are multiplying 3 by a superposition of 2 and
    // 3 all mod 8.
    return MultiplyInSuperpositionMod((2, 3), 3, 8);
}
```

Out[18]:
- MultiplyInSuperpostionTest

In [19]:
```
%simulate MultiplyInSuperpostionTest
```

Before multiplication:

Qubit IDs	0, 1, 2, 3		
Basis state (little endian)	Amplitude	Meas. Pr.	Phase
$\|2\rangle$	$0.7071 + 0.0000i$		↑
$\|3\rangle$	$0.0000 - 0.7071i$		←

After multiplication:

Qubit IDs	0, 1, 2, 3		
Basis state (little endian)	Amplitude	Meas. Pr.	Phase
$\|1\rangle$	$0.0000 - 0.7071i$		←
$\|6\rangle$	$0.7071 - 0.0000i$		↑

Out[19]: 6

图 12.5　3 乘以 2 和 3 的叠加态模 8 的输出结果

练习 12.5：附加题

如果你运行与练习 12.4 相同的程序，但试图乘以 3 模 9，你会得到一个错误。为什么？

提示：考虑一下你在第 8 章中学到的经典函数必须为真，以便它能被量子 oracle 所表示。如果你被难住了，答案就在下面，但使用 RoT13 密码稍稍加密了一下。

答案：Zhygvcylvat ol guerr zbq avar vf abg erirefvoyr. Sbe vafgnapr, obgu bar gvzrf guerr naq sbhe gvzrf guerr zbq avar tvir mreb, rira gubhtu bar naq sbhe nera'g rdhny zbq avar. Fvapr pynffvpny shapgvbaf unir gb or erirefvoyr va beqre gb or ercerfragrq ol dhnaghz bcrengvbaf, gur ZhygvcylOlZbqhyneVagrtre envfrf na reebe va guvf pnfr.

注意 请注意在这里做了什么：我们利用一个量子程序，让一个由量子寄存器表示的整数乘以一个经典整数。计算完全发生在量子设备上，不使用任何测量。这意味着如果寄存器开始处于叠加态，那么乘法也发生于叠加态。

12.4.3 舒尔算法中的取模乘法

既然我们已经了解了 Numerics 库的一些情况，让我们回到因数分解场景。在算法 12.1 中，要做模算术并利用 Numerics 库的主要是步骤 3 和 4（接下来重复）。我们可以实现三个操作，以便在短时间内实现舒尔算法的这些步骤，并帮助我们实现整数的因数分解。

我们可以从本章的示例代码中看到第一个操作，它实现了算法 12.1 的步骤 3，即 EstimateFrequency 操作（见清单 12.8）。

提示 这个操作使用了 Q#标准库中提供的相位估计操作，我们在第 10 章中了解过。如果你需要复习一下，请回到第 9 章了解相位估计的概述，或回到第 10 章了解如何使用标准库运行相位估计。

清单 12.8 operations.qs：使用相位估计来了解生成器的频率

```
operation EstimateFrequency(
    inputOracle : ((Int, Qubit[]) => Unit is Adj+Ctl),
    nBitsPrecision : Int,
    bitSize : Int)
: Int {
```

新分配的寄存器必须指定如何对它所代表的整数进行编码，因此可以用 LittleEndian UDT 来包装新分配的寄存器

这是使用量子位的主要步骤，因此需要分配一个足够大的寄存器来表示模数

取一个 Int，并与第二个参数中提供的寄存器中存储的整数进行 XOR。因为 registerLE 开始时是 0，所以这将寄存器制备为 1

```
        use register = Qubit[bitSize];

        let registerLE = LittleEndian(register);
        ApplyXorInPlace(1, registerLE);

        let phase = RobustPhaseEstimation(
            nBitsPrecision,
            DiscreteOracle(inputOracle),
            registerLE!
        );
        ResetAll(register);

        return Round(
            (phase * IntAsDouble(2 ^ nBitsPrecision)) / (2.0 * PI())
        );
    }
```

使用 RobustPhaseEstimation（见第 10 章）来了解 inputOracle 的相位，并传入一个量子寄存器和我们想要估计的相位的精度位数

一旦相位估计完成，就重置寄存器中的所有量子位

我们估计的相位只是一个相位。这个方程将其转换为频率(phase*$2^{nBitsPrecision-1}$)/π

将 inputOracle 包装在 DiscreteOracle UDT 中，使 RobustPhaseEstimation 明确我们希望 inputOracle 被解释为一个 oracle

既然已经具备 EstimateFrequency 的基本框架，那就看一看实现这个算法所需的 oracle 的操作。ApplyPeriodFindingOracle 操作就是这样：一个结构类似于函数 f(power)=generator^{power} mod modulus 的 oracle 的操作。清单 12.9 展示了 ApplyPeriodFindingOracle 的一个实现。

清单 12.9　operations.qs：为函数 *f* 实现一个 oracle

```
operation ApplyPeriodFindingOracle(
    generator : Int, modulus : Int, power : Int, target : Qubit[])
: Unit is Adj + Ctl {
    Fact(
        IsCoprimeI(generator, modulus),
        "The generator and modulus must be co-prime."
    );
    MultiplyByModularInteger(
        ExpModI(generator, power, modulus),
        modulus,
```

对所提供的生成器和模数进行一些输入检查，确保它们是互质数

与清单 12.7 相同。这里，它帮助这个 oracle 将目标寄存器中表示的整数乘以 f(power)= generator^{power} mod modulus

Microsoft.Quantum.Math 也有 ExpModI 函数，它允许我们轻松计算 f(power)= generator^{power} mod modulus

```
            LittleEndian(target)
        );
    }
```

LittleEndian 告诉我们，ApplyPeriodFindingOracle 接受的量子位寄存器被解释为小端字节序编码的整数

前面的两个操作构成了算法 12.1 中步骤 3 的基础。现在我们需要一个操作来处理步骤 4，即把生成器的估计频率转换为周期。清单 12.10 中的操作 EstimatePeriod 这样做：给定一个 generator 和一个 modulus，它使用 EstimateFrequency 来重复估计频率，并使用连分式算法来确保估计的频率产生一个有效的周期。

清单 12.10 operations.qs：通过频率估算周期

对所提供的 generator 和 modulus 进行一些输入检查，确保它们是互质数

来自 Microsoft.Quantum.Math 命名空间的 IsCoprimeI 函数简化了 generator 和 modulus 是否为互质数的检查

```
    operation EstimatePeriod(generator : Int, modulus : Int) : Int {
        Fact(
            IsCoprimeI(generator, modulus),
            "`generator` and `modulus` must be co-prime"
        );

        let bitSize = BitSizeI(modulus);
        let nBitsPrecision = 2 * bitSize + 1;
        mutable result = 1;
        mutable frequencyEstimate = 0;
```

一个量子寄存器需要容纳的最大整数是 modulus，因此用 BitSizeI 来帮助计算位数，使 modulus 小于或等于 2 的位数次幂

当我们重复 repeat 语句块时，result 可变变量会记录下我们当前的最佳猜测

为了用浮点来表示 k/r，其中 r 是周期，k 是其他的整数，我们需要足够的位精度来近似 k/r。也就是说，表示 k 和 r 所需的位数加 1

```
        repeat {
            set frequencyEstimate =
                EstimateFrequency(
                    ApplyPeriodFindingOracle(
                        generator, modulus, _, _
                    ),
                    nBitsPrecision, bitSize
                );
```

调用我们之前看过的 EstimateFrequency 操作，并将适当的参数传给它

部分应用 ApplyPeriodFindingOracle，以确保 EstimateFrequency 可以应用于正确的幂和寄存器值

根据需要，多次重复频率估计步骤，以确保我们有一个可行的周期估计来继续后面的步骤

```
            if frequencyEstimate != 0 {
                set result =
                    PeriodFromFrequency(
                        frequencyEstimate, nBitsPrecision,
                        modulus, result
                    );
```

实现算法 12.1 的步骤 4，它使用 Q#标准库中的连分式算法，通过频率计算出周期

如果 frequencyEstimate 是 0，我们需要再试一次，因为这作为一个周期没有意义（1/0）。如果我们得到的是 0，那么 repeat 语句块就会再次运行，因为在这种情况下 until 条件没有得到满足

```
        } else {
            Message("The estimated frequency was 0, trying again.");
        }
    }
    until ExpModI(generator, result, modulus) == 1
    fixup {
        Message(
            "The estimated period from continued fractions failed, " +
            "trying again."
        );
    }
    return result;
}
```

重复频率估计和周期计算，直到得到一个周期，使得 $generator^{result}$ mod modulus=1

如果 until 条件没有得到满足，那么就会运行 fixup 语句块，它只是发出一条消息，说要再试试

有了最后这一个操作，我们就有了完全实现舒尔算法所需的所有代码！在 12.5 节中，我们将这一切整合在一起，并探讨这个整数因数分解算法的含义。

12.5 整合在一起

现在，我们已经学习并实践了编写和运行舒尔算法所需的所有技能。归功于在第 9 章和第 10 章中所学到的相位估计的知识，我们对舒尔算法的量子部分相当熟悉。我们通过经典代数将整数因数分解和寻找生成器的周期这两项任务联系起来。这不是一件小事——你应该为自己在量子旅程中走了这么远而感到相当自豪！

连分式收敛

你可能已经注意到，在舒尔算法中还有一点经典数学我们还没触及。具体来说，我们会对从相位估计得到的输出调用 PeriodFromFrequency 函数，然后再继续。

```
function PeriodFromFrequency(
    frequencyEstimate : Int, nBitsPrecision : Int,
    modulus : Int, result : Int)
: Int {
    let continuedFraction = ContinuedFractionConvergentI(
        Fraction(frequencyEstimate, 2^nBitsPrecision), modulus
    );
    let denominator = AbsI(Snd(continuedFraction!));
    return (denominator * result) / GreatestCommonDivisorI(
        result, denominator
    );
}
```

之所以要这样做，是因为相位估计并没有准确地告诉我们所需的信息。它没有告诉我们函数绕时钟旋转需要多长时间（函数的周期），而是告诉我们函数绕上述时钟旋转的速度（这更像是一个频率）。不幸的是，我们不能做类似于取频率的倒数的操作来得到周期，因为我们正在寻找的周期是个整数。因此，如果我们得到一个频率估计值 f，就需要在 $f/2n$ 附近寻找最接近 N/r 形

式的分数，以找到我们的周期 r。

这完全是一个经典算术问题，幸运的是，我们使用“连分式收敛”很好地解决了这个问题。Q# 标准库中的 ContinuedFractionConvergentI 函数提供了这个解决方案，这使得从相位估计到函数周期的估计变得很容易。

让我们花点时间，根据现在学到的知识，回顾一下我们在本章开头所看到的 FactorSemiprimeInteger 操作。如果你需要复习一下，可参阅图 12.6。

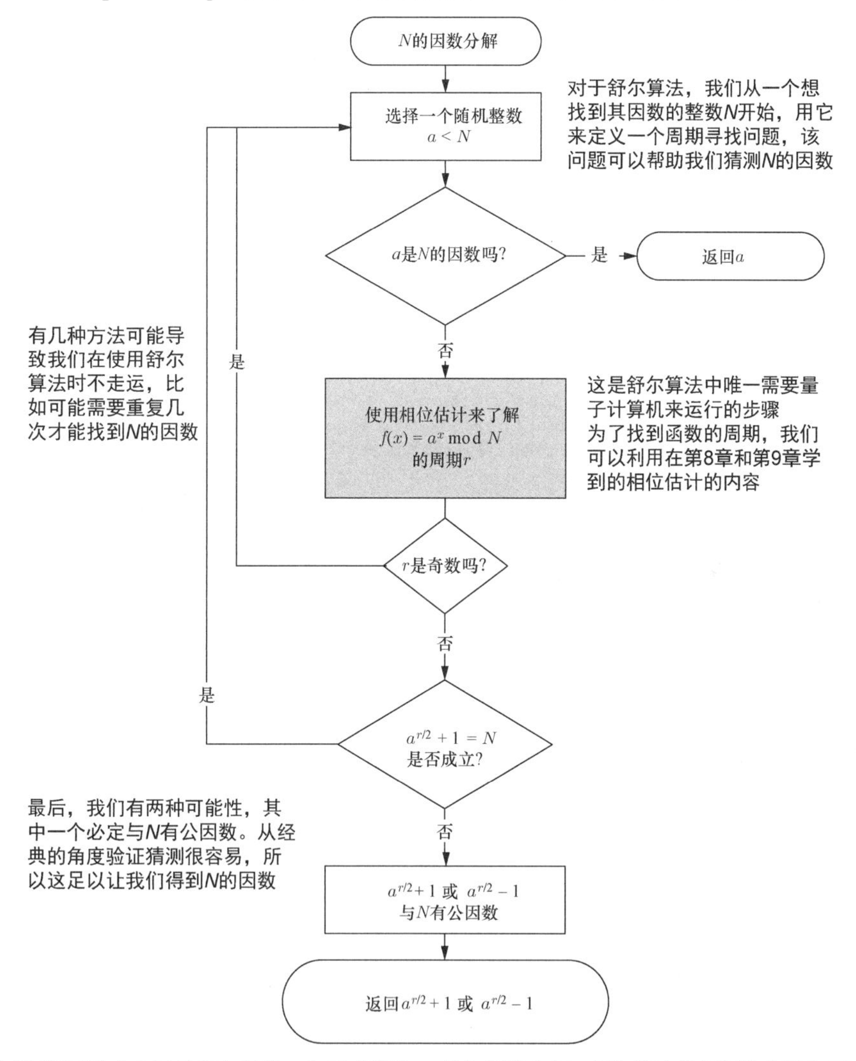

图 12.6　以流程图形式表示的舒尔算法。为了对整数 N 进行因数分解，舒尔算法使用相位估计和量子计算机来寻找一个函数的“周期”，该函数使用模算术模数 N 来获取另一个整数 a 的幂。经过一些经典的后期处理，这个周期可以用来寻找 N 的因数

清单 12.11 展示了用舒尔算法对半素数进行因数分解的步骤。

清单 12.11 operations.qs：用舒尔算法对半素数进行因数分解

检查要分解的整数是不是偶数。如果是，那么 2 就是一个因子，我们可以提前停止

```
operation FactorSemiprimeInteger(number : Int) : (Int, Int) {
    if number % 2 == 0 {
        Message("An even number has been given; 2 is a factor.");
        return (number / 2, 2);
    }
    mutable factors = (1, 1);
    mutable foundFactors = false;

    repeat {
        let generator = DrawRandomInt(
                3, number - 2);
        if IsCoprimeI(generator, number) {
            Message($"Estimating period of {generator}...");
            let period = EstimatePeriod(
                generator, number);
            set (foundFactors, factors) =
                MaybeFactorsFromPeriod(
                    generator, period, number
                );
        } else {
            let gcd = GreatestCommonDivisorI(
                number, generator);
            Message(
                $"We have guessed a divisor of {number} to be " +
                $"{gcd} by accident. Nothing left to do."
            );
            set foundFactors = true;
            set factors = (gcd, number / gcd);
        }
    }
    until foundFactors
    fixup {
        Message(
            "The estimated period did not yield a valid factor, " +
            "trying again."
        );
    }
    return factors;
}
```

当我们执行算法时，用可变变量 factors 追踪为 number 找到的因数

用可变标志 foundFactors 来追踪我们通过算法时是否找到了 number 的因数

执行算法 12.1 中的步骤 1，使用 DrawRandomInt 在 1 到 number−1 的范围内选择一个随机整数作为我们的生成器

算法 12.1 中的第 2 步，验证生成器与要分解的整数是否为互质数；如果不是，else 子句负责返回两者的公因数

涵盖算法 12.1 中的步骤 3 和 4。它返回一个用 EstimatePeriod 中的频率估计的连分数计算出来的周期。

利用代数将估计的周期变成可能是因数的整数。有时它会失败，所以它也会返回一个 Bool 值，表示它是否成功

处理开始时猜测的生成器与试图分解的数字有公因数的情况

添加条件，说明应该重复前面的语句块多长时间。这里要继续寻找，直到找到要找的因数为止

返回输入整数的因数元组

告诉程序在重复主循环之前要做什么

清单 12.12 显示了在 IQ# notebook 中运行该操作，对 21 进行因数分解的输出结果。

清单 12.12　运行 FactorSemiprimeInteger 的输出结果

```
In [1]: open IntegerFactorization;
        operation Factor21() : (Int, Int) {
            return FactorSemiprimeInteger(21);
        }

Out[1]: - Factor21

In [2]: %simulate Factor21
        We have guessed a divisor of 21 to be 3 by accident. Nothing left to do.
Out[2]: (3, 7)

In [3]: %simulate Factor21
        Estimating period of 19...
        The estimated period from continued fractions failed, trying again.
Out[3]: (7, 3)

In [4]: %simulate Factor21
        Estimating period of 17...
        The estimated period did not yield a valid factor, trying again.
        We have guessed a divisor of 21 to be 3 by accident. Nothing left to do.
Out[4]: (3, 7)
```

为了从 notebook 中调用 FactorSemiprimeInteger 操作，有必要编写一个新的操作来提供输入 21

每一次，我们的代码都正确地返回 21 的质因数：3 和 7。该操作运行了三次，以显示我们可能得到的一些不同结果。在 In [2]中，当我们试图猜测一个生成器时，对 DrawRandomInt 的调用最终返回了一个与 21 不互质的整数。因此，使用 GreatestCommonDivisorI 能够找到一个因数分解。在 In [3]中，我们对 DrawRandomInt 的调用选择了生成器 19，必须运行两次频率估计，以确保连分式算法的成功。最后一轮运行中。在 In [4]中，完成了一整轮周期查找任务，但是没有得到正确的因数；当它试图挑选一个新的生成器时，它偶然猜到了一个因数。

注意　鉴于在模拟器或小型硬件设备上运行的局限性，我们在选择生成器时经常会猜到正确的因数。对于小的整数，我们不走运的情况也会更频繁，从而猜到一些平凡的因数，比如 1。随着要进行因数分解的数字变大，这些特殊情况发生的频率也会降低。

使用笔记本计算机、台式机或云上的模拟器，很可能无法用舒尔算法来计算任何非常大的因数。例如，在经典计算机上模拟舒尔算法来计算一个 30 位数的因数分解是相当有挑战的任务，但在 1992 年人们已经认为，就算能模拟计算 40 位数，该算法也不足以对抗经典因数分解算法。这似乎使舒尔算法变得毫无用处，但它真正告诉我们的是，很难用经典计算机来模拟大型量子程序。我们在第 4 章和第 5 章了解了为什么会这样。

事实上，由于同样的算法适用于更大的数字（例如，使用 4096 位的密钥对于保护个人数据来说并不过分），如那些常用于保护在线数据的算法。了解舒尔算法和其他类似的量子算法是如何工作的，有助于理解那些现代密码学应用的假设条件，以及今后的发展方向。

未来怎么保护隐私？

鉴于我们对舒尔算法的了解，保护从健康记录到聊天记录等一切的密码学似乎是注定要失败的。幸运的是，既存在量子技术（如我们在第 3 章中了解的量子密钥分发），也存在新的经典技术，旨在抵抗舒尔算法。后一类技术，即所谓的“后量子密码学”，是许多正在进行的研究和探索的主题。

事实证明，Q#可以在密码学研究中发挥重要作用，它使我们更容易理解攻击一个特定的密码系统需要多大的量子计算机。例如，谷歌的研究人员最近使用 Q#和 Python 改进了实现舒尔算法的取模乘法步骤所需的成本①，帮助他们估计使用目前的量子算法攻击合理的 RSA 实例需要 2000 万个量子位②。同样，GitHub 网站中的 Microsoft/grover-blocks 库是使用 Q#来理解格罗弗算法（来自第 11 章）如何影响 AES 等对称密钥算法的一个好示例。

在这两种情况下，Q#都是重要工具，可以用来了解攻击者需要多少量子计算能力来破坏当前密码系统。再加上对量子算法和硬件继续改进的速度的假设，对攻击者购买多少量子计算能力的假设，以及对像 RSA 这样的算法需要多长时间的安全来保证我们的隐私的要求，通过使用 Q#形成的理解可以帮助我们认识到当前的密码系统需要替换的频率。就像信息安全领域的任何事情一样，保证隐私免受量子攻击者的侵害是一个非常复杂的话题，更不必说这类问题没有任何简单的答案。幸运的是，像 Q#和量子开发工具包这样的工具有助于让这个问题更容易解决。

小结

- 现代密码学的工作原理是用经典计算机难以解决的数学谜题来隐藏秘密，如对数字进行因数分解。大型量子计算机可以用于因数分解，从而改变我们对密码学的认知。
- 模算术概括了时钟的指针如何移动：例如，在一个有 27 个小时的钟面上，25 + 5 的结果是 3。
- 恰好有两个质因数的整数称为“半素数”，可以通过使用量子计算机来解决模算术问题和相位估计，从而进行因数分解。

① Craig Gidney. Asymptotically Efficient Quantum Karatsuba Multiplication[EB/OL]. 2018.

② Craig Gidney, Martin Ekerå. How to Factor 2048-bit RSA Integers in 8 Hours Using 20 Million Noisy Qubits[EB/OL]. 2019.

- Q# Numerics 库提供了有用的函数和操作，用于在量子计算机上处理对整数取模。
- 舒尔算法将经典的前处理和后处理与量子计算机上的相位估计结合起来，使用模算术快速进行因数分解。

临别赠言

在说再见之前，有必要回过头来，欣赏一下我们在整本书中所学到的各种技能如何在本章中汇集到一起，从而帮助我们理解量子计算机在现实世界中的应用。在第一部分，我们学习了如何描述和模拟量子计算机的基本知识，以及量子计算特有的基本量子效应。在第 3 章，我们学习了如何使用单量子位和叠加，以及通过量子密钥分发技术安全地分享加密密钥。在第 4 章～第 6 章，我们将多个量子位纠缠在一起，在量子设备上玩游戏和移动数据。我们甚至用 Python 建立了自己的量子模拟器来实现这些游戏，并学习有助于描述量子效应的数学知识。

有了所有这些基础知识，在第二部分，我们开始编写量子算法，以帮助卡默洛的人们玩一些游戏。在第 7 章中，我们学习了 Q#，这是一种新的编程语言，专门为量子计算机编写程序而设计。在第 8 章中，我们实现了多伊奇-约萨算法，它用来选择一个新的国王，但在这个过程中，我们也了解了 oracle，以及它们如何帮助我们在量子程序中评估典函数。在第 9 章中，我们还开发了自己的相位估计程序，在那里我们学会了如何操作相位，并将它与相位反冲一起用于检查我们量子程序中的操作。

有了新的量子开发技术工具箱，我们处理了一些最吸引人的量子计算应用。在第 10 章中，我们学习了哈密顿模拟，以及如何使用量子计算机中的量子系统来模拟各种化学成分的能量水平。在第 11 章中，我们实现了格罗弗算法，用振幅放大法在非结构化数据中搜索信息。在本章中，我们使用了从 Q# 诊断函数和操作到相位估计，以及从 within/apply 语句块到经典函数的 oracle 表示的所有知识，在量子计算机上对数字进行因数分解。利用我们在本书其他部分所学到的知识编写舒尔算法的主要难点在于，将数字因数分解与查找周期联系起来所需的“经典”部分。

虽然本书没有穷尽所有关于量子计算的知识（毕竟自 1985 年以来发生了很多事情），但所学到的知识足够让你继续学习、探索和推动量子计算。通过结合使用 Python 和 Q#，你拥有了一些工具，这让你能够参与计算领域令人兴奋的进步，帮助你的同行和同事与你一起学习，并建立一个能够很好地利用量子计算社区。祝你玩得开心！

下一步是什么？

虽然总是有更多关于量子计算的知识，但你现在已经初步具备了使用 Python 和 Q# 一起开发量子应用程序所需的条件。如果你对学习和完成更多的量子计算感兴趣，这里有一些资源可以帮助你更进一步。

■ Q# Community 一个以 Q# 中的量子编程为主题的开源社区，包括博客、代码库和在线聚会。

■ 微软 Azure Quantum 技术文档与量子开发工具包有关的所有内容的完整参考文档。

■ arXiv：科学论文和手稿的在线存储库，存有大量关于量子计算的研究资料。

■ Unitary Fund：非营利组织，为开源量子软件提供资助和财政支持，以及为开源项目提供富有建设性的建议。

■ QOSF：开发开源量子软件的基金会，包括当前项目的清单和进一步学习的资源。

■ QC 伦理学（QCethics）：量子计算中的伦理学资源。

■ Q-Turn：一个包容性的量子计算会议系列。

■ Quantum Algorithm Zoo 网站：提供已知的量子算法列表，以及每个算法的相关论文链接。

■ Jack D. Hidary 的图书 *Quantum Computing: A Gentle Introduction*（Springer, 2019），其中有更多关于我们在本书中了解到的量子算法背后的数学细节。

许多大学和学院也有相关课程或研究项目，你在继续探索量子计算时可能会对此感兴趣。无论你决定如何继续（你的量子探索之路），我们都希望你能玩得开心，并努力使量子计算社区更加精彩！

附录 A 安装所需软件

几乎所有项目的开始，都涉及在计算机上寻找或设置一个开发环境。本附录提供了本书的在线运行示例（使用 Binder 或 GitHub Codespaces），以及 Python 环境和微软 QDK（可以在本地使用）的安装示例。如果你遇到问题，请查看量子开发工具包的最新使用文档，或在本书的 GitHub 库提交问题。

A.1 在线运行示例

如果你想在不安装任何软件的情况下试用本书中的示例，有两个很好的选择。

- Binder：一个探索托管 Jupyter Notebook 的免费服务。
- GitHub Codespaces：一个云托管的开发环境。

A.1.1 使用 Binder

要使用 Binder，请访问其官方网站并连接到本书的 GitHub 库。这可能需要一些时间，但是 Binder 会启动一个新的 Jupyter Notebook 的安装，其中包括你需要的 Python 包和 Q#支持。

警告 Binder 服务仅用于探索，并将在不活动大约 20 分钟后删除你的修改。虽然 Binder 是一个很好的入门方式，但如果你想继续开发量子程序，那就有必要使用 GitHub Codespaces 或在机器上安装 Python 和 QDK 了。

A.1.2　使用 GitHub Codespaces

截至本书撰写时，GitHub Codespaces 正处于早期预览阶段。关于如何用 Codespaces 使用本书的代码示例，请查看本书的 GitHub 库。

A.2　使用 Anaconda 进行本地安装

在本书的第一部分，我们主要使用 Python 作为探索量子编程的工具，而在第二和第三部分，我们同时使用 Python 和 Q#。这样，依赖于 QDK 和几个 Python 库，可以使编写科学程序变得更加容易。因此，在本地安装时，使用科学软件发行版，如 Anaconda 发行版来帮助管理 Python 和其他科学编程工具会更加方便。

A.2.1　安装 Anaconda

要安装 Anaconda，请按照其官方网站上的说明进行。

警告　截至本书撰写时，Anaconda 发行版提供的是 Python 2.7 或 3.8。Python 2.7 从 2020 年 1 月起正式进入淘汰期，它的提供只是出于兼容性的考虑。在本书中，我们假设采用 Python 3.7 或更高版本，所以请确保你安装的 Anaconda 版本是支持 Python 3 的。

A.2.2　用 Anaconda 安装软件包

当我们试图学习或开发新的代码时，包是一种很好的协作方式，可以节省时间。通过包，可以收集相关的代码，将它们包装起来，以便于分享给其他机器。包可以通过所谓的“包管理器”安装在机器上，对于 Python 来说有几个常见的选择。我们可以选择一个管理器而不选另一个，因为每个管理器都有自己的软件包列表，而且我们想安装的软件包可能只有特定的管理器知道（这取决于作者如何部署它）。先来看看已经作为 Anaconda 的一部分安装的软件包管理器。

默认情况下，Anaconda 带有两个软件包管理器：pip 和 Conda。鉴于我们已经安装了 Anaconda，conda 软件包管理器提供了一些额外的 pip 功能，这使它成为软件包管理的极佳的默认选择。Conda 支持在安装软件包时自动安装依赖关系。此外，它有“环境”的概念，对于为正在进行的每个项目创建专用的 Python 沙盒，这非常有帮助。一个好的一般策略是，如果软件包支持 Conda，就从 Conda 安装，否则从 pip 安装。

注意 Conda 软件包管理器可以用于大多数常见的命令行环境。但要在 PowerShell 中使用 Conda，需要 4.6.0 或更高的版本。检查版本，可运行 conda --version 命令。如果需要更新，可运行 conda update conda 命令。

Conda 环境

我们可能会遇到这样的情况：在两个不同的项目中所需的软件包相互矛盾。为了帮助项目之间相互隔离，Anaconda 发行版提供了 conda env 作为帮助管理多个环境的工具。每个环境都是一个完全独立的 Python 副本，只有特定项目或应用程序所需的包。环境甚至可以彼此使用不同的 Python 版本，如一个环境使用 2.7，另一个使用 3.8。环境也很适合与他人合作，因为我们可以给队友发送一个小的文本文件 environment.yml，告诉他们的 conda env 如何创建一个与我们相同的环境。

欲了解更多信息，请参见 Conda 的官方网站。

按照这个策略，先用所需的包来制作一个新环境。本书的代码示例可以在本书配套资源中找到，其中有一个名为 environment.yml 的文件，告诉 Conda 在新环境中需要哪些包。复制或从本书的配套资源库中下载该代码，然后在常用的命令行中运行以下程序：

```
conda env create -f environment.yml
```

该命令使用 conda-forge 频道的软件包创建了一个名为 qsharp-book 的新环境，并将 Jupyter Notebook、Python（3.6 或更高版本）、Jupyter 的 IQ#内核、IPython 解释器、NumPy、Matplotlib 绘图引擎和 QuTiP 安装到新环境中。conda 软件包管理器会提示你确认将要安装的软件包列表。继续安装，就按 Y 键，然后按 Enter 或 Return 键，稍等片刻即可。

提示 本书配套资源提供的 environment.yml 文件也安装了 qsharp 包，它提供了 Python 和 QDK（将在下一步安装）之间的集成。

Conda 完成了对新环境的创建之后，试运行一下。为了测试新环境，先激活它：

```
conda activate qsharp-book
```

一旦 qsharp-book 环境被激活，Python 命令应该调用安装在该环境中的版本。为了检查这一点，你可以输出环境中的 Python 命令的路径。在 Python 提示符下运行以下命令：

```
>>> import sys; print(sys.executable)
C:\Users\Chris\Anaconda3\envs\qsharp-book\python.exe
```

可能会得到不同的路径，这取决于你的系统

如果环境创建成功，可以在命令行中使用 IPython，或者在浏览器中使用 Jupyter Notebook。要使用 IPython，请在命令行中运行 ipython 命令（请确保先激活 qsharp-book）：

```
$ ipython
In [1]: import qutip as qt
In [2]: qt.basis(2, 0)
Quantum object: dims = [[2], [1]], shape = (2, 1), type = ket
Qobj data =
[[1.]
 [0.]]
```

如果想进一步了解 NumPy 的使用，请继续阅读第 2 章。如果想了解更多关于 QuTiP 的使用，请继续阅读第 5 章。如果想了解 QDK，请继续 A.3 节。

A.3 安装 QDK

提示 最新版本的 QDK 安装指南可以在微软的技术文档中找到。为了使用本书提供的代码示例，在按照 QDK 的安装指南安装时，请确保安装了 Python 和 Jupyter Notebook 支持。

来自微软的 QDK 是一套在 Q#下工作和编程的工具，这是一种用于量子编程的新语言。如果你用 Anaconda 安装了 Python 环境，就可以使用 Conda 初步应用 QDK。

```
conda install -c quantum-engineering qsharp
```

如果你想在独立的程序中或在 conda 环境之外使用 Q#，可以按照本节的说明在计算机上安 QDK。

注意 本书关注 Visual Studio Code 的使用，但按照正文中的命令行说明，QDK 也可以与任何其他文本编辑器一起使用。通过扩展，QDK 也可以与 Visual Studio 2019 或更高版本一起使用。

通过设置 Python 环境来使用 Visual Studio Code 安装，需要做以下处理，以便与 C#、Python 和 Jupyter Notebook 一起使用 QDK。

1. 安装.NET Core SDK。
2. 安装 Q#的项目模板。
3. 安装 Visual Studio Code 的 QDK 扩展。
4. 安装 Q#对 Jupyter Notebook 的支持。
5. 安装 Python 的 qsharp 包。

完成这些后，你就具备在 Q#中编写和运行量子程序所需的条件。

什么是.NET

回答“什么是.NET”这个问题已经变得比以前更复杂了。从历史上看，.NET 是.NET Framework 的合理简称，是任何一种.NET 语言（如 C#、F#和 Visual Basic.NET）的虚拟机和编译器基础结构。.NET Framework 仅适用于 Windows，但第三方的重新实现（如 Mono）也适用于其他平台，包括 macOS 和 Linux。

但是在几年前，微软和.NET 基金会开放了一种新风格的.NET，称为.NET Core。与.NET Framework 不同，.NET Core 是跨平台的。.NET Core 也小得多，许多功能被分离到可选包中。这使得更易在同一台机器上安装多个版本的.NET Core，而且新的.NET Core 特征的引入没有兼容性问题。

然而，将.NET 分为 Framework 和 Core 的做法也有其自身的缺陷。为了使.NET Core 作为一个跨平台的编程环境更好地工作，.NET 标准库中的一些内容被改变，与.NET Framework 并不完全兼容。为了解决这个问题，.NET 基金会引入了.NET Standard 的概念，这是一套由.NET Framework 和.NET Core 提供的 API。然后，.NET Core SDK 可用于为.NET Core 或.NET Standard 制作库，并为.NET Core 构建应用程序。QDK 中提供的许多库都以.NET Standard 为目标，因此，Q#程序可以在传统的.NET Framework 应用程序中使用，或在使用.NET Core SDK 构建的新应用程序中使用。

今后，.NET 的最新版本就被称为“.NET 5”，尽管它是.NET Core 3.1 之后的下一个版本。有了.NET 5，就只有一个.NET 平台，而非.NET Framework、.NET Core 和.NET Standard，从而减少了很多混乱。更多信息，请查看其官方网站。

但就目前而言，.NET Core 3.1 仍然是.NET 平台最新的长期版本，因此在下一个长期版本（.NET 6）出现之前，它是编写稳定生产软件的最佳选择。因此，QDK 是为使用.NET Core SDK 3.1 而编写的。

A.3.1 安装.NET Core SDK

要安装.NET Core SDK，请访问其官方网站，并从页面顶部附近的选择中选择所需的操作系统。在标有“Build Apps-SDK”的部分，针对你的操作系统下载一个安装程序，然后就可以开始了！

A.3.2 安装项目模板

有一件事可能与你的习惯不同，那就是.NET 开发的中心思想是“项目”，它指定了如何调用编译器来制作一个新的二进制文件。例如，一个 C# 项目（*.csproj）文件告诉 C# 编译器应该构建哪些源文件、需要哪些库、打开和关闭哪些警告，等等。这样一来，项目文件的工作方式就与 Makefile 或其他构建管理系统类似。它们之间最大的区别在于.NET Core 上的项目文件如何引用库。

Q#复用了这个基础设施，使量子程序可以轻松地获得新的库，比如那些列在其网站上附加库列表中的库，或者那些由社区开发者提供的库。利用这个基础设施，一个 Q# 项目文件可以指定一个或多个对 NuGet.org 上的包的引用，这是一个软件库的包库。每个包可以提供一些不同的库。当一个依赖 NuGet 包的项目被构建时，.NET Core SDK 会自动下载正确的包，然后使用该包中的库来构建该项目。

从量子编程的角度来看，这允许 QDK 可以作为少量的 NuGet 包分发，这些包可以不安装在机器上，而是安装在每个项目中。这使得在不同的项目中使用不同版本的量子开发包，以及只使用特定项目中所需的部分，都变得很容易。为了帮助你初步使用一套合理的 NuGet 包，QDK 提供了创建新项目的模板，这些模板引用了你所需要的一切。

提示 如果你喜欢在 IDE 中工作，QDK 的 Visual Studio Code 扩展（见下文）也可以用来创建新项目。

要安装项目模板，请在常用的终端运行以下命令：

```
dotnet new -i "Microsoft.Quantum.ProjectTemplates"
```

一旦项目模板安装完毕，就可以通过再次运行 dotnet new 来使用它们：

```
dotnet new console -lang Q# -o ProjectName
```

请确保将“ProjectName”替换为你想创建的项目的名称

A.3.3 安装 Visual Studio Code 扩展程序

一旦你安装了 Visual Studio Code，那就需要 QDK 扩展来获得 Q#的编辑器支持，包括自动完成、行内语法错误高亮等。

要安装该扩展，请打开一个新的 Visual Studio Code 窗口，按 Ctrl+Shift+X 或⌘+Shift+X 组合键调出扩展侧边栏。在搜索栏中输入“Microsoft Quantum Development Kit”并单击“Install”按钮。在 Visual Studio Code 安装完扩展后，Install 按钮更改为 Reload 按钮。单击它会关闭 Visual Studio Code 并重新打开你的窗口，以及已安装的 QDK 扩展。或者，按 Ctrl+P 或⌘+P 组合键，调出“Go To”对话框。在该对话框中，输入 ext install quantum.quantum-devkit-vscode，然后按 Enter 或 Return 键。

无论哪种情况，扩展安装好后，要使用它，需要打开一个文件夹（按 Ctrl+Shift+O 或⌘+Shift+O 组合键），其中包含你想做的 Q#项目。此时，你应该已具备使用 QDK 进行编程所需的一切条件！

A.3.4 为 Jupyter Notebook 安装 IQ#

在常用的命令行中运行以下内容：

```
dotnet tool install -g Microsoft.Quantum.IQSharp
dotnet iqsharp install
```

提示 在某些 Linux 系统中，可能需要运行 dotnet iqsharp install --user 来代替上述命令。

这使得 Q#可以作为 Jupyter Notebook 的一种语言，比如在第 7 章中所使用的。

附录 B　术语和快速参考

本附录为本书涉及的众多量子概念及 Q#语言（0.15 版）提供了快速参考。本附录的大部分内容在正文中都有涉及，但为了方便，在此汇集。

B.1 术语

伴随操作：一个量子操作，完美地逆转或撤销另一个量子操作的作用。作为自己的伴随操作，如 X 和 H，是“自伴随”的。如果一个操作可以由酉矩阵 $\boldsymbol{U}$ 模拟，它的伴随操作可以由 $\boldsymbol{U}$ 的共轭转置来模拟，也称为 $\boldsymbol{U}$ 的伴随矩阵，写成 $\boldsymbol{U}^{\dagger}$ 。在 Q#中，具有伴随操作的操作用 is Adj 来表示。

算法：解决问题的过程，通常被指定为一连串的步骤。

BB84：“Bennett and Brassard 1984”的简称。一种通过一次发送单个量子位来执行量子密钥分发的协议。

玻恩定理：一个数学表达式，可用于预测量子测量的概率，给出该测量和被测寄存器状态的描述。

经典位：经典计算机中最小的存储和处理功能单元。一个经典位可以处于“0”或“1”状态。

经典计算机：使用经典物理学定律进行计算的传统计算机。

受控操作：基于控制寄存器的状态而应用的量子操作，无须测量，这样就可以正确地保留叠加态。例如，CNOT 操作是一个受控 NOT（即受控 X）操作。同样，Fredkin 操作是一个受控 SWAP 操作。在 Q#中，可以实现受控的操作用 is Ctl 来表示。

复数：一个形如 $z = a + bi$ 的数，其中 $i^2 = -1$ 。

计算基态：一个由一串经典位标记的状态。例如，$|01101\rangle$ 是一个 5 位寄存器上的

计算基态。

计算机：一个将数据作为输入并对该数据进行某种操作的设备。

互质数：两个不共享质因数的正整数。例如，21=3×7 和 10=2×5 是一组互质数，而 21=3×7 和 15=3×5 共享 3 这个因数，因此不是一组互质数。

纠缠：两个或多量子位的状态不能独立写出来的情况。例如，如果两个量子位处于状态 $(|00\rangle+|11\rangle)/\sqrt{2}$，那么不存在两个单量子位状态 $|\psi\rangle$ 和 $|\phi\rangle$，使得 $(|00\rangle+|11\rangle)/\sqrt{2}=|\psi\rangle\otimes|\phi\rangle$，这两个量子位是纠缠的。

特征相位：由一个量子操作分配给一个特征态的全局相位。例如，X 操作的特征态 $|-\rangle=(|0\rangle-|1\rangle)/\sqrt{2}$ 具有特征相位−1，因为 $\boldsymbol{X}|-\rangle=(|1\rangle-|0\rangle)/\sqrt{2}=-|-\rangle$。

特征态：应用一个量子操作而不会改变（最多可能改变全局相位）的状态。例如，$|+\rangle$ 状态是 X 操作的一个特征态，因为 $\boldsymbol{X}|+\rangle=|+\rangle$。

特征值：给定一个矩阵 $\boldsymbol{A}$，如果对于某个向量 $\boldsymbol{x}$，有 $\boldsymbol{Ax}=\lambda\boldsymbol{x}$，那么数字 λ 就是 $\boldsymbol{A}$ 的特征值。

特征向量：给定一个矩阵 $\boldsymbol{A}$，如果对于某个数字 λ，有 $\boldsymbol{Ax}=\lambda\boldsymbol{x}$，那么 $\boldsymbol{x}$ 就是 $\boldsymbol{A}$ 的特征向量。

全局相位：任何两个量子态，如果最多只要乘以模为 1 的复数就是相等的，那么它们之间相差一个全局相位。在这种情况下，这两个状态是完全等价的。例如，$(|0\rangle-|1\rangle)/\sqrt{2}$ 和 $(|1\rangle-|0\rangle)/\sqrt{2}$ 代表相同的状态，因为它们的相位差为 $-1=\mathrm{e}^{\mathrm{i}\pi}$。

测量：一种量子操作，返回关于量子寄存器状态的经典数据。

不可克隆定理：证明不可能存在一个完美复制量子信息的量子操作的数学定理。例如，对于任意的量子状态 $|\psi\rangle$，不可能做出将状态 $|\psi\rangle\otimes|0\rangle$ 转换为 $|\psi\rangle\otimes|\psi\rangle$ 的操作。

oracle：一种实现应用于量子寄存器的经典函数的量子操作。

泡利矩阵：单量子位的酉矩阵 $\mathbb{1}$、$\boldsymbol{X}$、$\boldsymbol{Y}$ 和 $\boldsymbol{Z}$。

相位：一个模为 1 的复数（即 $a+b\mathrm{i}$，其中 $|a|^2+|b|^2=1$）。一个相位可以写成 $\mathrm{e}^{\mathrm{i}\theta}$，其中 θ 是一个实数。请注意，作为一种速记方法，如果上下文很清楚，有时 θ 本身就被称为相位。

相位估计：用于了解与一个量子操作的给定特征态相关的特征相位的量子算法。

相位反冲：一种量子编程技术，用于将受控量子操作应用的相位与控制寄存器（而非目标寄存器）的状态联系起来。这种技术可用于将原本由酉操作应用的全局相位转换为物理上可观察的相位。

程序：一个可以由经典计算机解释的指令序列，以完成一个期望的任务。

量子计算机：设计并用于解决经典计算机难以解决的计算问题的一种量子设备。

量子设备：为了达到某种目的或执行某种任务而建立的量子系统。

量子密钥分发：一种在双方之间分享随机数的通信协议，如果由正确操作的设备执行，该协议的安全性由量子力学（特别是不可克隆定理）保证。

量子操作：量子程序中的一个子程序，代表发给量子设备的指令序列和经典控制流。一些量子操作，如 X 和 H，是内置于量子设备的，被称为“内在的”。

量子程序：一个经典的程序，通过向量子设备发送指令和处理设备返回的测量数据来控制该设备。通常情况下，量子程序是用量子编程语言编写的，如 Q#。

量子寄存器：量子位的集合。寄存器可以处于任何计算基态（由经典位串标记），或其任何叠加态。

量子态：量子寄存器的状态（即量子位的寄存器），通常写成 2^n 个复数的向量，其中 n 是寄存器中量子位的数量。

量子系统：一个需要量子力学来描述和模拟的物理系统。

量子位：量子计算机中最小的功能单元。单量子位可以处于 $|0\rangle$ 状态、$|1\rangle$ 状态，或其任何叠加态。

可逆的：一个可以完全反转计算的经典函数。例如，$f(x)=\neg x$ 是可逆的，因为 $f(f(x))=x$ 。同样，$g(x,y)=(x,x\oplus y)$ 是可逆的，因为 $g(g(x,y))=(x,y)$ 。另一方面，$h(x,y)=(x,x \text{ AND } y)$ 是不可逆的，因为 $h(0,0)=h(0,1)=(0,0)$ ，因此无法在输出为(0,0)的情况下确定 h 的输入。

半素数：正好有两个质因数的正整数。例如，21=3×7 是半素数，而 105=3×5×7 有三个质因数，因此不是半素数。

状态：对一个物理系统或设备的描述，其完整性足以允许模拟该设备。

叠加态：一个可以被写成其他状态的线性组合的量子态，就是处于这些状态的叠加中。例如，$|+\rangle=(|0\rangle+|1\rangle)/\sqrt{2}$ 是状态 $|0\rangle$ 和 $|1\rangle$ 的叠加态，而 $|0\rangle$ 则是 $|+\rangle$ 和 $|-\rangle$ 的叠加态，其中$|-\rangle=(|0\rangle-|1\rangle)/\sqrt{2}$ 。

酉矩阵：一个矩阵 $\boldsymbol{U}$，使得$\boldsymbol{U}\boldsymbol{U}^{\dagger}=\mathbb{1}$，其中$\boldsymbol{U}^{\dagger}$ 是 $\boldsymbol{U}$ 的共轭转置，即伴随矩阵。类似于经典的真值表，酉矩阵是一个描述量子操作如何转换其输入状态的矩阵，以便模拟该操作的任意输入。

酉操作：一个可以用酉矩阵表示的量子操作。在 Q#中，酉操作是可伴随和可控制的（用 Adj + Ctl 表示）。

B.2 狄拉克符号

通常，在量子计算中，我们使用一种名为“狄拉克符号”的简便记法来表示向量和矩阵。这在本书中有更详细的介绍，但在表 B.1 中总结了狄拉克符号的几个关键点。

表 B.1 狄拉克符号总结

狄拉克符号	对应矩阵
$\|0\rangle$	$\begin{pmatrix}1\\0\end{pmatrix}$
$\|1\rangle$	$\begin{pmatrix}0\\1\end{pmatrix}$
$\langle 0\|$	$\begin{pmatrix}1 & 0\end{pmatrix}$
$\|+\rangle=\frac{1}{\sqrt{2}}(\|0\rangle+\|1\rangle)$	$\frac{1}{\sqrt{2}}\begin{pmatrix}1\\1\end{pmatrix}$
$\|-\rangle=\frac{1}{\sqrt{2}}(\|0\rangle-\|1\rangle)$	$\frac{1}{\sqrt{2}}\begin{pmatrix}1\\-1\end{pmatrix}$
$\|00\rangle=\|0\rangle\otimes\|0\rangle$	$\begin{pmatrix}1\\0\\0\\0\end{pmatrix}$
$\|{++}\rangle=\|+\rangle\otimes\|+\rangle=\frac{1}{2}(\|00\rangle+\|01\rangle+\|10\rangle+\|11\rangle)$	$\frac{1}{2}\begin{pmatrix}1\\1\\1\\1\end{pmatrix}$
$\|0\rangle\langle 0\|$	$\begin{pmatrix}1 & 0\\0 & 0\end{pmatrix}$
$\|1\rangle\langle 1\|$	$\begin{pmatrix}0 & 0\\0 & 1\end{pmatrix}$
$\|0\rangle\langle 0\|\otimes\mathbb{1}+\|1\rangle\langle 1\|\otimes\boldsymbol{U}$	$\begin{pmatrix}1 & \cdots & 0 & 0 & \cdots & 0\\ \vdots & & \vdots & \vdots & & \vdots\\ 0 & \cdots & 1 & 0 & \cdots & 0\\ 0 & \cdots & 0 & U_{11} & \cdots & U_{1n}\\ \vdots & & \vdots & \vdots & & \vdots\\ 0 & \cdots & 0 & U_{m1} & \cdots & U_{mn}\end{pmatrix}$

B.3 量子操作

本节总结了你在本书中看到的一些常见的量子操作。具体来说，我们展示了如何传入量子位作为输入从 Q#中调用每个操作，如何在 QuTiP 中用一个作用于状态的矩阵（即用于模拟操作的酉矩阵）来模拟该操作，以及该操作在数学上应用上的一些案例。

注意 关于所有内置的 Q#操作的完整列表，参见 Q# API 参考。

在所有的 Q# 示例中，我们都假设有以下 open 语句：

```
open Microsoft.Quantum.Intrinsic;
```

对于所有的 Python/QuTiP 例子，则应有以下导入语句：

```
import qutip as qt
import qutip.qip.operations as qtops
```

Q#操作作用于“量子位”，而 QuTiP 通过乘以“状态”的酉矩阵表示操作。因此，与 Q#操作相比，QuTiP 对象没有明确列出其输入（见表 B.2）。

表 B.2 常见量子操作示例

描述	代码（Q#和 QuTiP）	酉矩阵	数学示例

位翻转（泡利矩阵 $\boldsymbol{X}$）	`X(target); // Q#`
	`qt.sigmax() # QuTiP`
		$\boldsymbol{X}=\begin{pmatrix}0 & 1\\1 & 0\end{pmatrix}$	$\boldsymbol{X}\|0\rangle=\|+\rangle$
			$\boldsymbol{X}\|1\rangle=\|-\rangle$
			$\boldsymbol{X}\|+\rangle=\|+\rangle$
			$\boldsymbol{X}\|-\rangle=-\|-\rangle$

位和相位翻转（泡利矩阵 $\boldsymbol{Y}$）	`Y(target); // Q#`
	`qt.sigmay() # QuTiP`
		$\boldsymbol{Y}=\begin{pmatrix}0 & -\mathrm{i}\\\mathrm{i} & 0\end{pmatrix}$	$\boldsymbol{Y}\|0\rangle=\mathrm{i}\|1\rangle$
			$\boldsymbol{Y}\|1\rangle=-\mathrm{i}\|0\rangle$
			$\boldsymbol{Y}\|+\rangle=-\mathrm{i}\|-\rangle$
			$\boldsymbol{Y}\|-\rangle=\mathrm{i}\|+\rangle$

相位翻转（泡利矩阵 $\boldsymbol{Z}$）	`Z(target); // Q#`
	`qt.sigmaz() # QuTiP`
		$\boldsymbol{Z}=\begin{pmatrix}1 & 0\\0 & -1\end{pmatrix}$	$\boldsymbol{Z}\|0\rangle=\|0\rangle$
			$\boldsymbol{Z}\|1\rangle=-\|1\rangle$
			$\boldsymbol{Z}\|+\rangle=\|-\rangle$
			$\boldsymbol{Z}\|-\rangle=\|+\rangle$

阿达马	`H(target); // Q#`
	`qtops.hadamard_transform()`
	`# QuTiP`
		$\boldsymbol{H}=\dfrac{1}{\sqrt{2}}\begin{pmatrix}1 & 1\\1 & -1\end{pmatrix}$	$\boldsymbol{H}\|0\rangle=\|+\rangle$
			$\boldsymbol{H}\|1\rangle=\|-\rangle$
			$\boldsymbol{H}\|+\rangle=\|0\rangle$
			$\boldsymbol{H}\|-\rangle=\|1\rangle$

续表

描述	代码（Q#和 QuTiP）	酉矩阵	数学示例

受控 NOT（CNOT）	`CNOT(control, target); // Q# (shorthand)` `Controlled X( [control], target ); // Q#`
	`qtops.cnot() # QuTiP`
		$U_{\mathrm{CNOT}}=\begin{pmatrix}1&0&0&0\\0&1&0&0\\0&0&0&1\\0&0&1&0\end{pmatrix}$	$U_{\mathrm{CNOT}}(\lvert 0\rangle\otimes\lvert x\rangle)=(\lvert 0\rangle\otimes\lvert x\rangle)$
			$U_{\mathrm{CNOT}}(\lvert 1\rangle\otimes\lvert x\rangle)=(\lvert 1\rangle\otimes\lvert\neg x\rangle)$
			$U_{\mathrm{CNOT}}\lvert +-\rangle=-\lvert --\rangle$

CCNOT（Toffoli）	`CCNOT(control1, control2, target); // Q# (shorthand)` `Controlled X( [control1, control2], target ); // Q#`
	`qtops.toffoli() # QuTiP`
		$U_{\mathrm{CCNOT}}=\begin{pmatrix}1&0&0&0&0&0&0&0\\0&1&0&0&0&0&0&0\\0&0&1&0&0&0&0&0\\0&0&0&1&0&0&0&0\\0&0&0&0&1&0&0&0\\0&0&0&0&0&1&0&0\\0&0&0&0&0&0&0&1\\0&0&0&0&0&0&1&0\end{pmatrix}$	$U_{\mathrm{CCNOT}}\lvert 000\rangle=\lvert 000\rangle$
			$U_{\mathrm{CCNOT}}\lvert 110\rangle=\lvert 111\rangle$

x 旋转	`Rx(angle, target); // Q#`
	`qtops.rx(angle) # QuTiP`
		$\boldsymbol{R}_x(\theta)=\begin{pmatrix}\cos\frac{\theta}{2}&-\mathrm{i}\sin\frac{\theta}{2}\\-\mathrm{i}\sin\frac{\theta}{2}&\cos\frac{\theta}{2}\end{pmatrix}$	$\boldsymbol{R}_x(\theta\lvert 0\rangle)=\cos\frac{\theta}{2}\lvert 0\rangle-\mathrm{i}\sin\frac{\theta}{2}\lvert 1\rangle$

y 旋转	`Ry(angle, target); // Q#`
	`qtops.ry(angle) # QuTiP`
		$\boldsymbol{R}_y(\theta)=\begin{pmatrix}\cos\frac{\theta}{2}&-\sin\frac{\theta}{2}\\\sin\frac{\theta}{2}&\cos\frac{\theta}{2}\end{pmatrix}$	$\boldsymbol{R}_y(\theta\lvert 0\rangle)=\cos\frac{\theta}{2}\lvert 0\rangle+\sin\frac{\theta}{2}\lvert 1\rangle$

z 旋转	`Rz(angle, target); // Q#`
	`qtops.rz(angle) # QuTiP`
		$\boldsymbol{R}_z(\theta)=\begin{pmatrix}\mathrm{e}^{-\mathrm{i}\theta/2}&0\\0&\mathrm{e}^{\mathrm{i}\theta/2}\end{pmatrix}$	$\boldsymbol{R}_z(\theta\lvert 0\rangle)=\mathrm{e}^{\mathrm{i}\theta/2}\lvert 0\rangle$

测量单量子位	`M(target); // Q#`
	无
		无	无

B.4 Q#语言

B.4.1 类型

在下面的表格中，斜体表示占位符。例如，*BaseType*[]中的 *BaseType* 占位符可以表示 Int、Double、Qubit、(Qubit、Qubit[])，或者其他任意 Q# 类型。

为了强调，我们将每个示例的类型作为注解加在每个值的后面（见表 B.3）。例如，Sin : Double -> Double 表示 Sin 是一个类型为 Double -> Double 的值。

表 B.3 Q#类型示例

描述	Q#类型	示例
整数	Int	3 -42 108
浮点数	Double	-3.1415 2.17
布尔值	Bool	true false
整数的范围	Range	0..3 0..Length(arr) 12.. -1..0
空元组	Unit	()
测量结果	Result	Zero One
泡利操作	Pauli	PauliI PauliX PauliY PauliZ
字符串	String	"Hello, world!"
量子位	Qubit	参见 use 语句
数组	*BaseType*[]	new Qubit[0] [42, -101]
元组	(*T1*), (*T1*, *T2*), (*T1*, *T2*, *T3*), 等等	(PauliX, "X") (1, true, Zero)
函数	*InputType* -> *OutputType*	Sin : Double -> Double Message : String -> Unit
操作	*InputType* => *OutuptType* *InputType* => Unit is Adj（如果可伴随） *InputType* => Unit is Ctl（如果可控制） *InputType* => Unit is Adj + Ctl（如果既可伴随也可控制）	H : Qubit => Unit is Adj + Ctl CNOT : (Qubit, Qubit) => Unit is Adj + Ctl M : Qubit => Result Measure : (Pauli[], Qubit[]) => Result

B.4.2 Q#的声明和语句

在表 B.4 中，斜体表示占位符。例如，函数 *FunctionName*(input1: *InputType1*): *OutputType* 中的 *FunctionName* 占位符表示被定义的函数名，而 *InputType1* 和 *OutputType* 占位符则代表表 B.3 中的类型。

Q#关键字用粗体表示。

表 B.4 Q#的声明和语句

描述	Q#语法
注释直到行末	`// comment text`
文档注释（在操作或函数之前）	/// # Summary /// 概要 /// /// # Description /// 描述 /// /// # Input /// ## *input1* /// 对输入的描述

命名空间声明	**namespace** *NamespaceName* {
	    // ...
	}

函数声明	**function** *FunctionName*(
	    input1 : *InputType1*,
	    input2 : *InputType2*,
	    ...
	) : *OutputType* {
	    // 函数体
	}

操作声明	**operation** *OperationName*(
	    input1 : *InputType1*,
	    input2 : *InputType2*,
	    ...
	) : *OutputType* {
	    // 操作体
	}

操作声明（可伴随和可控制）	**operation** *OperationName*(
	    input1 : *InputType1*,
	    input2 : *InputType2*,
	    ...
	) : Unit **is** Adj + Ctl {
	    // 操作体
	}

用户定义类型声明	**newtype** *TypeName* = (
	    ItemType1,
	    ItemType2,
	    ...
	);

续表

描述	Q#语法

用户定义类型声明，带有命名项	**newtype** *TypeName* = (
	    ItemName1: ItemType1,
	    ItemName2: ItemType2,
	    ...
	);

打开命名空间（使得命名空间中的项在 Q#文件 notebook 单元中可用）	**open** *NamespaceName;*
用别名打开命名空间	**open** *NamespaceName* **as** *AliasName;* 例如： **open** Microsoft.Quantum.Diagnostics as Diag;
局部变量声明	**let** *name* = *value;* 例如： **let** foo = "Bar";
可变变量声明	**mutable** *name* = *value;*
重新赋值（更新）可变变量	**set** *name* = *newValue;*
应用并重新赋值可变变量	**set** *name operator= expression;* 例如： **set** count += 1; **set** array w/= 2 <- PauliX; 参见 w/操作符

经典条件语句	**if** *condition* {
	  // ...
	}

	if *condition* {
	  // ...
	} **else** {
	  // ...
	}

	if *condition* {
	  // ...
	} **elseif** *condition* {
	  // ...
	} **else** {
	  // ...
	}

在数组上迭代	**for** *element* **in** *array* {
	    // 循环体
	}
	注意：*array* 必须为数组类型的值

续表

描述	Q#语法

在范围上迭代	**for** *index* **in** *range* {
	// 循环体
	}
	注意：*array* 必须为 Range 类型的值

重复直到成功循环	**repeat** {
	    // 循环体
	}
	until *condition;*

重复直到成功循环，使用 fixup 语句块	**repeat** {
	    // 循环体
	}
	until *condition*
	fixup {
	    // 修正体
	}

while 循环
（只在函数中）
	while *condition* {
	    // 循环体
	}

中止程序（带错误信息）	**fail** "message";
从函数或操作返回值	**return** *value*;

应用鞋袜模式（细节参见第 7 章）	**within** {
	    // 外部体
	} **apply** {
	    // 内部体
	}

分配单个新量子位（只在操作中）	**use** *name* = **Qubit**();
分配量子位数组（只在操作中）	**use** *name* = **Qubit**[*size*];
分配量子位元组和寄存器元组（只在操作中）	**use** (*name1*, *name2*, ...) = (*QubitOrAr- ray1*, *QubitOrArray2*, ...);

分配具有显式作用域的单个量子位（只在操作中）	**use** *name* = Qubit() {
	    // ...
	    // *name* 在此给出
	}

B.4.3 Q#表达式和操作符

在表 B.5 中，斜体表示占位符。例如，new *Type*[*length*]中的 *Type* 占位符表示新数组的基本类型，而 *length* 表示其长度。

Q#关键字用粗体表示。

表 B.5 Q#表达式和操作符

描述	Q#语法
算术	+、-、*、等

将值格式化为一个字符串	`$"... {expression} ..."`
	例如：
	`$"Measurement result was {result}"`

连接两个数组	*array1* + *array2*
分配数组	**new** *Type*[*length*]
获取数组中的元素	*array*[*index*]
切片数组	*array*[*start*...] *array*[...*end*] *array*[*start*...*end*] *array*[*start*...*step*...*end*]

复制并更新数组中的项	*array* **w/** *index* <- *newValue*
	例如：
	`[10, 100, 1000] w/ 1 <- 200`
	`// [10, 200, 1000]`

访问用户定义类型的命名项	*value*::*itemName*
	例如：
	let `imagUnit = Complex(0.0, 1.0);`
	`Message($"{imagUnit::Real}");`
	`//` 输出 `1.0`

解包用户定义类型	*value*!
	例如：
	let `imagUnit = Complex(0.0, 1.0);`
	`Message($"{imagUnit!}");`
	`//` 输出 `(0.0, 1.0)`

复制和更新用户定义类型的命名项	*value* **w/** *itemName* <- *newValue*
	例如：
	let `imagUnit = Complex(0.0, 1.0);`
	let `onePlusI = imagUnit w/ Real <- 1.0;`
	`Message($"{onePlusI!}");`
	`//` 输出 `(1.0, 1.0)`

B.4.4 Q#标准库

我们假设有以下的 open 语句：

```
open Microsoft.Quantum.Intrinsic;
```

```
open Microsoft.Quantum.Canon;
open Microsoft.Quantum.Arrays as Arrays;
open Microsoft.Quantum.Diagnostics as Diag;
```

关于 Q#函数、操作和用户定义类型的完整列表，请参阅 Q#官方网站。

后缀 A、C 和 CA 表示支持可伴随的输入、可控制的输入或两者都支持的操作，如表 B.6 所示。

表 B.6 Q#标准库操作示例

描述	函数或操作	示例
对数组中的每个元素应用一个操作	`ApplyToEachCA`	`ApplyToEachCA(H, register);`
多次调用一个操作	`Repeat`	`Repeat(PrintRandomNumber, 10, ());`
返回一对中的第一项或第二项	`Fst or Snd`	`Fst((1.0, false)) // 1.0` `Snd((1.0, false)) // false`
对数组中的每个元素应用一个操作，并收集结果	`Arrays.ForEach`	`let results = ForEach(M, register);`
用一个数组的每个元素调用一个函数，并收集结果	`Arrays.Mapped`	`let sines = Mapped(Sin, angles);`
如果一个条件为假，则失败	`Diag.Fact`	`Fact(2 == 2, "Expected two to equal two.");`
如果两个测量结果不相等，则失败	`Diag.EqualityFactR`	`EqualityFactR(M(qubit), Zero, "Expected qubit to be in |0〉 state.");`
如果一个假设的测量没有预期的结果，则失败。 注意事项： ■ 只有在模拟器上才有物理可能性； ■ 不实际应用测量，使量子位不受影响	`Diag.AssertMeasurement`	`AssertMeasement([PauliZ], [target], Zero, "Expected qubit to be in |0〉 state.");`
如果两个操作是不同的，则失败	`Diag.AssertOperationsEqualReferenced`	`AssertOperationsEqualReferenced(2, actualOperation, expectedOperation);`
要求模拟器显示所有分配的量子位的诊断信息	`Diag.DumpMachine`	`DumpMachine();`
要求模拟器显示关于某个特定寄存器的诊断信息	`Diag.DumpRegister`	`DumpRegister((), register);`

B.4.5　IQ#魔法命令

关于 IQ#魔法命令的完整列表，请参见 Q#官方网站。

表 B.7 展示了 IQ#魔法命令示例。

表 B.7　IQ#魔法命令示例

描述	魔法命令	示例
模拟一个功能或操作	%simulate	%simulate PlayMorganasGame winProbability=0.999
在 IQ#会话中添加新包	%package	%package Microsoft.Quantum.Numerics
用当前的软件包重新加载 Q#文件	%workspace reload	—
列出所有可用的魔法命令	%lsmagic	—
列出目前打开的命名空间	%lsopen	—
在一个操作上运行资源估算器	%estimate	%estimate FindMarkedItem
设置 IQ#配置选项	%config	%config dump.truncateSmallAmplitudes = true
列出所有当前定义的函数和操作	%who	—

附录 C　线性代数

在这个附录中，我们的目标是快速介绍一些对本书有用的线性代数技能。我们将讨论什么是向量和矩阵，如何用向量和矩阵来表示线性函数，以及如何使用 Python 和 NumPy 来处理向量和矩阵。

C.1　走近向量

在讨论什么是量子位之前，我们需要先理解“向量”的概念。

假设我们的一个朋友要请人过来庆祝，因为他们家把门铃修好了。我们很想找到他们家，和他们一起庆祝这个特殊的日子。我们的朋友怎样才能帮助我们找到他们的家呢？

你可以在图 C.1 中看到我们方向困境的示意图。向量是一种数学工具，可以用来表示各种不同的概念：基本上，所有事物都可以通过制作一个有序的数字列表来记录：

- 地图上的点；
- 显示器中像素的颜色；
- 计算机游戏中的伤害元素；
- 一架飞机的速度；
- 陀螺仪的方向。

例如，如果我们在一个陌生的城市里迷路了，有人可以给我们一个向量，从而指示我们向东走一个街区，然后向北走两个街区，以告诉我们该去哪里（先把绕过建筑物的路线问题放在一边）。我们用向量[[a], [b]]来编写指令（见图 C.2）。

像普通数字一样，我们可以把不同的向量加在一起。

图 C.1 寻找朋友的家庭地址

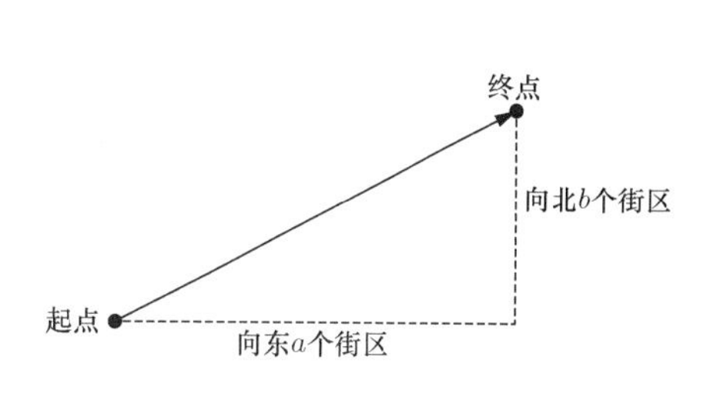

图 C.2 向量作为坐标

注意 一个普通的数字通常被称为“标量”，以区别于向量。

使用这种思考向量的方式，我们可以认为向量之间的加法是按元素来定义的。也就是说，我们把[[a], [b]] + [[c], [d]]是指示向东走 a 个街区，向北走 b 个街区，再向东走 c 个街区，最后向北走 d 个街区。因为我们按什么顺序走并不重要，这相当于先向东走(a+c)个街区，再向北走(b+d)个街区，所以我们将[[a]，[b]] + [[c], [d]]写作[[a+c], [b+d]]（见图 C.3）。

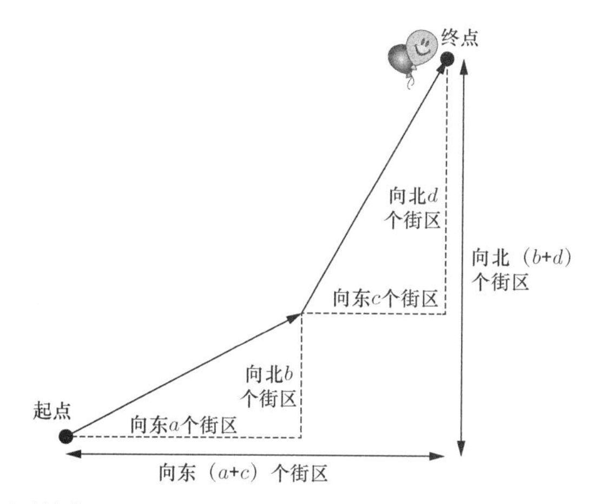

图 C.3 向量相加来寻找派对地点

在 d 维中的一个向量 $\boldsymbol{v}$ 可以写成 d 个数字的列表。例如，$\boldsymbol{v}$ = [[2],[3]] 是一个二维的向量（见图 C.4）。

类似地，我们可以用普通的数字乘以向量来变换向量。例如，我们可能不仅在某个城市迷路了，而且这个城市还使用公制单位，而我们可能更习惯使用英制单位。为了将一个以米为单位的向量转换为以英尺为单位的向量，我们需要将向量的每个元素乘以大约 3.28。让我们用一个名为 NumPy 的 Python 库来实现这一目标，帮助我们管理计算机中的向量表示方法（见清单 C.1）。

提示 附录 A 中提供了完整的安装说明。

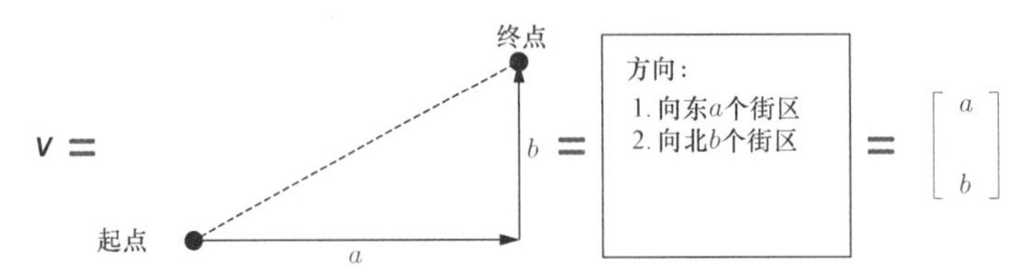

图 C.4 绘制的向量与方向列表或数字列的信息相同

清单 C.1 用 NumPy 在 Python 中表示向量

向量是 NumPy 数组的一个特例。我们使用 array 函数来创建数组，传入向量中行的列表。每一行都是一个列的列表。对于向量来说，每一行只有一列，但我们在书中会有一些示例，每行不仅仅只有一列

```
>>> import numpy as np
>>> directions_in_meters = np.array(
...     [[30], [50]])
>>> directions_in_feet = 3.28 * directions_in_meters
>>> directions_in_feet
array([[ 98.4],
       [164. ]])
```

由一个向东走 30 米，然后向北走 50 米的示例开始

输出乘法的结果。我们需要向东走约 98.4 英尺，然后向北走约 164 英尺

NumPy 用 Python 的乘法操作符表示标量和向量之间的乘法

练习 C.1：单位转换

向西 25 米和向北 110 米大约是多少英尺？

采用这种结构，沟通会更加轻松。如果我们不使用向量，那么每个标量都需要有自己的方向，而把方向和标量放在一起就很关键。

C.2 亲自体验矩阵

我们很快就会看到，与描述转换向量的方式相同，我们可以描述对量子位应用指令时，量子位是如何转换的。这使用的是线性代数中名为“矩阵”的概念。当我们考虑比加法或重定比例更复杂的向量变换时，这一点尤其重要。

为了明白如何使用矩阵，让我们回到寻找派对地址的问题上——毕竟门铃不会自己响起！在这个问题上，到目前为止，我们只是假设每个向量的第一个分量表示向东，第二个分量表示向北，但有人很可能选择了另一种惯例。如果没有办法调和这两种惯例之

间的转换，我们就永远找不到正确的地点。幸运的是，在本附录中，矩阵不仅可以帮助我们建立量子位模型，还可以帮助我们找到去朋友家的路。

令人高兴的是，先列向北和先列向东之间的转换很容易实现：我们将坐标[[*a*], [*b*]]交换，得到[[*b*], [*a*]]。假设这个交换是由一个函数 swap 实现的。那么 swap 能与我们之前看到的向量加法很好地配合，因为 swap(v + w)总是与 swap(v)+swap(w)等价。同样，如果我们缩放一个向量，然后进行交换（也就是标量乘法），这与我们先交换再缩放是一样的：swap(a * v) = a * swap(v)。任何具有这两个特性的函数都是一个线性函数。

“线性函数”是指这样的函数 f：对于所有标量 a 和 b 以及所有向量 $\boldsymbol{x}$ 和 $\boldsymbol{y}$，有 $f(a\boldsymbol{x} + b\boldsymbol{y}) = af(\boldsymbol{x}) + bf(\boldsymbol{y})$。

线性函数在计算机图形学和机器学习中很常见，因为它们包括各种不同的数字向量转换方式。

下面是线性函数的一些示例：

- 旋转；
- 伸缩；
- 反射。

练习 C.2：线性检查

以下哪些函数是线性的?

- $f(x)=2^x$
- $f(x)=x^2$
- $f(x)=2x$

所有这些线性函数有一个共同点：我们可以把它们拆开，一块一块地理解。再想想地图，如果我们想找到去派对的路（希望还有一些精力），而得到的地图在南北方向上被拉伸了 10%，在东西方向上被翻转了，这并不难理解。由于拉伸和翻转都是线性函数，有人可以通过告诉我们南北方向和东西方向分别发生了什么，从而让我们走上正确的道路。事实上，我们在本段的开头就已经这样做了！

提示 如果你从本书中只学到一件事，那么最重要的收获就是，你可以通过“将线性函数分解成组件”来理解它们，从而理解量子操作。我们将在本书的其余部分看到，由于量子计算中的操作是由线性函数描述的，我们可以通过把它们拆开的方式来理解量子算法，就像我们拆开地图的示例一样。如果这在目前还不是很明白，别担心。这是一种需要适应的思维方式。

这是因为一旦我们理解了向北的向量（就像之前一样，我们称之为[[1], [0]]）和向西的向量（我们称之为[[0], [1]]）会发生什么，就可以使用线性属性计算出所有向量的变化。例如，如果我们被告知在北面 3 个街区和西面 4 个街区之外有一个非常漂亮的景观，我们想知道它在地图上的位置，可以逐块处理。

- 将向北向量拉伸 10%，然后乘以 3，得到[[3.3], [0]]；
- 将向西的向量翻转，然后乘以 4，得到[[0], [−4]]；
- 最后，把每个方向的情况加起来，得到[[3.3], [−4]]。

因此，我们需要在地图上寻找向北 3.3 个街区，向东 4 个街区的位置。

线性函数是非常特别的！

在前面的示例中，我们之所以能够用线性函数来拉伸向量，是因为线性函数对缩放不敏感。交换南北向和东西向对向量的影响是一样的，无论它们表示的是步数、块数、英里数、法郎数还是秒数。不过，大多数函数并非如此。来看一个对输入进行平方运算的函数，$f(x)=x^2$。x 越大，它被拉伸得越长。

无论输入有多大或多小，线性函数的工作方式都是一样的，这正是让我们将它们逐块分解的原因：一旦我们知道一个线性函数在某个尺度上是如何工作的，就可以知道它在所有尺度上是如何工作的。

稍后，我们将看到位“0”和“1”可以被认为是方向或向量，与北或东没有太大区别。就像北和东不是帮助理解 M 市街道方向的最佳参考方向一样，我们会发现“0”和“1”也并不总是帮助理解量子计算的最佳向量（见图 C.5）。

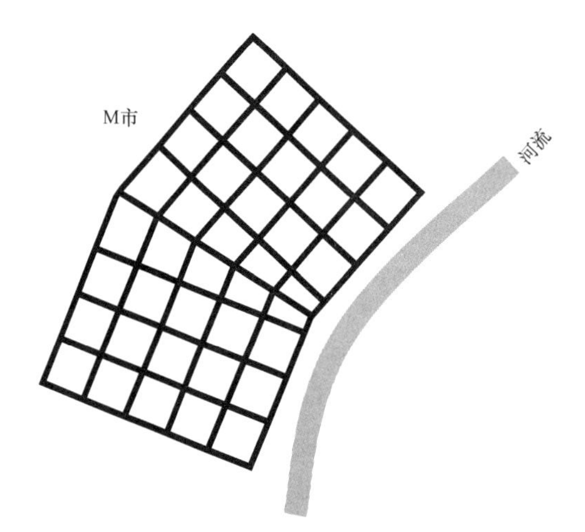

图 C.5 如果我们想了解要去的地方，北和东并不总是最好的参考方向。在这张 M 市的地图上，一大片网格被旋转，以配合河流的走向

这种通过分解成小块来理解线性函数的方法也适用于旋转。如果我们的地图上的罗盘顺时针旋转了 45°（哇，我们需要认真上一堂制图课），这样北方就变成了东北，西方就变成了西北，我们仍然可以逐块弄清事物的位置。同样的例子，向北的向量现在被

映射到地图上约[[0.707], [0.707]]处，向西的向量被映射到约[[−0.707], [0.707]]处。

把示例中发生的事情汇总起来，我们得到 3 * [[0.707], [0.707]] + 4 * [[−0.707], [0.707]]，这等于(3−4)* [[0.707], [0]] + (3 + 4) [[0], [0.707]]，得到[[−0.707], [4.95]]。这似乎与线性性质的关系不大，而与向北和向西有某种特殊有关。然而，我们也可以进行完全相同的论证，但是将西南方向写成[[1], [0]]，将西北方向写成[[0], [1]]。这样做是因为西南和西北是相互垂直的，允许我们将任何其他方向分解为西北和西南的组合。除了便于读懂我们从货架上买来的指北针之外，没有什么能让北和东这两个方向变得特别。如果你试图在 M 市开车（见图 C.5），很快就会发现，北和东并非总是理解方向的最佳方式！

从形式上看，任何能让我们通过这种方式将方向逐块拆开来理解的向量集都称为“基”。

注意 从技术上讲，我们在这里关注的是数学家所说的“正交基”，因为这在量子计算中最常用。这意味着基中的向量与所有其他基向量垂直，长度为 1。

我们试一下用基来写出一个向量的例子。向量 $\boldsymbol{v} = [[2],[3]]$ 可以写成 $2\boldsymbol{b}_0 + 3\boldsymbol{b}_1$，使用基 $\boldsymbol{b}_0 = [[1],[0]]$ 和 $\boldsymbol{b}_1 = [[0],[1]]$。

基 如果任何向量 $\boldsymbol{v}$ 在 d 维中可以写成 $\boldsymbol{b}_0, \boldsymbol{b}_1, \cdots, \boldsymbol{b}_{d-1}$ 的倍数之和，我们就说 $\boldsymbol{b}_0, \boldsymbol{b}_1, \cdots, \boldsymbol{b}_{d-1}$ 是一组基。在二维空间，一组常见的基指向水平和垂直方向。

更一般地说，如果我们知道一组基中每个向量的函数 f 的输出，就可以针对任何输入计算 f。这类似于我们用真值表来描述一个经典的操作，列出一个操作对每个可能的输入的输出。

利用线性解决问题

假设 *f* 是一个线性函数，表示我们的地图是如何被拉伸和扭曲的。我们怎样才能找到我们要去的地方呢？我们要计算值 *f*(np.array([[2], [3]]))（或其他任意值），给定的基为 *f*(np.array([[1], [0]])（水平）和 *f*(np.array([[0], [1]]))（垂直）。假设通过查看地图图例的部分内容，我们知道了地图将水平方向翘起的程度可描述为 np.array([[1], [1]])，垂直方向翘起的程度可描述为 np.array([[1], [−1]])。

计算 *f*(np.array([[2], [3]])的步骤如下。

- 我们使用基（np.array([[1], [0]])和 np.array([[0], [1]])）来写出 np.array([[2], [3]])，它等于 2 * np.array([[1], [0]]+ 3 * np.array([[0], [1]])。
- 用这种新的方式来写出我们对函数的输入，我们要计算 *f*(2 * np.array([[1], [0]]) + 3 * np.array([[0], [1]])。
- 我们利用 *f* 的线性特征，将 *f*(2 * np.array([[1], [0]]) + 3 * np.array([[0], [1]]) 写为 2 * *f*(np.array([[1], [0]]) + 3 * *f*(np.array([[0], [1]])):

定义变量 horizontal 和 vertical 来表示基，我们用该基来表示[[2], [3]]

```
>>> import numpy as np
>>> horizontal = np.array([[1], [0]])
>>> vertical = np.array([[0], [1]])
>>> vec = 2 * horizontal + 3 * vertical
>>> vec
array([[2],
       [3]])
>>> f_horizontal = np.array([[1], [1]])
>>> f_vertical = np.array([[1], [-1]])
>>> 2 * f_horizontal + 3 * f_vertical
array([[ 5],
       [-1]])
```

我们可以通过 horizontal 和 vertical 的倍数之和来写出[[2], [3]]

通过引入新的变量 f_horizontal 和 f_vertical 分别代表 f(horizontal)和 f(vertical)，定义了 f 如何作用于 horizontal 和 vertical 方向

因为 f 是线性的，我们可以通过用输出 f_horizontal 和 f_vertical 来代替 horizontal 和 vertical，从而定义它对[[2], [3]]的作用

练习 C.3：计算线性函数

假设你有一个线性函数 g，使得 g([[1], [0]]) = [[2.3], [−3.1]] 且 g([[0], [1]]) = [[−5.2], [0.7]]。请计算 g([[2], [−2]])。

利用这种深刻见解，我们可以制作一个体现线性函数如何转换其每个输入的表格。这些表格被称为“矩阵”，是对线性函数的完整描述。如果告知一个线性函数的矩阵，你就可以计算任何向量的函数值。例如，实现从北/东惯例到东/北惯例的地图方向的转换，将指令“向北走一个单位”从写成[[1], [0]]转为写成[[0], [1]]。同样，“向东走一个单位”的指令也从[[0], [1]]写成了[[1], [0]]。如果我们把这两组指令的输出叠加起来，就会得到以下矩阵：

```
>>> swap_north_east = np.array([[0, 1], [1, 0]])
>>> swap_north_east
array([[0, 1],
       [1, 0]])
```

提示 这在量子计算中也是一个非常重要的矩阵！在本书中可以看到更多该矩阵的内容。

为了将矩阵所代表的线性函数应用于某个特定的向量，我们将矩阵和向量相乘，如图 C.6 所示。

警告 虽然向量相加的顺序并不重要，但乘矩阵的顺序却很重要。如果我们将地图旋转 90°，然后在镜子里看，得到的图片与在镜子里看到的地图旋转 90°是完全不同的。旋转和翻转都是线性函数，所以我们可以为每个函数写一个矩阵，分别称之为 $\boldsymbol{R}$ 和 $\boldsymbol{F}$。如果翻转一个向量 $\boldsymbol{x}$，我们得到 $\boldsymbol{Fx}$。旋转输出得到 $\boldsymbol{RFx}$，这个向量与我们第一次旋转得到的 $\boldsymbol{FRx}$ 不一定相同。

描述线性函数f的矩阵可以被认为是f的输出的堆叠，每一列都有一个

例如，第一列告诉我们f([[1], [0], [0]])是列向量[[1], [2], [9]]，而第二列告诉我们f([[0], [1], [0]])是[[3] [4], [8]]

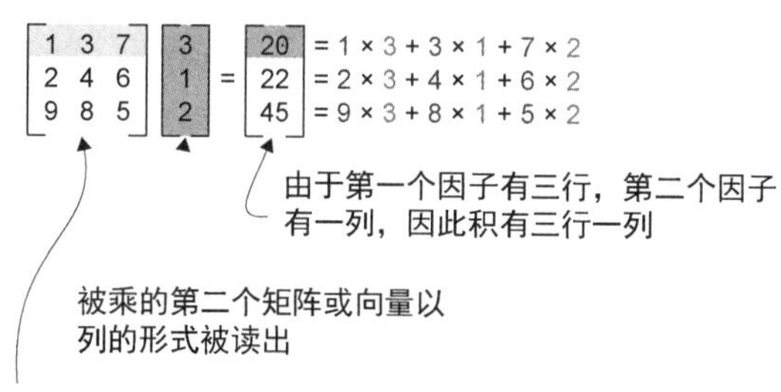

正如矩阵的第一个索引代表其行，第二个索引代表其列一样，被乘的第一个矩阵是逐行读出的

图 C.6 如何用矩阵乘以向量。在本例中，f 的矩阵说明 f ([[1], [0], [0]])是[[1], [2], [9]]

矩阵乘法通过给定 f 对一组特定输入的输出，将计算 f 的方式形式化，即“堆叠” f 对[[1], [0], [0]]和[[0], [1], [0]]等向量的输出，如图 C.6 所示。虽然矩阵和向量的实际大小可能会改变，但矩阵可以描述线性变换的这个理念是不变的。在本附录的其余部分，我们将研究长度为 2 的向量的线性变换。我们可以把矩阵的每一行（NumPy 中的最外层索引）看作函数对特定输入的作用。

深入探究：我们为什么要进行函数相乘?

在用一个矩阵乘以一个向量（甚至是用一个矩阵乘以一个矩阵）时，我们正在做一件初看起来有点奇怪的事情。毕竟，矩阵是表示线性函数的另一种方式，那么一个函数乘以其输入是什么意思，还有乘以另一个函数又是什么意思?

要回答这个问题，不妨先回到普通代数，对于任何变量 a、b 和 c，$a(b+c)=ab+ac$。这个属性被称为“分配律”，是乘法和加法相互作用的基础。事实上，它是如此基础，以至于分配律是我们定义什么是乘法的关键方法之一：在数论和其他更抽象的数学部分，研究人员经常面对一个名为“环”的对象，在那里我们对乘法的真正了解是它分配在加法之上。虽然这是一个抽象的概念，但对环和其他类似代数对象的研究有着广泛的应用，特别是在密码学和纠错方面。

但是，分配律看起来与线性属性非常相似，即 $f(x+y)=f(x)+f(y)$。如果我们把 f 看作一个环的一部分，那么分配律与线性属性是相同的。

换言之，就像程序员喜欢复用代码一样，数学家也喜欢复用概念。把矩阵相乘放在一起考虑，可以让我们以许多与代数相同的方式处理线性函数。

因此，如果我们想知道一个被矩阵 $\boldsymbol{M}$ 旋转过的向量 $\boldsymbol{x}$ 的第 i 个元素，我们可以为 $\boldsymbol{x}$ 中的每个元素找到 $\boldsymbol{M}$ 的输出，将得到的向量相加，并取第 i 个元素。在 NumPy 中，矩阵乘法是由@操作符表示的。

注意 清单 C.2 中的代码样本只在 Python 3.5 或更高版本中工作。

清单 C.2 用@操作符进行矩阵乘法

```
>>> M = np.array([
...     [1, 1],
...     [1, -1]
... ], dtype=complex)
>>> M @ np.array([[2], [3]], dtype=complex)
array([[ 5.+0.j],
       [-1.+0.j]])
```

练习 C.4：矩阵乘法

设 $\boldsymbol{X}$ 为矩阵[[0, 1], [1, 0]]，设 $\boldsymbol{y}$ 为向量[[2], [3]]。使用 NumPy，计算 $\boldsymbol{Xy}$ 和 $\boldsymbol{XX}$。

为什么用 NumPy?

我们可以用手动计算前面所有的矩阵乘法，但有几个原因，表明用 NumPy 代替手动计算是非常好的。NumPy 的大部分核心都使用了恒定时间索引，并且是用本地代码实现的，所以它可以利用内置的处理器指令来实现快速线性代数。因此，NumPy 通常比手动计算列表快得多得多。在清单 C.3 中，我们展示了一个示例，NumPy 甚至可以将非常小的矩阵的乘法速度提高 10 倍。当我们在第 4 章及以后的章节中研究更大的矩阵时，使用 NumPy 与手动计算相比，优势就更大了。

清单 C.3 为 NumPy 计算矩阵乘法计时

```
$ ipython
In [1]: def matmul(A, B):
   ...:     n_rows_A = len(A)
   ...:     n_cols_A = len(A[0])
   ...:     n_rows_B = len(B)
   ...:     n_cols_B = len(B[0])
   ...:     assert n_cols_A == n_rows_B
   ...:     return [
   ...:         [
   ...:             sum(
```

计算出我们需要乘的每个矩阵的大小。如果我们用列表的列表来表示矩阵，那么外层列表的每个元素就是一行。也就是说，一个 $n \times m$ 的矩阵在这样写有 n 行和 m 列

这一次，我们使用 Python 的 IPython 解释器，因为它提供了一些额外的工具，对该例很有帮助。关于如何安装 IPython 的说明，请参见附录 A

为了实际计算 A 和 B 的乘积，我们需要计算乘积中的每个元素，并将它们打包成一个列表的列表

我们可以通过求和找到每个元素，其中 B 的输出作为输入传给 A，类似于我们在图 C.6 中表示矩阵与向量的乘积的方法

两个矩阵的维数中“相互贴近”的项必须一致，这样矩阵乘法才有意义。把每个矩阵视为一个线性函数，第一个索引（行数）告诉我们每个输出有多大，而第二个索引（列数）告诉我们每个输入有多大。因此，我们需要第一个要应用的函数（右边的那个）的输出的维数与第二个函数的输入相同。这一行检查这个条件

```
   ...:                 A[idx_row][idx_inner] * B[idx_col][idx_col]
   ...:                 for idx_inner in range(n_cols_A)
   ...:             )
   ...:             for idx_col in range(n_cols_B)
   ...:         ]
   ...:         for idx_row in range(n_rows_A)
   ...:     ]
   ...:
In [2]: import numpy as np
In [3]: X = np.array([[0+0j, 1+0j], [1+0j, 0+0j]])
In [4]: Z = np.array([[1+0j, 0+0j], [0+0j, -1+0j]])
In [5]: matmul(X, Z)
Out[5]: [[0j, (-1+0j)], [(1+0j), 0j]]
In [6]: X @ Z
Out[6]:
array([[ 0.+0.j, -1.+0.j],
       [ 1.+0.j,  0.+0.j]])
In [7]: %timeit matmul(X, Z)
10.3 µs ± 176 ns per loop (mean ± std. dev. of 7 runs, 100000 loops each)
In [8]: %timeit X @ Z
926 ns ± 4.42 ns per loop (mean ± std. dev. of 7 runs, 1000000 loops each)
```

作为比较，我们可以导入NumPy，它为我们提供了一个矩阵乘法实现，使用现代处理器指令来加速计算

将两个矩阵初始化为NumPy数组作为测试用例。我们将在本书中看到更多关于这两个特殊矩阵的内容

NumPy中的矩阵乘法在Python 3.5及以后的版本中用@操作符表示

%timeit魔法命令告诉IPython运行一小段Python代码多次，并报告其花费的平均时间

有内积的地址

为了找到派对地点，我们还需要考虑最后一件事。前面我们说过，我们忽略了是否（真的）有一条路可以让我们沿着需要的方向走的问题，但是当我们在一个陌生的城市里游荡时，这真是一个糟糕的主意。为了绕路，需要一种方法来评估我们应该沿着一条给定的道路走多远才能到达要去的地方。幸运的是，线性代数为我们提供了一个工具："内积"（见图C.7）。内积是将一个向量$\boldsymbol{v}$投射到另一个向量$\boldsymbol{w}$上的一种方法，告诉我们$\boldsymbol{v}$在$\boldsymbol{w}$上投下了多少"阴影"。

我们可以通过将两个向量各自的元素相乘并将结果相加来计算它们的内积。请注意，这个乘法求和的方法与我们在矩阵乘法中的做法是一样的！将一个单行的矩阵与一个单列的矩阵相乘，正是我们想要的结果。因此，为了找到$\boldsymbol{v}$在$\boldsymbol{w}$上的投影，我们需要把$\boldsymbol{v}$通过取其"转置"成一个行向量，写成$\boldsymbol{v}^{\mathrm{T}}$。

示例

$\boldsymbol{w}=\begin{pmatrix}2\\3\end{pmatrix}$的转置是$\boldsymbol{w}^{\mathrm{T}}=(2\quad 3)$。

注意 在第3章中，我们会看到还需要取每个元素的复共轭，但我们现在先把它放在一边。

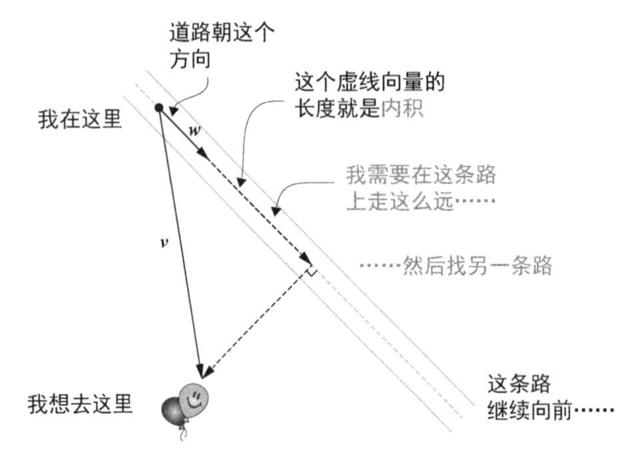
道路朝这个
方向
这个虚线向量的
长度就是内积
我在这里
w
我需要在这条路
上走这么远……
v
……然后找另一条路
这条路
继续向前……
我想去这里

图 C.7　如何用内积找到派对

具体来说，$\boldsymbol{v}^{\mathrm{T}}$（$\boldsymbol{v}$ 的转置）与 $\boldsymbol{w}$ 的矩阵积给出了一个 1×1 的矩阵，包含我们想要的内积。假设我们需要向南走两个街区，向东走三个街区，但我们只能走一条指向东南偏南的路。由于我们仍然需要往南走，这条路可以帮助我们到达需要去的地方。但是在转出这条道路之前，我们应该走多远？示例代码如清单 C.4 所示。

清单 C.4　用 NumPy 计算向量点积

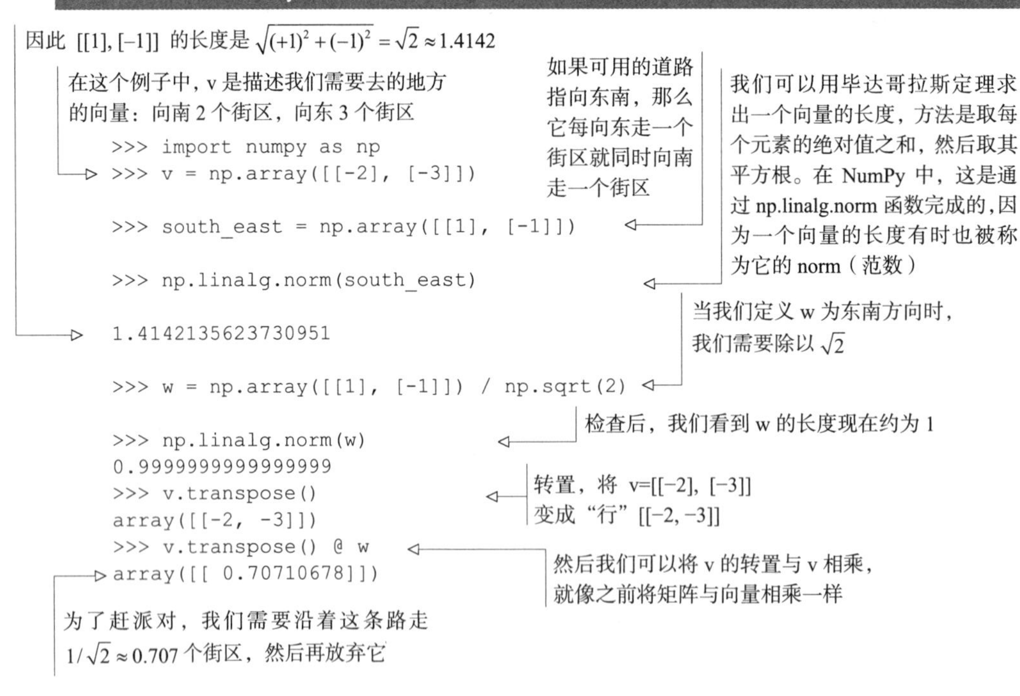

```
>>> import numpy as np
>>> v = np.array([[-2], [-3]])

>>> south_east = np.array([[1], [-1]])

>>> np.linalg.norm(south_east)

1.4142135623730951

>>> w = np.array([[1], [-1]]) / np.sqrt(2)

>>> np.linalg.norm(w)
0.9999999999999999
>>> v.transpose()
array([[-2, -3]])
>>> v.transpose() @ w
array([[ 0.70710678]])
```

因此 [[1], [−1]] 的长度是 $\sqrt{(+1)^2+(-1)^2}=\sqrt{2}\approx 1.4142$
在这个例子中，v 是描述我们需要去的地方的向量：向南 2 个街区，向东 3 个街区
如果可用的道路指向东南，那么它每向东走一个街区就同时向南走一个街区
我们可以用毕达哥拉斯定理求出一个向量的长度，方法是取每个元素的绝对值之和，然后取其平方根。在 NumPy 中，这是通过 np.linalg.norm 函数完成的，因为一个向量的长度有时也被称为它的 norm（范数）
当我们定义 w 为东南方向时，我们需要除以 $\sqrt{2}$
检查后，我们看到 w 的长度现在约为 1
转置，将 v=[[−2], [−3]] 变成“行”[[−2, −3]]
然后我们可以将 v 的转置与 v 相乘，就像之前将矩阵与向量相乘一样
为了赶派对，我们需要沿着这条路走 $1/\sqrt{2}\approx 0.707$ 个街区，然后再放弃它

练习 C.5：向量归一化

给定一个向量[[2], [3]]，找到一个指向同一方向但长度为 1 的向量。

提示：可以通过内积或 np.linalg.norm 函数实现。

最后，我们终于赶到了派对地点（只是稍微晚了一点），并准备按响门铃了！

平方根和长度

一个数字 x 的平方根是一个数字 $y=\sqrt{x}$，使得如果将 y 平方，会得到 x，即 $y^2=x$。我们在书中经常使用平方根，因为它们对寻找向量的长度至关重要。例如，在计算机图形学中，快速找到向量的长度对游戏的运行至关重要。

无论向量用于描述我们如何去派对，还是描述一个量子位所代表的信息，我们都要用平方根来计算它们的长度。

附录 D 通过实例探索多伊奇-约萨算法

在本附录中，我们对多伊奇-约萨算法进行了深入研究，以说明它是如何工作的，以及如何使用在第 8 章中开发的技能和工具来检查我们的理解。我们在第 7 章中实现了多伊奇-约萨算法，并在某些步骤中大量使用 QuTiP 来检查我们的数学推导。

D.1 使用我们的技能，尝试做点什么

在第 2 章和第 5 章中，我们学习使用 NumPy 和 QuTiP 来模拟如果向量子计算机发送指令，量子位的状态是如何转变的。我们实际上利用这些软件包来进行数学运算，以弄清楚量子状态会发生什么。这就像图 D.1 中的“让计算机进行数学运算”的方法。

写出数学运算

让计算机进行数学运算

按下按钮看看有什么结果

图 D.1 学习量子程序或算法如何工作的三种不同方法

当我们在 Q#中对较大的算法进行编程时，可以同时使用“让计算机进行数学运算”和一点“按下按钮”的方法，来帮助我们预测某个特定的操作将做什么。在学习量子编程时，同时使用图 D.1 中显示的三种方法，是强大的解决问题的有效方法。如果我们在使用一种方法时被难住了，可以随时尝试另一种方法，看看是否有帮助。

试着将这种组合方法应用于第 8 章的多伊奇-约萨算法。清单 D.1 列出了该算法的四个步骤。

清单 D.1　多伊奇-约萨算法的四个步骤

```
H(control);
X(target);
H(target);

oracle(control, target);

H(target);
X(target);

set result = MResetX(control);
```

- 前三行：制备输入状态 $|+-\rangle$
- oracle(control, target)：应用 oracle
- H(target); X(target)：撤销制备目标量子位。输入状态 $|+-\rangle$
- set result = MResetX(control)：最后，在 X 基上测量

理解多伊奇-约萨算法如何工作的关键是理解我们调用 oracle 的那个步骤：oracle(control, target)。不过在这之前，我们需要了解为 oracle 制备输入的步骤。

D.2　步骤 1：为多伊奇-约萨制备输入状态

让我们用 Python 来尝试理解在制备 $|+-\rangle$ 状态时发生了什么。我们在 Q#中用来制备输入状态的操作如下：

```
H(control);
X(target);
H(target);
```

这里应用的每个操作都是一个单量子位门，所以我们可以独立考虑每个量子位的情况。让我们看看在阿达马操作之后，控制量子位会发生什么。我们用 QuTiP 来模拟控制量子位的状态制备：

Q#中的 H 是一条指令，而 QuTiP 中的 hadamard_transform 给了我们一个酉矩阵，可以用它来模拟 H 指令如何转换状态（注：指向 H = hadamard_transform() 一行）

```
>>> import qutip as qt
>>> from qutip.qip.operations import hadamard_transform
>>> H = hadamard_transform()
>>> H
```

```
Quantum object: dims = [[2], [2]], shape = (2, 2), type = oper,
➥ isherm = True
Qobj data =
[[ 0.70710678 0.70710678]
 [ 0.70710678 -0.70710678]]
>>> control_state = H * qt.basis(2, 0)
>>> control_state
Quantum object: dims = [[2], [1]], shape = (2, 1),
➥ type = ket
Qobj data =
[[0.70710678]
 [0.70710678]]
```

$\frac{1}{\sqrt{2}} \approx 0.707$，所以这个输出告诉我们 $\boldsymbol{H} = \begin{pmatrix} 1 & 1 \\ 1 & -1 \end{pmatrix} / \sqrt{2}$

利用 $1/\sqrt{2} \approx 0.707$，我们将这解读为 $|+\rangle = (|0\rangle + |1\rangle)/\sqrt{2}$

在 QuTiP 中，我们可以通过调用 basis(2, 0)得到 $|0\rangle$ 状态的向量。2 告诉 QuTiP 我们想要一个量子位（ $|0\rangle$ 的必要维度），而 0 表示我们希望状态具有 $|0\rangle$ 值。由于 $|+\rangle = \boldsymbol{H}|0\rangle$，这就将 control_state 设置为 $|+\rangle$

这是一个非常简单的问题：控制量子位现在处于 $|+\rangle$ 状态。现在让我们来看看在下一个代码片段中制备目标量子位的情况：

重复之前的 H 操作，但这次是对 $\boldsymbol{X}|0\rangle = |1\rangle$ 进行操作

```
>>> target_state = H * (qt.sigmax() * qt.basis(2, 0))
>>> target_state
Quantum object: dims = [[2], [1]], shape = (2, 1), type = ket
Qobj data =
[[ 0.70710678]
 [-0.70710678]]
```

QuTiP 告诉我们 $|-\rangle = (|0\rangle - |1\rangle)/\sqrt{2}$：与 $|+\rangle$ 一样，但 $|1\rangle$ 的符号翻转了

既然我们已经了解了如何制备每个量子位，那就让 QuTiP 帮助我们写出输入“寄存器”的状态。

与第 4 章一样，我们将不同量子位的状态结合起来，用 tensor 函数得到整个寄存器中量子位的状态

```
>>> register_state = qt.tensor(control_state, target_state)
>>> register_state
Quantum object: dims = [[2, 2], [1, 1]], shape = (4, 1), type = ket
Qobj data =
[[ 0.5]
 [-0.5]
 [ 0.5]
 [-0.5]]
```

QuTiP 告诉我们，$|+\rangle \otimes |-\rangle = |+-\rangle = (|00\rangle - |01\rangle + |10\rangle - |11\rangle)/2$。也就是说，我们以相同的权重叠加所有四个可能的计算基态，在计算基态前有一个负号，其中目标量子位处于 $|1\rangle$ 状态

注意 正如我们在第 4 章中所看到的，在写一个多量子系统的状态时，张量积会变得有点冗长。因此，我们在写多量子位状态的时候，通常会把它们的标签串联在一个 ket 里面，比如 $|0\rangle \otimes |1\rangle$。类似地，$|+-\rangle$ 与 $|+\rangle \otimes |-\rangle$ 相同。

D.3 步骤 2：应用 oracle

制备好输入后，让我们回到多伊奇-约萨算法的核心部分，在这里我们调用 oracle：

```
oracle(control, target);
```

正如我们可以通过写出控制量子位的状态并对该状态应用酉算子 $\boldsymbol{H}$ 来理解像H(control)这样的操作，我们也可以通过分析它对传入状态的作用来理解 oracle U_f的作用。

回顾我们在第 8 章中的游戏设置，其中妮穆和梅林正在玩造王者的游戏。我们的量子 oracle 在两个量子位上操作，这就提出了一个问题：我们应该如何解释这些量子位。在经典情况下，f 的输入和输出的经典位的解释是清晰的：妮穆问了一个位的问题，得到一个位的答案。

为了理解每个量子位对我们的作用，回顾一下，当我们使用一个可逆的经典函数时，我们也需要两个输入：第一个就像我们在不可逆情况下提出的问题，第二个输入给我们提供了放置答案的位置（见图 D.2 的提示）。

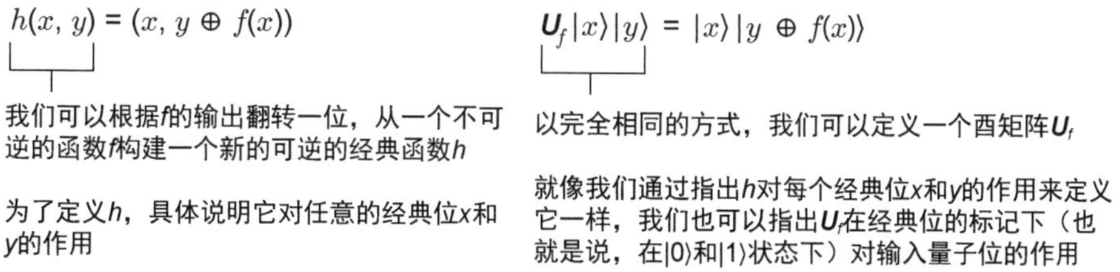

$h(x, y) = (x, y \oplus f(x))$

我们可以根据f的输出翻转一位，从一个不可逆的函数f构建一个新的可逆的经典函数h

为了定义h，具体说明它对任意的经典位x和y的作用

$U_f|x\rangle|y\rangle = |x\rangle|y \oplus f(x)\rangle$

以完全相同的方式，我们可以定义一个酉矩阵U_f

就像我们通过指出h对每个经典位x和y的作用来定义它一样，我们也可以指出U_f在经典位的标记下（也就是说，在$|0\rangle$和$|1\rangle$状态下）对输入量子位的作用

图 D.2　从不可逆经典函数构建可逆经典函数和酉矩阵

我们可以用大致相同的方式来思考 oracle：第一个量子位（前面代码片段中的 control）代表我们的问题，而第二个量子位（target）为我们提供了让梅林应用其答案的位置。当 control 开始于 $|0\rangle$ 或 $|1\rangle$ 状态时，这种解释是有意义的，但我们如何解释这种情况，即将处于 $|+-\rangle$ 状态的量子位传递给 oracle？控制量子位开始于 $|+\rangle$ 状态，但 $f(+)$并没有任何意义。因为 f 是一个经典函数，它的输入必须是 0 或 1：我们不能把“+”传给经典函数 f。这看起来好像是个死胡同，但幸运的是，有一个方法可以解决这个问题。

量子力学是线性的，这意味着我们总是可以通过把一个量子操作分解成，它对一组有代表性的状态的作用来理解它的作用。

提示　正如我们在第 2 章中所看到的，可以以这种方式使用的一组状态被称为“基”。

为了理解当控制量子位处于 $|+\rangle$ 状态时我们的 oracle 会做些什么，可以利用 $|+\rangle = (|0\rangle + |1\rangle)/\sqrt{2}$ 这一事实，将 oracle 的作用分解为它对 $|0\rangle$ 的作用“加上”它对 $|1\rangle$ 的作用，然后将两部分相加（确保在最后除以 $\sqrt{2}$）。这有助于我们理解“$f(+)$”是什么意思，而非感到困惑。我们可以把 U_f的作用归约为我们知道如何计算的情况，比如 $f(0)$和 $f(1)$！

计算基态

按照量子操作如何作用于 |0⟩ 和 |1⟩ 来展开量子操作的作用，在量子编程中非常常见。鉴于这非常有用，我们为这两个输入状态使用了一个特殊的名称，并把 |0⟩ 和 |1⟩ 称为计算基态，以区别于我们可能使用的其他基态，如 |+⟩ 和 |−⟩。

利用线性来理解量子操作并不局限于单个量子位，正如我们在附录的其余部分所看到的。例如，对于两个量子位，计算基态由状态 |00⟩、|01⟩、|10⟩ 和 |11⟩ 组成。

如果我们有更多的（比如 5 个）量子位，我们可以将状态 $|1\rangle\otimes|0\rangle\otimes|0\rangle\otimes|1\rangle\otimes|0\rangle$ 以同样的方式写为串，得到 |10010⟩。我们可以把 5 个量子位的计算基态写成{ | 00000⟩, | 00001⟩, | 00010⟩ ,⋯, | 11110⟩ , | 11111⟩ }。

更一般地说，如果我们有 n 个量子位，计算基态由 n 个经典位的所有串组成，每个都是一个位的标签。换句话说，一个多量子系统的计算基态是由 |0⟩ 和 |1⟩ 的所有张量积组成的，即所有由经典位串标记的状态。

通过这种分解 oracle 工作方式的方法，让我们看看在第 8 章中实现的 oracle 的一些示例。

D.3.1 例 1："id" oracle

假设我们得到一个 oracle，它实现了梅林选择亚瑟为国王的策略（见 8.2 节）。回顾一下，代表这个策略的经典单位函数是 id。从表 D.1 中，我们知道这意味着 U_f 是由 CNOT 指令实现的，所以让我们看看这对 register_state 有什么影响（见清单 D.2）。

表 D.1 将 1 位函数表示为 2 位 oracle

函数名称	函数	oracle 的输出	Q#操作
id	$f(x)=x$	$\|x\rangle\|y\oplus x\rangle$	CNOT(control, target)

提示 回顾一下，如果第一个量子位处于 |1⟩ 状态，受控 NOT 指令会翻转它的第二个量子位。

清单 D.2 "id" oracle 如何转换其输入状态

要求 QuTiP 提供一个矩阵，允许使用 cnot 函数模拟 CNOT 指令。这里，2 表示要在一个双量子位寄存器上模拟 CNOT，0 表示第 0 个量子位是控制位，1 表示第 1 个量子位是目标位

```
>>> cnot = qt.cnot(2, 0, 1)
>>> cnot
Quantum object: dims = [[2, 2], [2, 2]], shape = (4, 4), type = oper,
➥ isherm = True
```

```
Qobj data =
[[1. 0. 0. 0.]
 [0. 1. 0. 0.]
 [0. 0. 0. 1.]
 [0. 0. 1. 0.]]
>>> register_state = cnot * register_state
>>> register_state
Quantum object: dims = [[2, 2], [1, 1]],
➥ shape = (4, 1), type = ket
Qobj data =
[[ 0.5]
 [-0.5]
 [-0.5]
 [ 0.5]]
```

请记住，酉算子对于量子计算的作用类似真值表对于经典逻辑的作用。这个表中的每一行都告诉我们一个计算基态会发生什么

QuTiP 告诉我们，带有控制和目标量子位的寄存器现在处于 $(|00\rangle-|01\rangle-|10\rangle+|11\rangle)/2$ 状态

例如，索引 2 的行（从 0 开始索引）可以写成二进制的 10。因此，如果我们的输入是 $|10\rangle$，这一行就是我们将得到的向量，它告诉我们，CNOT 指令让我们的量子位变成 $|11\rangle$（十进制为 3，因此第 3 列有一个 1）

既然我们已经弄清楚了“id” oracle 的动作，让我们看看“not” oracle 对输入状态做了什么。

D.3.2 例 2：“not” oracle

我们用“not” oracle（另一个平衡函数）重复这种分析。代表梅林选择莫德雷德的 oracle 是通过一系列的 X 和 CNOT 操作实现的，如表 D.2 所示。

表 D.2 将 1 位函数 not 表示为 2 位 oracle

函数名称	函数	oracle 的输出	Q#操作
not	$f(x)=\neg x$	$\|x\rangle\|y\oplus\neg x\rangle$	`X(control); CNOT(control, target); X(control);`

让我们转到 Python，看看如何分解“not” oracle 的操作（见清单 D.3）。

清单 D.3 再次使用 QuTiP，现在是针对“not” oracle

如同第 5 章一样，有必要将 I 和 X 分别定义为幺矩阵（qt.qeye）和代表 X 操作的矩阵的简写

在 $|+-\rangle$ 状态下制备控制量子位和目标量子位，与之前完全一样

```
>>> control_state = H * qt.basis(2, 0)
>>> target_state = H * qt.basis(2, 1)
>>> register_state = qt.tensor(control_state, target_state)
>>> I = qt.qeye(2)
>>> X = qt.sigmax()
>>> oracle = qt.tensor(X, I) * qt.cnot(2, 0, 1) *
... qt.tensor(X, I)
```

这次我们的 oracle 是“not”oracle，我们用指令序列 X(contro1); CNOT(contro1,target);X(contro1)；来实现，见表 D.2

这次 oracle 操作的酉算子看起来有点不同：当控制量子位为 |0⟩时，它将翻转目标量子位

```
>>> oracle
Quantum object: dims = [[2, 2], [2, 2]], shape = (4, 4), type = oper,
➥ isherm = True
Qobj data =
[[0. 1. 0. 0.]
 [1. 0. 0. 0.]
 [0. 0. 1. 0.]
 [0. 0. 0. 1.]]
>>> register_state = oracle * register_state
>>> register_state
Quantum object: dims = [[2, 2], [1, 1]], shape = (4, 1), type = ket
Qobj data =
[[-0.5]
 [ 0.5]
 [ 0.5]
 [-0.5]]
```

例如，第 0 行（二进制为 00）告诉我们，|00⟩被转换为 |01⟩

同样，第 2 行（二进制为 10）告诉我们，|10⟩被转换为 |10⟩；oracle 不理会这个输入

应用 oracle 后的状态是 $(-|00\rangle+|01\rangle+|10\rangle-|11\rangle)/2=(-1)|+-\rangle$，恰好与之前相同。除了全局相位为−1 之外，和以前一样

看看这两个示例，我们得到了相同的输出状态，只是符号都被翻转了。这意味着如果我们把其中一个状态向量乘以−1，它们都会是一样的。将整个向量乘以一个常数称为“添加一个全局相位”。由于全局相位不能通过测量来观察，我们应用“id” oracle 和应用“not” oracle 所得到的信息“完全”相同。我们没有了解到任何可用于区分是应用了 id 还是 not 的信息。如果我们能够比较两个向量，只会知道应用了一个平衡的 oracle。

为了比较，来看看在应用了代表一个“常数”函数的 oracle 之后，寄存器是什么样子的。

D.3.3 例 3：“zero” oracle

现在，让我们用 Python 来分解代表常数函数 zero 的 oracle 是如何工作的。我们想用 Zero oracle 来说明，在应用代表常数函数的 oracle 时有什么变化。这个 oracle 非常好用，因为它根本就不包含任何指令的应用。你可以在表 D.3 中看到所有的表示方法。

表 D.3 将 1 位函数 zero 表示为 2 位 oracle

函数名称	函数	oracle 的输出	Q#操作
zero	$f(x)=0$	$\|x\rangle\|y\oplus 0\rangle=\|x\rangle\|y\rangle$	无

在清单 D.4 中，我们可以看到，在控制量子位和目标量子位上不做任何处理，可以通过在整个寄存器上不做任何处理来模拟。因此，我们为“zero” oracle 创建的 oracle

变量是双量子位幺矩阵$\mathbb{1}\otimes\mathbb{1}$（见清单 D.4）。

清单 D.4 计算“zero”oracle 转换

```
>>> control_state = H * qt.basis(2, 0)
>>> target_state = H * qt.basis(2, 1)
>>> register_state = qt.tensor(control_state, target_state)
>>> X = qt.sigmax()
>>> oracle = qt.tensor(I, I)
>>> oracle
Quantum object: dims = [[2, 2], [2, 2]], shape = (4, 4), type = oper,
➥ isherm = True
Qobj data =
[[1. 0. 0. 0.]
 [0. 1. 0. 0.]
 [0. 0. 1. 0.]
 [0. 0. 0. 1.]]
>>> register_state = oracle * register_state
>>> register_state
Quantum object: dims = [[2, 2], [1, 1]], shape = (4, 1), type = ket
Qobj data =
[[ 0.5]
 [-0.5]
 [ 0.5]
 [-0.5]]
```

对控制量子位不做任何处理，对目标量子位不做任何处理，可以通过对整个寄存器不做任何处理来模拟

输出状态与“id”oracle 的差异不再是全局相位。我们无法用一个标量乘以全局相位来把 id 的输出变成 zero 的输出

在这里，我们看到了与之前清单的第一个区别：负号在状态向量上的位置不同。之前，我们使用了“id”oracle，得到的输出状态是$(|00\rangle-|01\rangle-|10\rangle+|11\rangle)/2$。我们不能用任何数字乘以整个向量来将它变成[[0.5],[−0.5],[−0.5],[0.5]]或[[−0.5],[0.5],[0.5],[−0.5]]。为了了解这种差异如何导致我们能够确切地分辨出有一个平衡 oracle 还是常数 oracle，让我们继续进行多伊奇-约萨算法的下一步。

> **练习 D.1：尝试“one”oracle**
>
> 看看你是否能用我们以前用过的 Python 技巧，算出应用“one”oracle 时，目标量子位和控制量子位的状态如何变化。

D.4 步骤 3 和 4：撤销对目标量子位的制备，并测量

此时，如果我们撤销用来制备$|+-\rangle$的步骤，使所有状态都回到计算基态（$|00\rangle,\cdots,|11\rangle$），那么对输出的理解就容易多了。回顾一下，表 D.4 列出了 4 个 oracle 的状态向量（其中 3 个是我们之前计算过的）。

现在我们想在目标量子位上撤销制备步骤。

表 D.4 应用 oracle 后寄存器的状态

函数名称	应用 oracle 后寄存器的状态
zero	[[0.5], [–0.5], [0.5], [–0.5]]
one	[[–0.5], [0.5], [–0.5], [0.5]]
id	[[0.5], [–0.5], [–0.5], [0.5]]
not	[[–0.5], [0.5], [0.5], [–0.5]]

为什么我们要对目标量子位进行"撤销制备"？

在第 7 章中我们看到，在将量子位返回给目标机器之前，我们需要将它们重置为 $|0\rangle$ 状态。此时，我们的目标量子位总是处于 $|-\rangle$ 状态，无论我们使用哪个 oracle。这意味着在应用 oracle 后，我们确切地知道如何将其重置回 $|0\rangle$。如同第 7 章，这有助于我们避免额外的测量，这在某些量子设备上可能是昂贵的。

请注意，当我们测量控制量子位时，可以安全地将目标量子位返回到 $|-\rangle$ 而不影响结果，因为 oracle 调用是多伊奇-约萨算法中唯一的双量子位操作。正如我们在第 5 章中所看到的，在一个量子位上进行单量子位操作不能影响另一个量子位的结果。否则，我们就能以比光还快的速度发送信息了！

让我们尝试一下，撤销代表 id 函数的 oracle 对寄存器的制备（见清单 D.5）。

清单 D.5 "id" oracle 输出的计算基态

有必要为幺矩阵 𝟙 定义一个符号，我们用它来表示如果不对一个量子位施加任何指令时，会发生什么

```
>>> I = qt.qeye(2)
>>> register_state_id = qt.cnot(2,0,1) *
... (qt.tensor(H * qt.basis(2, 0), H * (qt.sigmax() * qt.basis(2, 0))))
...
>>> register_state_id =
➥ qt.tensor(I, H) * register_state_id
>>> register_state_id
Quantum object: dims = [[2, 2], [1, 1]], shape = (4, 1),
➥ type = ket
Qobj data =
[[ 0.        ]
 [ 0.70710678]
 [ 0.        ]
 [-0.70710678]]
```

在应用 oracle 之后，为代表 id 函数的 oracle 重新生成寄存器

这个输出很容易解读：该寄存器处于 $(|01\rangle-|11\rangle)/\sqrt{2}$ 状态

由于我们正在转换一个双量子位状态，需要说明每个量子位发生了什么以得到我们的矩阵。为此我们再次使用 tensor 函数

```
>>> register_state_id =
➥ qt.tensor(I, qt.sigmax()) *
➥ register_state_id
>>> register_state_id
Quantum object: dims = [[2, 2], [1, 1]], shape = (4, 1),
➥ type = ket
Qobj data =
[[ 0.70710678]
 [ 0.        ]
 [-0.70710678]
 [ 0.        ]]
>>> qt.tensor(H * qt.basis(2, 1), qt.basis(2, 0))
➥ == register_state_id
True
>>> register_state_id = qt.tensor(H, I) *
➥ register_state_id
>>> register_state_id
Quantum object: dims = [[2, 2], [1, 1]], shape = (4, 1),
➥ type = ket
Qobj data =
[[0.]
 [0.]
 [1.]
 [0.]]
```

在我们的 Q# 程序中，使用 X 操作在释放目标量子位之前将其返回到 $|0\rangle$，由 QuTiP 函数 sigmax()模拟

由于 X 指令翻转了它的参数，应用 $\boldsymbol{X}$ 矩阵后得到状态 $(|00\rangle-|10\rangle)/\sqrt{2}$

我们可以用 QuTiP 来确认，$(|00\rangle-|10\rangle)/\sqrt{2}$ 的另一种写法是 $(\boldsymbol{H}|1\rangle)\otimes|0\rangle=|-0\rangle$

我们可以通过应用 H 操作来模拟 MResetX 操作，然后在 Z 基上进行测量

在测量之前，寄存器的状态在第 2 行有一个 1（二进制的 10），所以寄存器的状态是 $|10\rangle$，我们肯定会测量到 One

提示 我们使用 Q#标准库中的 MResetX 操作在 X 基上测量。当其参数在 $|+\rangle$ 时，X 基测量返回 Zero，当其参数在 $|-\rangle$ 时返回 One。因此，我们可以通过应用 H 操作来模拟 MResetX 的操作，然后在 Z 基上进行测量。

看看清单 D.5 中的最终向量，我们可以看到它代表了状态 $|10\rangle$。如果我们从该状态下测量控制量子位，会 100%得到经典位 One。在第 8 章写的 Algorithm.qs 文件中，如果我们在控制量子位上测量到了 One，就会返回给用户。这个 oracle 是平衡的，所以我们确切地得出结论：id 是一个平衡 oracle！我们每次都会在控制位上测到 One，这个事实真的很酷。

注意 尽管有些量子算法是随机的，比如第 2 章的 QRNG 示例或第 7 章的莫甘娜和兰斯洛特的游戏，但它们并不是必须如此。事实上，多伊奇-约萨算法是确定性的：我们每次运行它都会得到相同的答案。

从这些例子中，我们得到一个重要的观察结果（见表 D.5）：对控制量子位和目标量子位应用 oracle 可以影响控制量子位的状态。

表 D.5 代表应用各种 oracle 后的寄存器状态的向量

函数名称	测量之前的寄存器状态	控制量子位在 Z 基上的测量结果
zero	[[1], [0], [0], [0]]	Zero
one	[[–1], [0], [0], [0]]	Zero
id	[[0], [0], [1], [0]]	One
not	[[0], [0], [–1], [0]]	One